Office 2007 办公软件应用立体化教程

陈荣征 于洪 ◎ 主编
余智容 梁海花 ◎ 副主编

人民邮电出版社
北京

图书在版编目（CIP）数据

Office 2007办公软件应用立体化教程 / 陈荣征，于洪主编. -- 北京 : 人民邮电出版社，2014.7（2020.7重印）
职业院校立体化精品系列规划教材
ISBN 978-7-115-35421-1

Ⅰ. ①O… Ⅱ. ①陈… ②于… Ⅲ. ①办公自动化－应用软件－高等职业教育－教材 Ⅳ. ①TP317.1

中国版本图书馆CIP数据核字(2014)第078071号

内 容 提 要

本书主要讲解Word的基本操作，编辑文档格式，Word文档排版，在文档中使用图形和表格，编辑长文档，Word邮件合并功能；Excel的基本操作，编辑、计算、统计与分析表格数据；PowerPoint的基本操作，编辑、设置、放映与输出PowerPoint演示文稿。本书最后还安排了综合实训内容，进一步提高学生对知识的应用能力。

本书采用项目式、分任务讲解，每个任务主要由任务目标、相关知识和任务实施3个部分组成，然后再进行强化实训。每章最后还总结了常见疑难解析，并安排了相应的练习和实践。本书着重于对学生实际应用能力的培养，将职业场景引入课堂教学，因此可以让学生提前进入工作的角色。

本书适合作为职业院校文秘专业以及计算机应用等相关专业的教材使用，也可作为各类社会培训学校相关专业的教材，同时还可供计算机初学者、办公人员自学使用。

◆ 主　　编　陈荣征　于　洪
副 主 编　余智容　梁海花
责任编辑　王　平
责任印制　焦志炜

◆ 人民邮电出版社出版发行　　北京市丰台区成寿寺路 11 号
邮编　100164　　电子邮件　315@ptpress.com.cn
网址　http://www.ptpress.com.cn
北京捷迅佳彩印刷有限公司印刷

◆ 开本：787×1092　1/16
印张：15.5　　2014 年 7 月第 1 版
字数：358 千字　　2020 年 7 月北京第 7 次印刷

定价：39.80 元（附光盘）

读者服务热线：(010)81055256　印装质量热线：(010)81055316
反盗版热线：(010)81055315
广告经营许可证：京东市监广登字 20170147 号

前 言 PREFACE

随着近年来职业教育课程改革的不断发展，计算机软硬件日新月异地升级，以及教学方式的不断发展，市场上很多教材的软件版本、硬件型号、教学结构等很多方面都已不再适应目前的教授和学习。

鉴于此，我们认真总结了教材编写经验，用了2~3年的时间深入调研各地、各类职业教育学校的教材需求，组织了一批优秀的、具有丰富的教学经验和实践经验的作者团队编写了本套教材，以帮助各类职业院校快速培养优秀的技能型人才。

本着“工学结合”的原则，本书在教学方法、教学内容和教学资源3个方面体现出了自己的特色。

教学方法

本书精心设计了“情景导入→任务讲解→上机实训→常见疑难解析与拓展→课后练习”5段教学法，将职业场景引入课堂教学，激发学生的学习兴趣；然后在任务的驱动下，实现“做中学，做中教”的教学理念；最后有针对性地解答常见问题，并通过练习全方位帮助学生提升专业技能。

- **情景导入**：以情景对话方式引入项目主题，介绍相关知识点在实际工作中的应用情况及其与前后知识点之间的联系，让学生了解学习这些知识点的必要性和重要性。
- **任务讲解**：以实践为主，强调“应用”。每个任务先指出要做一个什么样的实例，制作的思路是怎样的，需要用到哪些知识点，然后讲解完成该实例必备的基础知识，最后以步骤详细讲解任务的实施过程。讲解过程中穿插有“操作提示”、“知识补充”和“职业素养”3个小栏目。
- **上机实训**：结合任务讲解的内容和实际工作需要给出操作要求，提供适当的操作思路及步骤提示供参考，要求学生独立完成操作，充分训练学生的动手能力。
- **常见疑难解析与拓展**：精选出学生在实际操作和学习中经常会遇到的问题并进行答疑解惑，通过拓展知识版块，学生可以深入、综合地了解一些应用知识。
- **课后练习**：结合该项目内容给出难度适中的上机操作题，通过练习，学生可以达到强化巩固所学知识的目的，能够温故而知新。

教学内容

本书的教学目标是循序渐进地帮助学生掌握Office办公软件的高级应用，具体包括掌握Word 2007、Excel 2007、PowerPoint 2007的基本操作，以及Office各组件的协同使用。全书共13个项目，可分为如下几个方面的内容。

- **项目一**：主要讲解Word 2007的基本操作和格式设置。
- **项目二至项目四**：主要讲解文档排版、图形图像对象的使用、编辑长文档等知识。

- **项目五**：主要讲解Word邮箱合并的应用。
- **项目六**：主要讲解Excel 2007的基本操作和编辑表格数据。
- **项目七至项目八**：主要讲解Excel中数据计算、统计、分析等知识。
- **项目九至项目十**：主要讲解PowerPoint 2007的基本操作和编辑幻灯片。
- **项目十一至项目十二**：主要讲解PowerPoint版式与动画设置和幻灯片放映与输出的操作。
- **项目十三**：主要使用Office 2007的三大组件制作相关的文件。

教学资源

本书的教学资源包括以下两方面的内容。

（1）配套光盘

教学资源包中包含图书中实例涉及的素材与效果文件、各章节实训及习题的操作演示动画、与知识点对应的微课视频以及模拟试题库4个方面的内容。模拟试题库中含有丰富的关于Office 2007办公软件应用的相关试题，包括填空题、单项选择题、多项选择题、判断题、问答题和操作题等多种题型，读者可自动组合出不同的试卷进行测试。另外，还提供了两套完整模拟试题，以便读者测试和练习。

（2）教学资源包

本书配套精心制作的教学资源包，包括PPT课件和教学教案（备课教案、Word文档），以便老师顺利开展教学工作。

（3）教学扩展包

教学扩展包中包括方便教学的拓展资源以及每年定期更新的拓展案例两个方面的内容。其中拓展资源包含Word教学素材和模板、Excel教学素材和模板、PowerPoint教学素材和模板、Office常用快捷键、Office精选技巧等。

特别提醒：上述第（2）、（3）教学资源可访问人民邮电出版社教学服务与资源网（http:// www.ptpedu.com.cn）搜索下载，或者发电子邮件至dxbook@qq.com索取。

本书由陈荣征、于洪任主编，余智容、梁海花任副主编。虽然编者在编写本书的过程中倾注了大量心血，但恐百密之中仍有疏漏，恳请广大读者及专家不吝赐教。

编者

2014年4月

目　录 CONTENTS

项目三　在文档中使用图形和表格　31

项目四　编辑长文档　49

项目五　使用Word邮件合并　63

项目六　制作Excel工作簿 81

项目七　计算表格数据 109

项目八　统计与分析表格数据　129

项目九　制作PowerPoint演示文稿　151

项目十　编辑幻灯片　171

项目十三　综合实训　223

PART 1

项目一 编辑Word文档

情景导入

阿秀：小白，我给你安排一下近期的工作任务吧。

小白：好的。

阿秀：今天下午两点去会议室开会，下班前把之前吩咐下来的报告上交，明天早上客户代表要来参观，你需要接待一下……

小白：稍等一下，阿秀姐！太多了，记不住。

阿秀：小白，没听说过“好记性不如烂笔头”吗?

小白：明白了，我马上用笔记下来。

阿秀：很好！不过现在都是电子办公，你可以用计算机做个备忘录进行记录。

小白：没错！你说得对，我这就去做。

学习目标

- 熟悉Word 2007工作界面各组成部分的作用
- 掌握Word文档的新建、保存、打开和关闭等基本操作
- 掌握文本的输入与编辑操作
- 掌握字符与段落格式的设置

技能目标

- 掌握“备忘录”办公文档的制作方法
- 掌握“工作计划”办公文档的格式编辑方法

任务一 制作“备忘录”文档

在生活工作中常需借助备忘录用于记录需要完成的事项，它是一种十分方便的文档，制作相对简单。下面具体介绍其制作方法。

一、任务目标

本任务将练习使用Word 2007制作“备忘录”文档，在制作时将用到Word 2007的基本操作，包括新建、保存文档，以及输入、复制、修改文本等。通过本任务的学习，可以掌握Word 2007的基本操作及文档的一般制作方法。本任务制作完成后的最终效果如图1-1所示。

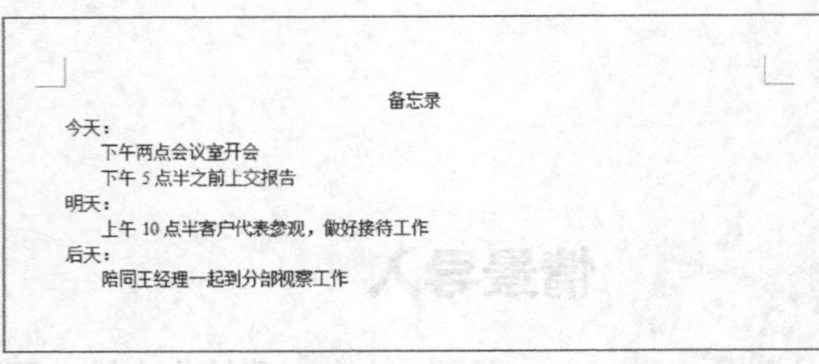

备忘录

今天：

下午两点会议室开会

下午 5 点半之前上交报告

明天：

上午 10 点半客户代表参观，做好接待工作

后天：

陪同王经理一起到分部视察工作

图1-1 “备忘录”文档

二、相关知识

启动Word 2007，进入其操作界面，如图1-2所示。操作界面的主要组成部分介绍如下。

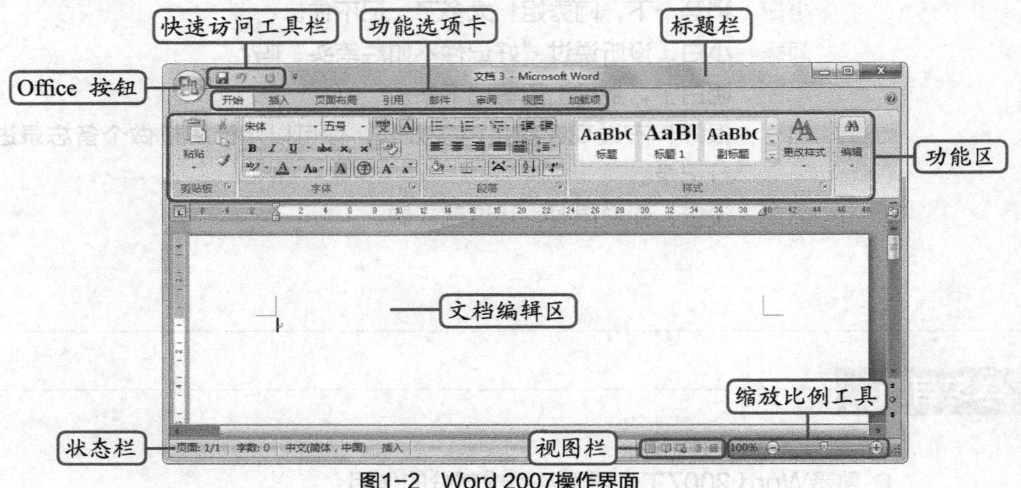

图1-2 Word 2007操作界面

- **Office 按钮**：位于操作界面左上角，单击该按钮，在打开的菜单中可进行新建、打开、保存文档等操作。
- **快速访问工具栏**：位于操作界面顶部左侧，单击其右侧的按钮，在打开的下拉列表中可自定义快速访问工具栏中的按钮，如添加或删除按钮。
- **功能选项卡与功能区**：功能选项卡与功能区是对应关系，单击某个功能选项卡即可打开相应的功能区，功能区中又包含可自动适应窗口大小的组。
- **文档编辑区**：这是Word 2007中最重要的组成部分，文本的编辑操作都在该区域进行。其中只显示了部分内容时，可通过拖曳下方和右侧的滚动条显示其他内容。
- **状态栏**：主要显示与当前操作相关的信息。
- **视图栏**：主要用于切换文档视图方式。

- **缩放比例工具**：位于视图栏右侧，单击⊖和⊕按钮或拖曳滑块▯，可调整显示比例。

三、任务实施

（一）启动Word 2007

启动Word 2007的方法有以下几种。

- **利用“开始”菜单启动**：单击“开始”按钮，在打开的菜单中选择【所有程序】/【Microsoft Office】/【Microsoft Office Word 2007】菜单命令。
- **利用已有Word文档启动**：双击后缀名为“.docx”的文档。
- **利用快捷方式图标启动**：若桌面上有Word 2007的快捷方式图标，双击该图标即可。
- **利用任务栏启动**：若任务栏中有图标，单击该图标即可。

（二）新建“备忘录”文档

下面在Word 2007中新建空白文档，其具体操作如下。（**拓展微课**：光盘\微课视频\项目一\新建文档.swf）

STEP 1 单击Office 按钮，在打开的列表中选择“新建”选项，如图1-3所示。

STEP 2 打开“新建文档”对话框，选择“空白文档”选项，单击创建按钮，如图1-4所示。

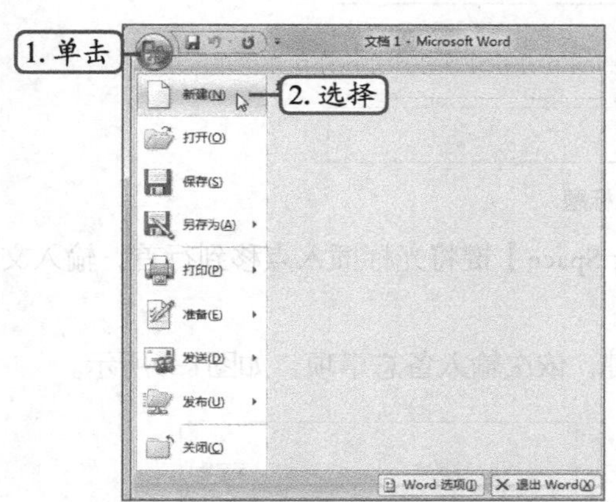

图1-3　选择“新建”命令

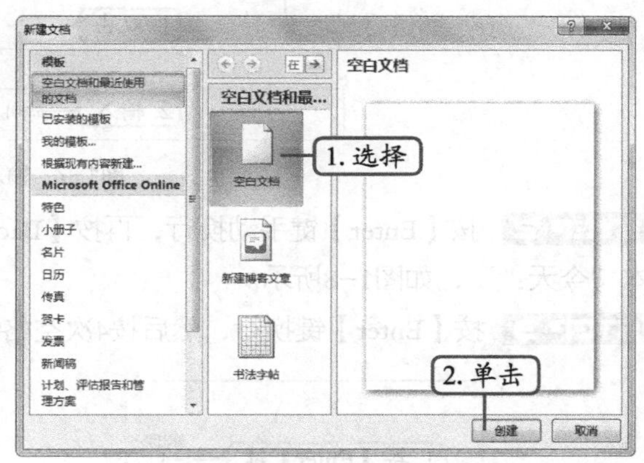

图1-4　新建空白文档

（三）保存文档

下面保存新建的空白文档。（**拓展微课**：光盘\微课视频\项目一\保存文档.swf）

STEP 1 单击Office 按钮，在打开的列表中选择“保存”选项，如图1-5所示。

在快速访问工具栏中单击“保存”按钮或按【Ctrl+S】组合键，也可打开“另存为”对话框。需要注意的是，当文档不是第一次保存时，若再次执行“保存”操作，将直接保存文档，而不打开“另存为”对话框。

STEP 2 在打开的“另存为”对话框中选择文档的保存位置，在“文件名”下拉列表中输入文档名称“备忘录.docx”，单击保存(S)按钮，如图1-6所示。

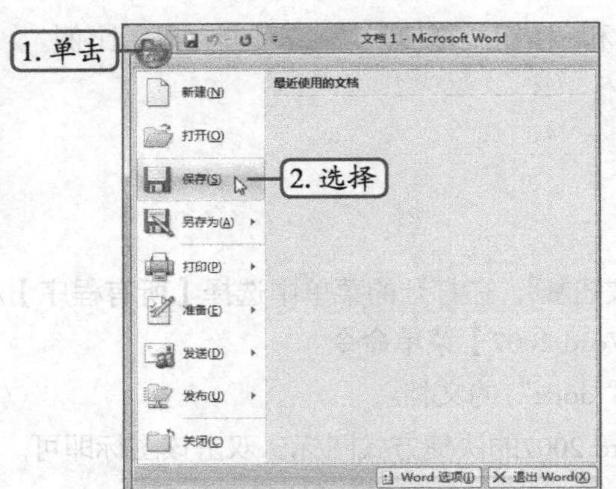

图1-5　选择“保存”命令

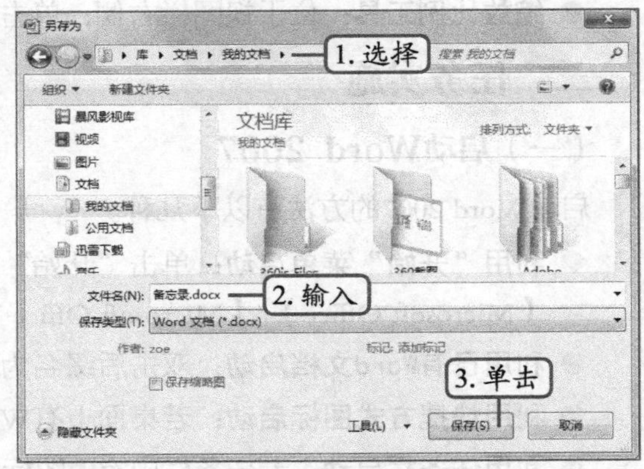

图1-6　设置并保存文档

（四）输入文本内容

创建文档后就可以输入文本内容了。下面以在“备忘录.docx”文档中输入文本为例，其具体操作如下。（拓展微课：光盘\微课视频\项目一\输入文本.swf）

STEP 1 将鼠标指针移至文档编辑区上方中间位置，当其变为I形状时双击定位光标插入点。切换到中文输入法并输入“备忘录”文本，如图1-7所示。

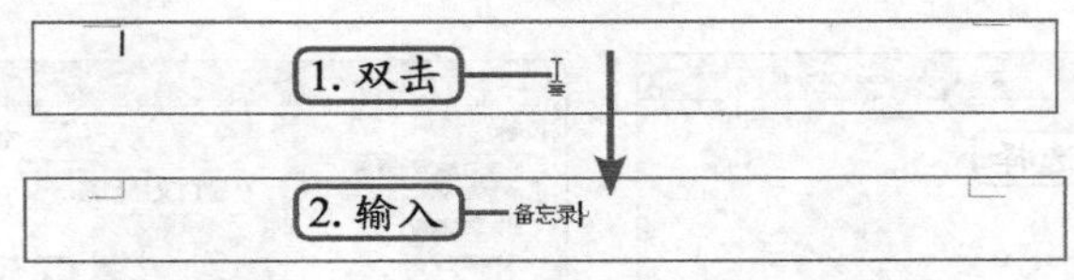

图1-7　输入标题

STEP 2 按【Enter】键手动换行，再按【Back Space】键将光标插入点移到行首，输入文本“今天：”，如图1-8所示。

STEP 3 按【Enter】键换行，然后按4次空格键，依次输入备忘事项，如图1-9所示。

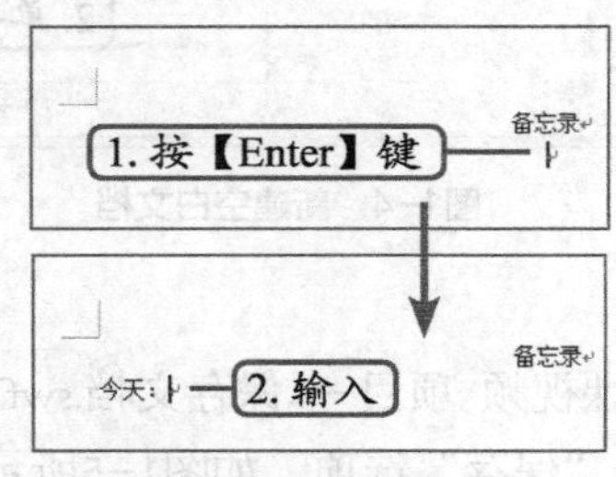

图1-8　输入第一行

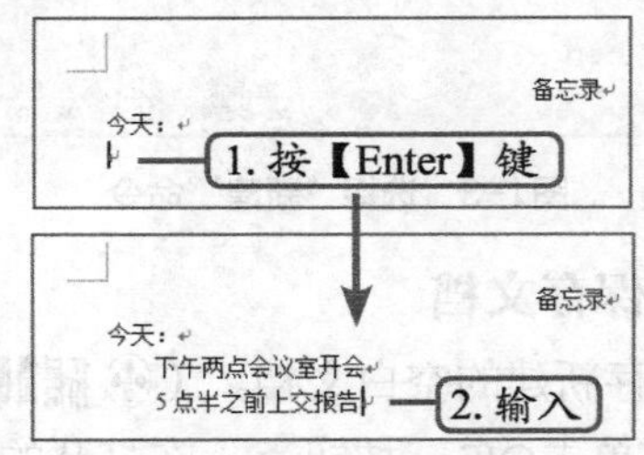

图1-9　输入备忘内容

STEP 4 按照相同方法输入其他文本内容。

（五）选择文本

编辑文本首先需选择文本，选择操作通常利用鼠标和键盘完成，其具体操作如下。（拓展微课：光盘\微课视频\项目一\选择文本1.swf、选择文本2.swf）

STEP 1 将鼠标指针移至需要选择的文本前，按住鼠标左键不放并拖曳至需要选择的文本末尾处，释放鼠标即可，如图1-10所示。

STEP 2 选择文本后，按住【Ctrl】键不放可继续选择不连续的文本，如图1-11所示。

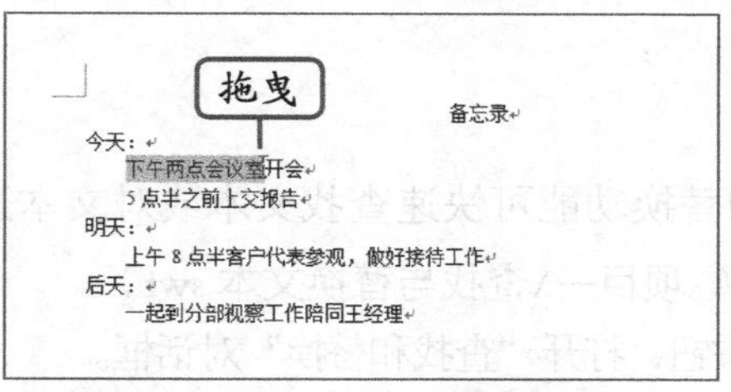

图1-10 拖曳选择文本

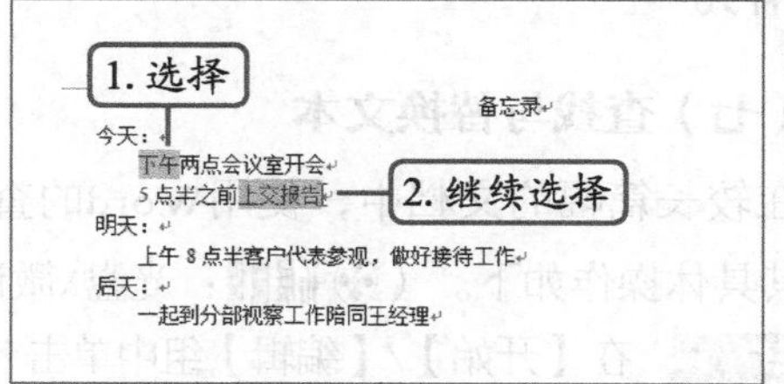

图1-11 选择不连续的文本

知识补充

将鼠标指针移动到文档编辑区左侧的文档选择区，当鼠标指针变成↗形状时，单击鼠标可选择鼠标指针对应的整行文本；双击鼠标可选择整段文本；快速连续单击鼠标3次可选择所有文本。

（六）移动与复制文本

移动和复制文本是编辑文本的常用操作。下面在“备忘录.docx”文档中移动和复制文本，其具体操作如下。（拓展微课：光盘\微课视频\项目一\复制文本.swf、移动文本.swf）

STEP 1 选择需要移动的文本“陪同王经理”，按住鼠标左键不放，同时拖曳鼠标至目标位置后释放，如图1-12所示，即可完成移动操作。

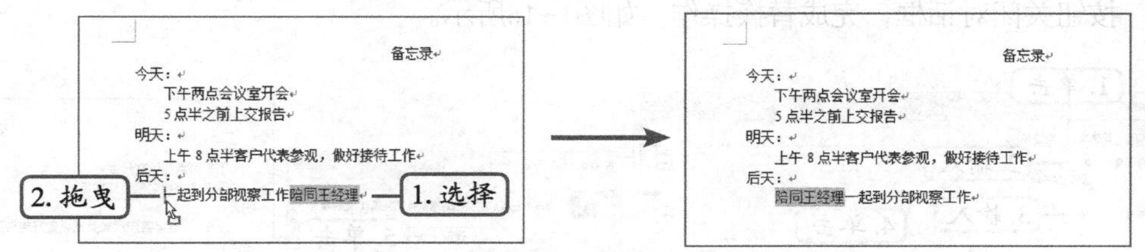

图1-12 移动文本

STEP 2 选择需要复制的文本“下午”，单击鼠标右键，在弹出的快捷菜单中选择“复制”命令，如图1-13所示。

STEP 3 在需要粘贴文本的位置单击定位光标插入点，单击鼠标右键，在弹出的快捷菜单中选择“粘贴”命令，即可粘贴文本，如图1-14所示。

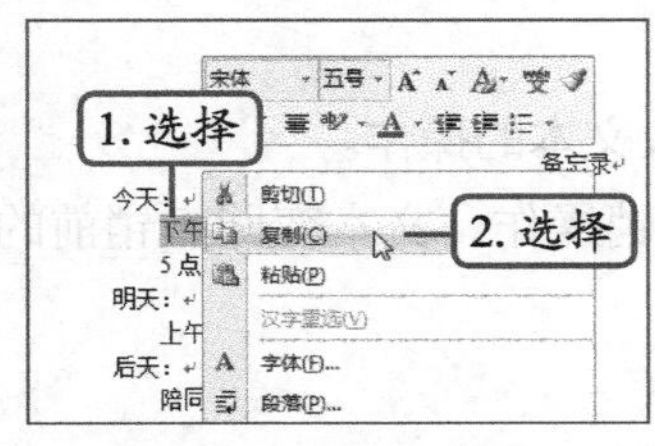

图1-13 选择“复制”命令

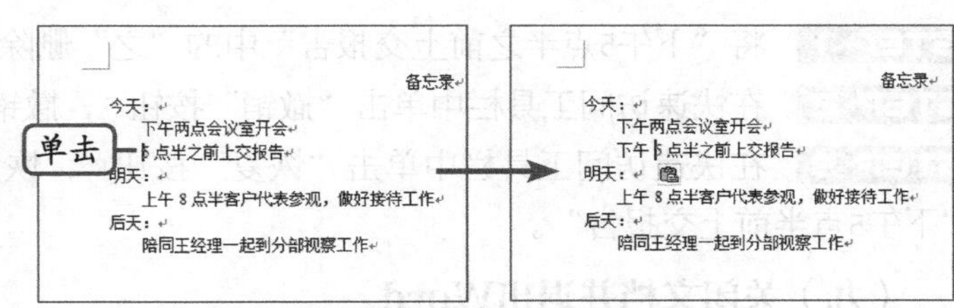

图1-14 粘贴文本

复制和粘贴操作均可利用快捷键完成，按【Ctrl+C】组合键复制文本，按【Ctrl+V】组合键即可粘贴文本。

（七）查找与替换文本

在较长篇幅的文档中，使用Word的查找和替换功能可快速查找文本或对文本进行替换，其具体操作如下。（拓展微课：光盘\微课视频\项目一\查找与替换文本.swf）

STEP 1 在【开始】/【编辑】组中单击查找按钮，打开“查找和替换”对话框。

STEP 2 在“查找”选项卡中的“查找内容”下拉列表框中输入“工作”，依次单击查找下一处(F)按钮，Word将自动在文档中查找相应文本，并以高亮显示，如图1-15所示。

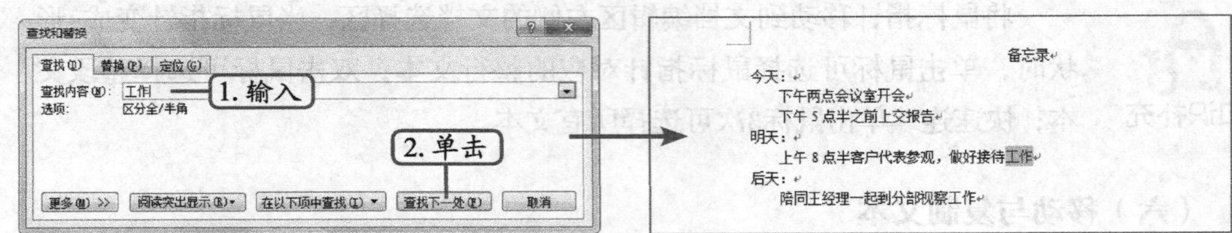

图1-15 查找文本

STEP 3 单击“替换”选项卡，在“查找内容”下拉列表框中输入要替换的文本“8”，在“替换为”下拉列表框中输入“10”，单击全部替换(A)按钮替换文本。

STEP 4 在打开的提示对话框中单击确定按钮，返回“查找和替换”对话框，单击关闭按钮关闭对话框，完成替换操作，如图1-16所示。

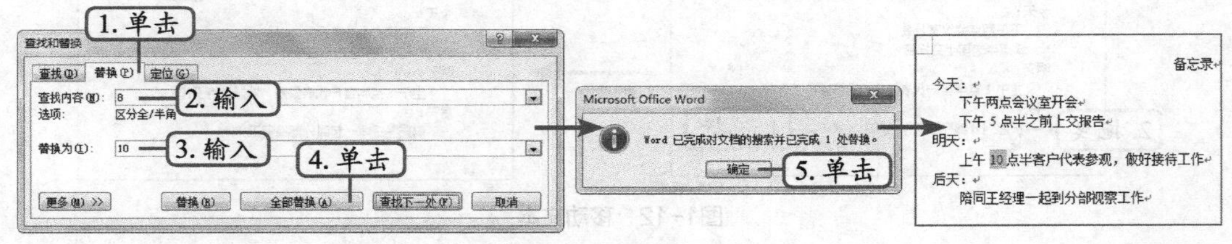

图1-16 替换文本

（八）撤销与恢复操作

撤销与恢复操作的目的是为了保证文档的正确性，其具体操作如下。（拓展微课：光盘\微课视频\项目一\撤销操作.swf、恢复操作.swf）

STEP 1 将“下午5点半之前上交报告”中的“之”删除。

STEP 2 在快速访问工具栏中单击“撤销”按钮，撤销修改文本的操作。

STEP 3 在快速访问工具栏中单击“恢复”按钮，恢复撤销操作，文本变回撤销前的“下午5点半前上交报告”。

（九）关闭文档并退出Word

Word中关闭文档的方法有很多种，最常用的是关闭文档并退出，其具体操作如下。

（拓展微课：光盘\微课视频\项目一\退出Office组件.swf）

STEP 1 单击Word 2007操作界面右上角的“关闭”按钮，Word会打开提示对话框，询问用户是否对文档进行保存，如图1-17所示。

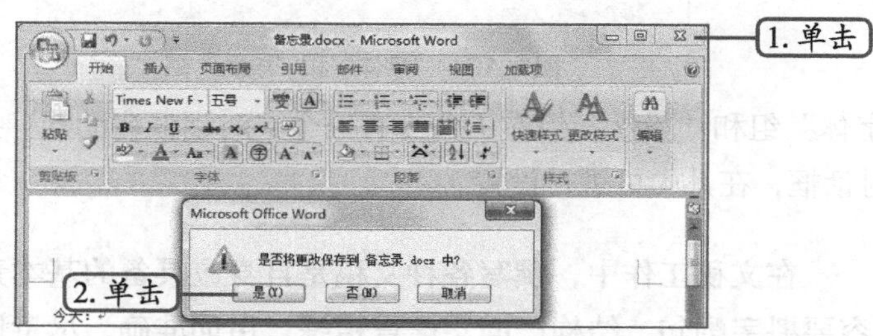

图1-17 关闭文档并退出Word

STEP 2 单击是(Y)按钮，打开“另存为”对话框进行保存，然后关闭文档并退出Word；单击否(N)按钮，直接关闭文档并退出Word（最终效果参见：效果文件\项目一\任务一\备忘录.docx）。

单击Office 按钮，在打开的列表中选择“关闭”选项，即可关闭当前文档。单击Office 按钮，在打开的列表中选择“退出”选项，即可关闭文档的同时退出Word 2007。

任务二 编辑“工作计划”文档

工作计划这类文档应具有一定的层次，在输入文档内容后，还需要进行一系列格式化文档的操作，如设置字符和段落样式等，以达到规范整齐的效果。

一、任务目标

本任务将练习用Word 2007编辑“工作计划”文档，制作时可直接打开素材文档，对其进行字符格式和段落格式的设置，包括设置字体、字号、字体颜色、段落缩进、行距、对齐方式等操作。通过本任务的学习，可了解格式的基本含义，掌握字符格式和段落格式的使用，并学会格式化文档的方法。本任务制作完成后的最终效果如图1-18所示。

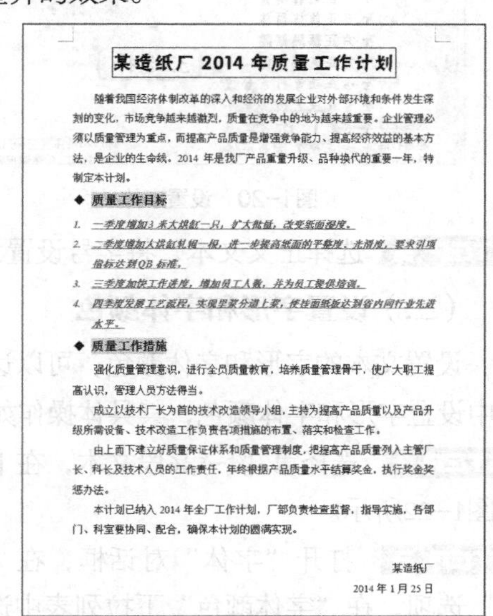

某造纸厂 2014 年质量工作计划

随着我国经济体制改革的深入和经济的发展企业对外部环境和条件发生深刻的变化，市场竞争越来越激烈，质量在竞争中的地为越来越重要。企业管理必须以质量管理为重点，而提高产品质量是增强竞争能力、提高经济效益的基本方法，是企业的生命线。2014 年是我厂产品重量升级、品种换代的重要一年，特制定本计划。

◆ 质量工作目标

1. 一季度增加3 米大烘缸一只，扩大批量，改变纸面湿度。
2. 二季度增加大烘缸轧辊一根，进一步提高纸面的平整度、光滑度，要求引项指标达到QB 标准。
3. 三季度加快工作进度，增加员工人数，并为员工提供培训。
4. 四季度发展工艺流程，实现里浆分道上浆，使挂面纸板达到省内同行业先进水平。

◆ 质量工作措施

强化质量管理意识，进行全员质量教育，培养质量管理骨干，使广大职工提高认识，管理人员方法得当。

成立以技术厂长为首的技术改造领导小组，主持为提高产品质量以及产品升级所需设备、技术改造工作负责各项措施的布置、落实和检查工作。

由上而下建立好质量保证体系和质量管理制度，把提高产品质量列入主管厂长、科长及技术人员的工作责任，年终根据产品质量水平结算奖金，执行奖金奖惩办法。

本计划已纳入 2014 年全厂工作计划，厂部负责检查监督，指导实施，各部门、科室要协同、配合，确保本计划的圆满实现。

某造纸厂

2014 年 1 月 25 日

图1-18 “工作计划”文档

二、相关知识

字符和段落格式主要通过“字体”和“段落”组，以及“字体”和“段落”对话框进行设置。选中相应的字符或段落文本，然后在“字体”或“段落”中单击相应按钮，便可快速设置常用字符或段落格式，如图1-19所示。

图1-19 “字体”和“段落”组

其中“字体”组和“段落”组右下角都有一个“对话框启动器”按钮，单击该按钮将打开相应的对话框，在其中可进行设置。

职业素养

在文秘工作中，撰写各种文稿是自身应具备的基本素质要求，文稿内容要斟字酌句、结构严谨、语言精练、用词准确，尽量使文稿达到切实可行、实事求是的目的，切忌蒙混过关、草草了事。

三、任务实施

（一）设置字体和字号

文本字体和字号一般通过“字体”组进行设置。其具体操作如下。（拓展微课：光盘\微课视频\项目一\设置字符格式.swf）

STEP 1 打开素材文档“工作计划.docx”（素材参见：素材文件\项目一\任务二\工作计划.docx），选择标题文本，在【开始】/【字体】组中单击“字体”下拉列表框右侧的下拉按钮，在打开的下拉列表中选择“方正艺黑简体”选项，如图1-20所示。

STEP 2 在“字号”下拉列表中选择“二号”选项，如图1-21所示。

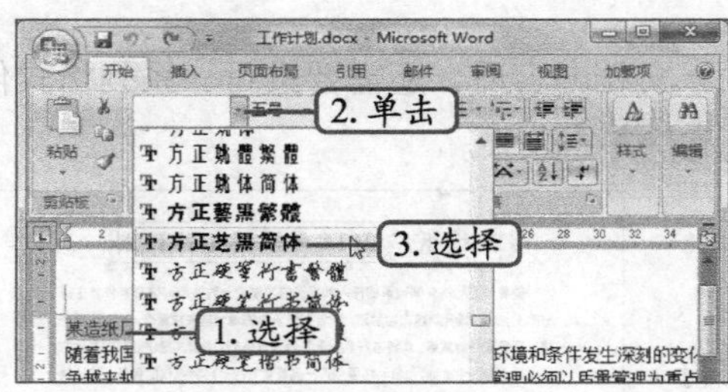

图1-20 设置字体

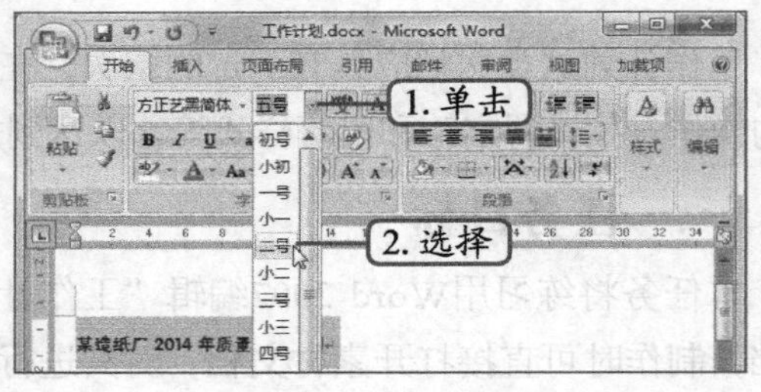

图1-21 设置字号

STEP 3 选择正文文本，将字号设置为“小四”。

（二）设置字形和字体颜色

设置文本的字形和字体颜色，可以达到着重显示的效果等。下面在“工作计划.docx”文档中设置字形和字体颜色，其具体操作如下。

STEP 1 选择第3段~第6段文本，在【开始】/【字体】组单击“对话框启动器”按钮，如图1-22所示。

STEP 2 打开“字体”对话框，在“字体”选项卡的“字形”列表框中选择“加粗 倾斜”选项，在“字体颜色”下拉列表中选择“深红”选项，在“下划线线型”下拉列表框中选择如图1-23所示的选项，单击 确定 按钮。

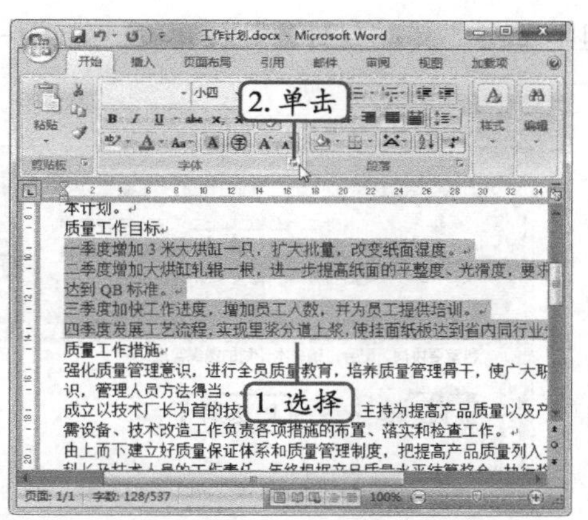

图1-22　单击"对话框启动器"按钮

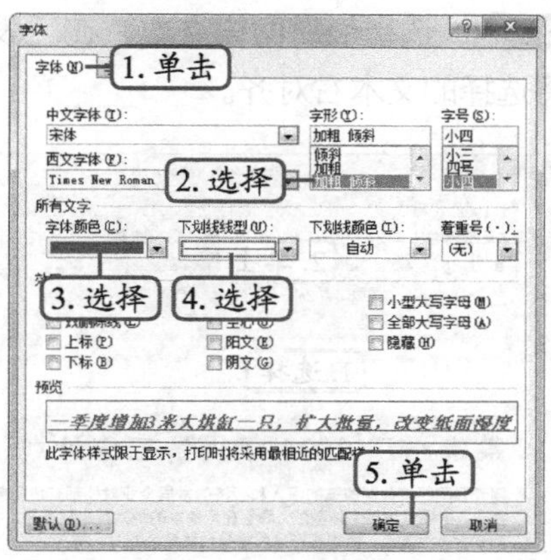

图1-23　设置字形和字体颜色

STEP 3　返回文本编辑区，选择第2段和第7段文本，在【开始】/【字体】组中单击"加粗"按钮，设置加粗文本。

（三）设置字符间距

设置字符间距可以使文档更加一目了然，便于阅读，字符间距的设置一般利用"字体"对话框实现。下面设置"工作计划.docx"文档的字符间距，其具体操作如下。

STEP 1　选择标题文本，在【开始】/【字体】组中单击"对话框启动器"按钮，如图1-24所示。

STEP 2　打开"字体"对话框，单击"字符间距"选项卡，在"间距"下拉列表中选择"加宽"选项，其他选项保持默认，单击确定按钮，如图1-25所示。

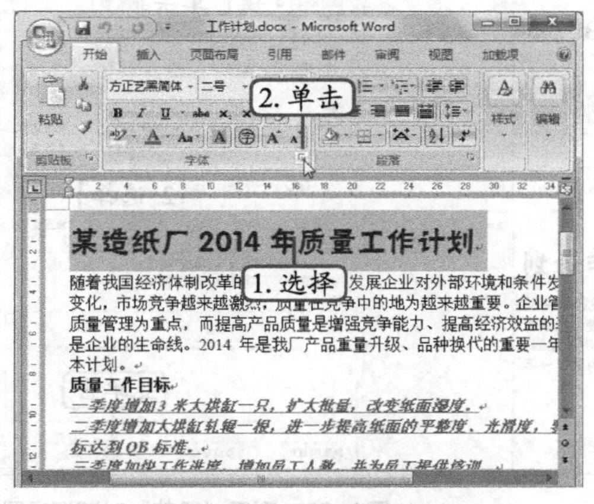

图1-24　单击"对话框启动器"按钮

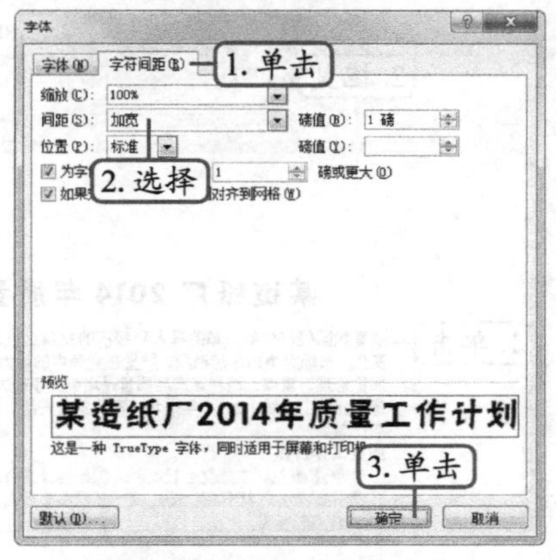

图1-25　设置字符间距

（四）设置对齐方式

文档中的不同段落可以设置相应的对齐方式，从而增强文档的层次感。下面在"工作计划.docx"文档中为段落设置对齐方式，其具体操作如下。

STEP 1　选择标题段落文本，在【开始】/【段落】组中单击"居中"按钮，如图1-26所示，将标题居中对齐。

STEP 2 选择最后两段文本，在“段落”组中单击“文本右对齐”按钮，如图1-27所示，将选择的文本右对齐。

图1-26 设置居中对齐

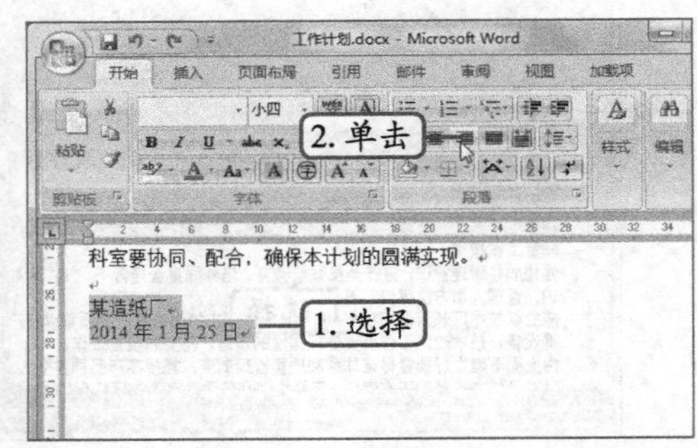

图1-27 设置右对齐

（五）设置段落缩进

设置段落缩进可使文本变得工整，从而清晰地表现文本层次。下面在“工作计划.docx”文档中设置段落缩进，其具体操作如下。（拓展微课：光盘\微课视频\项目一\设置段落格式.swf）

STEP 1 在第1段文本中单击定位光标插入点，在编辑区上方拖曳标尺中的“首行缩进”浮标至“2”处，设置段落首行缩进两个字符，如图1-28所示。

STEP 2 选择第8段~第11段文本，在“段落”组中单击“对话框启动器”按钮。

STEP 3 打开“段落”对话框，在“缩进和间距”选项卡中的“缩进”栏的“特殊格式”下拉列表中选择“首行缩进”选项，单击 确定 按钮，如图1-29所示。

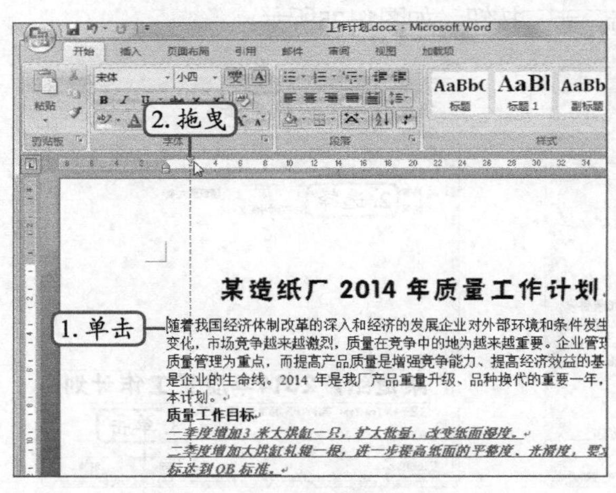

图1-28 利用标尺设置缩进

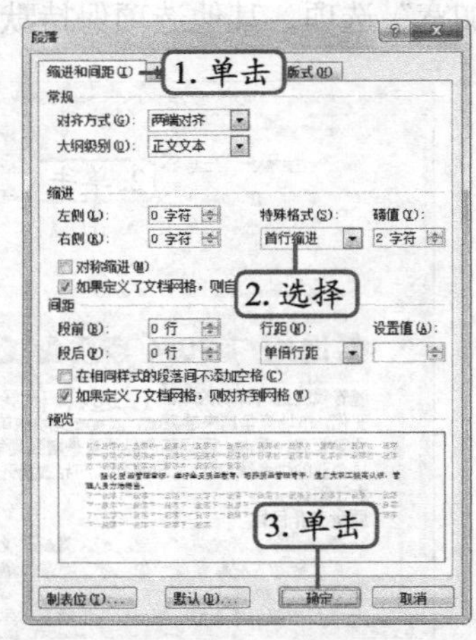

图1-29 利用“段落”对话框设置缩进

知识补充

单击右侧垂直滚动条顶端的“标尺”按钮可显示或隐藏标尺。标尺中的“首行缩进”浮标，可调整段落首行缩进；“悬挂缩进”浮标可调整段落首行下文本的缩进；“左缩进”浮标可调整段落左缩进；“右缩进”浮标可调整段落右缩进。拖动浮标时按住【Alt】键可精确缩进数值。

（六）设置行距与段间距

合适的文档间距可使文档一目了然，设置文档间距的操作一般包括设置行间距和段落间距。下面在“工作计划”文档中设置行距和段间距，其具体操作如下。

STEP 1 按【Ctrl+A】组合键选择所有文本，在【开始】/【段落】组中单击“行距”按钮，在打开的下拉列表中选择“1.5”选项，如图1-30所示。

STEP 2 选择标题段落，在“段落”组中单击“对话框启动器”按钮。

STEP 3 打开“段落”对话框，在“缩进和间距”选项卡中的“间距”栏的“段后”数值框中输入“0.5行”，单击确定按钮，如图1-31所示。

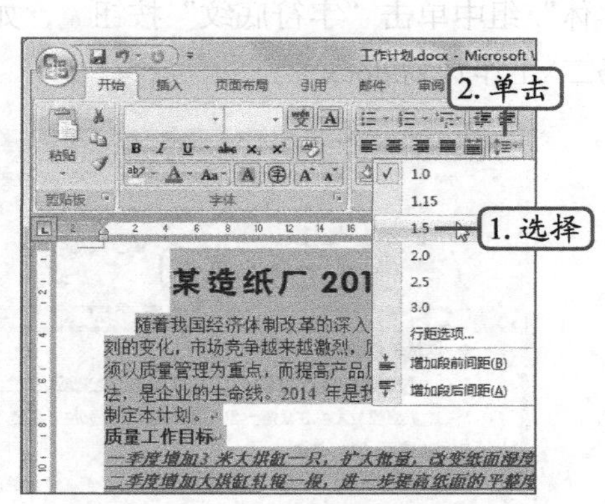

图1-30 设置行距

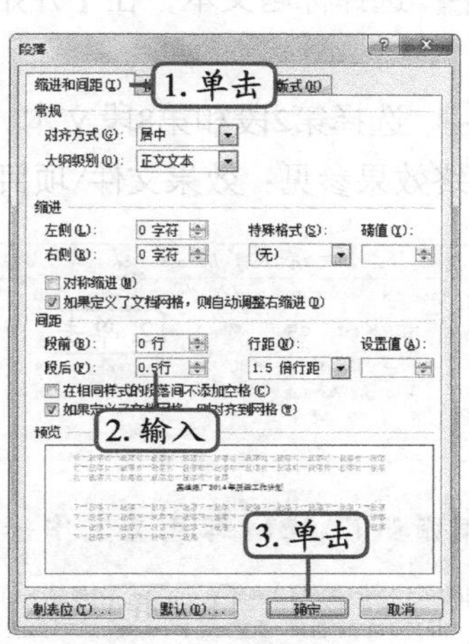

图1-31 设置段后距

（七）设置项目符号和编号

下面在“工作计划.docx”文档中设置项目符号和编号，其具体操作如下。（拓展微课：光盘\微课视频\项目一\设置项目符号和编号.swf）

STEP 1 选择第2段和第8段文本，在【开始】/【段落】组中单击“项目符号”按钮右侧的下拉按钮，在打开的下拉列表的“项目符号库”栏中选择“菱形”选项，如图1-32所示，为所选段落添加相应的项目符号。

STEP 2 选择第3段~第7段文本，在“段落”组中单击“编号”按钮，为所选段落添加默认格式的编号，如图1-33所示。

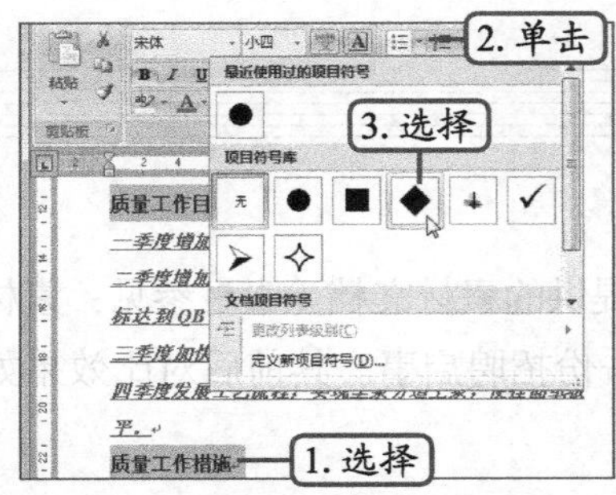

图1-32 添加项目符号

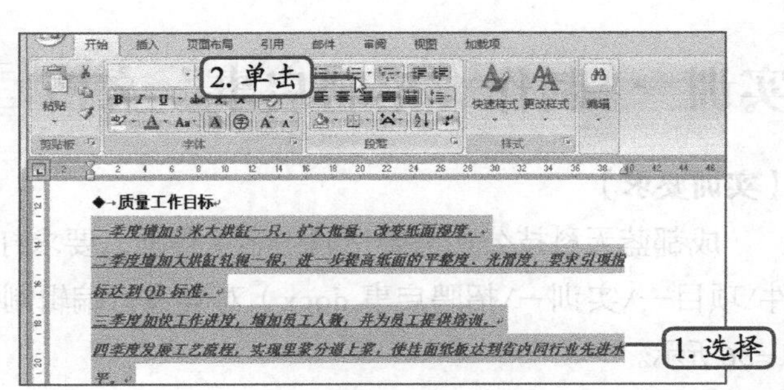

图1-33 添加编号

知识补充

在【开始】/【段落】组中单击“项目符号”按钮，为所选段落添加默认项目符号；单击“编号”按钮右侧的下拉按钮，在打开的下拉菜单中可选择编号的格式。

（八）添加字符边框与底纹

添加字符边框和底纹可起到突出强调的作用，下面在“工作计划.docx”文档中进行设置，其具体操作如下。

STEP 1 选择标题文本，在【开始】/【字体】组中单击“字符边框”按钮，如图1-34所示。

STEP 2 选择第2段和第8段文本，在“字体”组中单击“字符底纹”按钮，如图1-35所示（最终效果参见：效果文件\项目一\任务二\工作计划.docx）。

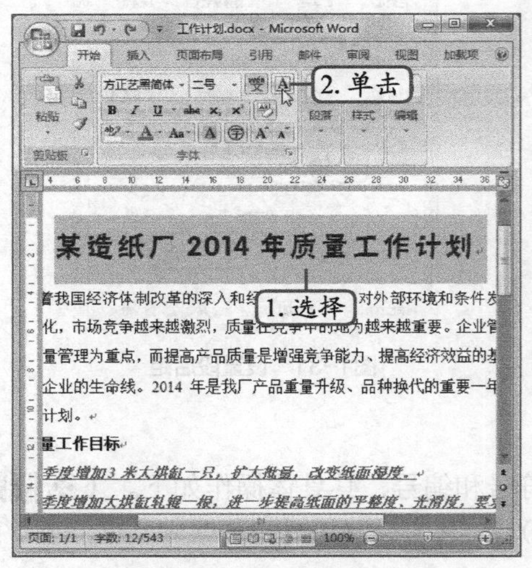

图1-34　添加字符边框

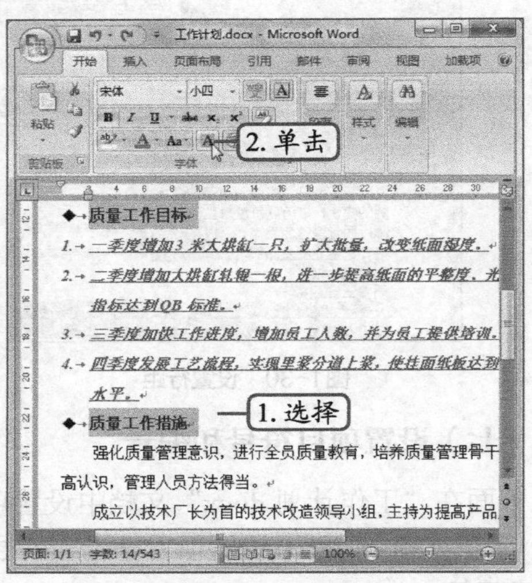

图1-35　添加字符底纹

操作提示

此处的操作是为字符添加边框和底纹，除此之外还可以为段落和页面添加边框和底纹，将在之后的内容中进行讲解。

实训一　制作“招聘启事”文档

【实训要求】

成都蓝天科技公司需要招聘一名工程师，要求打开提供的素材文档（素材参见：素材文件\项目一\实训一\招聘启事.docx）对其进行编辑制作一份招聘启事。其前后对比效果如图1-36所示。

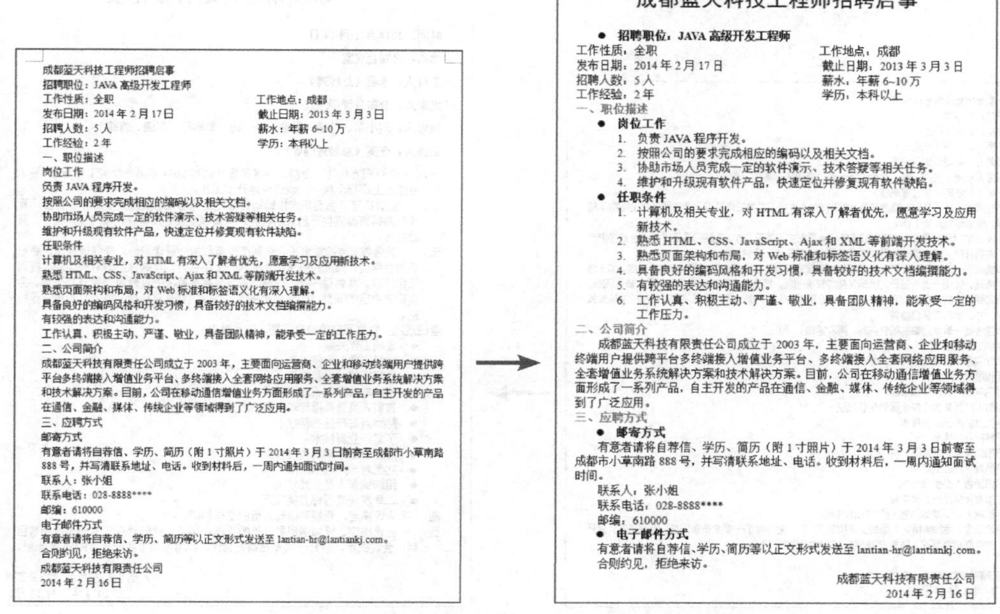

成都蓝天科技工程师招聘启事
招聘职位：JAVA 高级开发工程师
工作性质：全职　　工作地点：成都
发布日期：2014 年 2 月 17 日　　截止日期：2013 年 3 月 3 日
招聘人数：5 人　　薪水：年薪 6~10 万
工作经验：2 年　　学历：本科以上
一、职位描述
岗位工作
负责 JAVA 程序开发。
按照公司的要求完成相应的编码以及相关文档。
协助市场人员完成一定的软件演示、技术答疑等相关任务。
维护和升级现有软件产品，快速定位并修复现有软件缺陷。
任职条件
计算机及相关专业，对 HTML 有深入了解者优先，愿意学习及应用新技术。
熟悉 HTML、CSS、JavaScript、Ajax 和 XML 等前端开发技术。
熟悉页面架构和布局，对 Web 标准和标签语义化有深入理解。
具备良好的编码风格和开发习惯，具备较好的技术文档编撰能力。
有较强的表达和沟通能力。
工作认真、积极主动、严谨、敬业，具备团队精神，能承受一定的工作压力。
二、公司简介
成都蓝天科技有限责任公司成立于 2003 年，主要面向运营商、企业和移动终端用户提供跨平台多终端接入增值业务平台、多终端接入全套网络应用服务、全套增值业务系统解决方案和技术解决方案。目前，公司在移动通信增值业务方面形成了一系列产品，自主开发的产品在通信、金融、媒体、传统企业等领域得到了广泛应用。
三、应聘方式
邮寄方式
有意者请将自荐信、学历、简历（附 1 寸照片）于 2014 年 3 月 3 日前寄至成都市小草南路 888 号，并写清联系地址、电话。收到材料后，一周内通知面试时间。
联系人：张小姐
联系电话：028-8888****
邮编：610000
电子邮件方式
有意者请将自荐信、学历、简历等以正文形式发送至 lantian-hr@lantiankj.com。
合则约见，拒绝来访。
成都蓝天科技有限责任公司
2014 年 2 月 16 日

→

成都蓝天科技工程师招聘启事

- **招聘职位：JAVA 高级开发工程师**

工作性质：全职　　工作地点：成都
发布日期：2014 年 2 月 17 日　　截止日期：2013 年 3 月 3 日
招聘人数：5 人　　薪水：年薪 6~10 万
工作经验：2 年　　学历：本科以上
一、职位描述
- **岗位工作**
  1. 负责 JAVA 程序开发。
  2. 按照公司的要求完成相应的编码以及相关文档。
  3. 协助市场人员完成一定的软件演示、技术答疑等相关任务。
  4. 维护和升级现有软件产品，快速定位并修复现有软件缺陷。
- **任职条件**
  1. 计算机及相关专业，对 HTML 有深入了解者优先，愿意学习及应用新技术。
  2. 熟悉 HTML、CSS、JavaScript、Ajax 和 XML 等前端开发技术。
  3. 熟悉页面架构和布局，对 Web 标准和标签语义化有深入理解。
  4. 具备良好的编码风格和开发习惯，具备较好的技术文档编撰能力。
  5. 有较强的表达和沟通能力。
  6. 工作认真、积极主动、严谨、敬业，具备团队精神，能承受一定的工作压力。

二、公司简介
成都蓝天科技有限责任公司成立于 2003 年，主要面向运营商、企业和移动终端用户提供跨平台多终端接入增值业务平台、多终端接入全套网络应用服务、全套增值业务系统解决方案和技术解决方案。目前，公司在移动通信增值业务方面形成了一系列产品，自主开发的产品在通信、金融、媒体、传统企业等领域得到了广泛应用。
三、应聘方式
- **邮寄方式**

有意者请将自荐信、学历、简历（附 1 寸照片）于 2014 年 3 月 3 日前寄至成都市小草南路 888 号，并写清联系地址、电话。收到材料后，一周内通知面试时间。
联系人：张小姐
联系电话：028-8888****
邮编：610000
- **电子邮件方式**

有意者请将自荐信、学历、简历等以正文形式发送至 lantian-hr@lantiankj.com。
合则约见，拒绝来访。

成都蓝天科技有限责任公司
2014 年 2 月 16 日

图1-36　编辑“招聘启事”文档前后的对比效果

【实训思路】

打开素材文档，在其中设置字符和段落格式，并在相应段落添加项目符号和编号。

【步骤提示】

STEP 1 打开素材文档“招聘启事.docx”，将标题段落设置为“黑体、二号、居中”，并设置段后距为“1行”。

STEP 2 将正文文本设置为“小四”，使署名和日期段落右对齐。

STEP 3 加粗“招聘职位”、“岗位工作”、“任职条件”、“邮寄方式”、“电子邮件方式”段落，并为其添加默认的圆形项目符号，拖曳“左缩进”浮标到“4”。

STEP 4 将“一、职位描述”、“二、公司简介”、“三、应聘方式”段落文本设置为“红色、加粗”。

STEP 5 将“岗位工作”和“任职条件”下面包含的段落左缩进“6”字符，并添加默认格式的编号。

STEP 6 在“任职条件”下第1段的编号上单击鼠标右键，在弹出的快捷菜单中选择“重新开始于 1”命令（最终效果参见：效果文件\项目一\实训一\招聘启事.docx）。

实训二　制作“会议纪要”文档

【实训要求】

打开提供的素材文档（素材参见：素材文件\项目一\实训二\会议纪要.docx），要求通过对其应用样式，使文档条理清晰，其前后对比效果如图1-37所示。

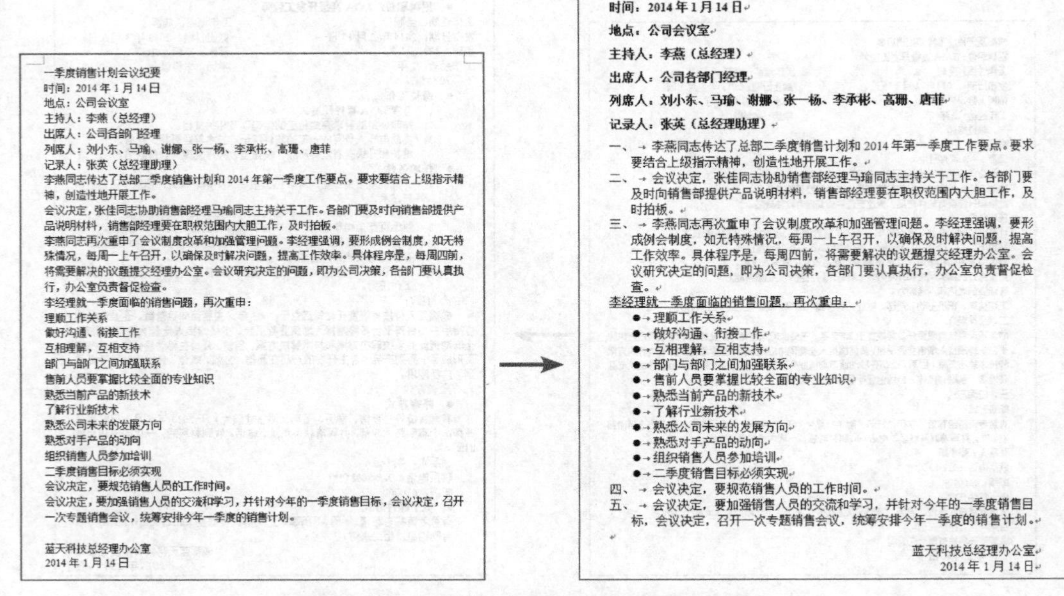
一季度销售计划会议纪要
时间：2014年1月14日
地点：公司会议室
主持人：李燕（总经理）
出席人：公司各部门经理
列席人：刘小东、马瑜、谢娜、张一杨、李承彬、高珊、唐菲
记录人：张英（总经理助理）
李燕同志传达了总部二季度销售计划和2014年第一季度工作要点。要求要结合上级指示精神，创造性地开展工作。
会议决定，张佳同志协助销售部经理马瑜同志主持关于工作。各部门要及时向销售部提供产品说明材料，销售部经理要在职权范围内大胆工作，及时拍板。
李燕同志再次重申了会议制度改革和加强管理问题。李经理强调，要形成例会制度，如无特殊情况，每周一上午召开，以确保及时解决问题，提高工作效率。具体程序是，每周四前，将需要解决的议题提交经理办公室。会议研究决定的问题，即为公司决策，各部门要认真执行，办公室负责督促检查。
李经理就一季度面临的销售问题，再次重申：
理顺工作关系
做好沟通、衔接工作
互相理解，互相支持
部门与部门之间加强联系
售前人员要掌握比较全面的专业知识
熟悉当前产品的新技术
了解行业新技术
熟悉公司未来的发展方向
熟悉对手产品的动向
组织销售人员参加培训
二季度销售目标必须实现
会议决定，要规范销售人员的工作时间。
会议决定，要加强销售人员的交流和学习，并针对今年的一季度销售目标，会议决定，召开一次专题销售会议，统筹安排今年一季度的销售计划。

蓝天科技总经理办公室
2014年1月14日

一季度销售计划会议纪要

时间：2014年1月14日

地点：公司会议室

主持人：李燕（总经理）

出席人：公司各部门经理

列席人：刘小东、马瑜、谢娜、张一杨、李承彬、高珊、唐菲

记录人：张英（总经理助理）

一、李燕同志传达了总部二季度销售计划和2014年第一季度工作要点。要求要结合上级指示精神，创造性地开展工作。
二、会议决定，张佳同志协助销售部经理马瑜同志主持关于工作。各部门要及时向销售部提供产品说明材料，销售部经理要在职权范围内大胆工作，及时拍板。
三、李燕同志再次重申了会议制度改革和加强管理问题。李经理强调，要形成例会制度，如无特殊情况，每周一上午召开，以确保及时解决问题，提高工作效率。具体程序是，每周四前，将需要解决的议题提交经理办公室。会议研究决定的问题，即为公司决策，各部门要认真执行，办公室负责督促检查。
李经理就一季度面临的销售问题，再次重申：
- 理顺工作关系
- 做好沟通、衔接工作
- 互相理解，互相支持
- 部门与部门之间加强联系
- 售前人员要掌握比较全面的专业知识
- 熟悉当前产品的新技术
- 了解行业新技术
- 熟悉公司未来的发展方向
- 熟悉对手产品的动向
- 组织销售人员参加培训
- 二季度销售目标必须实现

四、会议决定，要规范销售人员的工作时间。
五、会议决定，要加强销售人员的交流和学习，并针对今年的一季度销售目标，会议决定，召开一次专题销售会议，统筹安排今年一季度的销售计划。

蓝天科技总经理办公室
2014年1月14日

图1-37 编辑“会议纪要”文档前后的对比效果

【实训思路】

本实训可运用前面所学的方法设置字符和段落格式。

【步骤提示】

STEP 1 打开素材文档“会议纪要.docx”，将标题设置为“黑体、二号、居中”，并设置段后距为“1行”。

STEP 2 将正文文本设置为“小四”，并使署名和日期段落右对齐。

STEP 3 选择小标题段落，在“样式”组中单击“对话框启动器”按钮，打开“样式”窗格。

STEP 4 加粗第1段~第6段文本，并设置段后距为“0.5行”。

STEP 5 为第7段~第9段，以及倒数第1段和第2段添加编号库中第2行第1个样式的编号。

STEP 6 为第10段文本添加默认的下画线。

STEP 7 为第11段~第21段添加默认的圆形项目符号，并拖曳“左缩进”浮标至“4”（最终效果参见：效果文件\项目一\实训二\会议纪要.docx）。

常见疑难解析

问：设置字体时，发现Word中没有该字体，该怎么办？

答：Windows系统自带了黑体和楷体等字体，但要制作更为丰富的文档效果需安装其他字体，其方法是通过网络下载共享字体文件或购买相应的字库安装光盘，进行安装后即可在所有软件中使用。

问：Word 2007中字号最大为初号，需设置更大字号的字体，可以实现吗？

答：可以直接选中文字后在“字号”下拉列表框中输入需要的字号大小即可，如输入“100”等，如果不知道将文本设置为多大的字号合适，还可以选择文本后按【Ctrl+]】组合键逐渐放大字号；按【Ctrl+[】组合键逐渐缩小字号。

问：在文档中使用自动编号，有些地方的编号需要重新从“1”开始，该怎样设置呢？

答：可以选中应用了编号的段落，然后单击鼠标右键，在弹出的快捷菜单中选择“重新开始于 1”命令即可；或选择“设置编号值”命令，在打开的“起始编号”对话框中可以输入新编号列表的起始值或选择继续编号。

问：Word中提供的项目符号只有几种，可以添加其他样式的项目符号吗？

答：Word中默认提供了几种项目符号样式，可以通过设置使用其他符号或计算机中的图片文件作为项目符号，其方法是在【开始】/【段落】组中单击“项目符号”按钮右侧的下拉按钮，在打开的下拉列表中选择“定义新项目符号”选项，打开“定义新项目符号”对话框。在其中单击符号(S)...按钮，打开“符号”对话框，选择一种符号作为新项目符号。若单击图片(P)...按钮，则可打开“图片项目符号”对话框，在其中可选择Word 2007提供的图片作为项目符号，也可单击导入(I)...按钮，选择计算机中的图片文件作为项目符号。

拓展知识

1. 根据模板新建文档

除了新建空白文档，Word 2007提供了许多已设置好的文档模板，在办公中利用这些模板可快速新建含有一定格式和内容的文档，用户只需根据需要在其中进行修改，即可制作一份工整、规范的文档。

- 单击Office 按钮，在打开的列表中选择“新建”选项。
- 在打开的“新建文档”对话框左侧单击“模板”栏中的“已安装的模板”选项卡。
- 在中间选择需要的模板，单击创建按钮，即可根据所选模板新建文档。

2. 使用格式刷

在对文档进行格式化的过程中，有时需对不同文本设置相同的格式，若逐一设置会浪费很多时间。使用格式刷可以将相同的格式应用到不同的文本中，从而达到节省时间、提高工作效率的目的。

- 将光标插入点定位到需要复制格式的段落中，在【开始】/【剪贴板】组中单击“格式刷”按钮，鼠标指针变成形状。
- 在需要应用相同格式的段落中单击鼠标，即可将格式应用在该段落中。

需要注意的是，单击“格式刷”按钮后，在文档中使用一次便会退出格式刷状态，若需要继续执行格式刷操作，则需要再次单击该按钮。如需连续多次使用格式刷，可采用双击“格式刷”按钮的方法，即可进行多次格式复制操作。

课后练习

（1）打开提供的素材文件“表彰通报.docx”（素材参见：素材文件\项目一\课后练习\表彰通报.docx），并执行以下操作，完成后的效果如图1-38所示（最终效果参见：效果文件\项目一\课后练习\表彰通报.docx）。

- 将标题设置为“方正大标宋简体、红色、小二”，段后距“1行”。
- 将正文文本设置为“小四”，使署名和日期段落右对齐。
- 将正文第2段和第3段首行缩进2字符。
- 将倒数第3段设置为“加粗、倾斜、红色”，为其后的正文段落添加下画线，并添加项目符号库中第2行第1个项目符号。
- 将文档的行间距设置为“1.5”。

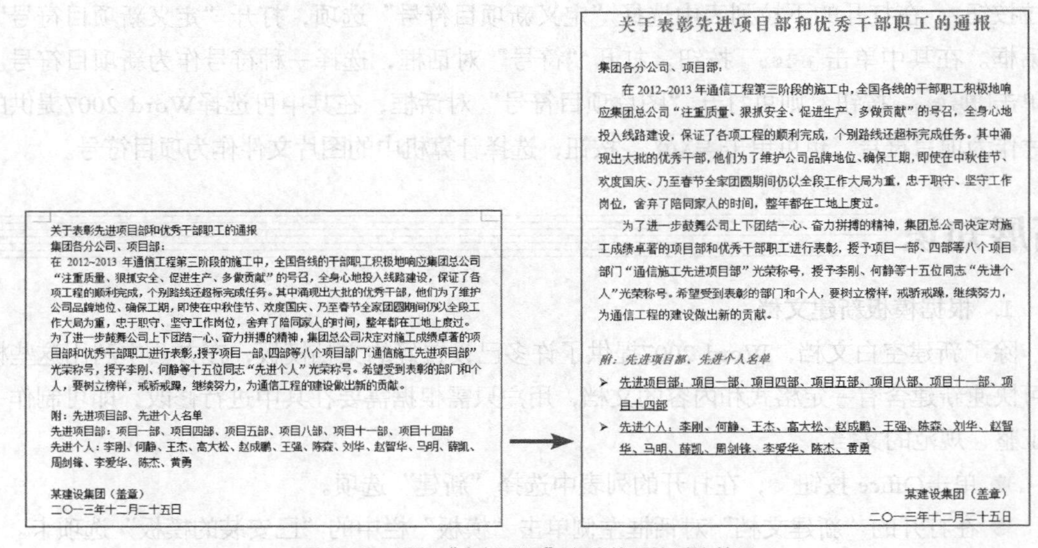

关于表彰先进项目部和优秀干部职工的通报
集团各分公司、项目部：
在 2012~2013 年通信工程第三阶段的施工中，全国各线的干部职工积极地响应集团总公司“注重质量、狠抓安全、促进生产、多做贡献”的号召，全身心地投入线路建设，保证了各项工程的顺利完成，个别路线还超标完成任务。其中涌现出大批的优秀干部，他们为了维护公司品牌地位、确保工期，即使在中秋佳节、欢度国庆、乃至春节全家团圆期间仍以全段工作大局为重，忠于职守、坚守工作岗位，舍弃了陪同家人的时间，整年都在工地上度过。
为了进一步鼓舞公司上下团结一心、奋力拼搏的精神，集团总公司决定对施工成绩卓著的项目部和优秀干部职工进行表彰，授予项目一部、四部等八个项目部门“通信施工先进项目部”光荣称号，授予李刚、何静等十五位同志“先进个人”光荣称号。希望受到表彰的部门和个人，要树立榜样，戒骄戒躁，继续努力，为通信工程的建设做出新的贡献。

附：先进项目部、先进个人名单
先进项目部：项目一部、项目四部、项目五部、项目八部、项目十一部、项目十四部
先进个人：李刚、何静、王杰、高大松、赵成鹏、王强、陈森、刘华、赵智华、马明、薛凯、周剑锋、李爱华、陈杰、黄勇

某建设集团（盖章）
二〇一三年十二月二十五日

关于表彰先进项目部和优秀干部职工的通报

集团各分公司、项目部：

在 2012~2013 年通信工程第三阶段的施工中，全国各线的干部职工积极地响应集团总公司“注重质量、狠抓安全、促进生产、多做贡献”的号召，全身心地投入线路建设，保证了各项工程的顺利完成，个别路线还超标完成任务。其中涌现出大批的优秀干部，他们为了维护公司品牌地位、确保工期，即使在中秋佳节、欢度国庆、乃至春节全家团圆期间仍以全段工作大局为重，忠于职守、坚守工作岗位，舍弃了陪同家人的时间，整年都在工地上度过。

为了进一步鼓舞公司上下团结一心、奋力拼搏的精神，集团总公司决定对施工成绩卓著的项目部和优秀干部职工进行表彰，授予项目一部、四部等八个项目部门“通信施工先进项目部”光荣称号，授予李刚、何静等十五位同志“先进个人”光荣称号。希望受到表彰的部门和个人，要树立榜样，戒骄戒躁，继续努力，为通信工程的建设做出新的贡献。

附：先进项目部、先进个人名单

- 先进项目部：项目一部、项目四部、项目五部、项目八部、项目十一部、项目十四部
- 先进个人：李刚、何静、王杰、高大松、赵成鹏、王强、陈森、刘华、赵智华、马明、薛凯、周剑锋、李爱华、陈杰、黄勇

某建设集团（盖章）

二〇一三年十二月二十五日

图1-38　排版“表彰通报”文档前后的对比效果

（2）打开提供的素材文件“产品宣传.docx”（素材参见：素材文件\项目一\课后练习\产品宣传.docx），并执行以下操作。文档编辑前后的效果如图1-39所示（最终效果参见：效果文件\项目一\课后练习\产品宣传.docx）。

- 将标题文本设置为“汉仪粗圆简、小一、蓝色、加粗”。
- 将正文文本设置为“幼圆、四号、倾斜”，并将正文中的“米咖”文本设置为“加粗、蓝色”。

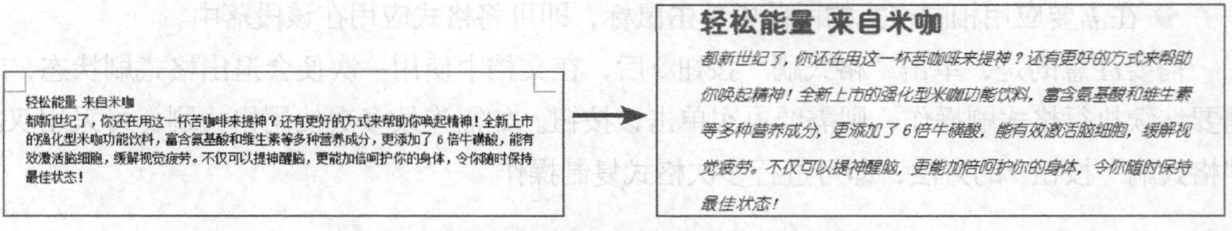

轻松能量 来自米咖
都新世纪了，你还在用这一杯苦咖啡来提神？还有更好的方式来帮助你唤起精神！全新上市的强化型米咖功能饮料，富含氨基酸和维生素等多种营养成分，更添加了 6 倍牛磺酸，能有效激活脑细胞，缓解视觉疲劳。不仅可以提神醒脑，更能加倍呵护你的身体，令你随时保持最佳状态！

轻松能量 来自米咖

都新世纪了，你还在用这一杯苦咖啡来提神？还有更好的方式来帮助你唤起精神！全新上市的强化型米咖功能饮料，富含氨基酸和维生素等多种营养成分，更添加了 6 倍牛磺酸，能有效激活脑细胞，缓解视觉疲劳。不仅可以提神醒脑，更能加倍呵护你的身体，令你随时保持最佳状态！

图1-39　排版“产品宣传”文档前后的对比效果

PART 2

项目二 Word文档排版

情景导入

阿秀：小白，昨天的文档制作得不错，但是格式太单调了，这样可是不行的。

小白：那有什么办法弥补吗？

阿秀：用Word 2007就能很好地排版文档，让文档更加整齐美观。

小白：都有哪些排版功能呢？如果我想让文档中的文本像杂志上那样分栏排列，可以实现吗？

阿秀：当然可以，Word提供了包括分栏、首字下沉、带圈字符、标注拼音、纵横混排等多种特殊的文档排版功能。刚好公司的内部刊物上需要一篇新闻稿，你试着做一下吧。

小白：好，我会尽量制作出更加美观和专业的文档效果。

学习目标

- 熟悉Word 2007中文版式的设置方法
- 掌握使用内置样式的方法
- 掌握创建、修改和使用自定义样式的操作

技能目标

- 掌握“新闻稿”办公文档的格式与排版方法
- 掌握“节目单”办公文档的格式与制作方法

任务一 制作“新闻稿”文档

内部刊物指单位内部用于交流信息的非卖印刷品。单位内部刊物中的新闻稿可以制作得丰富多彩些，从而引起读者的兴趣。用Word 2007具有中文版式功能，下面具体介绍其使用方法。

一、任务目标

本任务将练习用Word 2007制作“新闻稿”文档，在制作时使用Word 2007中的版式集成功能，可为文本设置带圈字符和首字下沉等版式效果，还可对页面背景进行设置。通过本任务的学习，可以掌握Word的中文版式功能，同时可掌握排版文档的操作方法。本任务制作完成后的最终效果如图2-1所示。

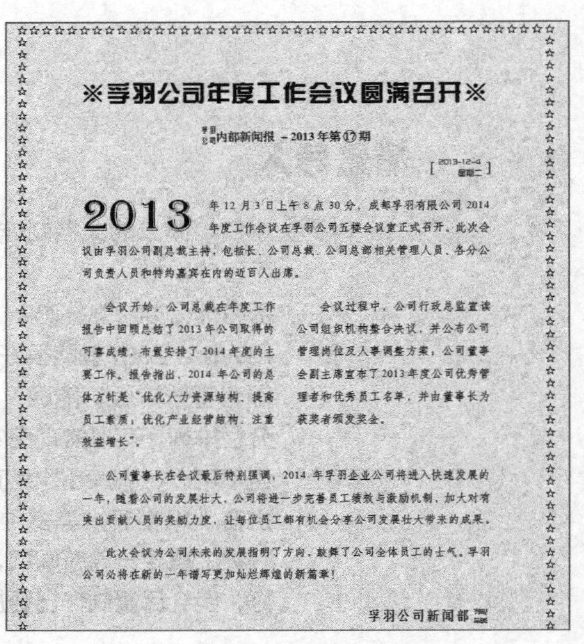

※孚羽公司年度工作会议圆满召开※

孚羽公司内部新闻报 －2013年第⑰期

[2013-12-4 星期二]

2013年12月3日上午8点30分，成都孚羽有限公司2014年度工作会议在孚羽公司五楼会议室正式召开。此次会议由孚羽公司副总裁主持，包括长、公司总裁、公司总部相关管理人员、各分公司负责人员和特约嘉宾在内的近百人出席。

会议开始，公司总裁在年度工作报告中回顾总结了2013年公司取得的可喜成绩，布置安排了2014年度的主要工作。报告指出，2014年公司的总体方针是“优化人力资源结构、提高员工素质；优化产业经营结构、注重效益增长”。

会议过程中，公司行政总监宣读公司组织机构整合决议，并公布公司管理岗位及人事调整方案，公司董事会副主席宣布了2013年度公司优秀管理者和优秀员工名单，并由董事长为获奖者颁发奖金。

公司董事长在会议最后特别强调，2014年孚羽企业公司将进入快速发展的一年，随着公司的发展壮大，公司将进一步完善员工绩效与激励机制，加大对有突出贡献人员的奖励力度，让每位员工都有机会分享公司发展壮大带来的成果。

此次会议为公司未来的发展指明了方向，鼓舞了公司全体员工的士气。孚羽公司必将在新的一年谱写更加灿烂辉煌的新篇章！

孚羽公司新闻部

图2-1 “新闻稿”文档效果

重要的会议（尤其是会见客户时），应提前5分钟到达，并关闭手机或改为震动模式，会议进行期间尽量不要接听电话，必要时应离位接听。

二、相关知识

Word的中文版式功能主要用于进行特殊排版，可以自定义中文或混合文字的版式，在日常工作中经常使用。主要包括以下几种方式。

- **纵横混排**：作用是把选中文字改变方向并压缩显示，一般用于美化竖排文章标题。
- **合并字符**：可以将选定的多个字或字符组合为一个字符。
- **双行合一**：可以在一行里显示两行的文字。

除此之外，还有“调整宽度”和“字符缩放”命令，分别用于调整整行文字宽度和缩放字符的宽度。

三、任务实施

（一）使用分栏排版

对文档进行分栏排版不仅能节约版面，也能带给人不同的阅读体验。其具体操作如下。

（拓展微课：光盘\微课视频\项目二\分栏排版.swf）

STEP 1 打开素材文档“新闻稿.docx”（素材参见：素材文件\项目二\任务一\新闻

稿.docx），选择第2段和第3段文本。

STEP 2 在【页面布局】/【页面设置】组中单击分栏按钮，在打开的下拉列表中选择“两栏”选项，此时所选段落即可分为两栏显示，如图2-2所示。

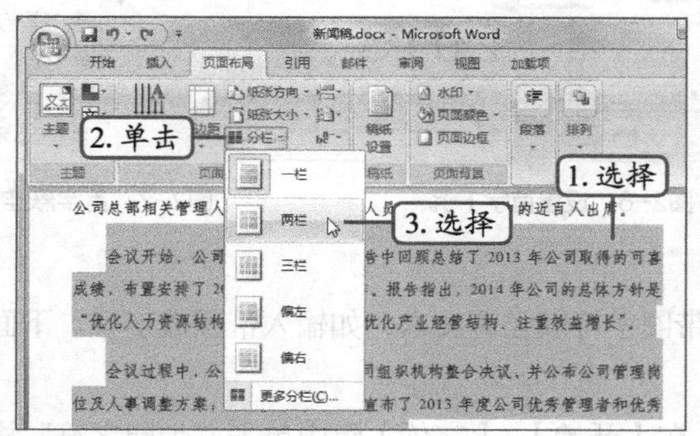

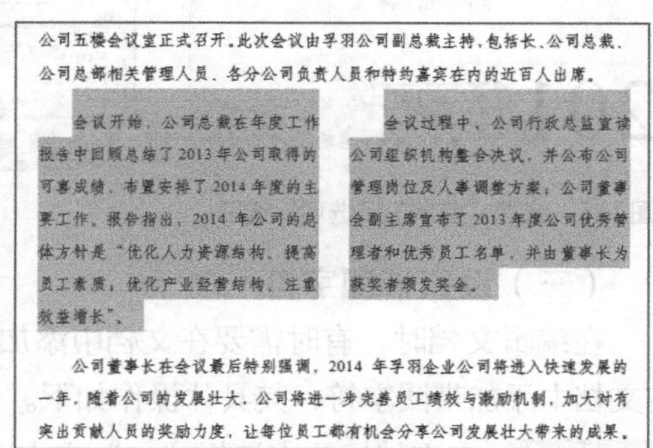

图2-2 分栏效果

（二）设置首字下沉

首字下沉就是文章开头第一个文字被放大数倍并下沉。下面以在“新闻稿.docx”文档中设置首字下沉效果为例进行讲解，其具体操作如下。（拓展微课：光盘\微课视频\项目二\首字下沉.swf）

STEP 1 选择文章开始处的“2013”文本，在【插入】/【文本】组中单击首字下沉按钮，在打开的下拉列表中选择“下沉”选项，如图2-3所示。

STEP 2 将鼠标指针移到“2013”图文框右下角的控制点上，当鼠标指针变为↘形状时，拖曳鼠标至合适的位置后释放，调整文本的大小和首字下沉效果，如图2-4所示。

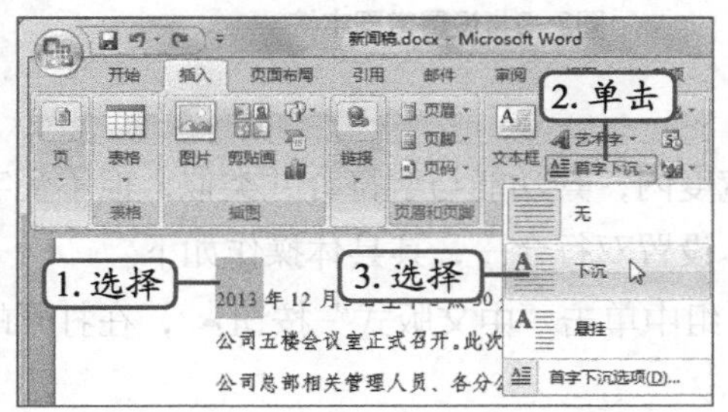

图2-3 选择“下沉”选项

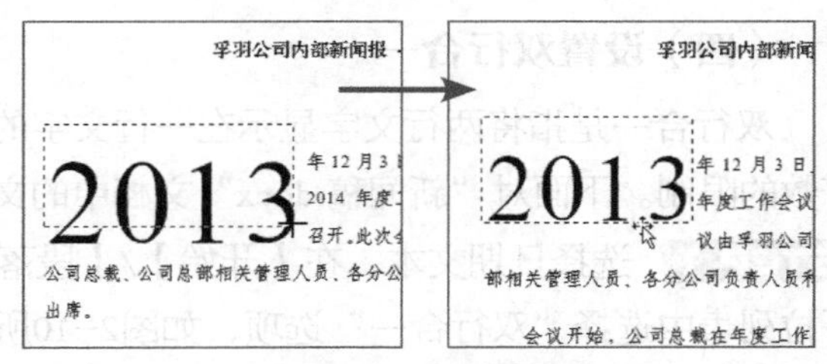

图2-4 调整首字下沉

STEP 3 保持图文框选中状态，在“文本”组中单击首字下沉按钮，在打开的下拉列表中选择“首字下沉选项”选项，如图2-5所示，打开“首字下沉”对话框。

STEP 4 在“选项”栏中对首字下沉进行设置，单击确定按钮，返回操作界面，在其他位置单击即可查看设置效果，如图2-6所示。

知识补充

单击“首字下沉”按钮首字下沉，在打开的下拉菜单中选择“悬挂”选项，可为首字设置悬挂效果，整个段落都为悬挂缩进，且首字悬挂在整个段落旁，如图2-7所示。

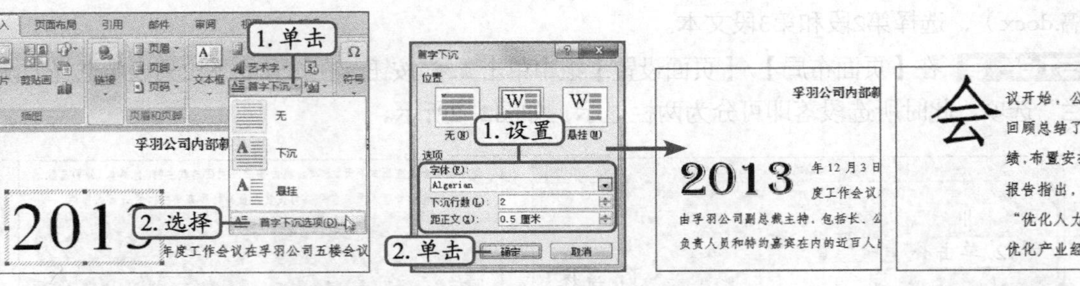

图2-5 选择“首字下沉选项”选项　　图2-6 设置首字下沉　　图2-7 首字悬挂

（三）设置带圈字符

在编辑文档时，有时需要在文档中添加带圈字符以强调文本，如输入带圈数字等。下面在文档中添加带圈字符，其具体操作如下。

STEP 1 在文档标题中选择“17”文本，在【开始】/【字体】组中单击“带圈字符”按钮，如图2-8所示。

STEP 2 打开“带圈字符”对话框，在“样式”栏中选择“增大圈号”选项，单击确定按钮，将带圈字符添加到文档中，如图2-9所示。

图2-8 选择文本

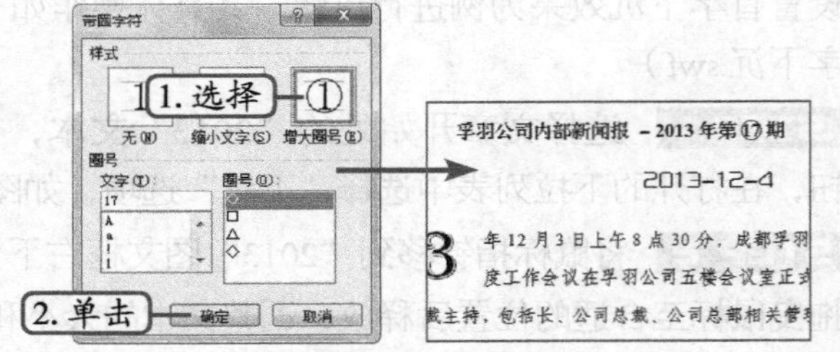

图2-9 设置带圈字符

（四）设置双行合一

双行合一是指将两行文字显示在一行文字的宽度内，其功能与字符合并类似，但不受字符数的限制。下面对“新闻稿.docx”文档中的文本设置双行合一，其具体操作如下。

STEP 1 选择日期文本，在【开始】/【段落】组中单击“中文版式”按钮，在打开的下拉列表中选择“双行合一”选项，如图2-10所示。

STEP 2 打开“双行合一”对话框，单击选中“带括号”复选框，在“括号样式”下拉列表中选择合适的样式选项，单击确定按钮，如图2-11所示。

图2-10 选择“双行合一”选项

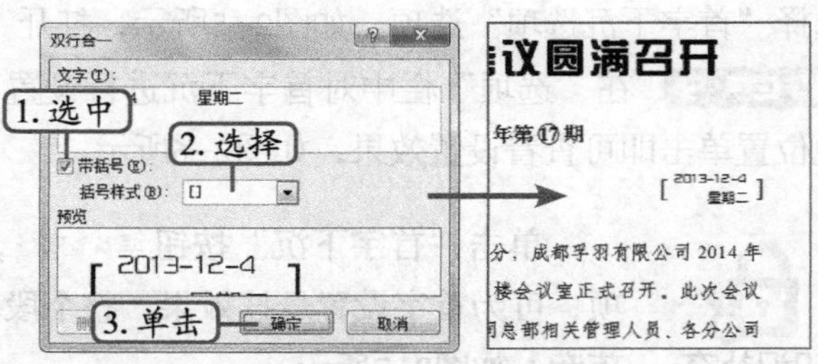

图2-11 设置双行合一

（五）设置合并字符

合并字符功能可使多个字符以一个字符的宽度在两行中显示，其具体操作如下。

STEP 1 选择标题中的“孚羽公司”文本，在【开始】/【段落】组中单击“中文版式”按钮，在打开的下拉列表中选择“合并字符”选项，如图2-12所示。

STEP 2 打开“合并字符”对话框，在“字体”下拉列表框中选择“方正美黑简体”选项，在“字号”下拉列表框中选择“7”选项，单击确定按钮，如图2-13所示。

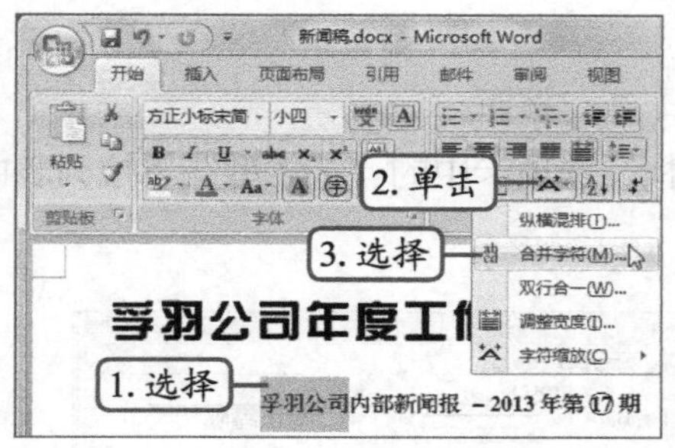

图2-12 选择“合并字符”选项

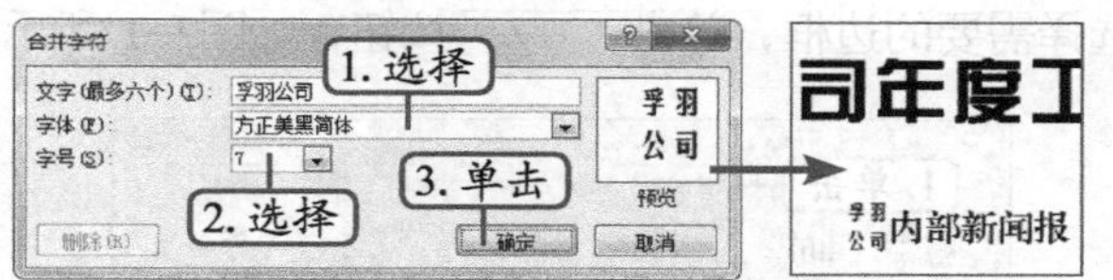

图2-13 设置合并字符

（六）插入符号

在排版文档的过程中，有时需要添加一些特殊符号。下面在“新闻稿.docx”的标题中插入符号，其具体操作如下。

STEP 1 在标题开头位置单击鼠标，在【插入】/【符号】组中单击Ω符号按钮，在打开的下拉列表中选择需要的符号，这里选择“星号”，如图2-14所示。

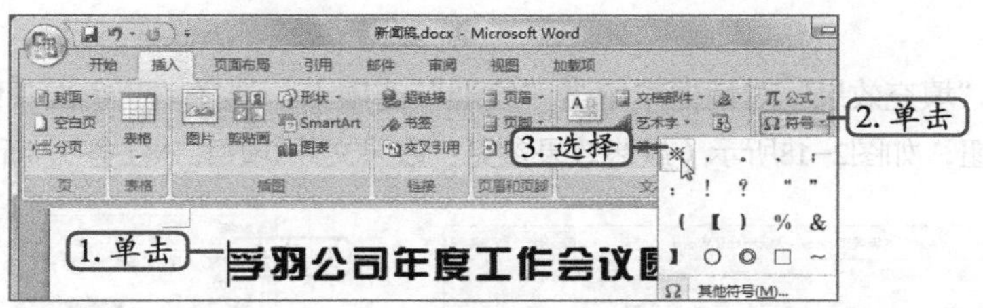

图2-14 选择符号

STEP 2 此时即可在标题开头插入星号，按照相同方法在标题尾添加相同的星号，最终效果如图2-15所示。

※孚羽公司年度工作会议圆满召开※

图2-15 添加符号效果

知识补充

单击“符号”按钮Ω符号，在打开的下拉列表中选择“其他符号”选项，可打开如图2-16所示的“符号”对话框，在其中选择需要的符号，然后单击插入(I)按钮，即可将其插入到文档中。

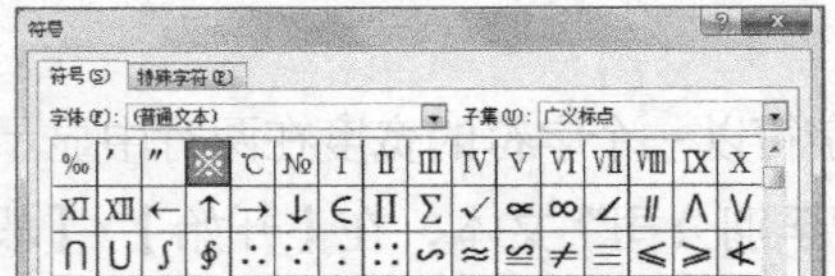

图2-16　“符号”对话框

（七）设置边框和背景

为文档添加边框和背景可以使文档的视觉效果更加出色。下面为“新闻稿.docx”文档添加页面边框和背景，其具体操作如下。

STEP 1 在【页面布局】/【页面背景】组中，单击 页面边框 按钮。

STEP 2 打开“边框和底纹”对话框，在“页面边框”选项卡中的“艺术型”下拉列表中选择需要的边框，单击 确定 按钮，如图2-17所示。

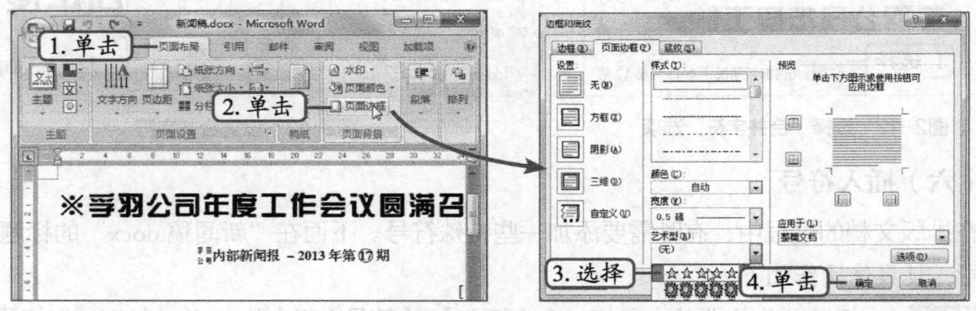

图2-17　设置页面边框

STEP 3 在“页面背景”组中单击 页面颜色 按钮，在打开的下拉列表中选择“填充效果”选项。

STEP 4 在“填充效果”对话框中单击“纹理”选项卡，选择“蓝色面巾纸”选项，然后单击 确定 按钮，如图2-18所示（最终效果参见：效果文件\项目二\任务一\新闻稿.docx）。

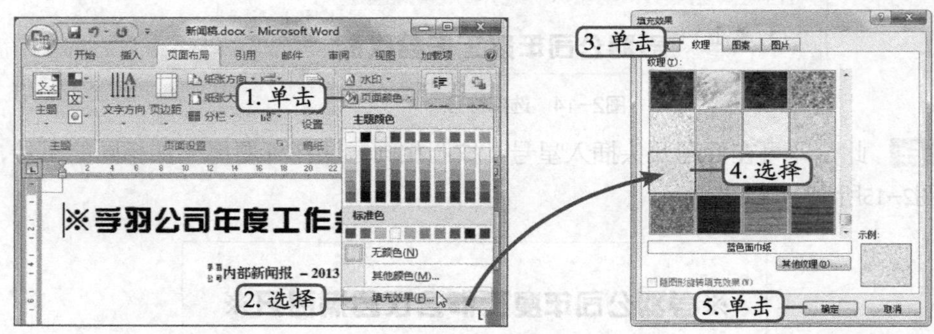

图2-18　设置页面背景

知识补充

在【开始】/【字体】组中单击“字符边框”按钮或“字符底纹”按钮，可以为字符设置边框或底纹；在“边框和底纹”对话框中，单击“底纹”选项卡，可为段落设置底纹。

任务二 排版“节目单”文档

节目单也是一种常见的文档形式，与一般的办公文档不同，节目单一般需要设置统一的字符和段落样式，以达到规范整齐的效果。

一、任务目标

本任务将练习用Word 2007排版“节目单”文档，制作时可直接打开素材文档进行排版。通过本任务的学习，可了解样式的基本含义，掌握内置样式的使用，并学会创建和编辑样式的方法。本任务制作完成后的最终效果如图2-19所示。

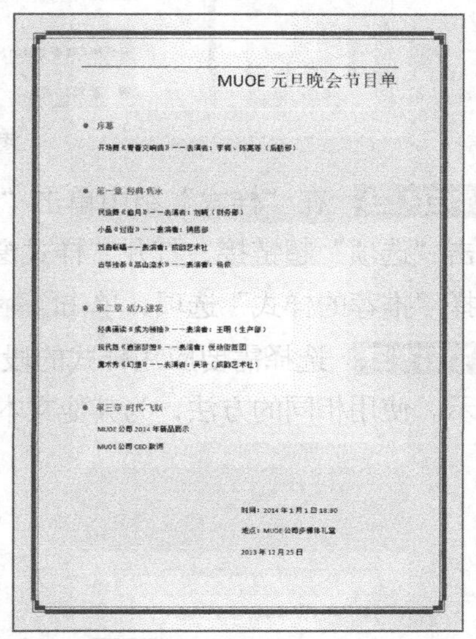

图2-19 “节目单”文档效果

二、相关知识

样式是多种格式的集合，当在编辑文档的过程中频繁使用某些格式时，可将其创建为样式，直接进行套用。Word 2007提供了许多内置样式，可以直接使用；当内置样式不能满足需要时，还可手动创建新样式，或对样式进行修改和删除。

在【开始】/【样式】组中单击“对话框启动器”按钮可打开“样式”窗格，样式的操作基本都在其中完成。“样式”窗格中各部分的作用介绍如下。

- **“新建样式”按钮**：单击该按钮可打开“根据格式设置创建新样式”对话框，在其中可设置并创建新样式。
- **“样式检查器”按钮**：单击该按钮可打开“样式检查器”，用于快速确定当前格式是只应用了样式，还是直接格式化在起作用。
- **“管理样式”按钮**：单击该按钮可打开“管理样式”对话框，在其中可对样式进行进一步管理。
- **“显示预览”复选框**：选中该复选框可在“样式”窗格中对样式进行预览。
- **“禁用链接样式”复选框**：选中该复选框将禁用链接样式。

三、任务实施

（一）套用内置样式

内置样式是指Word 2007中自带的样式，包括“标题”、“要点”、“强调”等多种样式效果，直接应用样式库中的样式，可提高文档的编辑效率。下面以在“节目单.docx”文档中对文本应用Word 2007的内置样式为例进行讲解，其具体操作如下。

STEP 1 打开素材文档“节目单.docx”（素材参见：素材文件\项目二\任务二\节目单.docx），在标题文本中单击定位光标插入点，在【开始】/【样式】组的列表框中选择

"标题"选项，如图2-20所示。

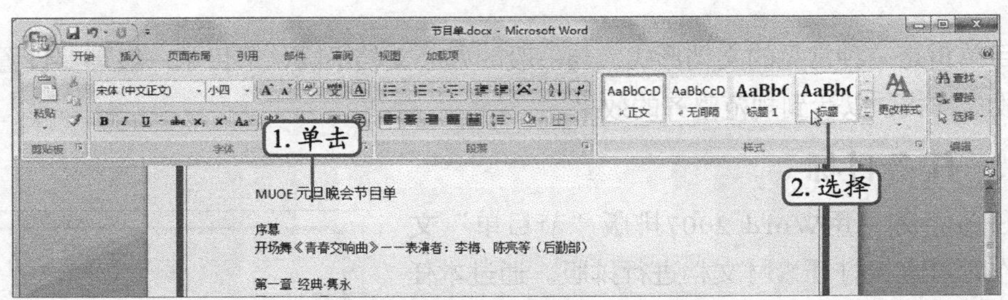

图2-20 应用"标题"样式

STEP 2 在"样式"组中单击"对话框启动器"按钮，在打开的"样式"窗格右下角单击"选项"超链接，打开"样式窗格选项"对话框，在"选择要显示的样式"下拉列表中选择"推荐的样式"选项，单击确定按钮，如图2-21所示。

STEP 3 选择需要应用样式的段落文本，在"样式"窗格中选择需要的选项，如图2-22所示。使用相同的方法，为其他文本应用样式。

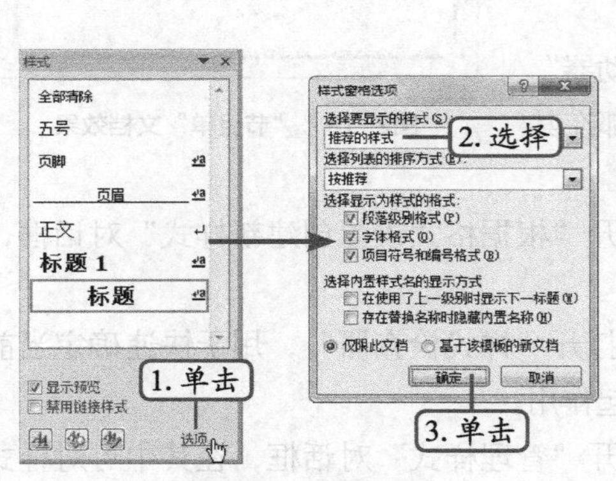

图2-21 设置显示选项

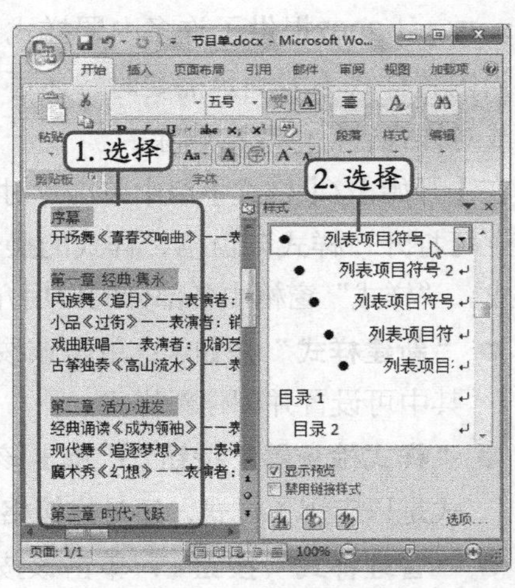

图2-22 应用内置样式

（二）创建和应用样式

除使用Word 2007内置样式外还可创建新样式，以满足不同的工作需要。下面以创建"节目单标题"样式为例进行讲解，其具体操作如下。

STEP 1 在标题文本中单击定位光标插入点，在"样式"窗格中单击"新建样式"按钮，如图2-23所示。

STEP 2 打开"根据格式设置创建新样式"对话框，在"名称"文本框中输入样式名称，在"格式"栏中设置格式为"黑体、二号、居中"，其他保持默认，单击格式(O)按钮，在打开的下拉列表中选择"字体"选项，如图2-24所示。

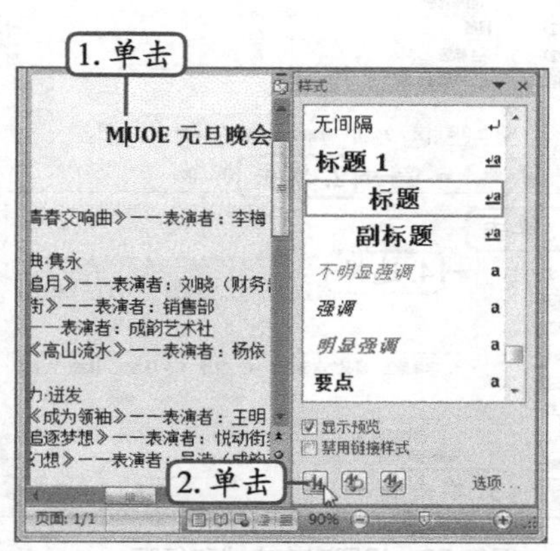

图2-23　单击“新建样式”按钮

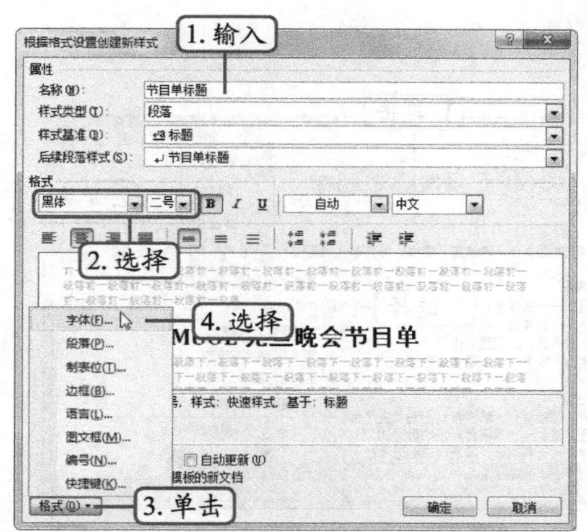

图2-24　设置样式

STEP 3 打开“字体”对话框，在“所有文字”选区的“字体颜色”下拉列表中选择字体颜色，单击[确定]按钮，如图2-25所示。

STEP 4 返回“根据格式设置创建新样式”对话框单击[确定]按钮，返回文档编辑区。光标插入点所在段落将自动应用样式，并在“样式”窗格中显示，效果如图2-26所示。

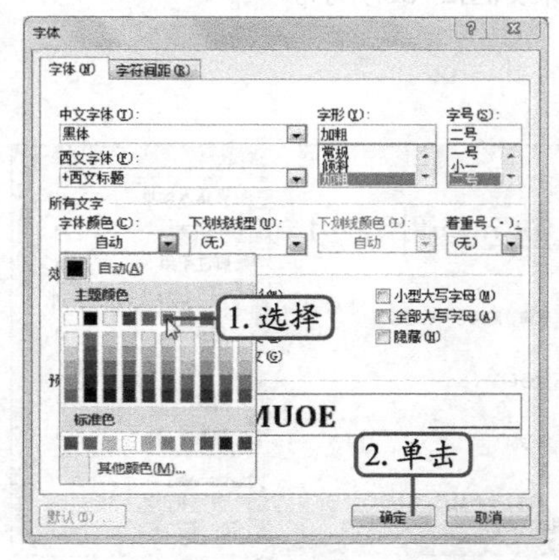

图2-25　设置字体

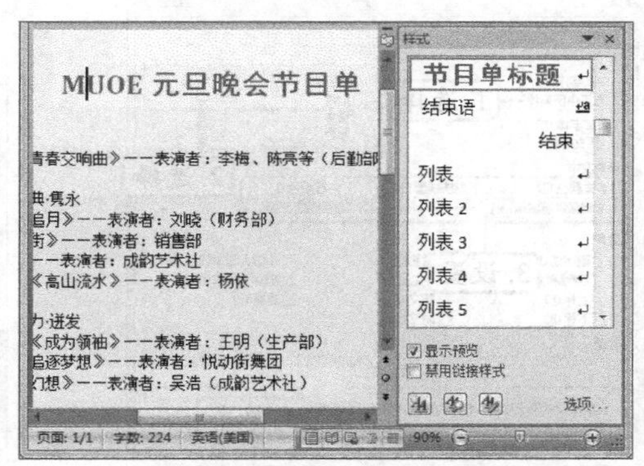
图2-26　完成创建样式

（三）修改样式

Word中的内置样式和创建的新样式都可以进行修改。下面以修改“节目单标题”样式为例进行讲解，其具体操作如下。

STEP 1 在标题文本中单击定位光标插入点，在“样式”窗格中，将鼠标指针移到“节目单标题”样式上，单击右侧出现的▾按钮，在打开的下拉列表中选择“修改”选项，如图2-27所示。

STEP 2 打开“修改样式”对话框，在“格式”选区中单击“右对齐”按钮≡和“1.5倍行距”按钮≡。单击[格式(O)▾]按钮，在打开的下拉列表中选择“字体”选项，如图2-28所示。

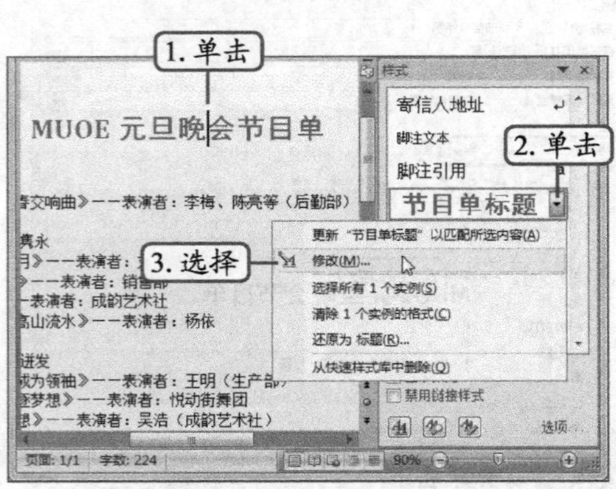

图2-27　选择命令

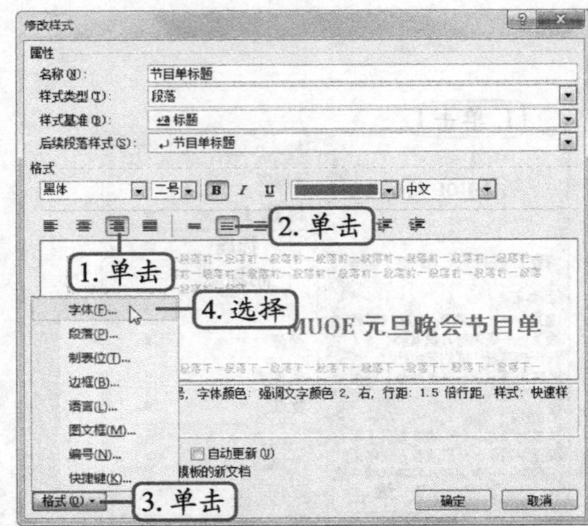

图2-28　设置对齐方式和行距

STEP 3 打开"字体"对话框，在"中文字体"下拉列表中选择"方正中倩简体"选项，在"字号"列表框中选择"小一"选项，在"所有文字"选区中设置字体颜色、下画线线型、下画线颜色，然后单击 确定 按钮确认设置，如图2-29所示。

STEP 4 返回"修改样式"对话框单击 确定 按钮，返回文档编辑区，光标插入点所在段落将自动应用样式，并在"样式"窗格中显示，效果如图2-30所示。

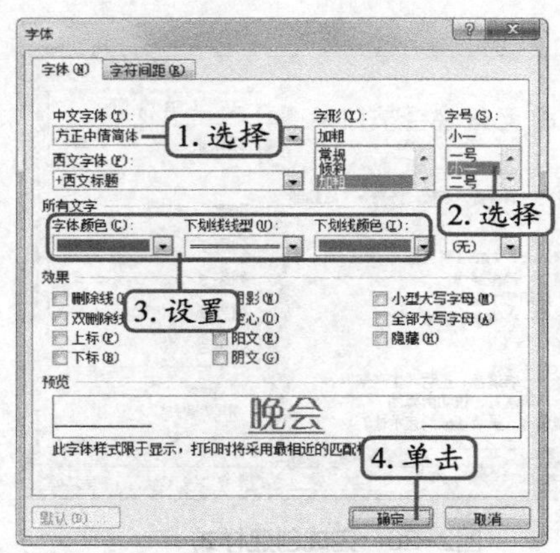

图2-29　修改字体格式

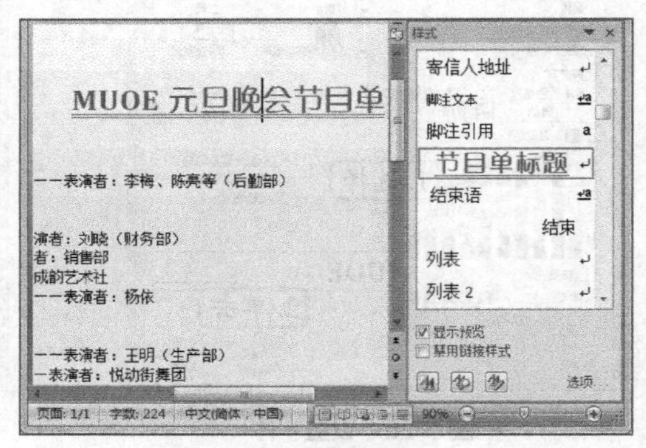

图2-30　修改效果

（四）应用样式集

在Word 2007中可对文档应用内置的样式集合，使整个文档拥有统一的外观和风格。下面以对"节目单.docx"文档应用样式集为例进行讲解，其具体操作如下。

STEP 1 在"样式"组中单击"更改样式"按钮，在打开的下拉列表中选择【样式集】/【独特】选项，如图2-31所示。

STEP 2 在"样式"组中单击"更改样式"按钮，在打开的下拉列表中选择【字体】/【沉稳】选项，如图2-32所示，完成制作（最终效果参见：效果文件\项目二\任务二\节目单.docx）。

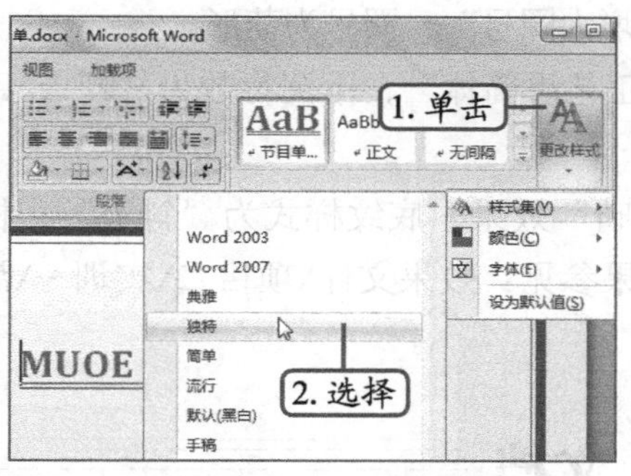

图2-31　应用样式集

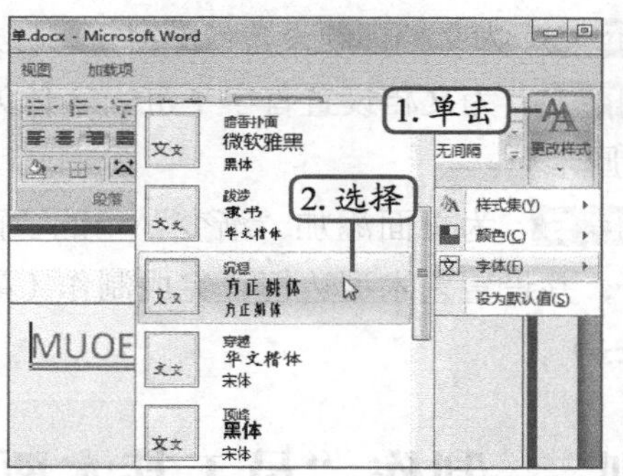

图2-32　设置字体

实训一　排版“活动安排”文档

【实训要求】

蓝风花草茶销售公司将在春节开展一次节日促销活动，请帮助该公司制作一份活动安排，要求说明具体安排项目，并进行排版。其前后对比效果如图2-33所示。

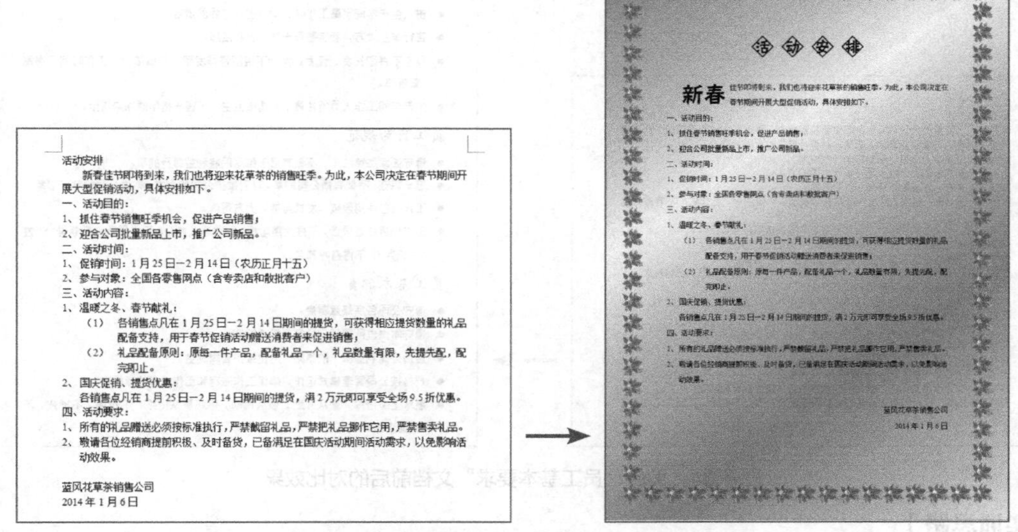

活动安排
新春佳节即将到来，我们也将迎来花草茶的销售旺季。为此，本公司决定在春节期间开展大型促销活动，具体安排如下。
一、活动目的：
1、抓住春节销售旺季机会，促进产品销售；
2、迎合公司批量新品上市，推广公司新品。
二、活动时间：
1、促销时间：1月25日—2月14日（农历正月十五）
2、参与对象：全国各零售网点（含专卖店和散批客户）
三、活动内容：
1、温暖之冬、春节献礼：
（1）　各销售点凡在1月25日—2月14日期间的提货，可获得相应提货数量的礼品配备支持，用于春节促销活动赠送消费者来促进销售；
（2）　礼品配备原则：原每一件产品，配备礼品一个，礼品数量有限，先提先配，配完即止。
2、国庆促销、提货优惠：
各销售点凡在1月25日—2月14日期间的提货，满2万元即可享受全场9.5折优惠。
四、活动要求：
1、所有的礼品赠送必须按标准执行，严禁截留礼品，严禁把礼品挪作它用，严禁售卖礼品。
2、敬请各位经销商提前积极、及时备货，已备满足在国庆活动期间活动需求，以免影响活动效果。
蓝风花草茶销售公司
2014年1月6日

图2-33　排版“活动安排”文档前后的对比效果

【实训思路】

制作活动安排首先根据已有的文档内容设置字符和段落格式，并使用中文版式对文档进行排版。

【步骤提示】

STEP 1　新建空白文档，分别输入活动安排标题、正文、落款等文字。

STEP 2　将标题设置为“方正艺黑简体、二号、居中对齐”，段前和段后设置为“12磅”，将其他段落行距设置为“1.5倍”，将落款设置为右对齐。

STEP 3 为文档标题设置带圈字符，样式为“增大圈号”，圈号为菱形。

STEP 4 为文档设置首字下沉，字体为“方正艺黑简体”，下沉行数为“2”，距正文“0.2 厘米”。

STEP 5 为页面添加“渐变”中的“雨后初晴”效果，底纹样式为“斜上”，样式为第1个，并设置艺术型边框，完成制作（最终效果参见：效果文件\项目二\实训一\活动安排.docx）。

实训二 制作“员工基本要求”文档

【实训要求】

打开提供的素材文档（素材参见：素材文件\项目二\实训二\员工基本要求.docx），要求通过应用样式，使文档条理清晰，其前后对比效果如图2-34所示。

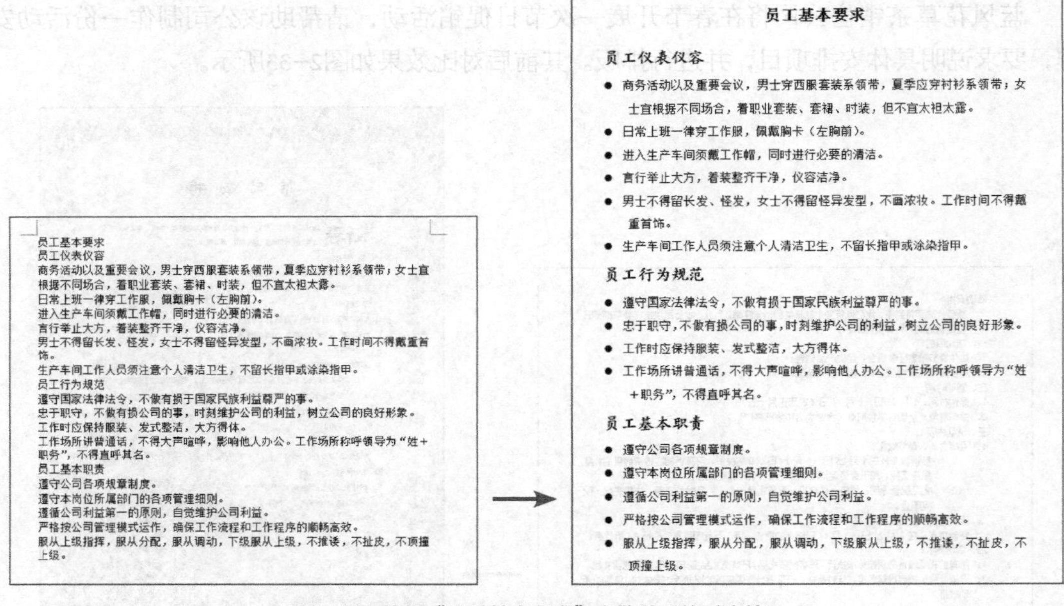

员工基本要求
员工仪表仪容
商务活动以及重要会议，男士穿西服套装系领带，夏季应穿衬衫系领带；女士宜根据不同场合，着职业套装、套裙、时装，但不宜太袒太露。
日常上班一律穿工作服，佩戴胸卡（左胸前）。
进入生产车间须戴工作帽，同时进行必要的清洁。
言行举止大方，着装整齐干净，仪容洁净。
男士不得留长发、怪发，女士不得留怪异发型，不画浓妆。工作时间不得戴重首饰。
生产车间工作人员须注意个人清洁卫生，不留长指甲或涂染指甲。
员工行为规范
遵守国家法律法令，不做有损于国家民族利益尊严的事。
忠于职守，不做有损公司的事，时刻维护公司的利益，树立公司的良好形象。
工作时应保持服装、发式整洁，大方得体。
工作场所讲普通话，不得大声喧哗，影响他人办公。工作场所称呼领导为“姓+职务”，不得直呼其名。
员工基本职责
遵守公司各项规章制度。
遵守本岗位所属部门的各项管理细则。
遵循公司利益第一的原则，自觉维护公司利益。
严格按公司管理模式运作，确保工作流程和工作程序的顺畅高效。
服从上级指挥，服从分配，服从调动，下级服从上级，不推诿，不扯皮，不顶撞上级。

员工基本要求

员工仪表仪容

- 商务活动以及重要会议，男士穿西服套装系领带，夏季应穿衬衫系领带；女士宜根据不同场合，着职业套装、套裙、时装，但不宜太袒太露。
- 日常上班一律穿工作服，佩戴胸卡（左胸前）。
- 进入生产车间须戴工作帽，同时进行必要的清洁。
- 言行举止大方，着装整齐干净，仪容洁净。
- 男士不得留长发、怪发，女士不得留怪异发型，不画浓妆。工作时间不得戴重首饰。
- 生产车间工作人员须注意个人清洁卫生，不留长指甲或涂染指甲。

员工行为规范

- 遵守国家法律法令，不做有损于国家民族利益尊严的事。
- 忠于职守，不做有损公司的事，时刻维护公司的利益，树立公司的良好形象。
- 工作时应保持服装、发式整洁，大方得体。
- 工作场所讲普通话，不得大声喧哗，影响他人办公。工作场所称呼领导为“姓+职务”，不得直呼其名。

员工基本职责

- 遵守公司各项规章制度。
- 遵守本岗位所属部门的各项管理细则。
- 遵循公司利益第一的原则，自觉维护公司利益。
- 严格按公司管理模式运作，确保工作流程和工作程序的顺畅高效。
- 服从上级指挥，服从分配，服从调动，下级服从上级，不推诿，不扯皮，不顶撞上级。

图2-34 编辑“员工基本要求”文档前后的对比效果

【实训思路】

本实训可运用前面所学的样式知识完成。

【步骤提示】

STEP 1 打开“员工基本要求.docx”文档，为标题应用“标题”样式。

STEP 2 选择小标题段落，打开“样式”窗格，单击“选项”超链接，打开“样式窗格选项”对话框，显示出“推荐的样式”，然后为所选段落应用“标题 3”样式。

STEP 3 根据前面的操作，为其他段落应用“列表项目符号”样式。

STEP 4 将标题段落的段前和段后间距设置为“12磅”，然后将其他文本的行距设置为“1.5 倍”，完成制作（最终效果参见：效果文件\项目二\实训二\员工基本要求.docx）。

常见疑难解析

问：可以只给某个段落添加底纹吗？

答：可以。在【页面布局】/【页面背景】组中单击 页面边框 按钮，打开“边框和底纹”对话框。单击“底纹”选项卡，在“填充”栏中选择底纹颜色，在“图案”栏中设置底纹图案，然后单击 确定 按钮即可。

问：能不能将喜欢的图片设置为文档的背景？

答：可以。在【页面布局】/【页面背景】组中单击 页面颜色 按钮，在打开的下拉列表中选择“填充效果”选项，打开“填充效果”对话框。单击“图片”选项卡，单击 选择图片(L)... 按钮。在打开的“选择图片”对话框中选择需要的图片，单击 插入(S) 按钮。返回“填充效果”对话框，单击 确定 按钮即可。

问：创建样式后不再使用了怎么办？可以删除吗？

答：可以。文档中未使用的样式可直接删除，方法为打开“样式”窗格，在需要删除的样式上单击鼠标右键，在弹出的快捷菜单中选择“删除”命令。基于已有样式创建的新样式，需要进行相关操作后才可将其删除，方法为打开“样式”窗格，在需要删除的样式上单击鼠标右键，在弹出的快捷菜单中选择“还原为‘×××（样式名称）’”命令，所选样式即可还原为指定样式。

拓展知识

1. 自动图文集

自动图文集是指用来存储要重复使用的文字或图形的位置，如存储标准合同条款或较长的通讯组列表。每个所选文字或图形录制为一个“自动图文集”词条并为其指定唯一的名称。在Word 2007中默认不显示“自动图文集”按钮，需要手动添加到快速访问工具栏中，添加后在快速启动栏中单击“自动图文集”按钮，在打开的下拉列表中选择需要插入文档的内容即可。

2. 拼音指南

使用拼音指南可以为文档中的字词添加拼音，以便准确掌握字词的发音。选择需要添加拼音的文本，在【开始】/【字体】组中单击“拼音指南”按钮，在打开的“拼音指南”对话框中即可查看添加的拼音，并可设置拼音的字体等格式，单击 确定 按钮即可完成添加。如果不再需要拼音，可选择已经添加拼音的文本，单击“拼音指南”按钮，在打开的“拼音指南”对话框中单击 全部删除(V) 按钮，单击 确定 按钮即可。

课后练习

（1）打开提供的素材文件“养生小常识.docx”（素材参见：素材文件\项目二\课后练习\养生小常识.docx），并执行以下操作，完成后的效果如图2-35所示（最终效果参见：效果文件\项目二\课后练习\养生小常识.docx）。

- 将左栏中的文本字体设置为“华文楷体”，右栏中的小标题段落的字体设置为“汉仪长宋简”，正文段落字体设置为“汉仪粗仿宋简”。
- 为标题中的“秋季”添加拼音指南，为标题中的“养生”文本设置带圈字符，样式为“增大圈号”，圈号为圆形。
- 为左栏正文设置首字下沉，要求下沉3行，距正文0.2厘米。

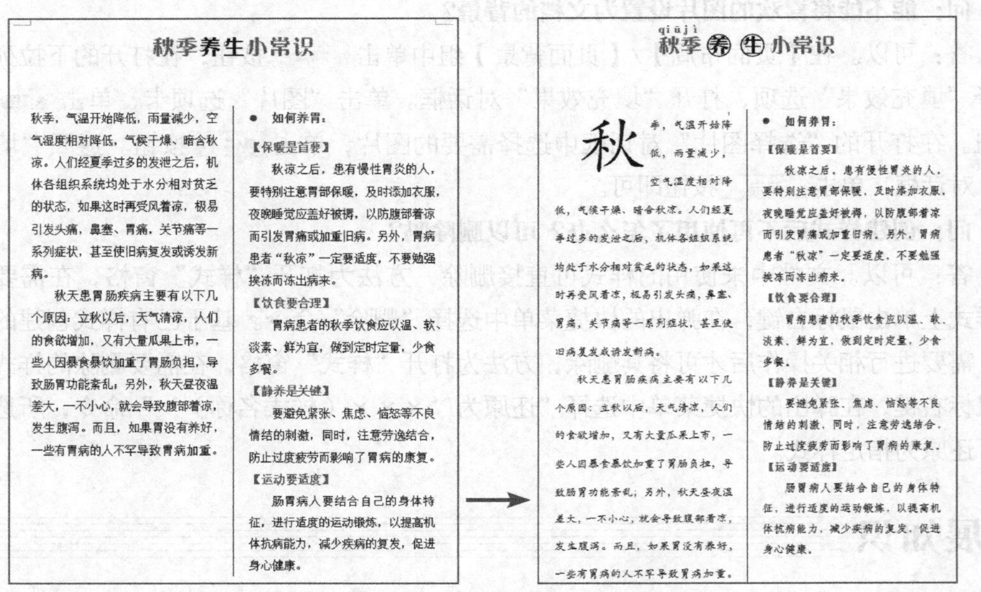

秋季养生小常识

秋季，气温开始降低，雨量减少，空气湿度相对降低，气候干燥、暗含秋凉。人们经夏季过多的发泄之后，机体各组织系统均处于水分相对贫乏的状态，如果这时再受风着凉，极易引发头痛，鼻塞、胃痛，关节痛等一系列症状，甚至使旧病复发或诱发新病。

秋天患胃肠疾病主要有以下几个原因：立秋以后，天气清凉，人们的食欲增加，又有大量瓜果上市，一些人因暴食暴饮加重了胃肠负担，导致肠胃功能紊乱；另外，秋天昼夜温差大，一不小心，就会导致腹部着凉，发生腹泻。而且，如果胃没有养好，一些有胃病的人不罕导致胃病加重。

- 如何养胃：

【保暖是首要】

秋凉之后，患有慢性胃炎的人，要特别注意胃部保暖，及时添加衣服，夜晚睡觉应盖好被褥，以防腹部着凉而引发胃痛或加重旧病。另外，胃病患者“秋凉”一定要适度，不要勉强挨冻而冻出病来。

【饮食要合理】

胃病患者的秋季饮食应以温、软、淡素、鲜为宜，做到定时定量，少食多餐。

【静养是关键】

要避免紧张、焦虑、恼怒等不良情结的刺激，同时，注意劳逸结合，防止过度疲劳而影响了胃病的康复。

【运动要适度】

肠胃病人要结合自己的身体特征，进行适度的运动锻炼，以提高机体抗病能力，减少疾病的复发，促进身心健康。

qiūjì
秋季㊎㊍小常识

秋季，气温开始降低，雨量减少，空气湿度相对降低，气候干燥、暗含秋凉。人们经夏季过多的发泄之后，机体各组织系统均处于水分相对贫乏的状态，如果这时再受风着凉，极易引发头痛，鼻塞、胃痛，关节痛等一系列症状，甚至使旧病复发或诱发新病。

秋天患胃肠疾病主要有以下几个原因：立秋以后，天气清凉，人们的食欲增加，又有大量瓜果上市，一些人因暴食暴饮加重了胃肠负担，导致肠胃功能紊乱；另外，秋天昼夜温差大，一不小心，就会导致腹部着凉，发生腹泻。而且，如果胃没有养好，一些有胃病的人不罕导致胃病加重。

- 如何养胃：

【保暖是首要】

秋凉之后，患有慢性胃炎的人，要特别注意胃部保暖，及时添加衣服，夜晚睡觉应盖好被褥，以防腹部着凉而引发胃痛或加重旧病。另外，胃病患者“秋凉”一定要适度，不要勉强挨冻而冻出病来。

【饮食要合理】

胃病患者的秋季饮食应以温、软、淡素、鲜为宜，做到定时定量，少食多餐。

【静养是关键】

要避免紧张、焦虑、恼怒等不良情结的刺激，同时，注意劳逸结合，防止过度疲劳而影响了胃病的康复。

【运动要适度】

肠胃病人要结合自己的身体特征，进行适度的运动锻炼，以提高机体抗病能力，减少疾病的复发，促进身心健康。

图2-35 排版“养生小常识”文档前后的对比效果

（2）打开提供的素材文件“调查报告.docx”（素材参见：素材文件\项目二\课后练习\调查报告.docx），并执行以下操作，文档编辑前后的效果如图2-36所示（最终效果参见：效果文件\项目二\课后练习\调查报告.docx）。

- 打开“样式和格式”任务窗格，为各级标题应用相应的样式。
- 修改“标题”样式，将该样式的字体设置为“微软雅黑”，字号为“一号”，颜色为“深蓝”，然后为文档标题应用该样式。

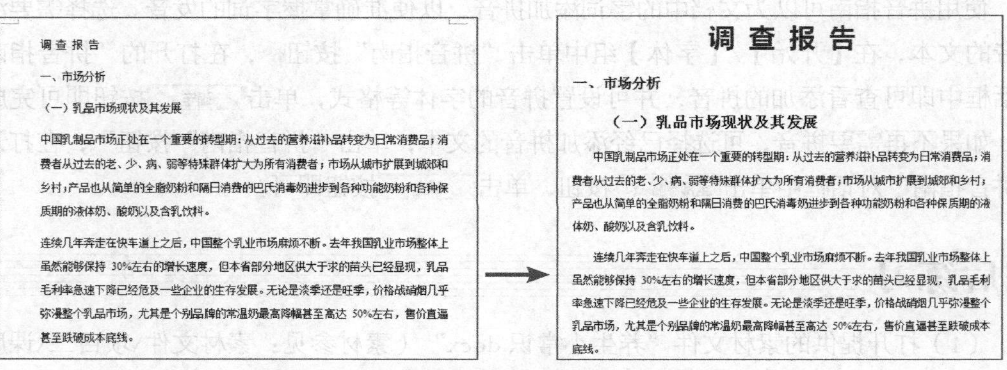

调 查 报 告

一、市场分析

（一）乳品市场现状及其发展

中国乳制品市场正处在一个重要的转型期：从过去的营养滋补品转变为日常消费品；消费者从过去的老、少、病、弱等特殊群体扩大为所有消费者；市场从城市扩展到城郊和乡村；产品也从简单的全脂奶粉和隔日消费的巴氏消毒奶进步到各种功能奶粉和各种保质期的液体奶、酸奶以及含乳饮料。

连续几年奔走在快车道上之后，中国整个乳业市场麻烦不断。去年我国乳业市场整体上虽然能够保持 30%左右的增长速度，但本省部分地区供大于求的苗头已经显现，乳品毛利率急速下降已经危及一些企业的生存发展。无论是淡季还是旺季，价格战硝烟几乎弥漫整个乳品市场，尤其是个别品牌的常温奶最高降幅甚至高达 50%左右，售价直逼甚至跌破成本底线。

调 查 报 告

一、市场分析

（一）乳品市场现状及其发展

中国乳制品市场正处在一个重要的转型期：从过去的营养滋补品转变为日常消费品；消费者从过去的老、少、病、弱等特殊群体扩大为所有消费者；市场从城市扩展到城郊和乡村；产品也从简单的全脂奶粉和隔日消费的巴氏消毒奶进步到各种功能奶粉和各种保质期的液体奶、酸奶以及含乳饮料。

连续几年奔走在快车道上之后，中国整个乳业市场麻烦不断。去年我国乳业市场整体上虽然能够保持 30%左右的增长速度，但本省部分地区供大于求的苗头已经显现，乳品毛利率急速下降已经危及一些企业的生存发展。无论是淡季还是旺季，价格战硝烟几乎弥漫整个乳品市场，尤其是个别品牌的常温奶最高降幅甚至高达 50%左右，售价直逼甚至跌破成本底线。

图2-36 排版“调查报告”文档前后的对比效果

PART 3

项目三 在文档中使用图形和表格

情景导入

阿秀：小白，这份“公司简介”文档要重做，整篇文档全是文字，可以适当地添加一两张图片。

小白：图片添加之后不能移动，所以我把它删了。

阿秀：不能移动？是不是你没有设置图片的格式？

小白：还要设置格式吗？

阿秀：当然了，像“公司简介”这样的文档，不仅应该适当添加图片或者艺术字来修饰文档，还应该为图片和艺术字设置适合当前文档的格式，如裁剪图片、设置艺术字字体等。

小白：好的，我会尽力去完成的。

阿秀：这就对了，制作文档前，先分析一下当前文档是什么类型，像制度类文档就可以不添加或者少添加图片。

小白：我明白了。

学习目标

- 熟悉在Word文档中插入剪贴画的方法
- 熟悉在Word文档中插入图片的方法
- 掌握使用SmartArt图形的方法
- 掌握在Word文档中使用表格的方法

技能目标

- 掌握“公司简介”办公文档的编排方法
- 掌握“业务介绍”办公文档编排方法
- 掌握“员工登记表”办公文档的编排方法

任务一 制作“公司简介”文档

在制作公司简介这类文档时，为使页面更加美观，在文档中输入文本并进行格式化后，常需要在文档中添加相应的图片等内容，以更好地表达文档内容。下面具体介绍其制作方法。

一、任务目标

本任务将练习用Word 2007制作“公司简介”文档，在制作时可为文档添加图片、剪贴画、艺术字，并对这些对象进行相应设置，如调整图片大小、设置图片样式等。通过本任务的学习，可以掌握在Word 2007中插入图形文件的方法，同时掌握如何制作图文并茂的文档。本任务制作完成后的最终效果如图3-1所示。

德宇柯文电器灯饰公司简介

德宇柯文电器灯饰有限责任公司是一家集产品设计、开发、装配于一体的大型专业灯具生产企业，占地面积5600平方米，建筑面积3700平方米。

公司经过多年的研制与创建，目前已拥有十大系列、上千种品种及规格的灯具，主要包括：家装灯具、路灯灯具、投光灯具、商业灯具、庭院灯具、草坪灯具、隧道灯具、高杆灯具、防腐灯具、埋地灯具等。同时，公司积极吸取国外先进产品的特点与优点，不断开发出节能、环保、美观而又实用的新产品，采用CAD辅助设计，在设计上达到合理、规范、准确、快速。公司的所有产品均通过3C质量体系认证，生产采用完善的质保体系，辅以先进的检测手段，使本企业的产品畅销国内市场。

公司本着“团结、务实、勤奋、创新”的精神，以一流的产品，一流的服务，贴近客户需求，竭尽全力为亮化和美化中国及家居环境作出更大的贡献！

公司从1995年创建之初起，就一直自觉承担社会责任，致力促进行业发展，以引导幸福生活和提升人居品质为己任，以发展绿色照明为重点，发展至今，企业总资产已逾千万元，被当地政府列为重点骨干企业。

德宇柯文公司欢迎您！

图3-1 “公司简介”文档效果

公司简介文档涉及的图片和文字信息应基于事实，公司取得的成就及荣获的奖项应真实可靠，不得虚报数据，夸大其词，以免存在诈骗嫌疑。

二、相关知识

在文档中插入图片之后，选择图片即可在功能区中激活“图片工具-格式”选项卡，如图3-2所示，相关组的功能介绍如下。

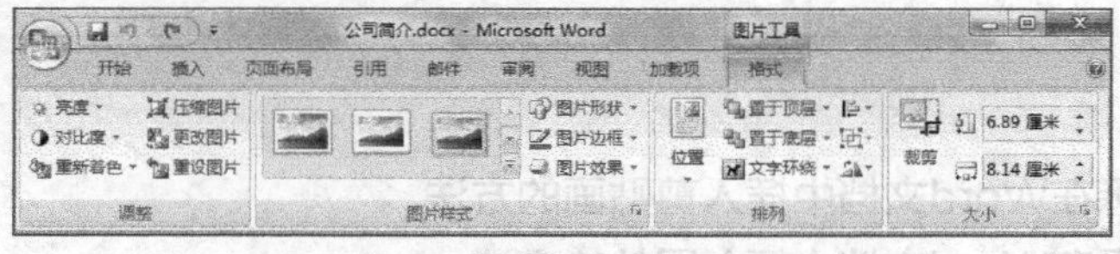

图3-2 “图片工具-格式”选项卡

1. “调整”组

“调整”组中的按钮主要用于对图片进行调整操作。

- 亮度按钮：单击该按钮可调整图片的亮度。
- 对比度按钮：单击该按钮可调整图片的对比度。
- 重新着色按钮：单击该按钮可为图片重新着色。
- 压缩图片按钮：单击该按钮可对图片进行压缩。
- 更改图片按钮：单击该按钮可更改所选图片。
- 重设图片按钮：单击该按钮可将图片恢复到编辑前的状态。

2. “图片样式”组

“图片样式”组的列表框中可以为图片设置样式，其他按钮主要用于设置图片的显示效果。

- 图片形状 按钮：单击该按钮可更改图片的形状。
- 图片边框 按钮：单击该按钮可为图片添加边框。
- 图片效果 按钮：单击该按钮可为图片添加视觉效果。

3. “排列”组

“排列”组中的按钮主要用于设置图片的排列方式和位置。

- 置于顶层 按钮：单击该按钮可将图片置于其他对象前面。
- 置于底层 按钮：单击该按钮可将图片置于其他对象后面。
- 文字环绕 按钮：单击该按钮可设置图片周围文字的环绕方式。
- 对齐 按钮：单击该按钮可将所选多个图片的边缘对齐。
- 组合 按钮：单击该按钮可将所选多个图片组合为一个对象。
- 旋转 按钮：单击该按钮可旋转或翻转图片。

三、任务实施

（一）插入并编辑剪贴画

打开素材文档“公司简介.docx”（素材参见：素材文件\项目三\任务一\公司简介.docx），在其中插入剪贴画并进行编辑，其具体操作如下。（拓展微课：光盘\微课视频\项目三\插入剪贴画和图片.swf、编辑剪贴画和图片.swf）

STEP 1 打开素材文档“公司简介.docx”，在【插入】/【插图】组中单击“剪贴画”按钮，打开“剪贴画”窗格。

STEP 2 在“搜索文字”文本框中输入“灯泡”文本，单击 搜索 按钮开始搜索，在下面的列表框中将显示搜索到的剪贴画。在需要的剪贴画上单击鼠标将其插入到文档中，单击“关闭”按钮关闭窗格，如图3-3所示。

STEP 3 在激活的【图片工具-格式】/【排列】组中单击 文字环绕 按钮，在打开的下拉列表中选择“四周型环绕”选项。

STEP 4 在【图片工具-格式】/【大小】组的“高度”数值框中输入“7”，将鼠标指针移动到剪贴画上，当鼠标指针变为形状时，按住鼠标左键不放，拖曳剪贴画至合适的位置后释放鼠标，如图3-4所示。

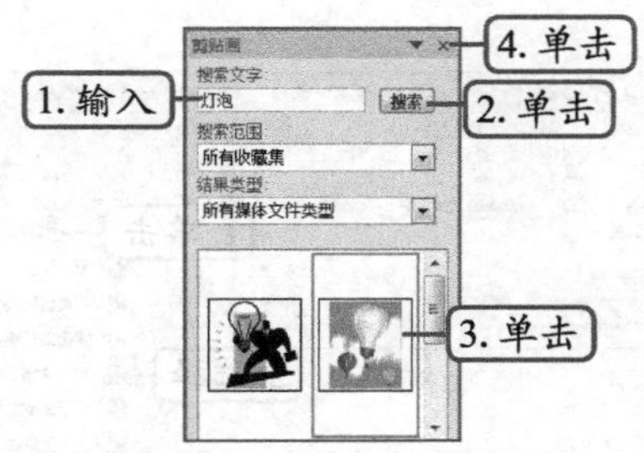

图3-3 搜索并插入剪贴画

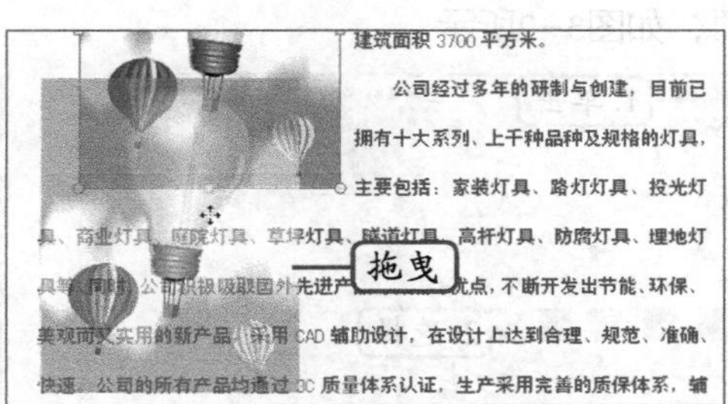

图3-4 拖动剪贴画位置

STEP 5 在【图片工具-格式】/【图片样式】组的列表框中选择"柔化边缘矩形"选项。

STEP 6 在"图片样式"组中单击图片效果按钮，在打开的下拉列表中选择【三维旋转】/【透视】/【极大极右透视】选项，如图3-5所示。

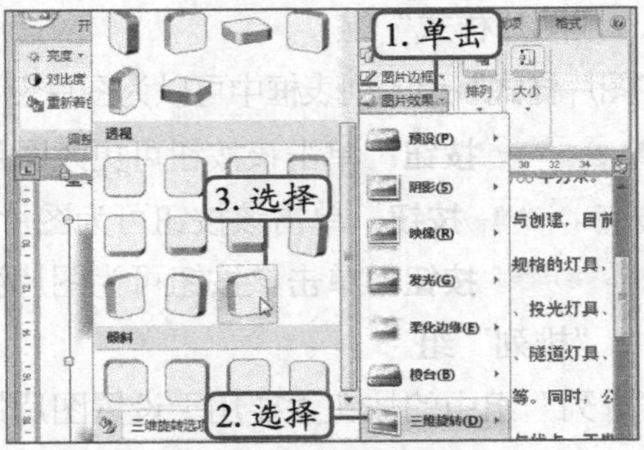

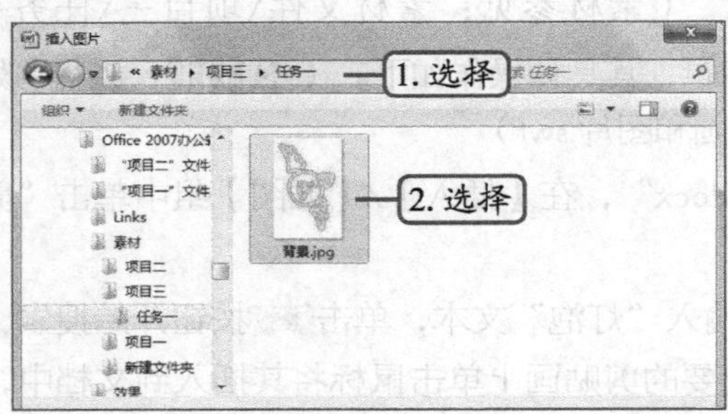

图3-5 设置三维旋转效果

（二）插入并编辑图片

在文档中可以插入计算机中储存的图片，将图片插入到文档中后可对其进行编辑，如调整大小、旋转、重新着色等。下面在"公司简介"中插入并编辑图片，其具体操作如下。

STEP 1 在【插入】/【插图】组中单击"图片"按钮，打开"插入图片"对话框。

STEP 2 在地址栏中选择图片所在的位置，单击插入(S)按钮，即可将所选图片插入到文档中，如图3-6所示。

STEP 3 将鼠标指针移动到图片左下角的控制点上，当鼠标指针变为形状时，按住【Shift】键不放，同时按住鼠标左键不放并拖动，缩放图片至合适的大小后释放鼠标，效果如图3-7所示。

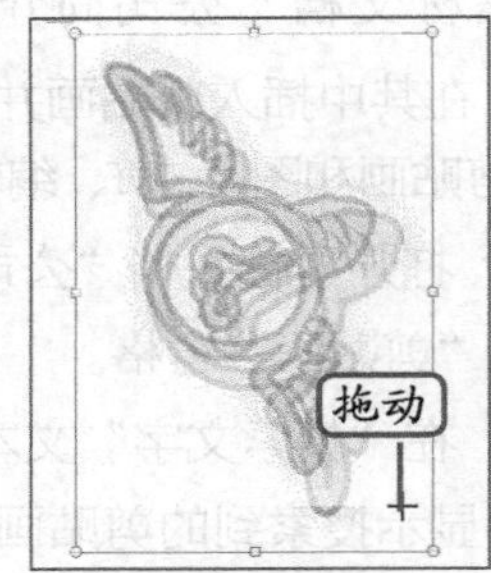

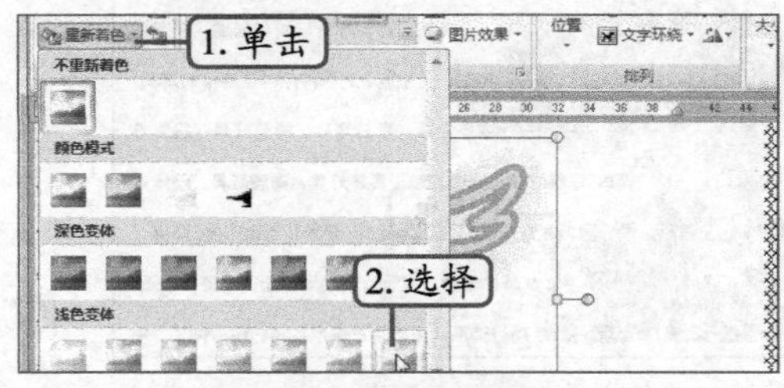

图3-6 插入图片

图3-7 调整图片大小

STEP 4 在【图片工具-格式】/【排列】组中单击"旋转"按钮，在打开的下拉列表中选择"向右旋转 90°"选项。

STEP 5 保持图片选中状态，在【格式】/【调整】组中单击重新着色按钮，在打开的下拉列表中的"浅色变体"栏中选择最后一个选项，如图3-8所示。

STEP 6 在"排列"组中单击文字环绕按钮，在打开的下拉列表中选择"衬于文字下方"选项，如图3-9所示。

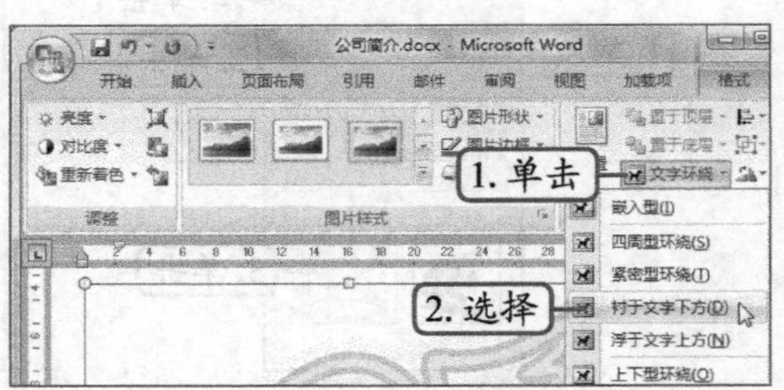

图3-8 重新着色图片

图3-9 设置文字环绕方式

STEP 7 将鼠标指针移动到图片上，当鼠标指针变为形状时，按住【Shift】键不放，同时按住鼠标拖动，至合适的位置后释放鼠标，如图3-10所示。

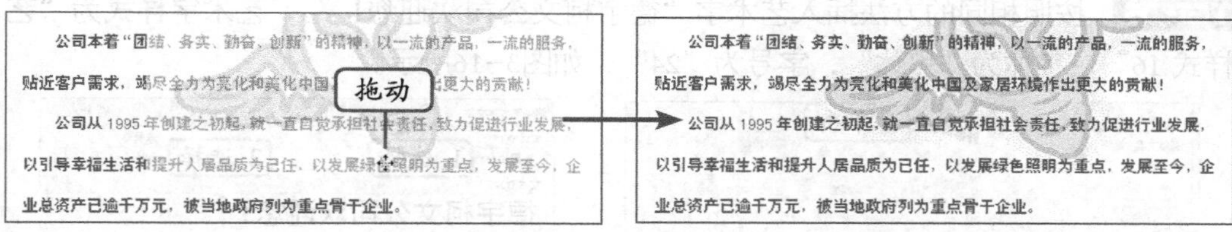

图3-10　移动图片

（三）插入并编辑艺术字

在广告和海报文档中经常出现一些形状特别，且带有特殊效果和颜色的文字，这些文字可通过Word 2007的艺术字功能进行制作。下面在"公司简介"中插入并编辑艺术字，其具体操作如下。（拓展微课：光盘\微课视频\项目三\插入艺术字.swf、编辑艺术字.swf）

STEP 1 在文档标题位置单击鼠标定位光标插入点，在【插入】/【文本】组中单击艺术字按钮，在打开的下拉列表中选择需要的艺术字样式，如图3-11所示。

STEP 2 打开"编辑艺术字文字"对话框，在"字体"下拉列表框中选择"方正大标宋简体"选项，在"字号"下拉列表框中选择"32"选项，在"文本"编辑框中输入"德宇柯文电器灯饰公司简介"文本，单击确定按钮，如图3-12所示。

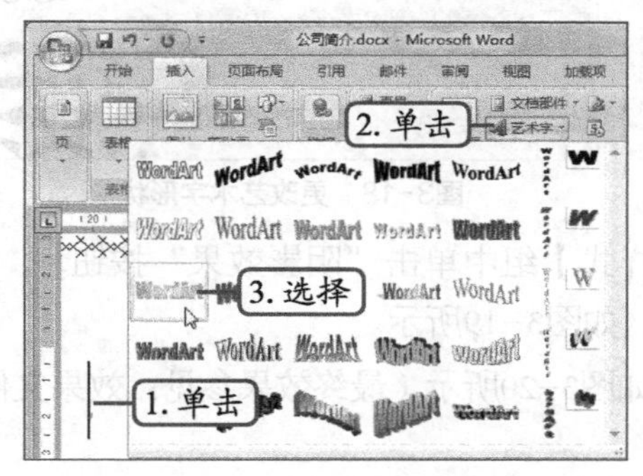

图3-11　选择艺术字样式

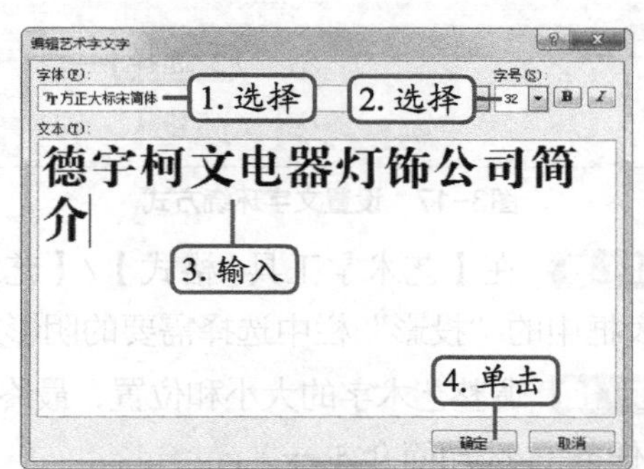

图3-12　输入艺术字文本

STEP 3 将鼠标指针移至艺术字文本框右下角的控制点上，当鼠标指针变为形状时，按住【Shift】键不放，同时按住鼠标左键不放并拖动，至合适的大小后释放鼠标，如图3-13所示。

STEP 4 在【艺术字工具-格式】/【艺术字样式】组中单击"形状轮廓"按钮右侧的下拉按钮，在打开的下拉列表中选择需要的颜色，如图3-14所示。

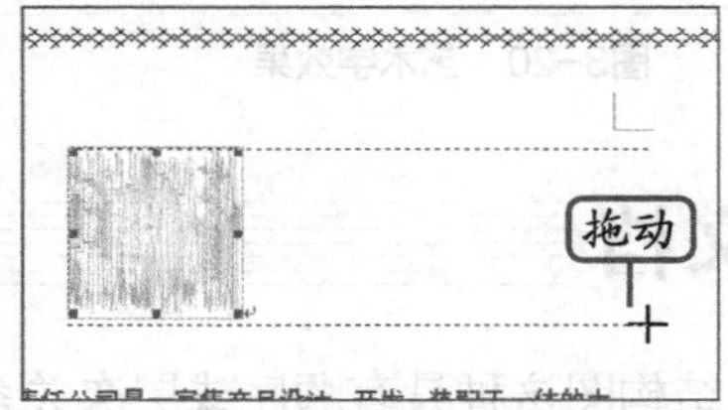

图3-13　调整艺术字大小

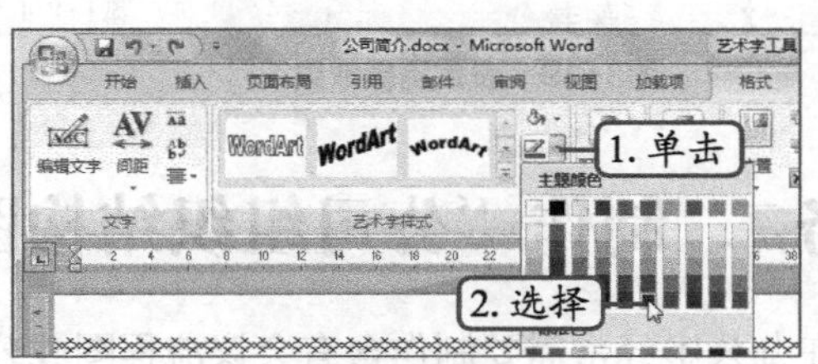

图3-14　设置艺术字轮廓

STEP 5 在【艺术字工具-格式】/【艺术字样式】组中单击“阴影效果”按钮，在打开列表框中的“投影”栏中选择需要的阴影效果，如图3-15所示。

STEP 6 按照相同的方法插入艺术字“德宇柯文公司欢迎您！”，艺术字样式为“艺术字样式 16”，字体为“黑体”，字号为“24”，如图3-16所示。

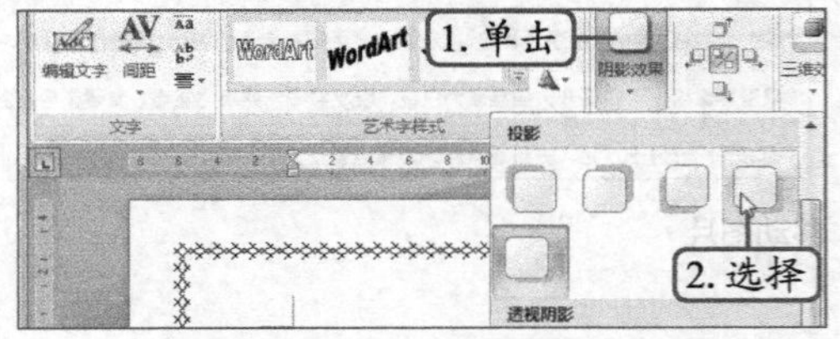

图3-15　设置阴影效果

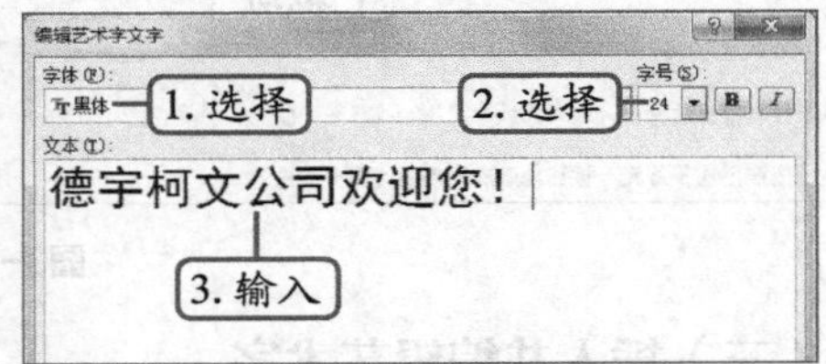

图3-16　输入艺术字文本

STEP 7 保持艺术字的选中状态，在【艺术字工具-格式】/【排列】组中单击“文字环绕”按钮，在打开的下拉列表中选择“浮于文字上方”选项，如图3-17所示。

STEP 8 将艺术字拖动到文档最后的空白处，在【艺术字工具-格式】/【艺术字样式】组中单击“更改艺术字形状”按钮，在打开的下拉列表中选择“朝鲜鼓”形状，如图3-18所示。

图3-17　设置文字环绕方式

图3-18　更改艺术字形状

STEP 9 在【艺术字工具-格式】/【艺术字样式】组中单击“阴影效果”按钮，在打开列表框中的“投影”栏中选择需要的阴影效果，如图3-19所示。

STEP 10 调整艺术字的大小和位置，最终效果如图3-20所示（最终效果参见：效果文件\项目三\任务一\公司简介.docx）。

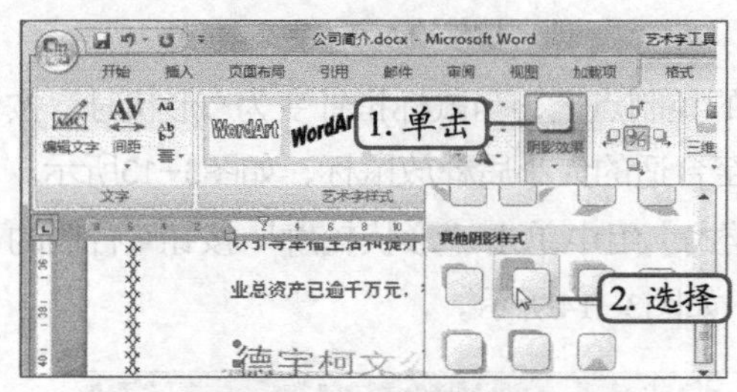

图3-19　设置阴影效果

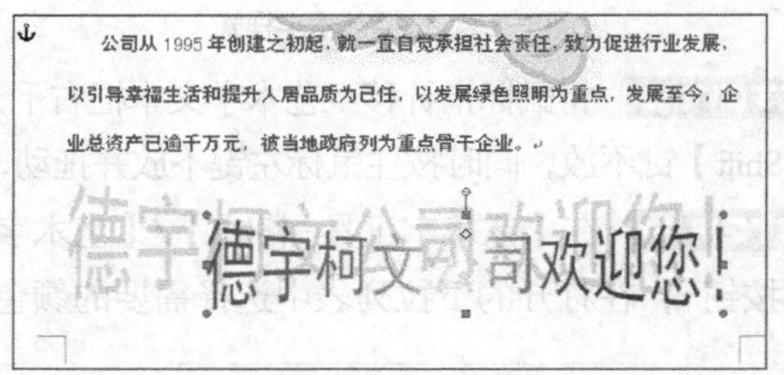

图3-20　艺术字效果

任务二　制作“公司组织结构图”文档

在办公中经常需要制作含有会议流程图或公司组织结构图这种具有顺序或层次关系的文

档，这些层次关系通常难以用文字进行阐述。使用Word 2007中的SmartArt图形功能创建不同布局的层次结构图形，即可快速、有效地表达这些关系。

一、任务目标

本任务将练习用Word 2007制作“公司组织结构图”文档，制作可插入SmartArt图形、形状、文本框，并对其进行相应的编辑操作。通过本任务的学习，可了解SmartArt图形的基本含义和应用范围，掌握使用SmartArt图形的方法，并学会使用形状和文本框的方法。本任务制作完成后的最终效果如图3-21所示。

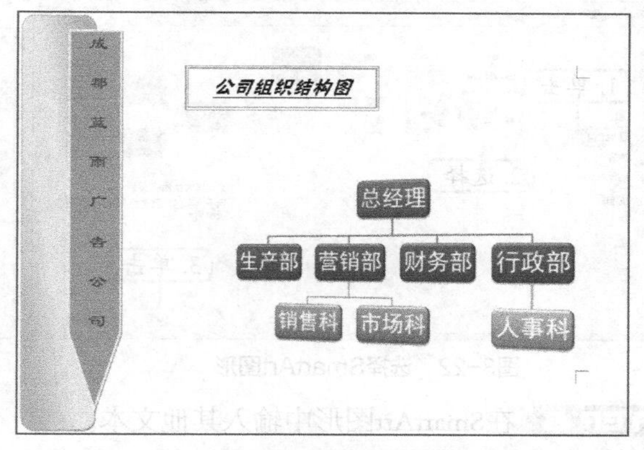

图3-21 “公司组织结构图”文档效果

二、相关知识

SmartArt图形是信息和观点的视觉表示形式，可以通过从多种不同布局中进行选择来创建 SmartArt图形，从而快速、轻松、有效地传达信息。SmartArt图形包括以下8种类型。

- **列表型**：显示非有序信息或分组信息，主要用于强调信息的重要性。
- **流程型**：表示任务流程的顺序或步骤。
- **循环型**：表示阶段、任务或事件的连续序列，主要用于强调重复过程。
- **层次结构型**：用于显示组织中的分层信息或上下级关系，应用程度最为广泛。
- **关系型**：用于表示两个或多个项目之间的关系，或者多个信息集合之间的关系。
- **矩阵型**：用于以象限的方式显示部分与整体的关系。
- **棱锥图型**：用于显示比例、互连或层次关系，最大的部分置于底部，向上渐窄。

三、任务实施

（一）插入SmartArt图形

Word 2007中提供了多种类型的SmartArt图形，如流程、层次结构、关系等，不同类型体现的信息重点不同，用户可根据需要进行选择。下面以创建“公司组织结构图”为例进行讲解，其具体操作如下。（**拓展微课**：光盘\微课视频\项目三\插入SmartArt图形.swf）

STEP 1 新建空白文档，将页面方向设置为“横向”，并以“公司组织结构图”为名进行保存。在【插入】/【插图】组中单击“SmartArt”按钮，打开“选择 SmartArt 图形”对话框。

STEP 2 在对话框左侧单击“层次结构”选项卡，在其右侧的列表中选择“水平层次结构”选项，单击确定按钮，关闭对话框，如图3-22所示。

STEP 3 在打开的“在此处键入文字”窗格中输入文本，文档中的结构图中将同步显示输入的文本。

STEP 4 在SmartArt图形中单击需要输入文本的形状，并输入相应文本，“在此处键入文字”窗格也将同步显示输入的文本，如图3-23所示。

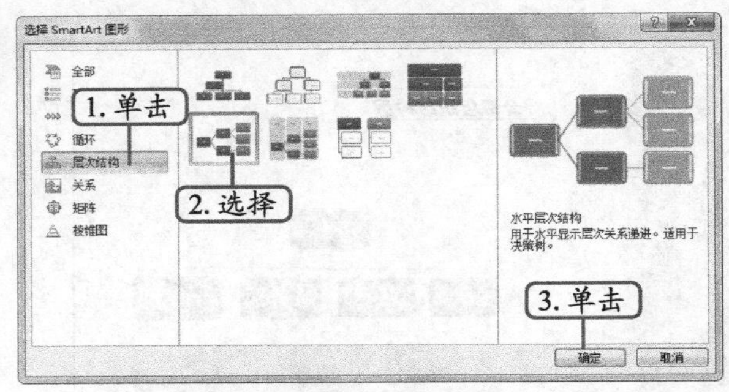

图3-22　选择SmartArt图形

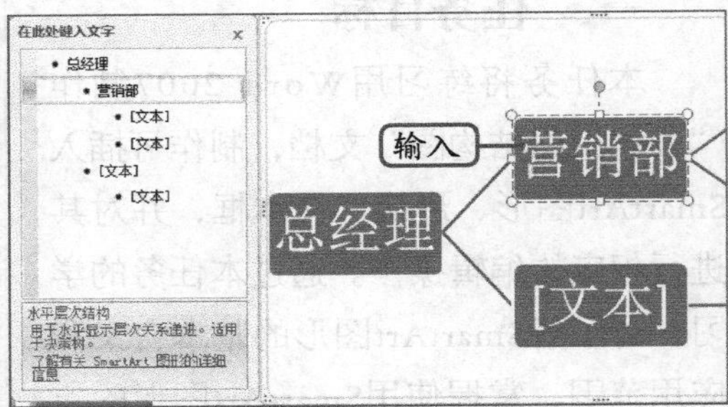

图3-23　在形状中输入文本

STEP 5 在SmartArt图形中输入其他文本。

知识补充

若不需要SmartArt左侧的文本窗格，可单击窗格右上角的“关闭”按钮，或在【SmartArt 工具-设计】/【创建图形】组中单击“文本窗格”按钮 文本窗格 将其关闭。再次单击“文本窗格”按钮 文本窗格 可打开窗格。

（二）编辑SmartArt图形

插入SmartArt图形之后还可以对其进行编辑，如添加形状、更改样式和布局等，其具体操作如下。（拓展微课：光盘\微课视频\项目三\编辑SmartArt图形.swf）

STEP 1 在“营销部”形状上单击鼠标右键，在弹出的快捷菜单中选择【添加形状】/【在前面添加形状】命令，如图3-24所示。

STEP 2 在添加的形状中输入文本“生产部”。

STEP 3 在“营销部”形状上单击，在【SmartArt 工具-设计】/【创建图形】组中单击 添加形状 下拉按钮，在打开的下拉列表中选择“在后面添加形状”选项，如图3-25所示。

STEP 4 在添加的形状中输入文本“财务部”。

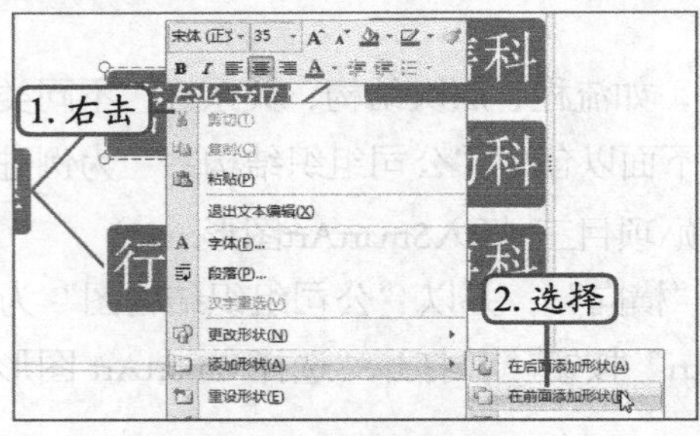

图3-24　在前面添加形状

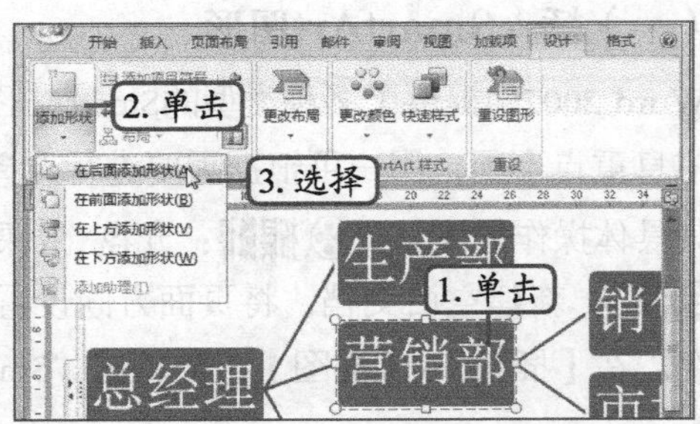

图3-25　在后面添加形状

STEP 5 在【SmartArt 工具-设计】/【布局】组中单击“更改布局”按钮，在打开的列表框中选择“组织结构图”选项，如图3-26所示。

STEP 6 选择“营销部”形状，在“创建图形”组中单击 布局 按钮，在打开的下拉列表中选择“标准”选项，如图3-27所示。

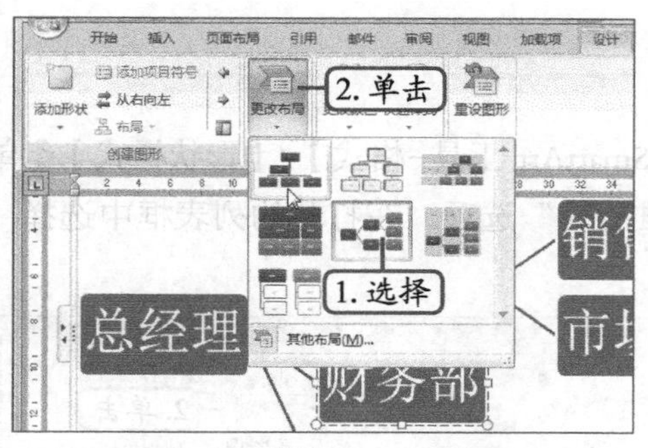

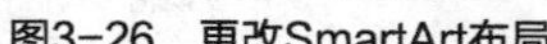
图3-26 更改SmartArt布局

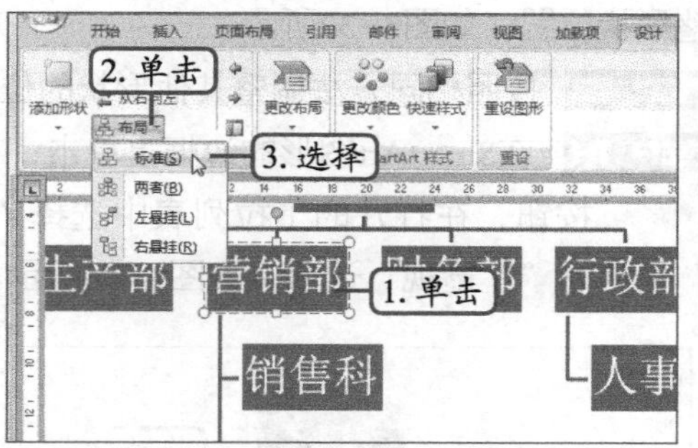

图3-27 更改形状布局

STEP 7 按照相同的方法将“行政部”形状的布局也改为“标准”。

STEP 8 在SmartArt图形边框上单击，在【SmartArt 工具-设计】/【SmartArt 样式】组中单击“快速样式”按钮，在打开的列表框中选择“强烈效果”选项，如图3-28所示。

STEP 9 选择SmartArt图形中的所有形状，在【SmartArt 工具-格式】/【形状】组中单击“更改形状”按钮，在打开的列表框的“矩形”栏中选择“圆角矩形”选项，如图3-29所示。

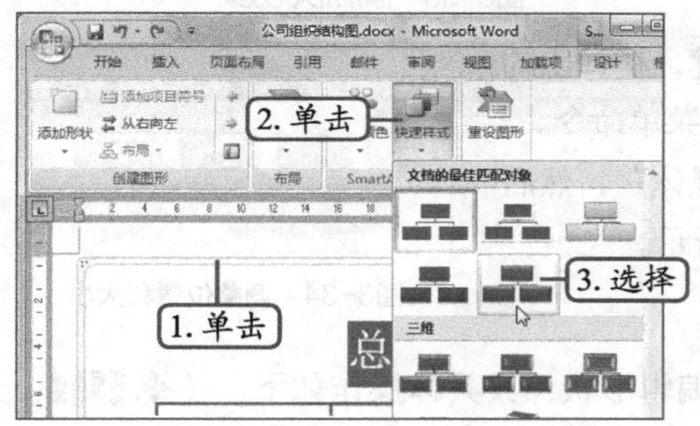

图3-28 更改SmartArt样式

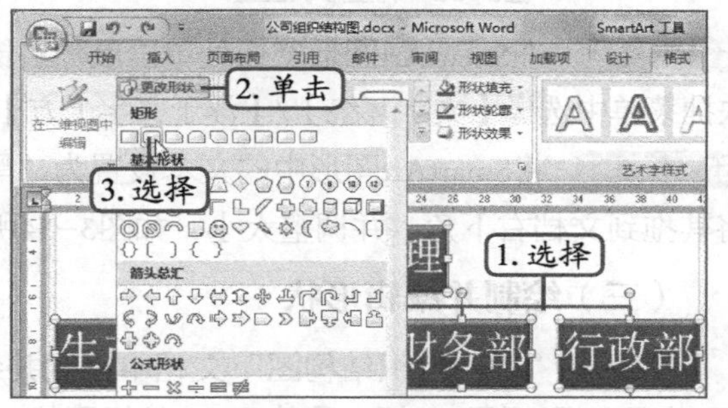

图3-29 更改形状

STEP 10 选择“人事科”形状，在【SmartArt 工具-格式】/【形状样式】组单击列表框右侧的下拉按钮，在打开的列表框中选择需要的选项，如图3-30所示。

STEP 11 选择“行政部”形状和“人事科”形状之间的连线，在【SmartArt 工具-格式】/【形状样式】组单击列表框右侧的下拉按钮，在打开的列表框中选择需要的选项，如图3-31所示。

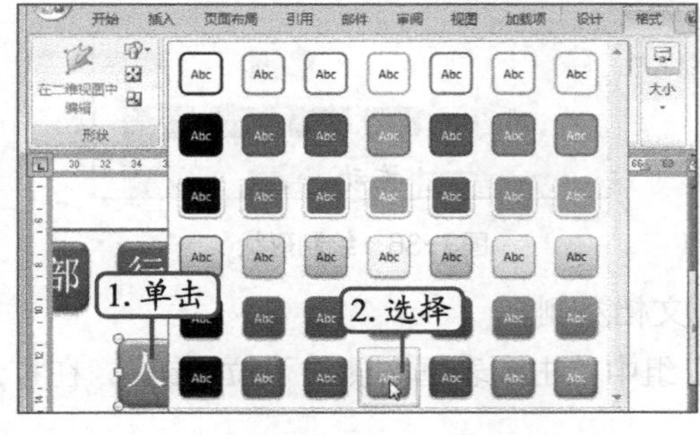

图3-30 更改形状样式

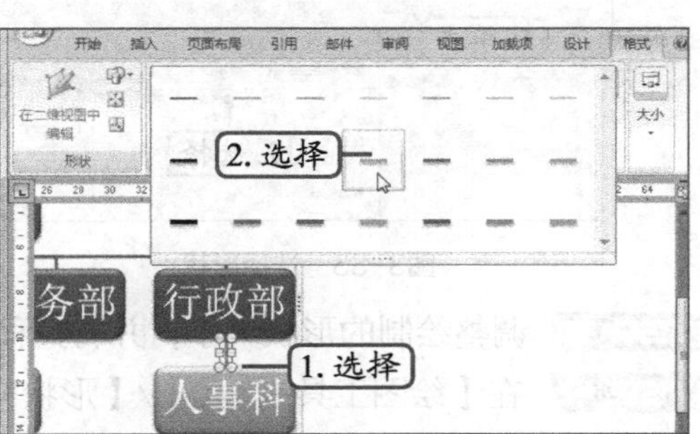

图3-31 更改线条的样式

STEP 12 在“总经理”形状上按住鼠标左键不放并向上拖动，到合适位置后释放鼠标，调整形状位置，如图3-32所示。

STEP 13 按照相同方法调整其他形状的位置。

STEP 14 在SmartArt图形的边框上单击，在【SmartArt 工具-格式】/【形状样式】组单击 形状效果 按钮，在打开的下拉列表中选择“三维旋转”选项，在打开的列表框中选择“透视”栏中的“左透视”选项，如图3-33所示。

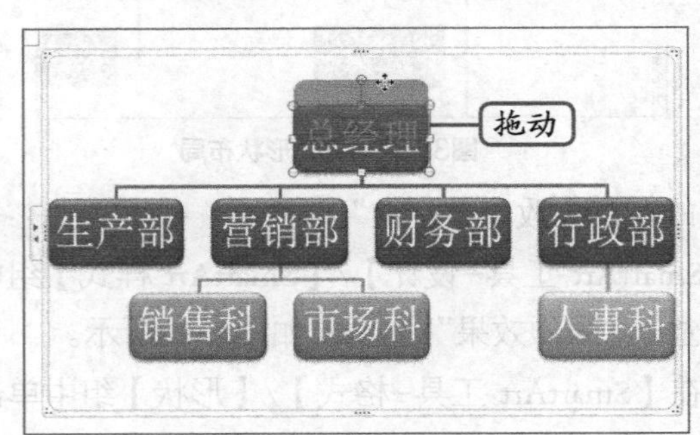

图3-32 调整形状位置

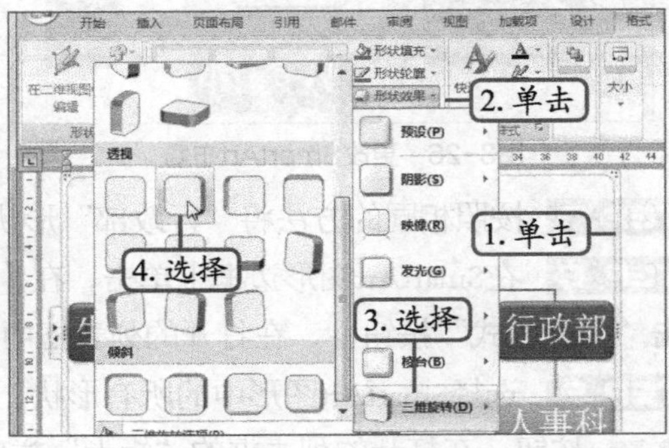

图3-33 添加形状效果

STEP 15 在SmartArt图形空白处单击鼠标右键，在弹出的快捷菜单中选择【文字环绕】/【浮于文字上方】菜单命令。

STEP 16 将SmartArt图形中的文本设置为“黑体”，然后将其拖到文档右下角，并调整大小，如图3-34所示。

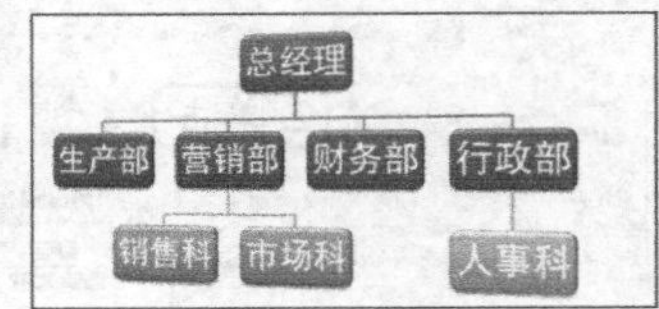

图3-34 调整位置和大小

（三）绘制并编辑形状

下面在“公司组织结构图”文档中绘制并编辑形状，其具体操作如下。（拓展微课：光盘\微课视频\项目三\插入形状.swf、编辑形状.swf）

STEP 1 在【插入】/【插图】组单击“形状”按钮，在打开的下拉列表中选择“圆角矩形”选项，如图3-35所示。

STEP 2 当鼠标指针变成+形状时，按住鼠标左键不放并向右下角拖动，至合适位置后释放鼠标，即可绘制形状，如图3-36所示。

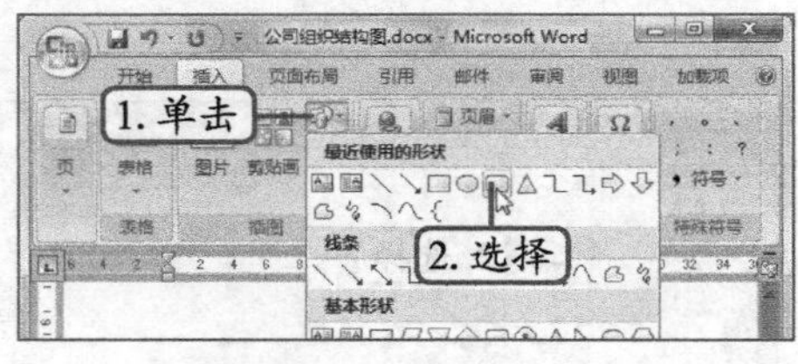

图3-35 选择形状

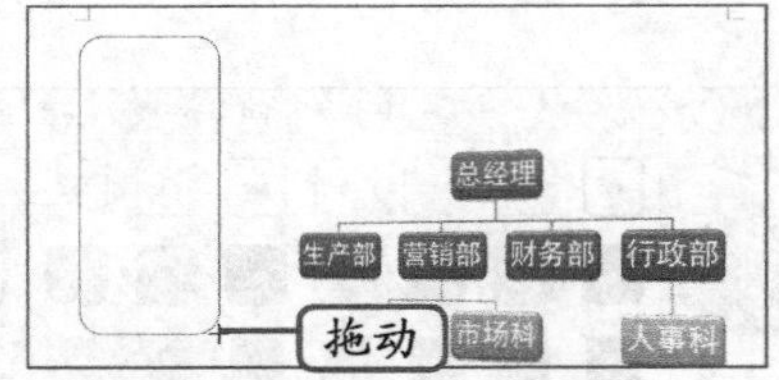

图3-36 绘制形状

STEP 3 调整绘制的形状大小，并将其移动到文档左侧。

STEP 4 在【绘图工具-格式】/【形状样式】组中单击列表框右侧的下拉按钮，在打开的列表框中选择需要的样式，如图3-37所示。

STEP 5 按照相同的方法绘制第2个形状，并设置形状样式。

STEP 6 在第2个形状上单击鼠标右键，在打开的快捷菜单中选择“添加文字”命令，如

图3-38所示。

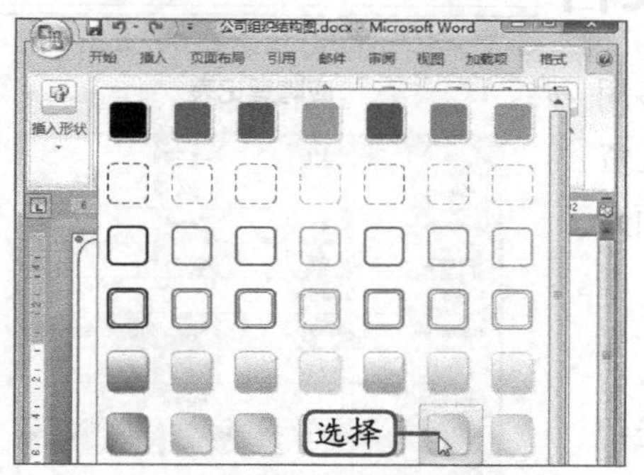

图3-37　更改形状样式

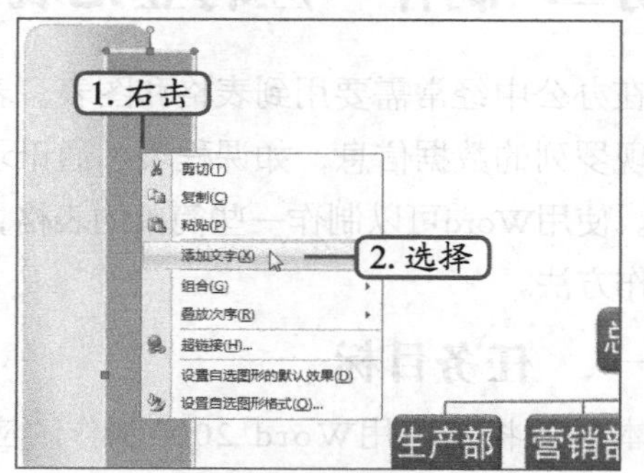

图3-38　添加文字

STEP 7 直接输入文本“成都蓝雨广告公司”，在【文本框工具-格式】/【文本】组中单击文字方向按钮，更改文字方向，如图3-39所示。

STEP 8 在【开始】/【字体】组中将文本设置为“隶书、一号、深红”，然后在【开始】/【段落】组中单击“分散对齐”按钮，如图3-40所示。

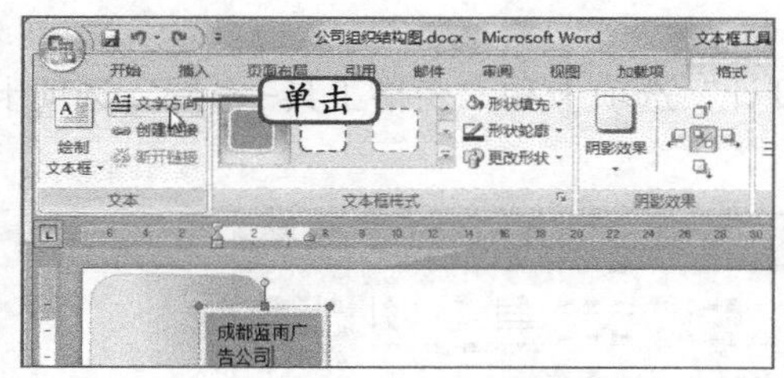

图3-39　更改文字方向

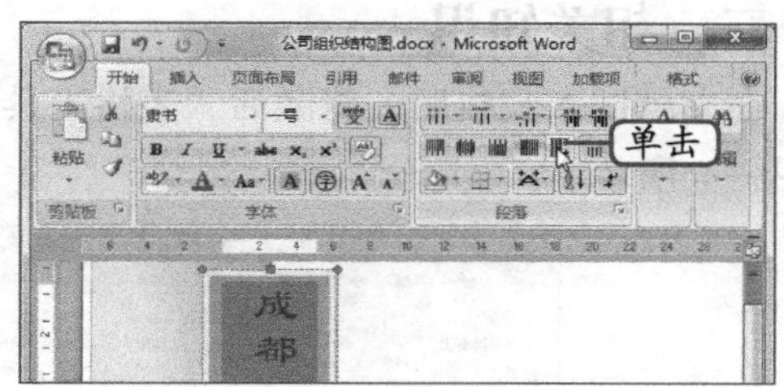

图3-40　设置对齐方式

（四）插入文本框

使用文本框可将文本放置在文档的任何位置。下面在“公司组织结构图”中添加文本框，其具体操作如下。（拓展微课：光盘\微课视频\项目三\插入文本框.swf）

STEP 1 在【插入】/【文本】组中单击“文本框”按钮，在打开的列表框中选择“简单文本框”选项。此时将插入一个文本框，直接在文本框中输入“公司组织结构图”文本，如图3-41所示。

STEP 2 将文本框中的文本设置为“方正艺黑简体、一号、倾斜、下画线、居中”，如图3-42所示。

STEP 3 在【文本框工具-格式】/【文本框样式】组中单击列表框右侧的下拉按钮，在打开的列表框中选择需要的样式即可（最终效果参见：效果文件\项目三\任务二\公司组织结构图.docx）。

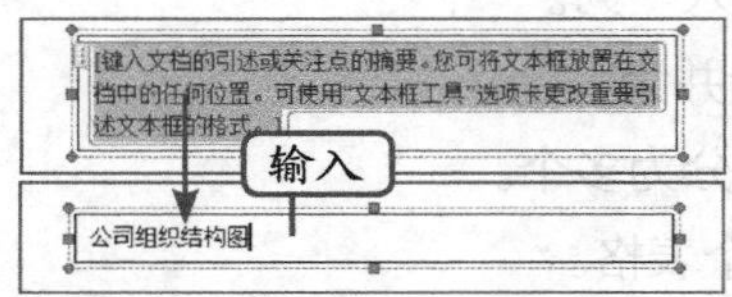

图3-41　输入文本

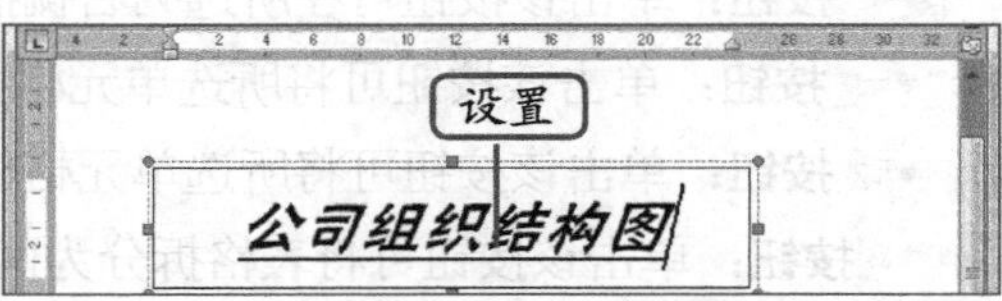

图3-42　设置文本格式

任务三 制作“应聘登记表”文档

在办公中经常需要用到表格和图表。表格多用于表现罗列的数据信息，如课程表、通讯录、工资表等。使用Word可以制作一些简单的表格，下面介绍制作方法。

一、任务目标

本任务将练习用Word 2007制作“应聘登记表”文档，需要在文档中插入表格，然后输入表格内容，并对表格进行格式化等操作。通过本任务的学习，可掌握在Word 2007中插入表格的方法，同时掌握使用Word 2007制作表格的方法。本任务制作完成后的最终效果如图3-43所示。

应聘登记表

姓名		性别		出生日期		
户口所在地		婚否		身高		照片
身份证号码		籍贯		民族		
毕业院校		学历		毕业时间		
专业		所获证书				
计算机水平		英语水平		人员类型	□失业 □在职 □下岗	
特长		健康状况		应聘职位		
家庭住址				希望待遇		
工作经历	时间	单位名称及主要工作	职务	薪金	离职原因	
学历培训经历	时间	学校或培训机构	培训内容	证件名称		
填表时间： 年 月 日						

图3-43 “应聘登记表”文档

二、相关知识

在文档插入表格后，将激活“表格工具-设计”选项卡和“表格工具-布局”选项卡，如图3-44所示。

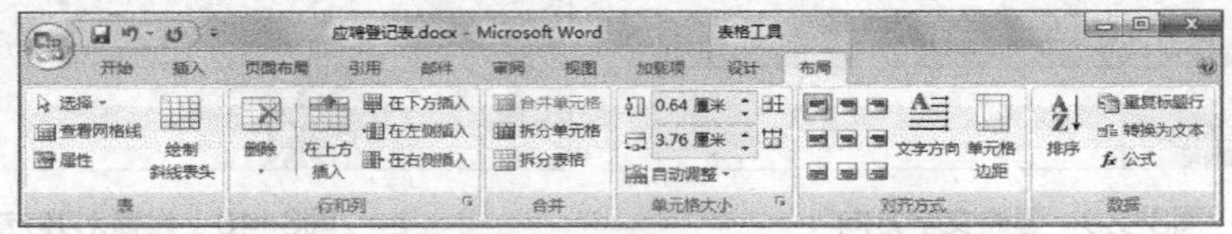

图3-44 “表格工具-布局”选项卡

“表格工具-设计”选项卡中包含的内容比较简单，主要用于设计表格的外观。“表格工具-布局”选项卡主要用于设置表格的格式和布局，相关按钮作用介绍如下。

- 选择按钮：单击该按钮可选择需要的对象。
- 查看网格线按钮：单击该按钮可显示或隐藏网格内的虚框。
- 属性按钮：单击该按钮可设置表格属性。
- **“绘制斜线表头”按钮**：单击该按钮可绘制斜线表头。
- **“删除”按钮**：单击该按钮可删除行、列、单元格或整个表格。
- **“在上方插入”按钮**：单击该按钮可在所选行上方插入一行。
- 在下方插入按钮：单击该按钮可在所选行下方插入一行。
- 在左侧插入按钮：单击该按钮可在所选列左侧插入一列。
- 在右侧插入按钮：单击该按钮可在所选列右侧插入一列。
- 合并单元格按钮：单击该按钮可将所选单元格合并为一个。
- 拆分单元格按钮：单击该按钮可将所选单元格拆分为多个。
- 拆分表格按钮：单击该按钮可将表格拆分为两个表格。
- **“排序”按钮**：单击该按钮可按照顺序排列数据。

- 重复标题行按钮：单击该按钮可在每页重复标题行。
- 转换为文本按钮：单击该按钮可将表格转换为文字。
- fx 公式按钮：单击该按钮可插入公式。

三、任务实施

（一）插入表格框架

要制作表格，需要先在文档中插入表格，然后在其中输入内容。下面在“应聘登记表”文档中插入表格框架，其具体操作如下。（拓展微课：光盘\微课视频\项目三\插入表格.swf）

STEP 1 打开素材文档“应聘登记表.docx”（素材参见：素材文件\项目三\任务三\应聘登记表.docx），将光标插入点定位在标题段后。在【插入】/【表格】组中单击“表格”按钮，在打开的下拉列表中选择“插入表格”选项，如图3-45所示，打开“插入表格”对话框。

STEP 2 在“列数”数值框中输入“7”，在“行数”数值框中输入“15”，单击确定按钮，如图3-46所示。

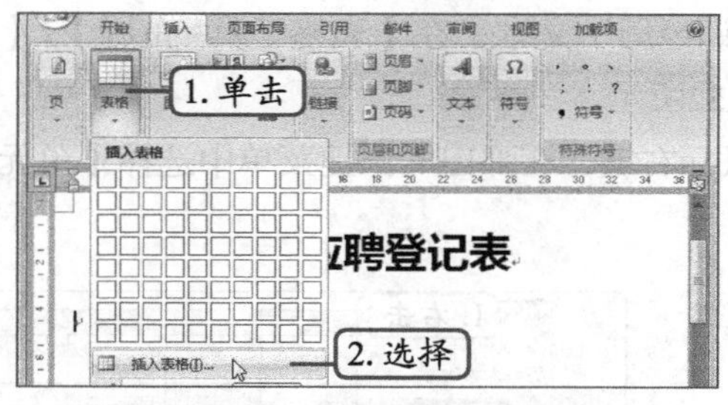

图3-45 选择“插入表格”选项

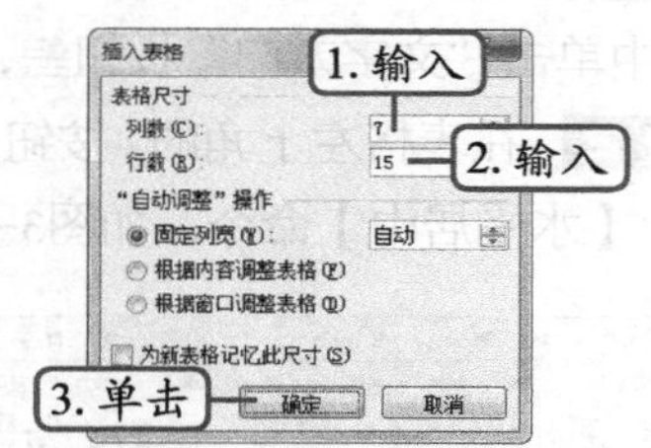

图3-46 输入表格尺寸

STEP 3 选择第一行最后两列单元格，在【表格工具-布局】/【合并】组中单击合并单元格按钮，合并所选单元格，如图3-47所示。

STEP 4 选择第2行~第4行最后一列单元格，在“合并”组中单击合并单元格按钮，合并所选单元格，如图3-48所示。

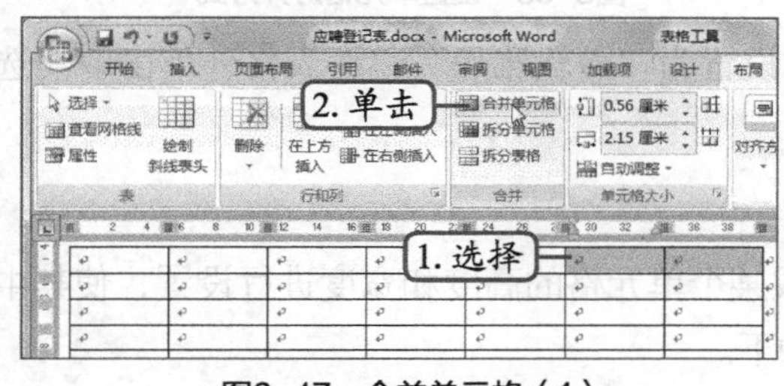

图3-47 合并单元格（1）

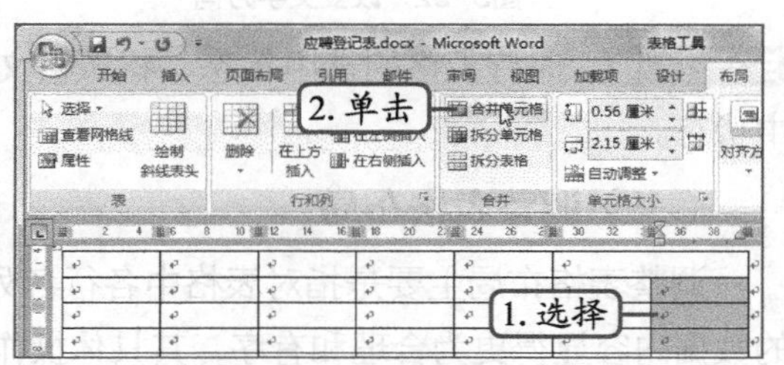

图3-48 合并单元格（2）

STEP 5 选择第一列最后7行单元格，在“合并”组中单击拆分单元格按钮，打开“拆分单元格”对话框，保持默认参数不变，单击确定按钮，如图3-49所示。

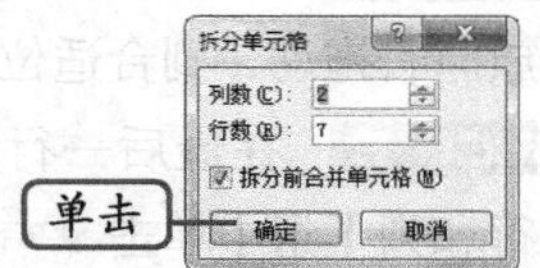

图3-49 拆分单元格

STEP 6 按照相同方法合并和拆分其他单元格，效果如图3-50所示。

STEP 7 在单元格中单击定位光标插入点，依次输入内容，如图3-51所示。

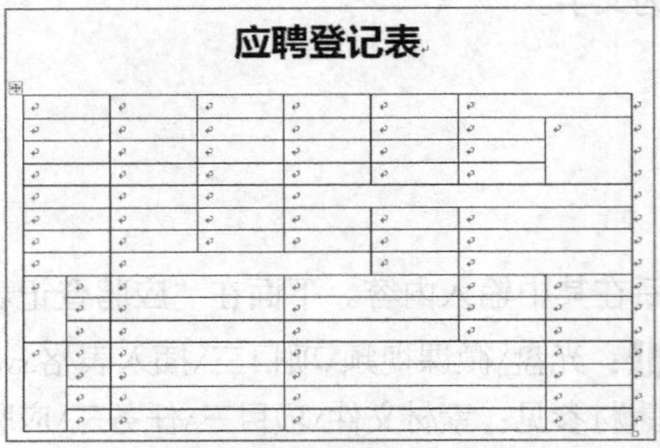

应聘登记表

图3-50 表格设置效果

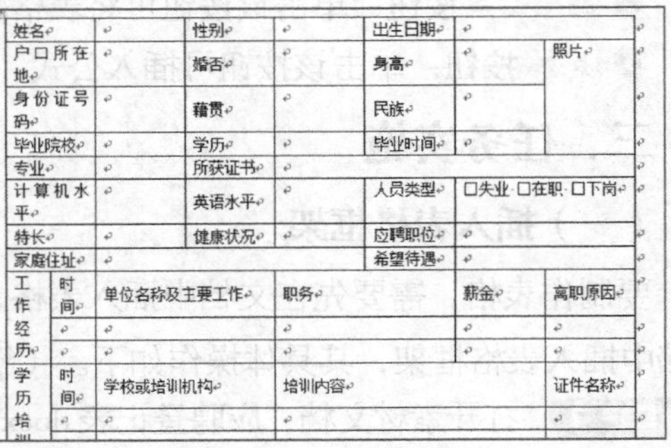

姓名
性别
出生日期
户口所在地
婚否
身高
照片
身份证号码
籍贯
民族
毕业院校
学历
毕业时间
专业
所获证书
计算机水平
英语水平
人员类型
□失业 □在职 □下岗
特长
健康状况
应聘职位
家庭住址
希望待遇
工作经历
时间
单位名称及主要工作
职务
薪金
离职原因
学历培训
时间
学校或培训机构
培训内容
证件名称

图3-51 输入内容

（二）格式化表格内容

格式化表格设置包括行字体和对齐方式等。下面在“应聘登记表”文档输入相关文本并进行格式化，其具体操作如下。（拓展微课：光盘\微课视频\项目三\编辑表格.swf）

STEP 1 选择“工作经历学历”和“培训经历”文本，在【表格工具-布局】/【对齐方式】组中单击“文字方向”按钮，如图3-52所示。

STEP 2 在表格左上角的按钮上单击鼠标右键，在弹出的快捷菜单中选择【单元格对齐方式】/【水平居中】命令，如图3-53所示。

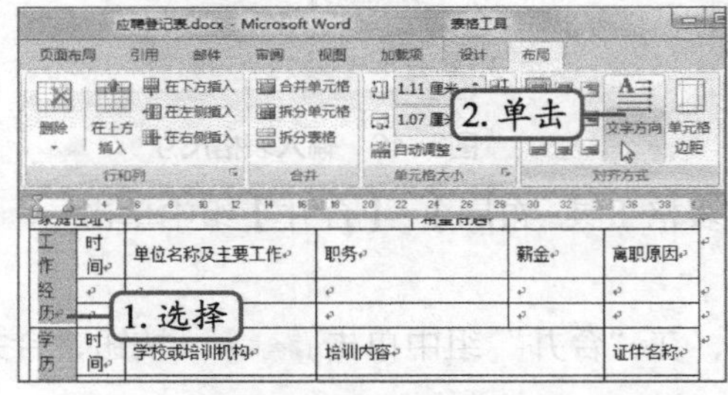

应聘登记表.docx - Microsoft Word
表格工具
页面布局
引用
邮件
审阅
视图
加载项
设计
布局
删除
在上方插入
在下方插入
在左侧插入
在右侧插入
合并单元格
拆分单元格
拆分表格
自动调整
文字方向
单元格边距
行和列
合并
单元格大小
对齐方式
2. 单击
1. 选择
时间
单位名称及主要工作
职务
薪金
离职原因
学校或培训机构
培训内容
证件名称

图3-52 改变文字方向

1. 右击
复制(C)
粘贴单元格(P)
粘贴为嵌套表格(N)
插入(I)
合并单元格(M)
平均分布各行(N)
平均分布各列(Y)
绘制表格(W)
边框和底纹(B)
单元格对齐方式(G)
自动调整(A)
2. 选择
性别
出生日期
婚否
身高
籍贯
民族
学历
毕业时间
所获证书
英语水平
人员类型
健康状况
应聘职位
希望待遇
职务
薪金

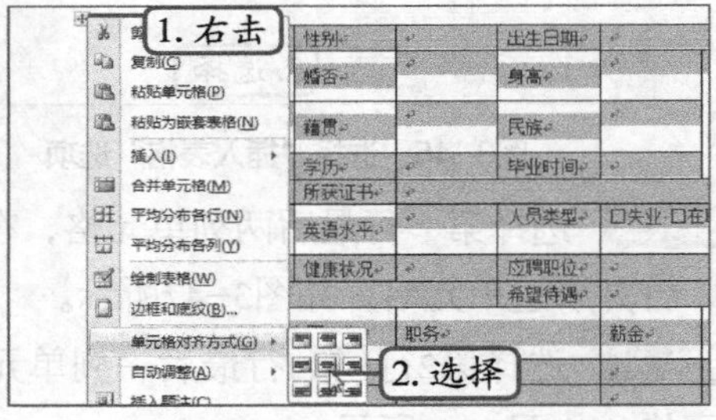

图3-53 设置单元格对齐方式

STEP 3 保持表格的选中状态，将表格文本设置为“微软雅黑”，在表格外单击取消选中状态。

（三）调整表格布局

调整表格布局主要是指对表格中各行各列或某个单元格的高度和宽度进行设置，使其中的数据内容显得更为合理和有序，其具体操作如下。

STEP 1 将鼠标指针移动到“时间”右侧的边框线上，当其变为形状时，按住鼠标左键不放向右拖动，到合适位置后释放鼠标，如图3-54所示。

STEP 2 在最后一行的单元格中单击鼠标，定位光标插入点，在【表格工具-布局】/【行和列】组中单击“在下方插入”按钮，如图3-55所示。

STEP 3 选择新插入的行，在【表格工具-布局】/【合并】组中单击“合并单元格”按钮，将新插入行中所有的单元格合并为一个单元格。

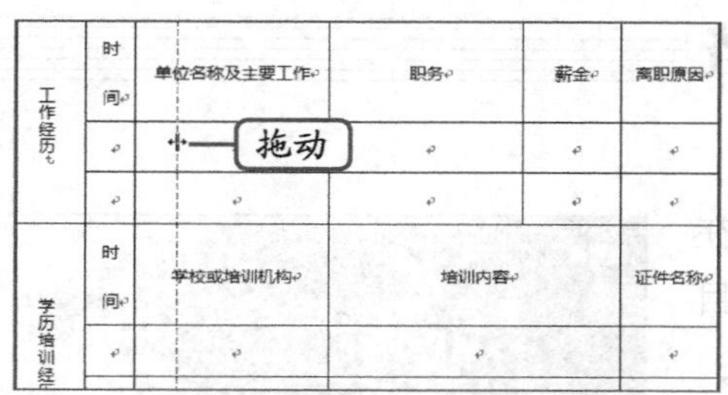

图3-54 调整列宽

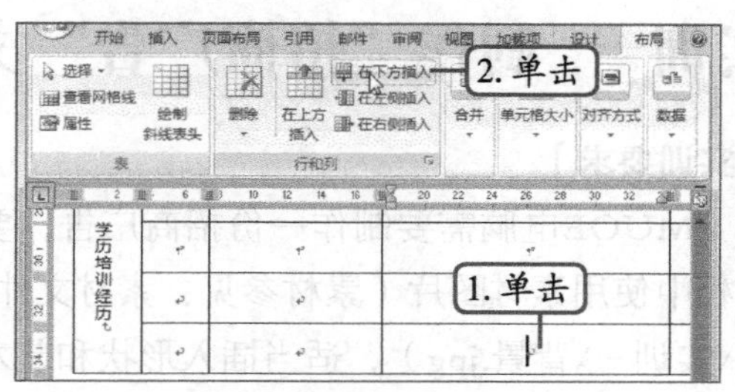

图3-55 插入行

STEP 4 在单元格中输入文本。

（四）设置表格边框和底纹

为表格设置不同的边框和底纹不仅可以提高表格的美观度，更重要的是可以区分表格数据。下面在“应聘登记表”文档中设置表格边框和底纹，其具体操作如下。

STEP 1 在表格左上角的⊞按钮上单击鼠标右键，在弹出的快捷菜单中选择“边框和底纹”命令，如图3-56所示，打开“边框和底纹”对话框。

STEP 2 在“边框”选项卡左侧单击“网格”选项，在“样式”列表框中选择外边框样式，在“颜色”下拉列表中选择需要的颜色，然后单击 确定 按钮，如图3-57所示。

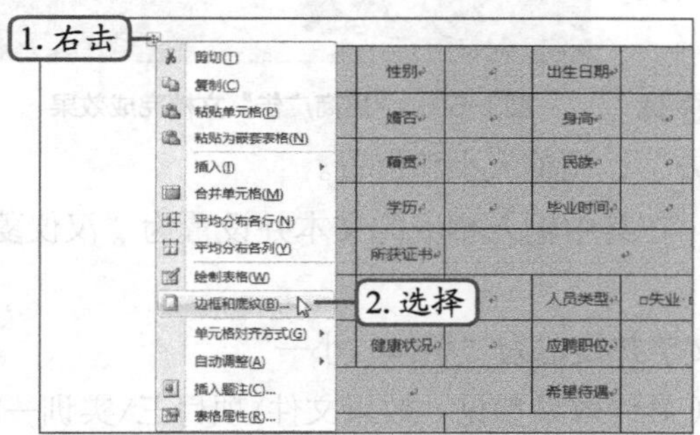

图3-56 选择“边框与底纹”命令

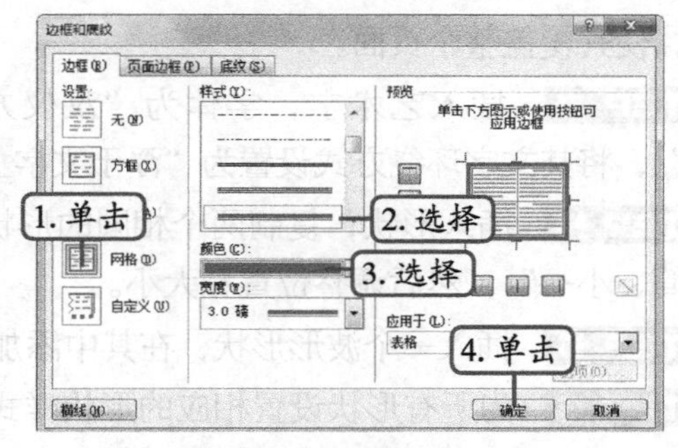

图3-57 设置边框与底纹

STEP 3 将鼠标指针移动到含有文本的单元格左下角，当其变为↗形状时单击，选择该单元格。

STEP 4 按住【Ctrl】键依次选择有内容的单元格，在【表格工具-设计】/【表样式】组中单击 底纹 按钮，在打开的下拉列表中选择需要的底纹颜色，如图3-58所示。

STEP 5 在表格外单击取消选中状态，即可查看效果，如图3-59所示（最终效果参见：效果文件\项目三\任务三\应聘登记表.docx）。

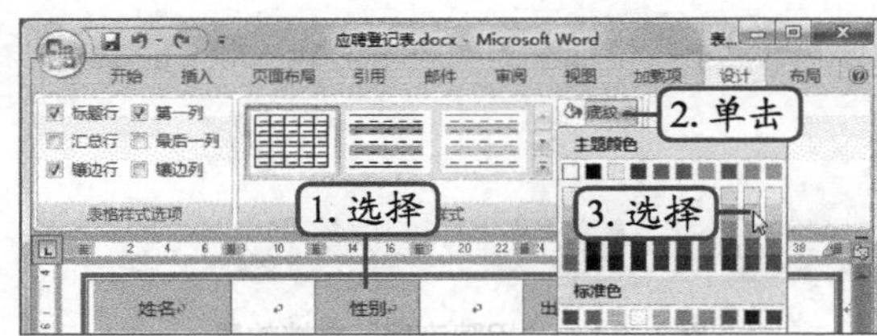

图3-58 选择底纹颜色

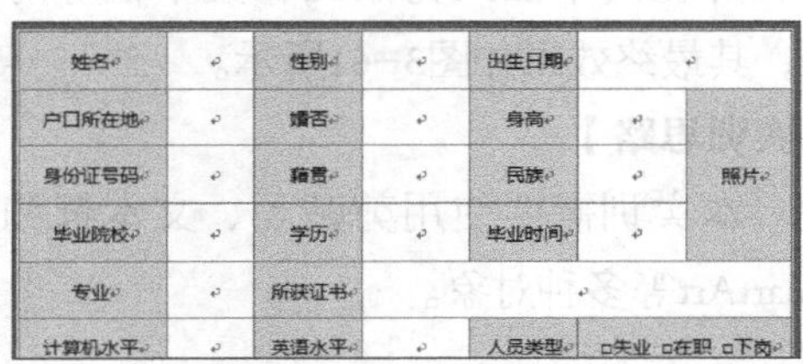

图3-59 查看效果

实训一　制作“招商广告”文档

【实训要求】

MUOE电脑需要制作一份招商广告，要求在文档中使用素材图片（素材参见：素材文件\项目三\实训一\背景.jpg），适当插入形状和艺术字，并对其进行美化。其完成效果如图3-60所示。

【实训思路】

新建文档并保存，在其中插入背景图片并调整大小和位置，插入艺术字，然后插入形状并添加文字。

【步骤提示】

STEP 1　新建文档并以“招商广告.docx”为名保存。

STEP 2　插入素材图片“背景.jpg”，将其文字环绕方式设置为“衬于文字下方”，然后调整大小，使其覆盖整个页面。

STEP 3　插入艺术字，字体为“汉仪方叠体简”，将其文字环绕方式设置为“浮于文字上方”，调整大小和位置。

STEP 4　插入形状，复制两个相同的形状，在其中输入相应的文本并设置为“汉仪菱心体简、小一”，然后调整位置和大小。

STEP 5　插入一个波形形状，在其中添加文字并设置为“黑体、小一”。

STEP 6　为所有形状设置相应的形状样式（最终效果参见：效果文件\项目三\实训一\招商广告.docx）。

图3-60　“招商广告”文档完成效果

实训二　制作“招聘流程”文档

【实训要求】

德宇柯文公司需要制作一份招聘流程文档，要求使用SmartArt图形进行制作，并在其中插入剪贴画和文本框等对象，其最终效果如图3-61所示。

【实训思路】

本实训需要使用剪贴画、文本框和SmartArt等多种对象。

德宇柯文公司招聘流程

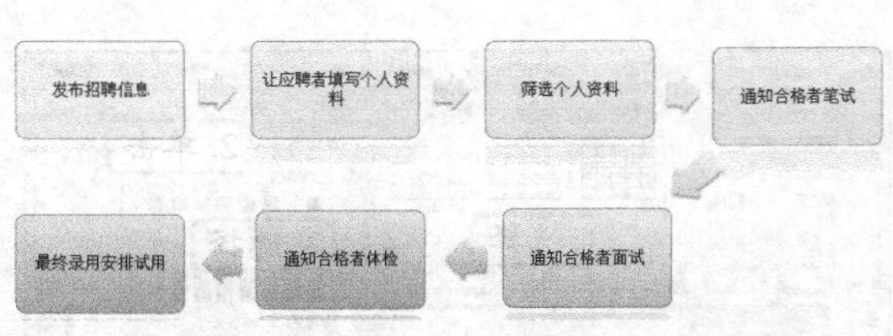

图3-61　“招聘流程”文档效果

【步骤提示】

STEP 1 新建文档并以“招聘流程.docx”为名保存。

STEP 2 打开“剪贴画”窗格搜索“公司”，插入需要的剪贴画，将其文字环绕方式设置为“浮于文字上方”，然后调整其位置和大小。

STEP 3 插入文本框，输入文本，并将其设置为“方正中倩简体、小初”，颜色为“蓝色，强调文字颜色 1”.

STEP 4 设置文本框的样式，并调整其位置。

STEP 5 插入“流程”类型中的“基本蛇形流程”SmartArt图形，输入文本。

STEP 6 将SmartArt样式设置为“细微效果”，将文字环绕方式设置为“浮于文字上方”，然后调整其位置和大小。

STEP 7 为SmartArt图形中所有有文本内容的形状添加“紧密映像，4 pt 偏移值”的形状效果（最终效果参见：效果文件\项目三\实训二\招聘流程.docx）。

常见疑难解析

问：插入Word中的图片有些部分不需要，该怎么处理?

答：可以对图片进行裁剪。选择需要裁剪的图片，在【图片工具−格式】/【大小】组中单击“裁剪”按钮，当鼠标指针变为裁剪手柄形状的时候，在需要裁剪的位置按住鼠标左键不放进行拖动，即可裁剪。裁剪完之后再次单击“裁剪”按钮可退出裁剪状态。

问：很多表格都具有共同的外观，有没有快速创建固定外观的表格方法呢?

答：在Word 2007中除了插入表格和绘制表格外，还可利用套用表格格式的方式快速创建具有固定外观和格式的表格。其方法是选择【表格工具−设置】/【表样式】组，单击列表框右侧的下拉按钮，在打开的列表中即可选择需要的表格样式进行套用。

拓展知识

Word 2007中除了可以插入图片、剪贴画、艺术字、文本框、形状、表格之外，还能插入图表。图表是一种图形和数据相结合的表现形式，用于演示和比较数据。

插入图表前需要先插入表格并输入数据，然后才能根据数据插入图表。Word中的图表包括以下几种类型。

- **柱形图**：用于显示一段时间内的数据变化或显示各项之间的比较情况。
- **折线图**：折线图可以显示随时间（根据常用比例设置）而变化的连续数据。
- **饼图**：饼图显示一个数据系列中各项的大小与各项总和的比例。
- **条形图**：条形图显示各个项目之间的比较情况。
- **面积图**：面积图强调数量随时间而变化的程度。
- **XY散点图**：显示若干数据系列中各数值之间的关系。

- **股价图**：用于显示股价的波动。
- **曲面图**：显示两组数据之间的最佳组合。
- **圆环图**：显示各个部分与整体之间的关系，可以包含多个数据系列。
- **气泡图**：排列在工作表列中的数据可以绘制在气泡图中。
- **雷达图**：比较若干数据系列的聚合值。

课后练习

（1）新建文档并以“日程安排表.docx”为名保存，然后执行以下操作，完成后的效果如图3-62所示（最终效果参见：效果文件\项目三\课后练习\日程安排表.docx）。

- 输入标题文本，设置为“宋体　二号”。
- 插入3列6行的表格，并输入文本。
- 在【表格工具-设计】/【表样式】组中应用“列表型 2”样式。

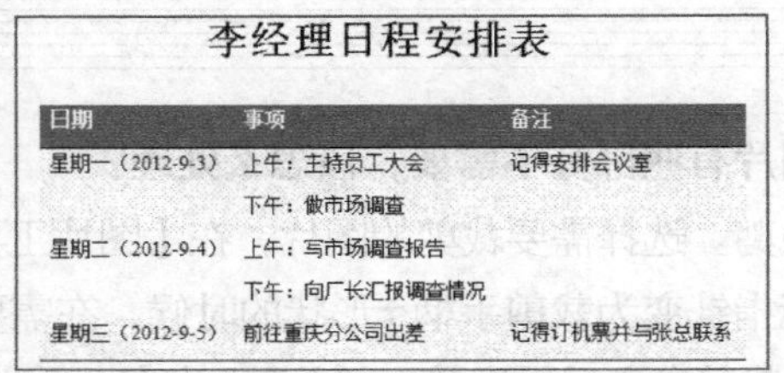

李经理日程安排表

日期	事项	备注
星期一（2012-9-3）	上午：主持员工大会	记得安排会议室
	下午：做市场调查	
星期二（2012-9-4）	上午：写市场调查报告	
	下午：向厂长汇报调查情况	
星期三（2012-9-5）	前往重庆分公司出差	记得订机票并与张总联系

图3-62　“日程安排表”文档效果

（2）新建文档并以“电脑维护.docx”为名保存，并执行以下操作，完成后的效果如图3-63所示（最终效果参见：效果文件\项目三\课后练习\电脑维护.docx）。

- 插入“层次结构”类型的SmartArt图形，输入文本。
- 在需要的位置添加形状并输入文本。
- 将SmartArt图形的颜色更改为“彩色”栏第4个，样式更改为“嵌入”。

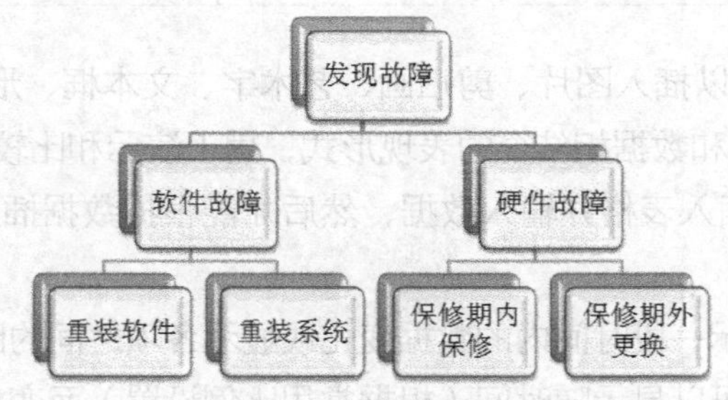

图3-63　“电脑维护”文档效果

PART 4

项目四 编辑长文档

情景导入

阿秀：小白，昨天我不是交给你两份文档让你修改吗？记得今天下午下班前把修改后的文档传给我。

小白：今天下午就要上交？可是那两份文档太长了，我还没改完呢，怎么办？

阿秀：你可以利用Word 2007进行审阅啊。

小白：审阅？

阿秀：没错。Word的审阅功能帮助你快速查看和修改长文档，可以节省很多时间。

小白：可是我还需要制作目录。

阿秀：Word可以直接提取文档目录，不需要另外再制作了。你赶紧去试试吧！

小白：好，我这就去！

学习目标

- 熟悉使用文档结构图和大纲视图的方法
- 熟悉插入页眉页脚和页码的方法
- 熟悉提取目录的方法
- 掌握批注和修订文档的方法
- 掌握打印文档的方法

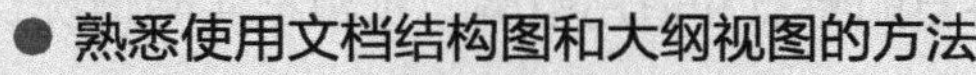

技能目标

- 掌握“策划案”长文档的编辑方法
- 掌握审阅和打印“协议书”文档的方法

任务一 编辑“策划案”文档

策划案，也称策划书，即对某个未来的活动或者事件进行策划，是目标规划的文字书，是实现目标的指路灯。撰写策划书就是用现有的知识开发想象力，以现实中所得到的资源尽可能快的达到目标。这类文档的篇幅一般较长，可以归为长文档的范围。下面具体介绍其制作方法。

一、任务目标

本任务将练习用Word 2007编辑“策划案”文档，在制作时需要使用文档结构图和大纲视图查看文档结构，插入分隔符、页眉、页脚、页码，并自动提取文档目录，逐步完成文档制作。通过本任务的学习，可以掌握在Word 2007中编辑长文档的方法。本任务制作完成后的最终效果如图4-1所示。

职业素养

制作策划案时，要先确定策划的行业，才能针对不同的行业制作相应的策划案；还要对公司的赢利点及未来的发展方向进行分析。

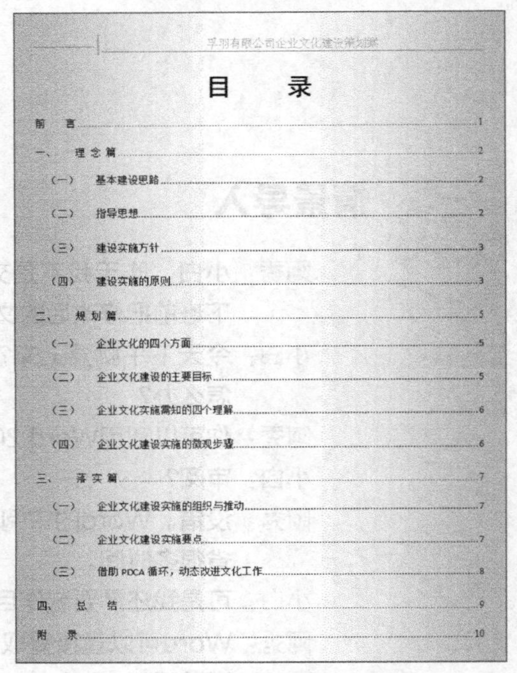

孚羽有限公司企业文化建设策划案

目 录

前 言……1
一、 理念篇……2
（一） 基本建设思路……2
（二） 指导思想……2
（三） 建设实施方针……3
（四） 建设实施的原则……3
二、 规划篇……5
（一） 企业文化的四个方面……5
（二） 企业文化建设的主要目标……5
（三） 企业文化实施需知的四个理解……6
（四） 企业文化建设实施的微观步骤……6
三、 落实篇……7
（一） 企业文化建设实施的组织与推动……7
（二） 企业文化建设实施要点……7
（三） 借助PDCA循环，动态改进文化工作……8
四、 总 结……9
附 录……10

图4-1 “策划案”文档

二、相关知识

Word 2007有5种视图模式，除大纲视图外还包括页面视图、阅读版式视图、Web 版式视图、普通视图，每种视图模式都有各自的特点和适用范围，可根据实际情况切换进入适当的视图模式。下面分别进行介绍。

- **页面视图：** 页面视图可显示文档的打印外观，主要包括页眉、页脚、图形对象、分栏设置、页面边距等元素，是最接近打印效果的视图模式。
- **阅读版式视图：** 阅读版式视图按图书的分栏样式显示文档，并将Office按钮、功能区窗口等元素隐藏。在该视图模式中，用户还可以单击“工具”按钮，在打开的下拉列表中选择使用阅读工具。
- **Web 版式视图：** Web 版式视图以网页的形式显示文档，适用于发送电子邮件和创建网页。在该视图模式下，文本会自动换行适应窗口的缩放大小。
- **普通视图：** 普通视图以草稿形式显示文档，不显示页面边距、分栏、页眉页脚、图片等文档元素，是最节省计算机系统硬件资源的视图模式。

三、任务实施

（一）使用文档结构图

文档结构就是文档的标题层次结构，在Word 2007中可打开“文档结构图”窗格查看文档的结构。下面在“策划案.docx”文档中查看文档结构，其具体操作如下。

STEP 1 打开素材文档“策划案.docx”（素材参见：素材文件\项目四\任务一\策划案.docx），在【视图】/【显示/隐藏】组中单击选中“文档结构图”复选框，打开“文档结构图”窗格。

STEP 2 此时即可在窗格中查看当前文档的文档结构。单击其中的标题，即可跳转到相应的位置，如图4-2所示。

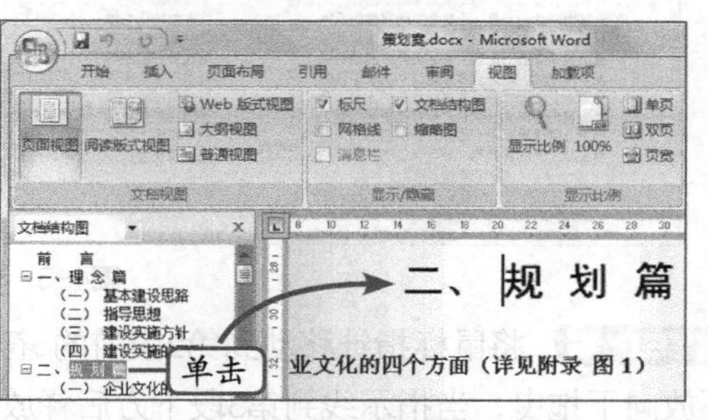

图4-2 利用文档结构图快速定位

（二）使用大纲视图

大纲视图主要用于设置文档的层级结构，便于查看内容与组织文本，并可方便地折叠和展开文档，广泛应用于长文档的快速浏览和设置操作中。下面在“策划案.docx”文档中使用大纲视图，其具体操作如下。（拓展微课：光盘\微课视频\项目四\使用大纲视图.swf）

STEP 1 在【视图】/【文档视图】组中单击“大纲视图”按钮，切换到大纲视图中。

STEP 2 在“（一）基本建设思路”段落中单击，定位光标插入点，在【大纲】/【大纲工具】组中单击“折叠”按钮。光标插入点所在段落被折叠，段落中的从属内容将不显示，且该段落文本下出现波浪下画线，如图4-3所示。

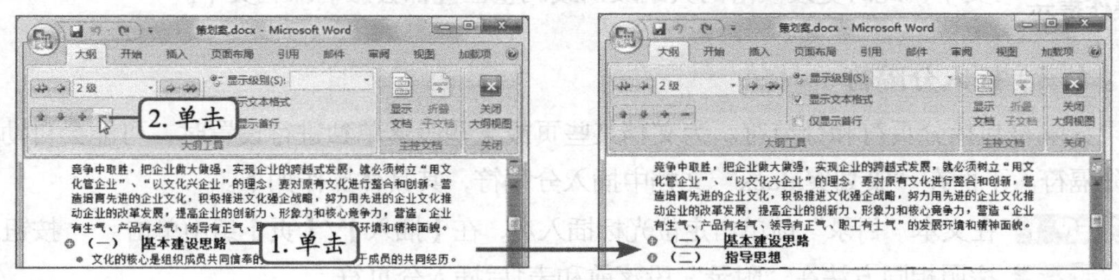

图4-3 折叠段落

STEP 3 将鼠标指针移动到段落前的符号上，当鼠标指针变为形状时，双击展开段落，如图4-4所示。

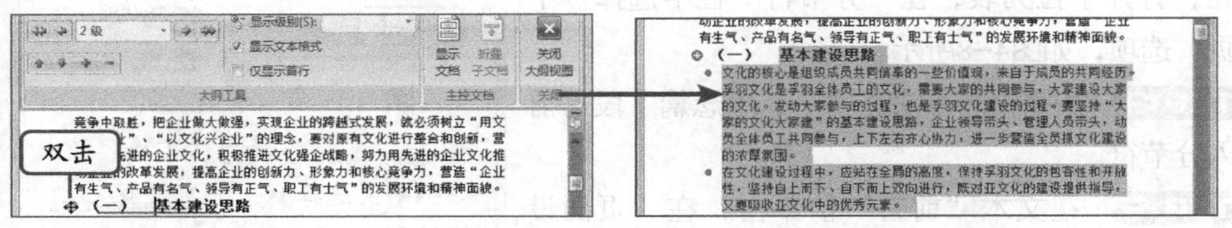

图4-4 展开段落

STEP 4 在“大纲工具”组的“显示级别”下拉列表中选择“1 级”选项，即可在使文档只显示一级段落文本，其他段落则会折叠起来，如图4-5所示。

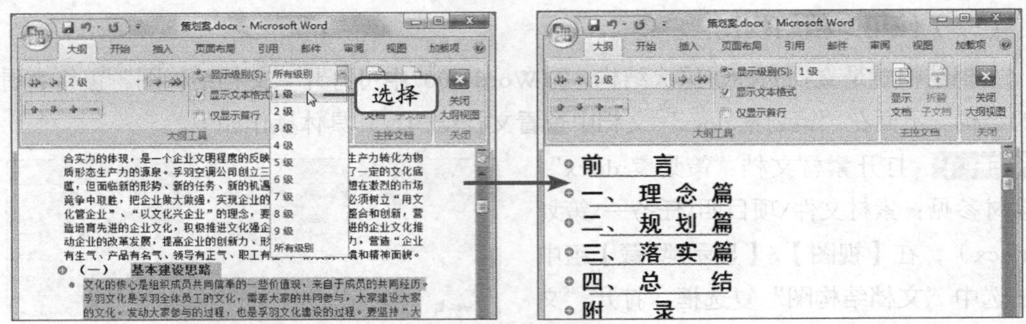

图4-5　设置显示级别

STEP 5　将鼠标指针移动到第2段前的符号上，当鼠标指针变为形状时，按住鼠标左键不放向下拖曳，当指示线到第3段下方后释放鼠标，如图4-6所示。

STEP 6　保持段落选中状态，在“大纲工具”组中单击“上移”按钮，如图4-7所示，即可将段落上移。

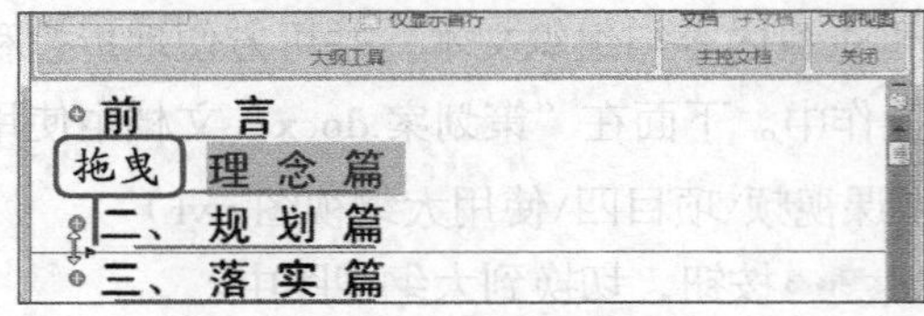

图4-6　下移段落

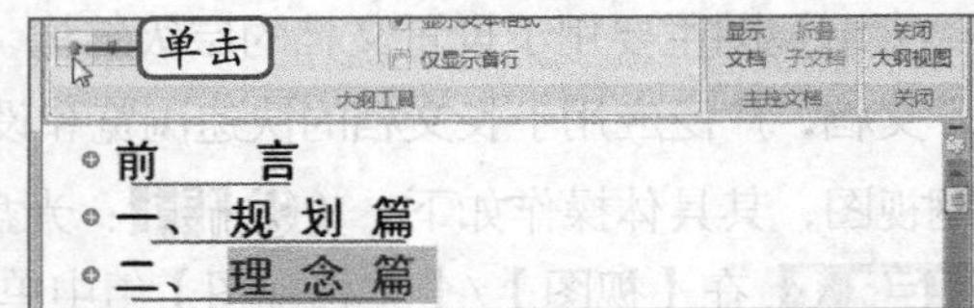

图4-7　上移段落

操作提示

若段落中含有从属文本，则折叠大纲后选择该段落也将同时选中其从属文本，此时更改段落的大纲级别或调整位置都会影响从属文本。

（三）插入分隔符

分隔符包括分页符和分节符。为文档某些页或某些段落单独进行设置时，可能会自动插入分隔符。下面在“策划案.docx”文档中插入分隔符，其具体操作如下。

STEP 1　在文本“目录”前单击定位光标插入点，在【插入】/【页】组中单击分页按钮。

STEP 2　按照相同方法在“附录”段落前和表1后插入分页符。

STEP 3　在文本“前言”前单击定位光标插入点，在【页面布局】/【页面设置】组中单击分隔符按钮，打开下拉列表，在“分节符”栏中选择“下一页”选项，如图4-8所示。

STEP 4　按照相同方法在“一、理念篇”段落前插入分节符。

STEP 5　在文本“前言”前单击，在“页面设置”组中单击纸张方向按钮，在打开的下拉列表中选

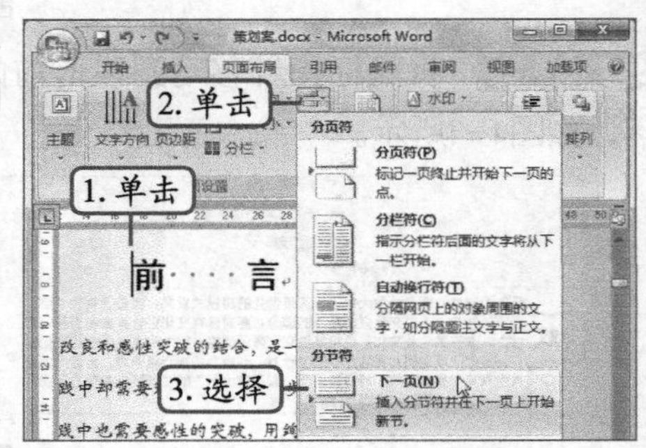

图4-8　插入分节符

择“横向”选项，如图4-9所示。

STEP 6 选择所有前言文本，在“页面设置”组中单击“分栏”按钮，在打开的下拉列表中选择“更多分栏”选项，如图4-10所示，打开“分栏”对话框。

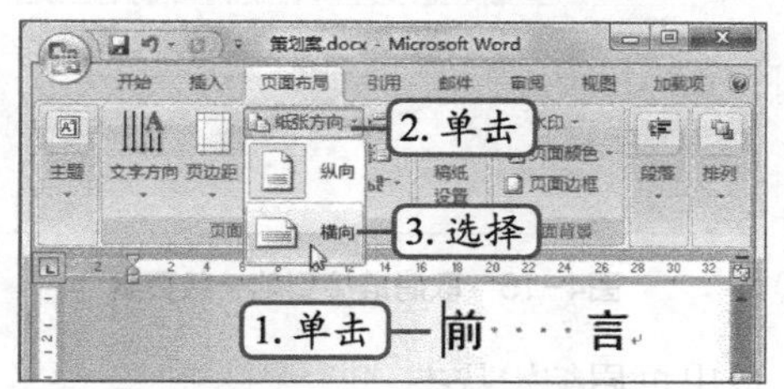

图4-9 设置纸张方向

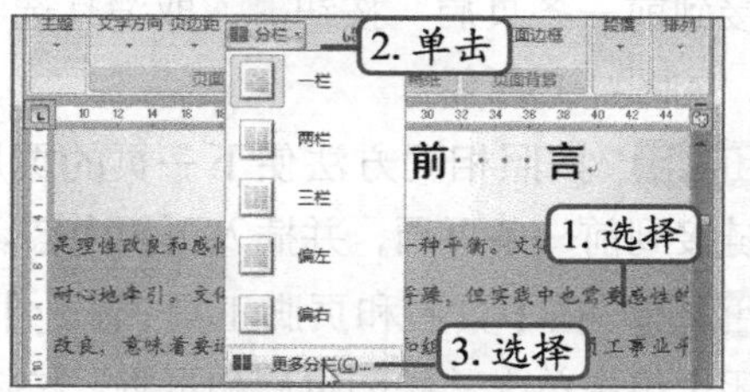

图4-10 选择“更多分栏”选项

STEP 7 在“预设”栏中选择“两栏”选项，选中“分隔线”复选框，然后单击“确定”按钮，如图4-11所示。从分栏效果可看出，两栏的文本下端未对齐。

STEP 8 在左栏最后一行文本前单击定位光标插入点，在“页面设置”组中单击“分隔符”按钮，打开下拉列表，在“分页符”栏中选择“分栏符”选项，即可使左栏光标插入点之后的文本转换到右栏中，文本下端对齐，如图4-12所示。

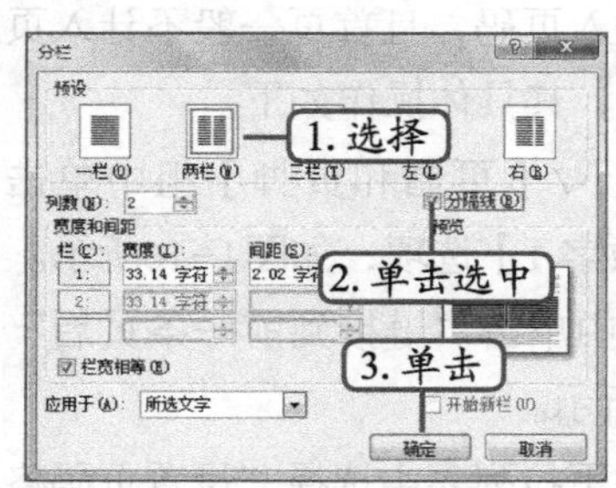

图4-11 设置分栏

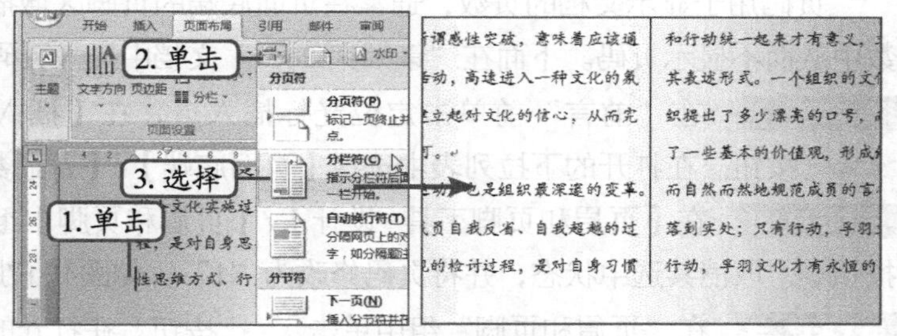

图4-12 插入分栏符

（四）插入页眉

页眉位于文档顶部区域，页脚位于文档底部区域。下面在“策划案.docx”文档中插入页眉，其具体操作如下。（拓展微课：光盘\微课视频\项目四\设置页眉和页脚.swf）

STEP 1 在目录页顶端中间双击鼠标，激活页眉编辑区，在【页眉和页脚工具-设计】/【页眉和页脚】组中单击“页眉”按钮，在打开的下拉列表中选择“边线型”选项，如图4-13所示。

STEP 2 在页眉编辑区中输入页眉内容，如图4-14所示。

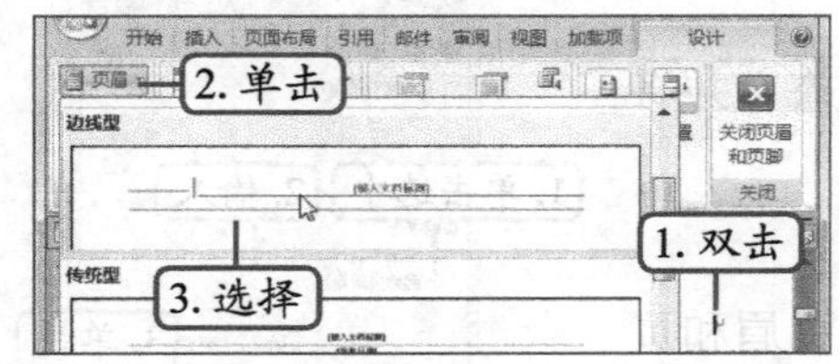

图4-13 插入页眉

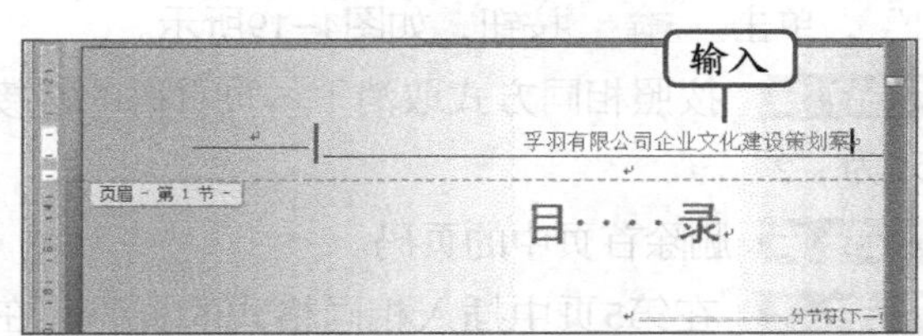

图4-14 输入页眉内容

STEP 3 在“页眉和页脚”组中单击“下一节”按钮，跳转到下一节页眉中。

STEP 4 在“页眉和页脚”组中单击“链接到前一条页眉”按钮，取消其选中状态，如图4-15所示。

STEP 5 按照相同方法使下一页的页眉取消链接到前一条页眉，并插入页眉内容。

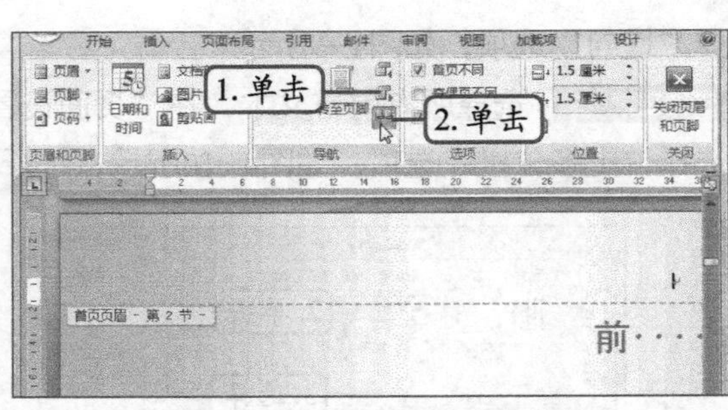

图4-15 取消链接到前一条页眉

STEP 6 在【页眉和页脚工具-设计】/【关闭】组中单击“关闭页眉和页脚”按钮，退出页眉编辑状态。

操作提示

在前面插入页眉的操作中，因为默认设置了“首页不同”，且在之前的操作中第2、3页末尾插入了分节符，Word将第3页默认为首页的一节，页眉与首页链接，所以需要取消链接状态，重新插入页眉。第4页插入的页眉与第3页格式相同，但因为页面方向不同，因此需要取消第4页页眉的链接状态。

（五）插入页码

页码用于显示文档的页数，通常在页面底端的页脚区域插入页码，且首页一般不计入页数中从而不显示页码。下面在“策划案.docx”文档中插入页码，其具体操作如下。

STEP 1 在“前言”前单击定位光标插入点，在【插入】/【页眉和页脚】组中单击页码按钮。在打开的下拉列表中选择【页面底端】/【普通数字 1】选项，如图4-16所示。

STEP 2 在【页眉和页脚工具-设计】/【页眉和页脚】组中单击“链接到前一条页眉”按钮，取消其选中状态，并将页码修改为“1”，如图4-17所示。

STEP 3 在“页眉和页脚”组中单击页眉按钮，在打开的下拉列表中选择“设置页码格式”选项，如图4-18所示，打开“页码格式”对话框。

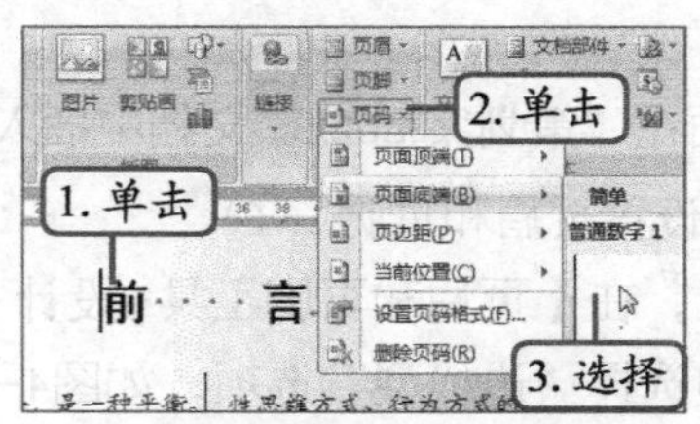

图4-16 插入页码

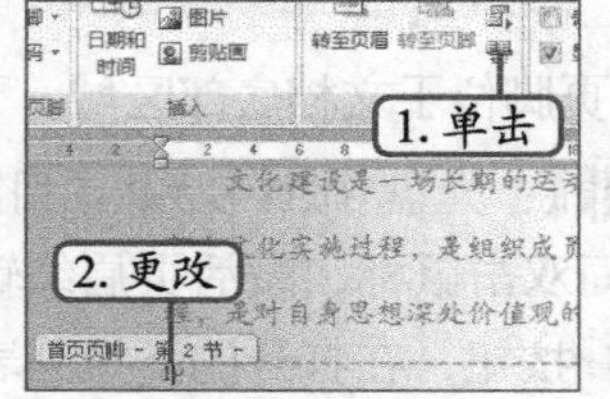

图4-17 修改页码

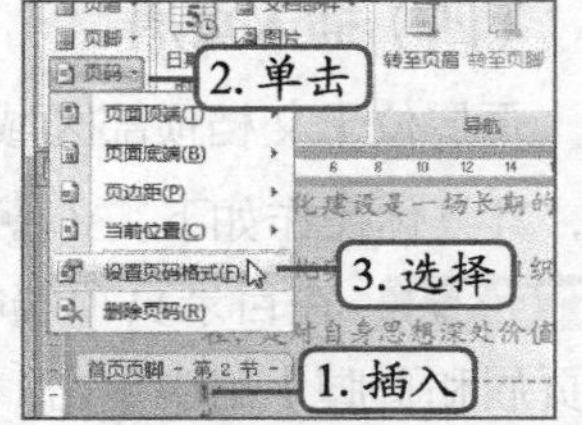

图4-18 选择“设置页码格式”选项

STEP 4 在“页码编号”栏单击选中“起始页码”单选项，在其后的数值框中输入“1”，单击确定按钮，如图4-19所示。

STEP 5 按照相同方式取消下一页页码的链接状态，并将其改为“2”。

STEP 6 删除首页中的页码。

STEP 7 在第5页中插入相同格式的页码，在“页眉和页脚”组中单击“链接到前一条页眉”按钮，取消其选中状

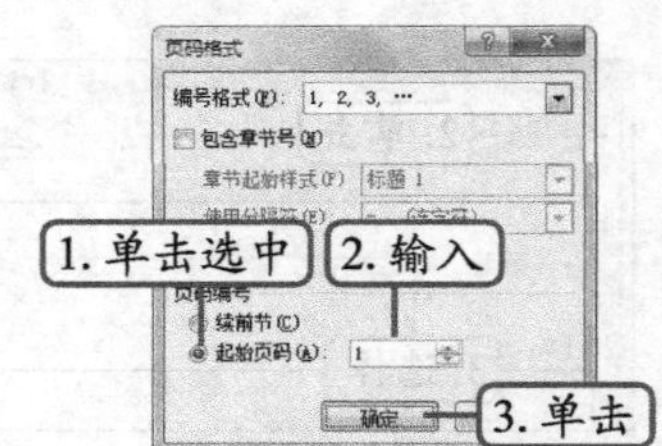

图4-19 设置页码格式

态，如图4-20所示。

STEP 8 删除目录页中的页码，在【页眉和页脚工具-设计】/【关闭】组中单击“关闭页眉和页脚”按钮，退出页眉编辑状态，如图4-21所示。

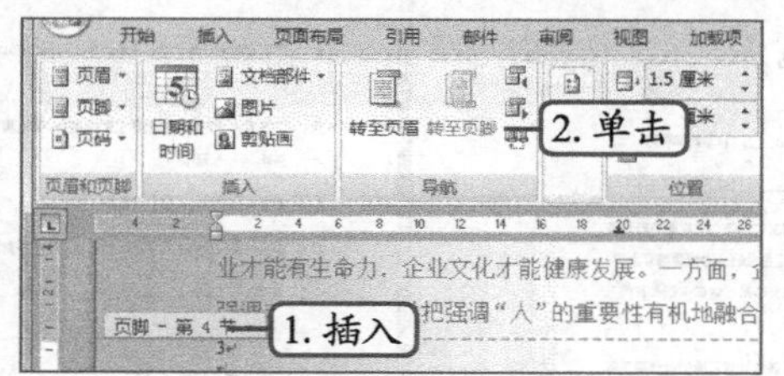

图4-20 插入页码

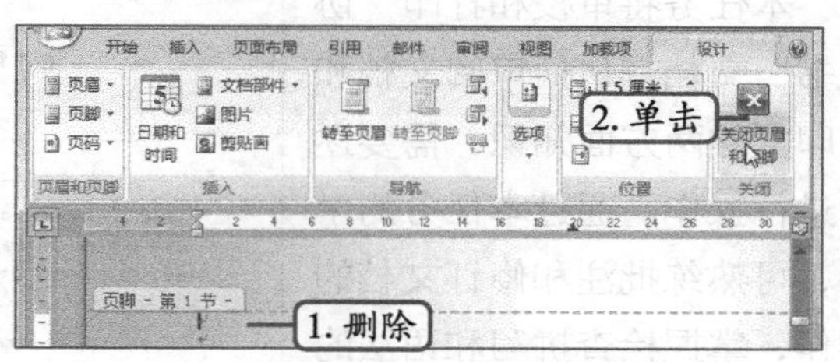

图4-21 删除页码

（六）自动提取目录

添加目录时，可直接插入内置的目录样式，也可手动对目录格式进行设置，其具体操作如下。（拓展微课：光盘\微课视频\项目四\制作目录.swf）

STEP 1 在文本“目录”下一行单击鼠标，在【引用】/【目录】组中单击“目录”按钮，在打开的下拉列表中选择“插入目录”选项，如图4-22所示，打开“目录”对话框。

STEP 2 撤销选中“使用超链接而不使用页码”复选框，其他设置保持默认，单击 确定 按钮，如图4-23所示。

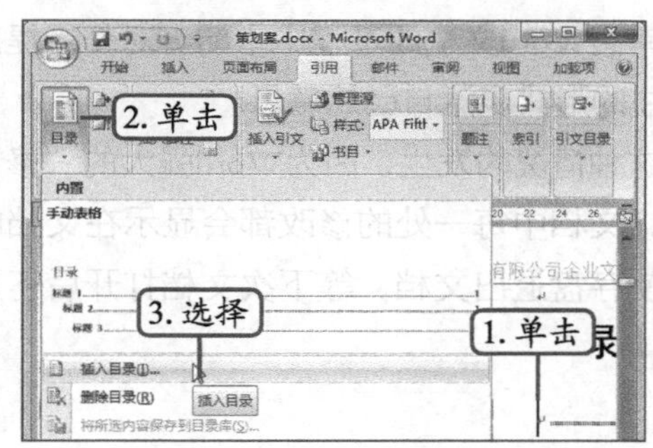

图4-22 选择“插入目录”选择

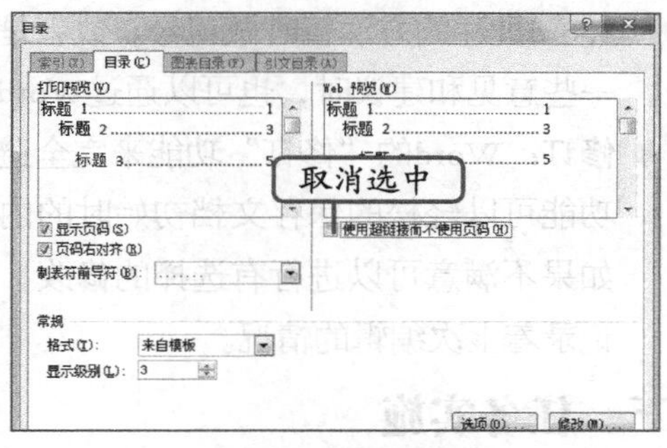

图4-23 设置目录

STEP 3 选择目录文本，在【开始】/【段落】组中单击“行距”按钮，在打开的下拉列表中选择“2.0”选项（最终效果参见：效果文件\项目四\任务一\策划案.docx）。

操作提示

对文档应用样式后才能自动提取并创建目录，关于样式的相关知识将在后续章节中讲解。自动创建目录利用了Word中的“域”功能。在创建目录后，目录可能显示为“{ TOC \o "1-2" \u }”，该段字符是目录的域代码，按【Shift+F9】组合键，即可将目录的显示方式切换为文本形式。

任务二 审阅和打印“协议书”文档

在编辑完文档后，通常需要对其进行审阅，以免出现语法、排版、常识性错误，影响文档质量甚至公司形象。修改完成的文档即可进行打印，以便于阅读和保存。本节将讲解审阅和打印文档的知识。

一、任务目标

本任务将审校和打印“协议书”文档，包括审阅文档和打印文档两方面知识，需要逐步进行操作。通过本任务的学习，可熟练批注和修订文档的操作，掌握检查拼写和语法的方法，学会使用书签进行快速定位，并掌握打印文档的相关操作。本任务制作完成后的最终效果如图4-24所示。

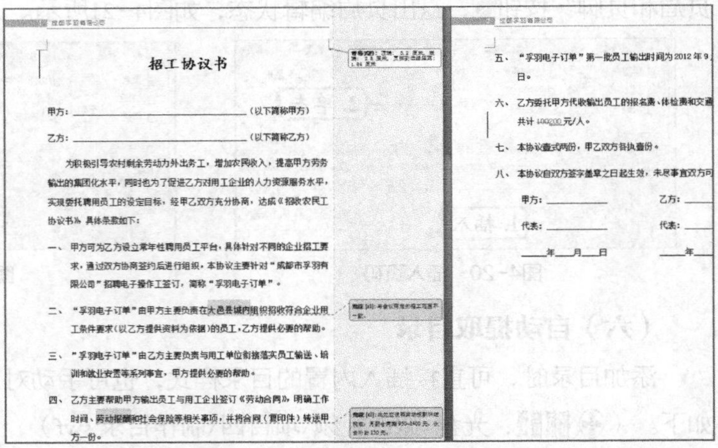

图4-24 “协议书”文档效果

二、相关知识

Word的审阅功能可以将修改操作记录下来，可以让收到文档的人看到审阅人对文件所做的修改，从而快速进行修改。在Word 2007中这项功能又有了进一步的加强。

- **批注**：在修改Word文档时如果遇到一些不能确定是否要改的地方，可以通过插入Word批注的方法暂时做记号。或者是在审阅Word文稿的过程中审阅者对作者提出的一些意见和建议时，也可以通过Word批注的形式表达自己的意思。
- **修订**：Word的“修订”功能来完全避免这种情况的发生，因为Word强大的“修订”功能可以轻松的保存文档初始时的内容，文档中每一处的修改都会显示在文档中，如果不满意可以进行有选择的修改，即使存盘退出文档，等下次文档打开后还可以记录着上次编辑的情况。

三、任务实施

（一）检查拼写和语法

自动检测功能可在一定程度上避免用户键入文字时失误。下面在“协议书.docx”文档中检查拼写和语法，其具体操作如下。（拓展微课：光盘\微课视频\项目四\审阅文档.swf）

STEP 1 打开素材文档“协议书.docx”（素材参见：素材文件\项目四\任务二\协议书.docx），在【审阅】/【校对】组中单击“拼写和语法”按钮。

STEP 2 Word 2007在文档中检查出一处错误，并高亮显示文本所在段落，同时打开“拼写和语法”对话框，在其中显示了该错误的类型和更改建议。

STEP 3 检查后确认文本中引号有误，在“拼写和语法”对话框的“标点符号错误”列表框中输入正确的标点，单击更改(C)按钮，如图4-25所示。

STEP 4 文档中的错误标点被更正，自动检查并跳转到下一处错误，在对话框中查看错误，该词语属于特殊用法，单击忽略一次(I)按钮将错误忽略，继续跳转到下一处错误进行更正，如图4-26所示。

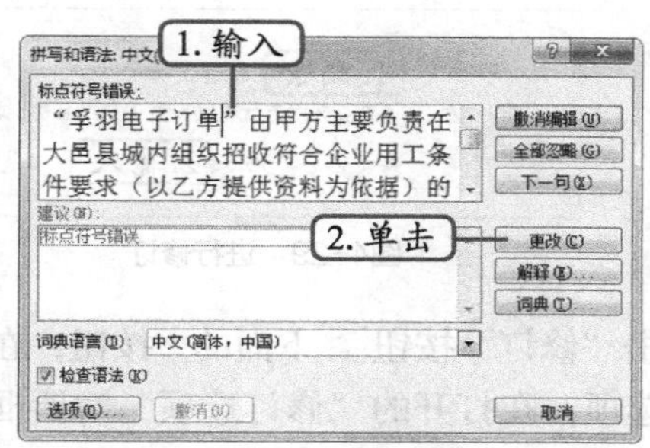

图4-25　更正错误

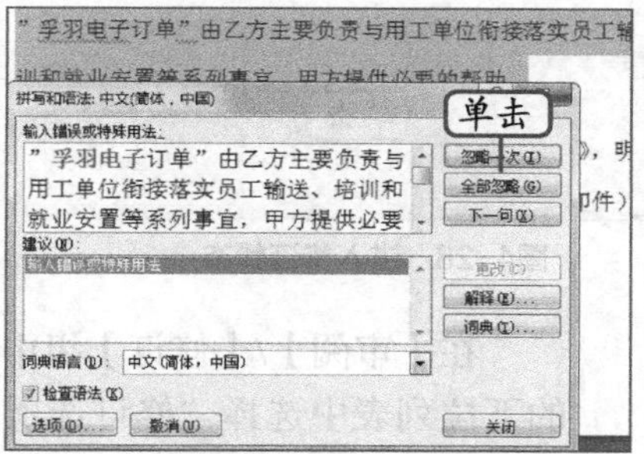

图4-26　忽略错误

STEP 5 继续检查并更正错误。完成整个文档的错误检查和修改后，在打开的提示对话框中单击 否(N) 按钮，即可关闭所有对话框，完成拼写和语法检查操作，返回文档编辑区。

（二）使用批注

在审阅文档的过程中，若针对某些文本需要提出意见和建议，可在文档中添加批注，其具体操作如下。（拓展微课：光盘\微课视频\项目四\使用批注.swf）

STEP 1 选择要添加批注的文本，在【审阅】/【批注】组中单击"新建批注"按钮。

STEP 2 文本右侧插入一个呈高亮显示的批注框，在其中输入批注内容，如图4-27所示。

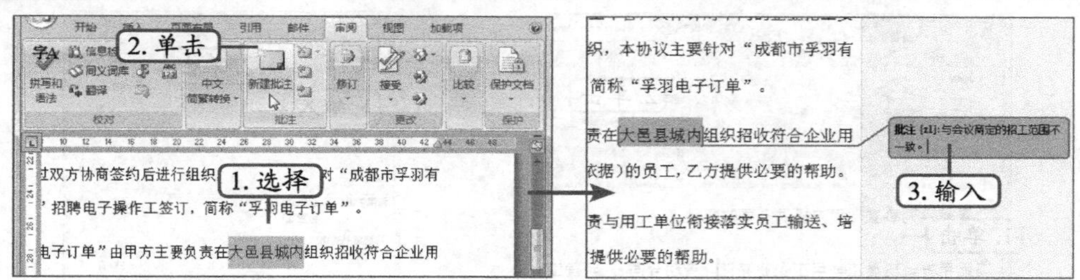

图4-27　添加批注

根据批注内容对文本进行修改后，在对应的批注框中单击鼠标右键，在弹出的快捷菜单中选择"删除批注"命令，即可将批注删除。

STEP 3 在文档空白处单击鼠标退出编辑状态。对其他需要添加批注的文本添加批注。

（三）修订文档

在审阅文档时，对于能够确定的错误，可使用修订功能直接修改，以减少原作者修改的难度。下面在"协议书"文档中添加修订，其具体操作如下。（拓展微课：光盘\微课视频\项目四\修订文档.swf）

STEP 1 在【审阅】/【修订】组中单击"修订"按钮，如图4-28所示，进入修订状态。

STEP 2 找到需要更正的文本，将其删除，删除的文本并未消失，而是以红色、删除线形式显示，且修订行左侧出现一条竖线标记。

STEP 3 输入正确的文本，添加的文本以红色、下画线形式显示，如图4-29所示。

STEP 4 完成所有修订操作后，在"修订"组中再次单击"修订"按钮退出修订状态。

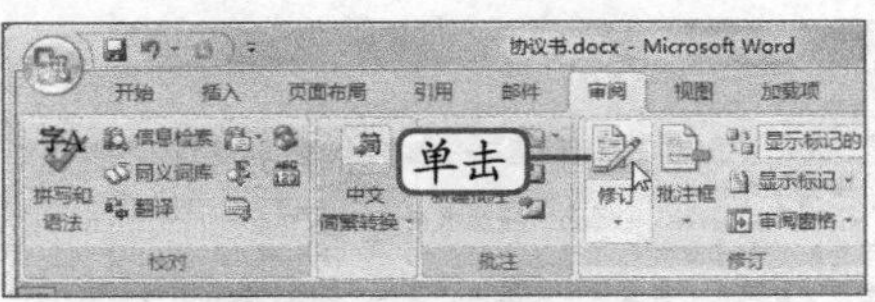

图4-28　进入修订状态

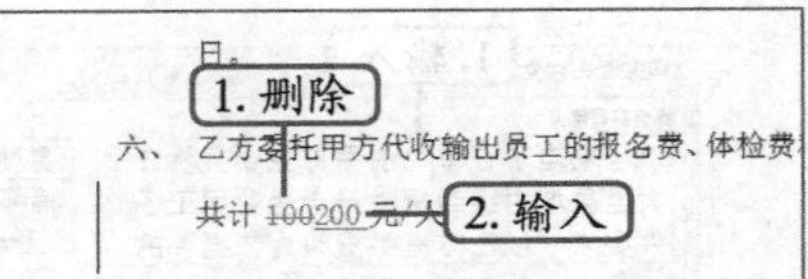

图4-29　进行修订

在【审阅】/【修订】组中单击“修订”按钮下面的按钮，在打开的下拉列表中选择“修订选项”选项，在打开的“修订选项”对话框中可设置修订和批注的相关选项，如修订内容的样式和批注框的颜色等。

（四）使用书签进行定位

在文档需要定位的内容中添加书签，可通过书签进行快速定位。下面在“协议书.docx”文档中添加书签，其具体操作如下。（拓展微课：光盘\微课视频\项目四\使用书签.swf）

STEP 1 在需要定位书签的文本位置单击定位光标插入点，在【插入】/【链接】组中单击书签按钮，如图4-30所示，打开“书签”对话框。

STEP 2 在“书签名”文本框中输入文本“劳动合同”，单击添加(A)按钮即可在光标插入点所在的位置添加书签，如图4-31所示。

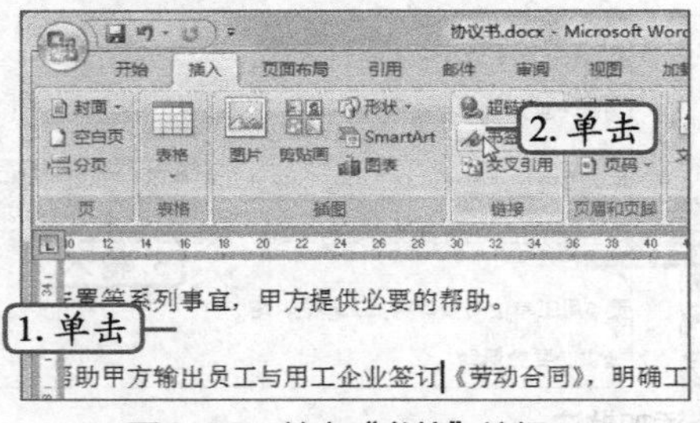

图4-30　单击“书签”按钮

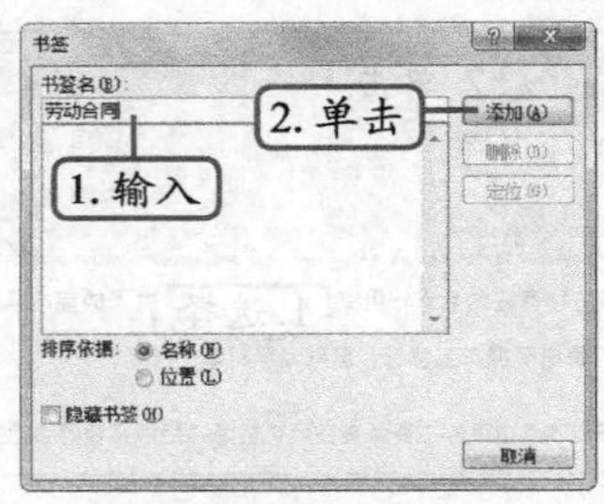

图4-31　添加书签

STEP 3 在文档首页单击定位光标插入点，再次在“链接”组中单击书签按钮，打开“书签”对话框。

STEP 4 选中书签，在对话框中单击定位(G)按钮，页面跳转到文本中添加书签的位置。

STEP 5 单击关闭按钮关闭对话框，如图4-32所示。

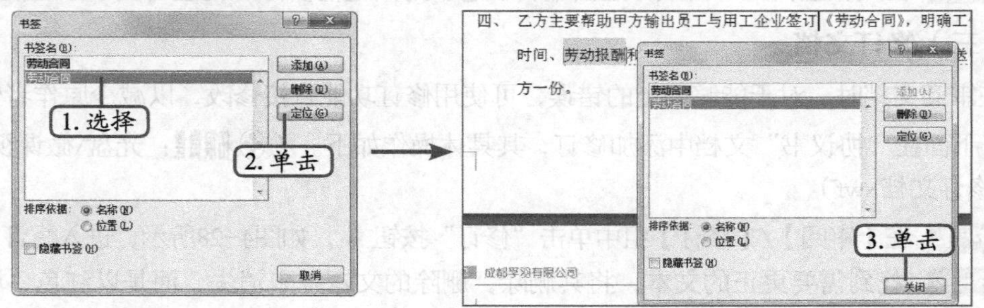

图4-32　定位书签

（五）页面设置

在打印文档前通常需要对纸张大小等属性进行设置，否则会出现文档内容可能打印不全，或浪费纸张的情况。下面在“协议书.docx”文档中进行页面设置大小，其具体操作如下。（拓展微课：光盘\微课视频\项目四\页面设置.swf、打印设置.swf）

STEP 1 在【页面布局】/【页面设置】组中单击“对话框启动器”按钮，打开“页面设置”对话框。

STEP 2 单击“纸张”选项卡，在“纸张大小”下拉列表中选择“A4（21 x 29.7 厘米）”选项，如图4-33所示。

STEP 3 单击“页边距”选项卡，在“页边距”栏中的“上”、“下”、“左”、“右”数值框中输入相应的数值，单击确定按钮完成设置，如图4-34所示。

STEP 4 单击“Office”按钮，在打开的下拉列表中选择“打印”选项，如图4-35所示。

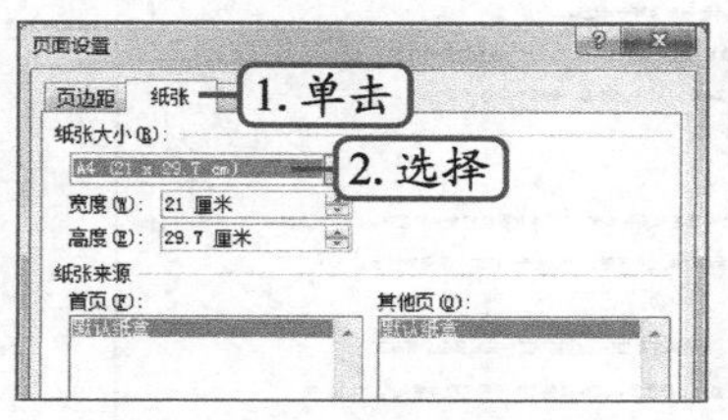

图4-33 设置纸张大小

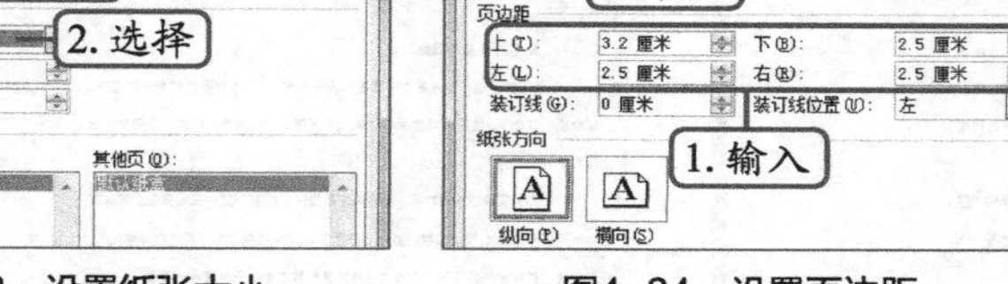

图4-34 设置页边距

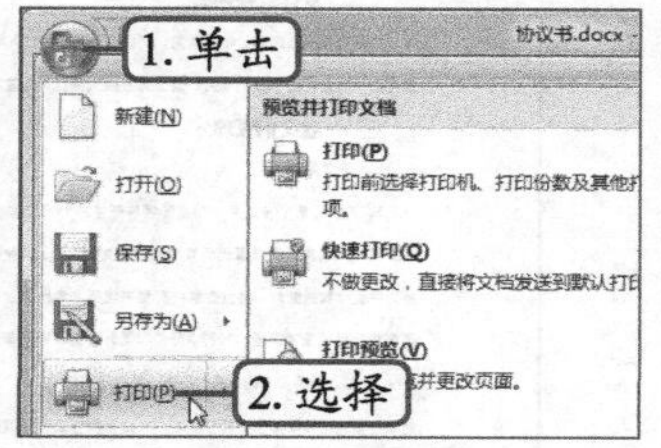

图4-35 选择命令

STEP 5 在“打印”对话框的“页面范围”栏中单击选中“当前页”单选项，在“副本”栏的“份数”数值框中输入要打印的份数，单击确定按钮即可，如图4-36所示（最终效果参见：效果文件\项目四\任务二\协议书.docx）。

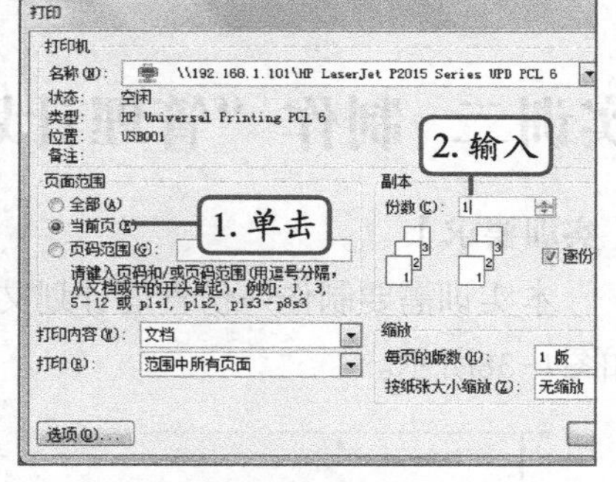

图4-36 打印文档

> **知识补充**
> 单击“Office”按钮，在打开的下拉列表中选择【打印】/【打印预览】选项，可对文档进行预览检查。单击“关闭打印预览”按钮可退出打印预览，单击“打印”按钮可打印。

实训一 审阅“办公文件管理”文档

【实训要求】

本实训要求审阅“办公文件管理”文档（素材参见：素材文件\项目四\实训一\办公文件管理.docx）。要求对文档进行修订，可添加批注着重强调某些内容，利用拼写检查校对文档中的错字、别字、语法错误等，最后将文档打印出来。其完成效果如图4-37所示。

【实训思路】

打开素材文档进行修订，在合适的位置添加批注，并对文档进行拼写和语法检查。

【步骤提示】

STEP 1 打开素材文档“办公文件管理.docx”，在【审阅】/【修订】组中单击“修订”

按钮，进入修订状态，找到需要更正的文本后，将其删除，输入正确的文本。

STEP 2 选择需要添加批注的文本，在【审阅】/【批注】组中单击“新建批注”按钮添加批注，在【审阅】/【校对】组中单击“拼写和语法”按钮，检查文档是否有拼写和语法错误。若有则加以更正，若没有则进行忽略。

STEP 3 单击“Office”按钮，在打开的下拉列表中选择“打印”选项，设置后将文档打印3份（最终效果参见：效果文件\项目四\实训一\办公文件管理.docx）。

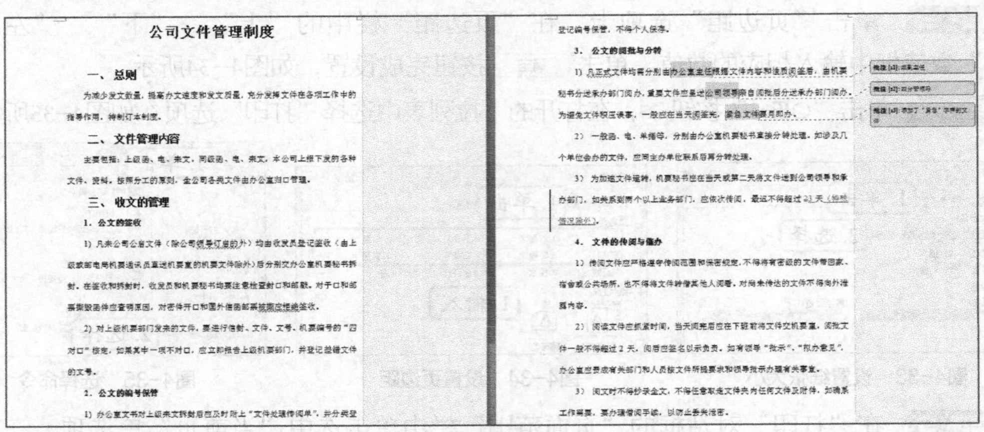
公司文件管理制度

一、总则

为减少发文数量，提高办文速度和发文质量，充分发挥文件在各项工作中的指导作用，特制订本制度。

二、文件管理内容

主要包括：上级函、电、来文，同级函、电、来文，本公司上报下发的各种文件、资料。按照分工的原则，全公司各类文件由办公室归口管理。

三、收文的管理

1．公文的签收

1）凡来公司公启文件（除公司领导订阅的外）均由收发员登记签收（由上级或邮电局机要通讯员直送机要室的机要文件除外）后分别交办公室机要秘书拆封。在签收和拆封时，收发员和机要秘书均要注意检查封口和邮戳。对于口和邮票撕毁函件应查明原因，对密件开口和国外信函邮票被撕应拒绝签收。

2）对上级机要部门发来的文件，要进行信封、文件、文号、机要编号的“四对口”核定，如果其中一项不对口，应立即报告上级机要部门，并登记差错文件的文号。

2．公文的编号保管

1）办公室文书对上级来文拆封后应及时附上“文件处理传阅单”，并分类登记编号保管，不得个人保存。

3．公文的阅批与分转

1）凡正式文件均需分别由办公室主任根据文件内容和性质阅签后，由机要秘书分送承办部门阅办，重要文件应呈送公司领导亲自阅批后分送承办部门阅办。为避免文件积压误事，一般应在当天阅签完，紧急文件随即办。

2）一般函、电、单据等，分别由办公室机要秘书直接分转处理，如涉及几个单位会办的文件，应同主办单位联系后再分转处理。

3）为加速文件运转，机要秘书应在当天或第二天将文件送到公司领导和承办部门，如关系到两个以上业务部门，应依次传阅，最迟不得超过 21 天（特殊情况除外）。

4．文件的传阅与催办

1）传阅文件应严格遵守传阅范围和保密规定，不得将有密级的文件带回家、宿舍或公共场所，也不得将文件转借其他人阅看，对尚未传达的文件不得向外泄露内容。

2）阅读文件应抓紧时间，当天阅完后应在下班前将文件交机要室，阅批文件一般不得超过 2 天，阅后应签名以示负责。如有领导“批示”、“拟办意见”，办公室应责成有关部门和人员按文件所提要求和领导批示办理有关事宜。

3）阅文时不得抄录全文，不得任意取走文件夹内任何文件及附件，如确系工作需要，要办理借阅手续，以防止丢失泄密。

图4-37 “办公文件管理”文档效果

实训二 制作“管理计划”文档

【实训要求】

本实训需要制作一份管理计划文档，要求在文档中插入页码，并提取目录，其最终效果如图4-38所示。

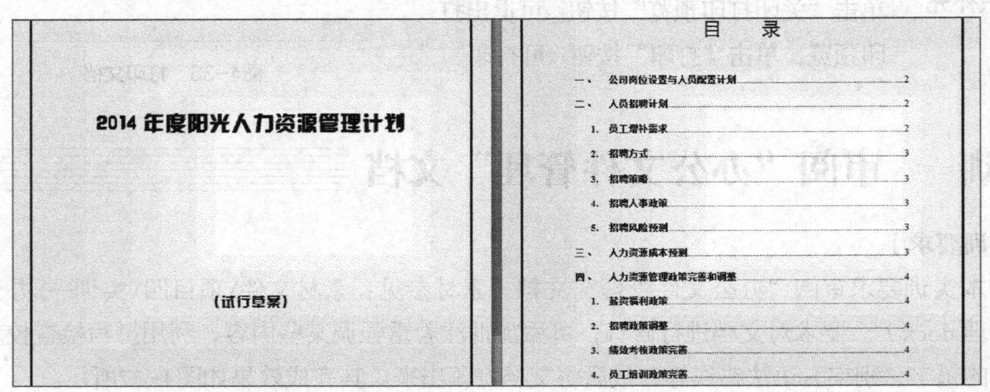
2014年度阳光人力资源管理计划

（试行草案）

目 录

一、	公司岗位设置与人员配置计划	2
二、	人员招聘计划	2
1.	员工增补需求	2
2.	招聘方式	3
3.	招聘策略	3
4.	招聘人事政策	3
5.	招聘风险预测	3
三、	人力资源成本预测	3
四、	人力资源管理政策完善和调整	4
1.	薪资福利政策	4
2.	招聘政策调整	4
3.	绩效考核政策完善	4
4.	员工培训政策完善	4

图4-38 “管理计划”文档效果

【实训思路】

在素材文档“管理计划.docx”（素材参见：素材文件\项目四\实训二\管理计划.docx）中插入分页符，然后添加页码，最后提取目录。

【步骤提示】

STEP 1 打开素材文档“管理计划.docx”，在目录页插入分页符，然后设置页码格式，“起始页码”为“0”，并设置首页页码不相同。

STEP 2 激活页脚编辑区，在【页眉和页脚工具-设计】/【页眉和页脚】组中单击“页码”按钮，选择【页面底端】/【加粗显示的数字 3】选项。

STEP 3 在目录页中插入目录，取消“使用超链接而不使用页码”。

STEP 4 将目录文本设置为“小四”，并将行距设置为“2.0”（最终效果参见：效果文件\项目四\实训二\管理计划.docx）。

常见疑难解析

问：在文档中插入分隔符后看不到分隔符的位置，编辑时不太方便，怎么解决呢?

答：若在操作时文档中未显示插入的分隔符，可在【开始】/【段落】组中单击“显示/隐藏编辑标记”按钮，将编辑标记显示出来，即可查看文档中的分隔符。

问：如何关闭Word自带的拼写和语法检查功能?

答：如果不需要Word 2007的检查功能，可单击Office按钮，在打开的下拉列表中单击“Word 选项(I)”按钮，在打开的“Word 选项”对话框左侧单击“校对”选项卡，在右侧的“在Word 中更正拼写和语法时”栏中撤销选中复选框，即可取消相应的功能。

拓展知识

1. 脚注和尾注

在编写长文档时，常需对文本中的一些内容进行补充说明，此时可在文档中添加脚注和尾注进行说明。通常情况下脚注位于页面底部，作为该页某处内容的注释；尾注位于整篇文档末尾，列出引文出处等。

- 在需要添加脚注的位置单击鼠标，在【引用】/【脚注】组中单击“功能扩展”按钮，打开“脚注和尾注”对话框设置脚注格式，然后输入脚注内容。
- 在【引用】/【脚注】组中单击“插入尾注”按钮，然后输入尾注内容。

2. 保护文档

对于重要的机密文件，可使用打开密码对文档进行加密。为文档添加打开密码后，打开文档时会自动弹出对话框，要求输入打开密码。不需要密码时，可将其删除。

- 单击Office按钮，在打开的下拉列表中选择【准备】/【加密文档】选项。
- 在依次打开的“加密文档”和“确认密码”对话框中输入密码。

课后练习

（1）打开素材文档“公司考勤制度.docx”（素材参见：素材文件/项目四/课后练习/公

司考勤制度.docx），并执行以下操作，完成后的效果如图4-39所示（最终效果参见：效果文件\项目四\课后练习/公司考勤制度.docx）。

- 选择要添加批注的文本，在批注框中输入批注内容。
- 进入修订状态，修改文档内容，完成后出修订状态。
- 检查拼写和语法是否有错误。

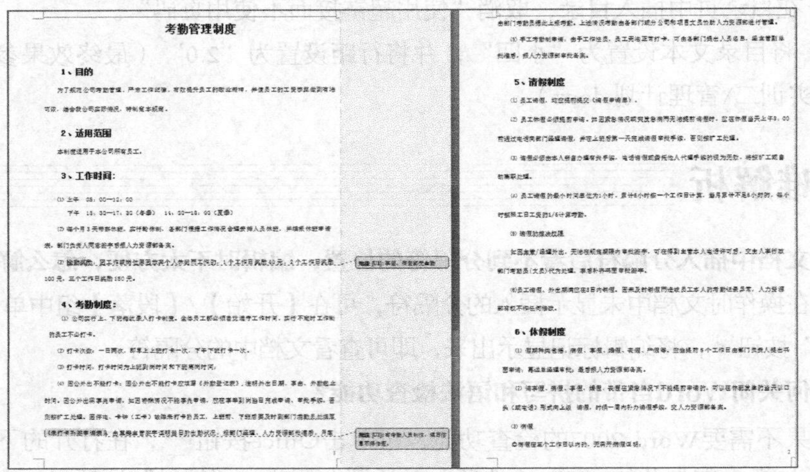

图4-39 “公司考勤制度”文档效果

（2）打开素材文档“审计报告.docx”（素材参见：素材文件/项目四/课后练习/审计报告.docx），并执行以下操作，完成后的效果如图4-40所示（最终效果参见：效果文件\项目四\课后练习/审计报告.docx）。

- 检查拼写和语法，更正错误。
- 在文档中添加批注。

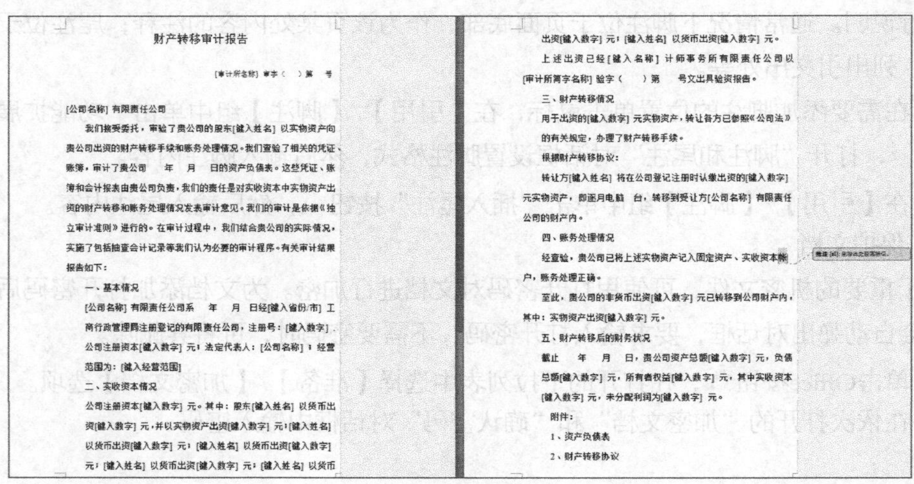

图4-40 “审计报告”文档效果

PART 5

项目五 使用Word邮件合并

情景导入

阿秀：小白，新的一年要到了，我们部门需要制作统一的新春问候信函，并通过电子邮件统一发送到每一个客户的邮箱里。

小白：我们有那么上万个客户，每个人都发一封，工作量是不是大了点。

阿秀：这个很简单，使用Word的邮件合并功能即可。

小白：邮件合并功能是什么?

阿秀：Word 2007中提供了强大的邮件功能，该功能包括了普通邮件与电子邮件两个方面。对于普通邮件，具有制作公司标识的个性化邮件信封的功能；对于电子邮件，则具有编辑、合并、发送邮件的功能。

小白：这么神奇，快教我吧。

学习目标

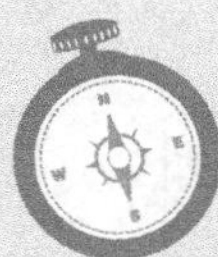

- 掌握自定义信封和通过向导制作信封的操作
- 掌握制作数据源并合并到主文档的操作
- 掌握使用电子邮件发送Word文档的操作

技能目标

- 掌握Word中信封的制作方法
- 掌握邮件合并和发送的方法

任务一 制作公司信封

公司信封最主要的特点是要体现公司的形象，因此，在Word中制作公司信封可以通过制作向导进行，也可以通过自定义的方式进行。下面具体介绍其制作方法。

一、任务目标

本任务将练习用Word 2007的向导创建传统的中文办事信封。通过本任务的学习，可以掌握利用Word制作信封的相关操作。本任务制作完成后的最终效果如图5-1所示。

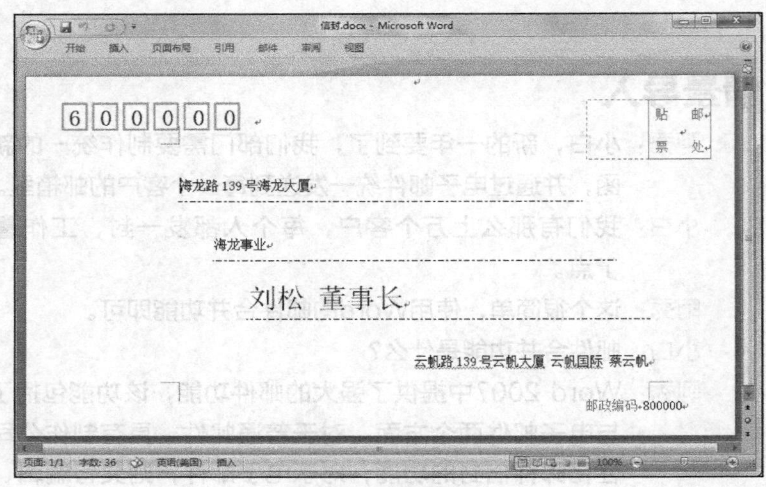

图5-1　公司信封

二、相关知识

自定义创建信封，并不会将信封创建到文档中，而是要求用户在设置信封信息后直接通过打印机进行打印。其方法是：在【邮件】/【邮件】组中单击“信封”按钮，打开“标签和信封”对话框，并分别在“收信人地址”与“寄信人地址”文本框输入相应信息，如图5-2所示；然后单击预览区域中预览图，将打开如图5-3所示的“信封选项”对话框，在对话框中设定信封规格以及文本的字体。

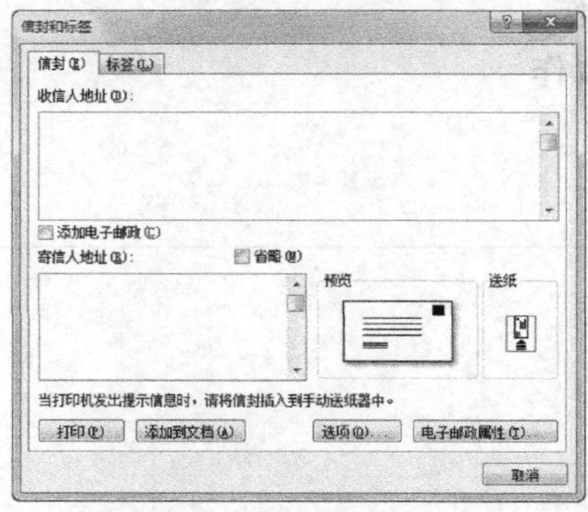

图5-2　输入信封信息

图5-3　设置信封选项

三、任务实施

启动Word 2007后将自动创建一篇新的空白文档，便可编辑文档内容。为便于制作过程中随时保存文档，创建文档后可及时将文档保存到计算机硬盘中。其具体操作如下。

STEP 1 新建一篇空白文档，在【邮件】/【创建】组中单击“中文信封”按钮，如图5-4所示。

STEP 2 打开“信封制作向导”对话框，单击下一步(N)>按钮，如图5-5所示。

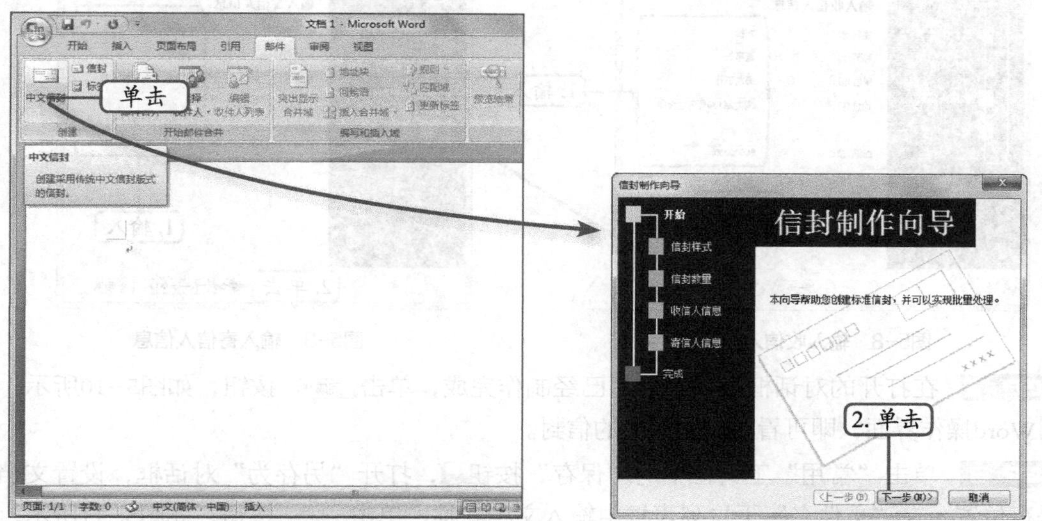

图5-4　创建文档　　图5-5　打开制作向导

STEP 3 在打开的“选择信封样式”对话框中选择信封的规格，这里在“信封样式”下拉列表中选择“国内信封-ZL”选项，在下面的复选框中通过单击选中，设置信封的样式，并通过预览区域查看信封是否符合需求，然后继续单击下一步(N)>按钮，如图5-6所示。

STEP 4 打开“选择生成信封的方式和数量”对话框，单击选中“键入收件人信息，生成单个信封”单选项，单击下一步(N)>按钮，如图5-7所示。

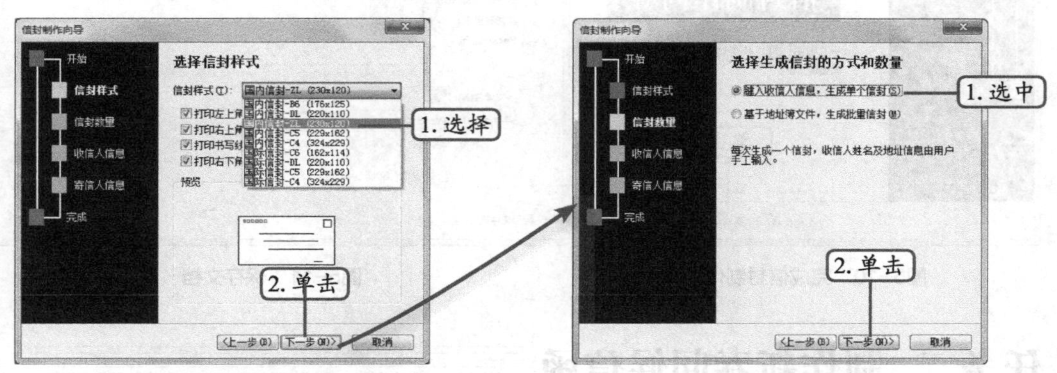

图5-6　选中信封样式　　图5-7　选择信封的数量

STEP 5 打开“输入收件人信息”对话框，分别在“姓名”、“称谓”、“单位”、

"地址"、"邮编"文本框中，输入收件人的姓名、公司职务、单位名称、去信地址、邮政编码等信息，单击下一步(N)>按钮，如图5-8所示。

STEP 6 打开"输入寄信人信息"对话框，分别在"姓名"、"单位"、"地址"、"邮编"文本框中，输入寄信人的姓名、单位名称、单位地址、邮政编码等信息，单击下一步(N)>按钮，如图5-9所示。

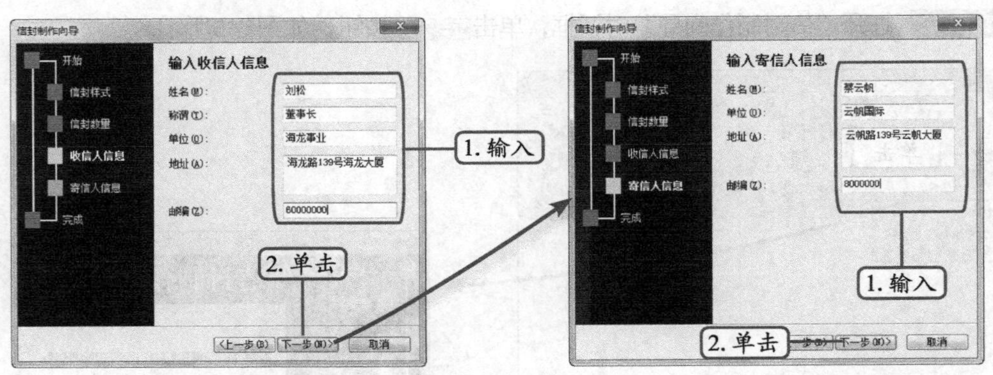

图5-8　输入收信人信息　　图5-9　输入寄信人信息

STEP 7 在打开的对话框中提示信封已经制作完成，单击完成(F)按钮，如图5-10所示，返回Word操作界面，即可看到制作完成的信封。

STEP 8 单击"常用"工具栏中的"保存"按钮，打开"另存为"对话框，设置文档的保存位置，在"文件名"下拉列表框中输入文档名称，单击保存(S)按钮，如图5-11所示，保存文档并完成操作（最终效果参见：效果文件\项目五\任务一\公司信封.docx）。

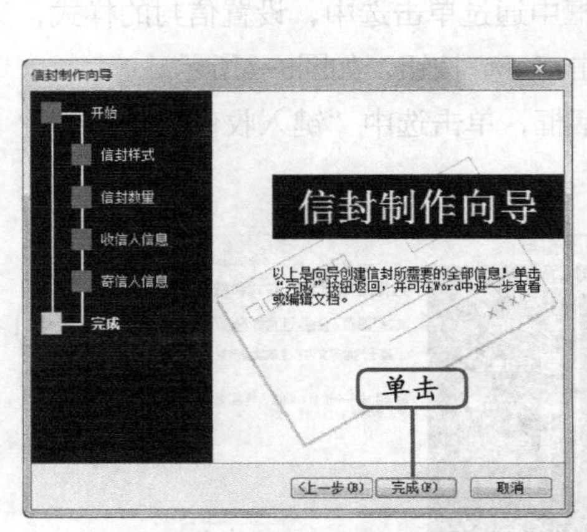

图5-10　完成信封制作

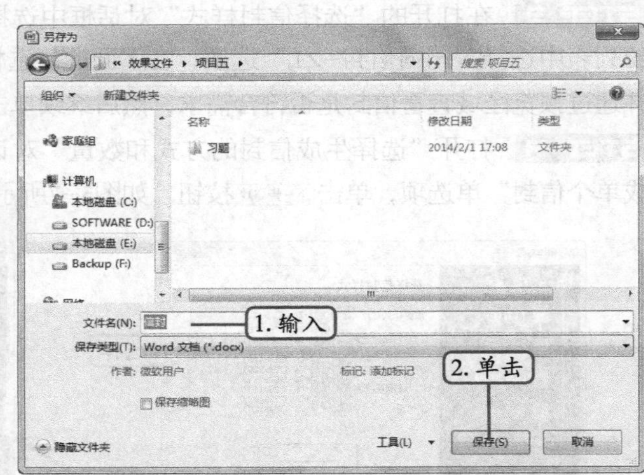

图5-11　保存文档

任务二　制作新春问候信函

新春问候信函主要是公司对于客户和合作单位表示祝福的一种简单信函。可采用Word

2007中的邮件合并功能，并使用电子邮件将这些问候信函发送到邮箱中。

一、 任务目标

本任务将练习用Word制作新春问候信函，涉及的知识点有新建文档、输入文本、编辑文本、设置字符格式、设置段落格式、创建数据源、邮件合并、发送文档等。通过本任务的学习，可以掌握创建数据源和邮件合并的相关操作，并学习通过Word发送电子邮件的相关知识。本任务制作完成后的最终效果如图5-12所示。

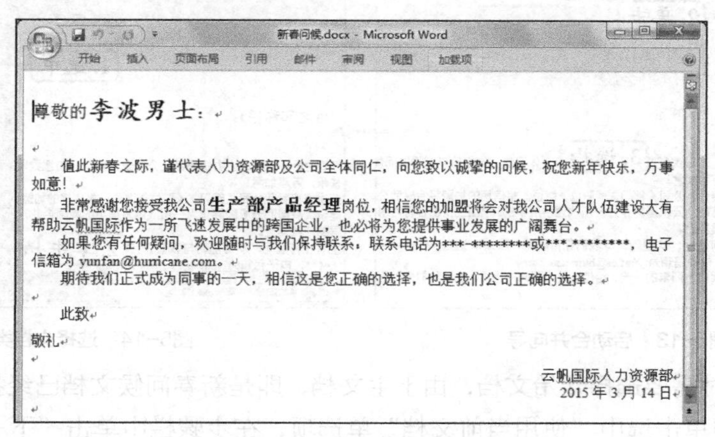

新春问候.docx - Microsoft Word

开始 插入 页面布局 引用 邮件 审阅 视图 加载项

尊敬的李波男士：

值此新春之际，谨代表人力资源部及公司全体同仁，向您致以诚挚的问候，祝您新年快乐，万事如意！

非常感谢您接受我公司**生产部产品经理**岗位，相信您的加盟将会对我公司人才队伍建设大有帮助云帆国际作为一所飞速发展中的跨国企业，也必将为您提供事业发展的广阔舞台。

如果您有任何疑问，欢迎随时与我们保持联系，联系电话为***-********或***-********，电子信箱为 yunfan@hurricane.com。

期待我们正式成为同事的一天，相信这是您正确的选择，也是我们公司正确的选择。

此致

敬礼

云帆国际人力资源部

2015年3月14日

图5-12 新春问候信函

二、相关知识

本例在制作之前，可以从以下几个方面进行分析和资料准备。

- **邮件合并可制作文档类型：**“邮件合并”功能除了可以批量处理信函、信封等与邮件相关的文档外，还可以轻松地批量制作标签、工资条、成绩单等。
- **邮件合并的使用范围：**需要制作的数量比较大且文档内容可分为固定不变的部分和变化的部分（如打印信封，寄信人信息是固定不变的，而收信人信息则是变化的部分），变化的内容来自数据表中含有标题行的数据记录表。
- **数据源：**数据源就是数据记录表，包含着相关的字段和记录内容。一般情况下，考虑使用邮件合并来提高效率正是因为已经有了相关的数据源，如Excel表格、Outlook联系人或Access数据库。如果没有已创建好的，也可以重新建立一个数据源。

在【邮件】/【开始邮件合并】组中单击“选择收件人”按钮，在打开的下拉列表中选择“使用现有列表”选项，打开“选取数据源”对话框，在其中选择已有的数据源，单击打开(O)按钮即可使用已有的数据源进行邮件合并操作。

三、任务实施

（一）制作数据源

制作数据源有两种方法，一种是直接使用现成的数据源，另一种是直接新建数据源。无论使用哪种方法，都需要在合并操作中进行。其具体操作如下。

STEP 1 打开素材文档“新春问候.docx”（素材参见：素材文件\项目五\任务二\新春问候.docx），在【邮件】/【开始邮件合并】组中单击 开始邮件合并 按钮，在打开的下拉列表中选择“邮件合并分布向导”选项，如图5-13所示。

STEP 2 打开“邮件合并”任务窗格，在“选择文档类型”栏中单击选中“信函”单选项，在最下面的步骤栏中单击“下一步：正在启动文档”超链接，如图5-14所示。

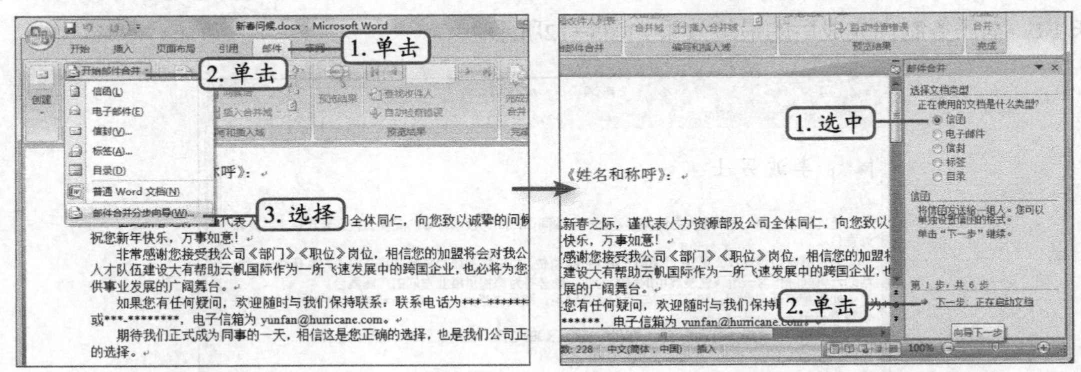

图5-13 启动合并向导　　图5-14 选择文档类型

STEP 3 这时需要选择开始文档，由于主文档，即是新春问候文档已经打开，在“选择开始文档”栏中单击选中“使用当前文档”单选项，在步骤栏中单击“下一步：选取收件人”超链接，如图5-15所示。

STEP 4 在“选择收件人”栏中单击选中“键入新列表”单选项，在“键入新列表”栏中单击“创建”超链接，如图5-16所示。

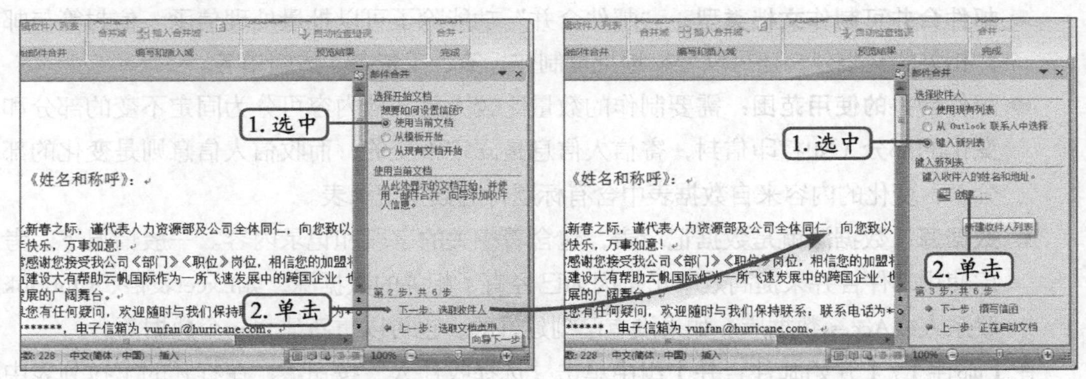

图5-15 选择开始文档　　图5-16 选择收件人

STEP 5 打开“新建地址列表”对话框，首先需要查看所有的字段名，找到与主文档中需要进行数据填充的字段名相同的字段名，若没有，则需要进行添加，多余的字段名需要删除，单击 自定义列(Z)... 按钮，如图5-17所示。

STEP 6 打开“自定义地址列表”对话框，在“字段名”列表框中选择需要删除的字段名，单击 删除(D) 按钮，并在打开的提示框中单击 是(Y) 按钮，如图5-18所示。用同样的方法删除多余的字段。

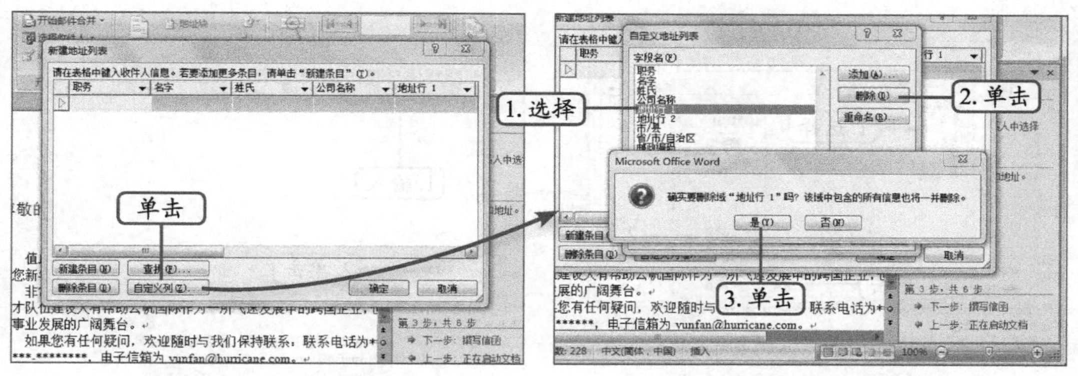

图5-17 自定义数据列表　　　　图5-18 删除多余字段名

STEP 7 在“字段名”列表框中选择要修改名称的字段，单击[重命名(R)...]按钮，打开“重命名域”对话框，在“目标名称”文本框中输入新的字段名称，单击[确定]按钮，如图5-19所示。用同样的方法修改其他字段的名称。

STEP 8 由于本例中主文档需要进行数据填充的项目还包括“性别”，因此还需要添加与性别对应的字段。在“自定义地址列表”对话框单击[添加(A)...]按钮，打开“添加域”对话框，在“键入域名”文本框中输入相关的字段，这里输入“性别”，单击[确定]按钮，如图5-20所示。

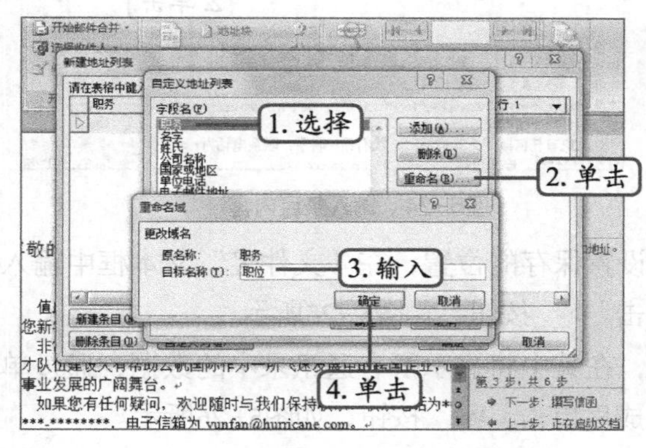

图5-19 重命名字段

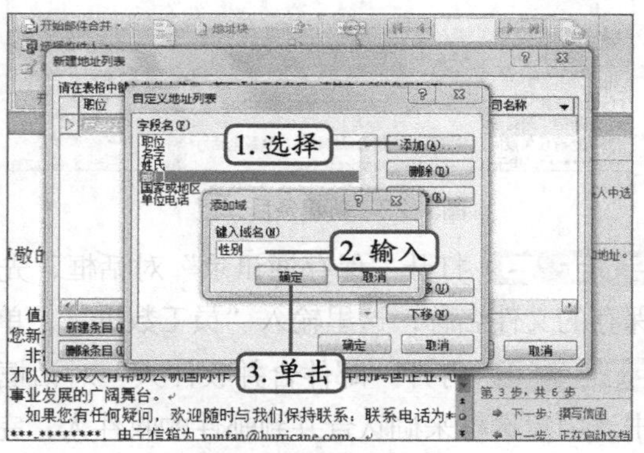

图5-20 添加字段

STEP 9 添加完成后，在“字段名”列表框中选择需要调整的字段名，这里选择“姓氏”字段名，单击[上移(U)]按钮，调整该字段的名称，单击[确定]按钮，如图5-21所示，完成字段的数据添加。

STEP 10 返回“新建地址列表”对话框，在对应字段名下面的文本框中输入具体数据信息，然后单击[新建条目(N)]按钮，如图5-22所示。

在“新建地址列表”对话框中可以看到所有设置的条目，直接在其后的文本框中输入对应的项目，就能完成整个通讯录的资料输入工作。

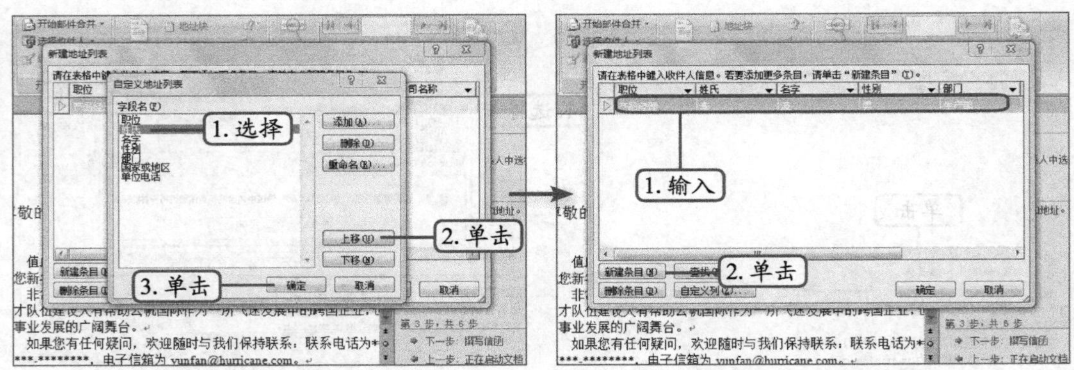

图5-21 调整字段顺序　　图5-22 输入条目内容

STEP 11 继续在对应字段名下面的文本框中输入具体的数据信息，如图5-23所示。

STEP 12 继续添加条目，并输入具体信息，完成后单击确定按钮，如图5-24所示。

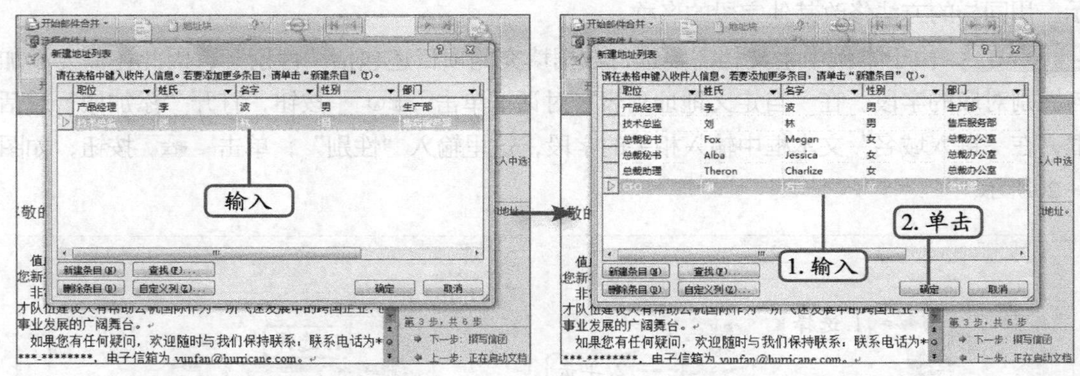

图5-23 新建条目　　图5-24 输入条目内容

STEP 13 打开“保存通讯录”对话框，先设置保存的位置，在“文件名”文本框中输入保存的文件名称，这里输入“员工数据”，单击保存(S)按钮，如图5-25所示。

STEP 14 打开“邮件合并收件人”对话框，在其中将显示所有通讯录中的数据，通过单击选中复选框来确认合并到邮件的收件人，完成后单击确定按钮，如图5-26所示。

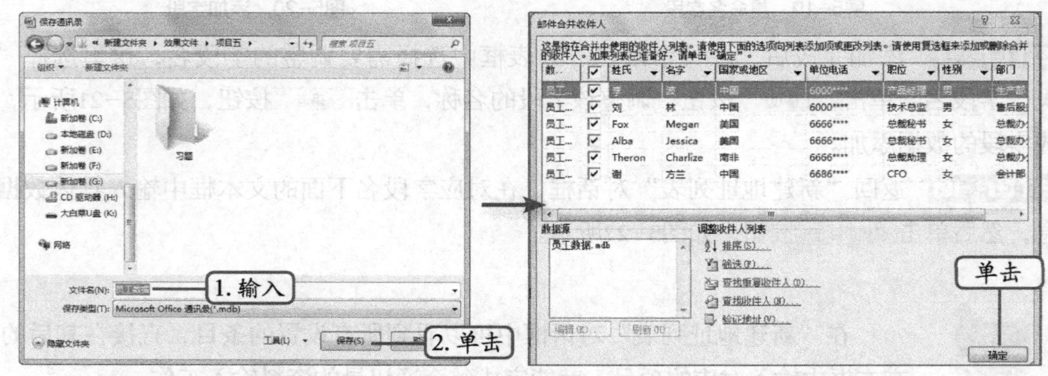

图5-25 保存通讯录　　图5-26 完成数据源制作

（二）将数据源合并到主文档中

将数据源合并到主文档中的操作主要有两种：一种是按照前面介绍的操作创建数据源，然后直接打开文档使用；另一种比较常见，是选择数据源进行合并。下面将介绍使用第二种方法将数据源合并到主文档的操作，其具体操作如下。

STEP 1 在“新春问候”文档中打开如图5-27所示的提示框，询问是否将数据库中的数据放置到文档中，这里单击 否(N) 按钮。

STEP 2 打开“邮件合并”任务窗格，在“选择文档类型”栏中单击选中“信函”单选项，在步骤栏中单击“下一步：正在启动文档”超链接，如图5-28所示。

图5-27　打开提示框

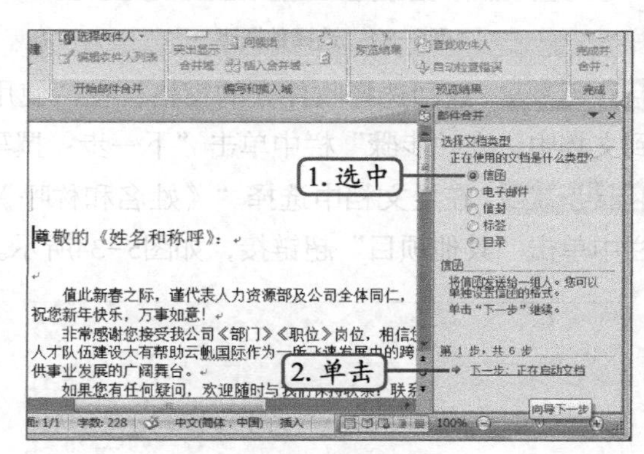

图5-28　选择文档类型

STEP 3 在“选择开始文档”栏中单击选中“使用当前文档”单选项，在步骤栏中单击“下一步：选取收件人”超级链，如图5-29所示。

STEP 4 在“选择收件人”栏中单击选中“使用现有列表”单选项，在“使用现有列表”栏中单击“浏览”超链接，如图5-30所示。

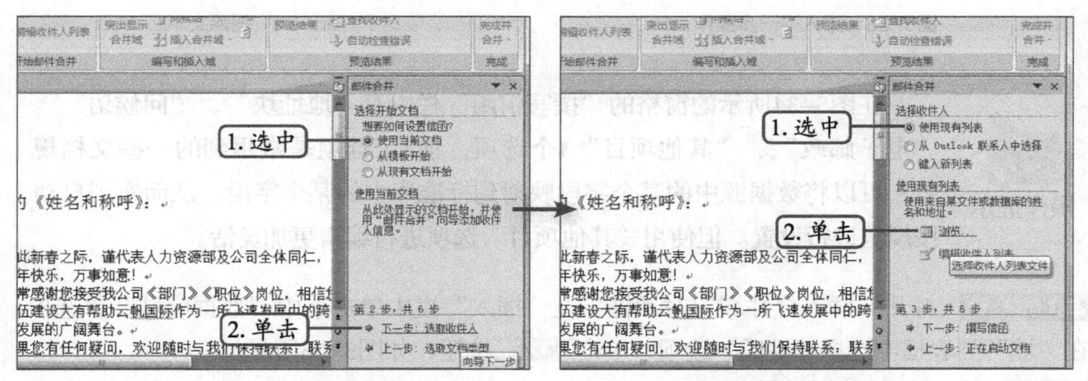

图5-29　选择开始文档　　　　图5-30　选择收件人

STEP 5 打开“选取数据源”对话框，在列表框中选择前面创建的“员工数据.mdb”选项，单击 打开(O) 按钮，如图5-31所示。

STEP 6 打开“邮件合并收件人”对话框，在其中可以看到前面创建的收件人数据源，单击 确定 按钮，如图5-32所示。

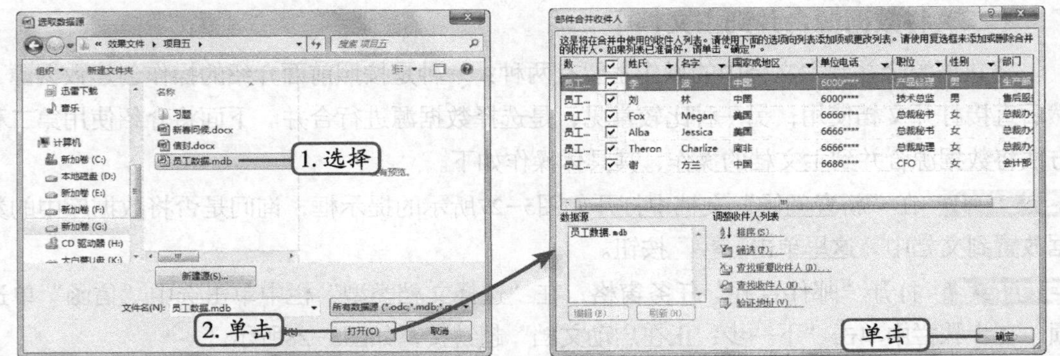

图5-31　选择数据源　　　　图5-32　打开数据源

STEP 7 返回选择收件人的窗格，在“使用现有列表”栏中可以看到数据源已经被应用到文档中，在“步骤”栏中单击“下一步：撰写信函”超链接，如图5-33所示。

STEP 8 在主文档中选择“《姓名和称呼》”文本，将其删除，在窗格的“撰写信函”栏中单击“其他项目”超链接，如图5-34所示。

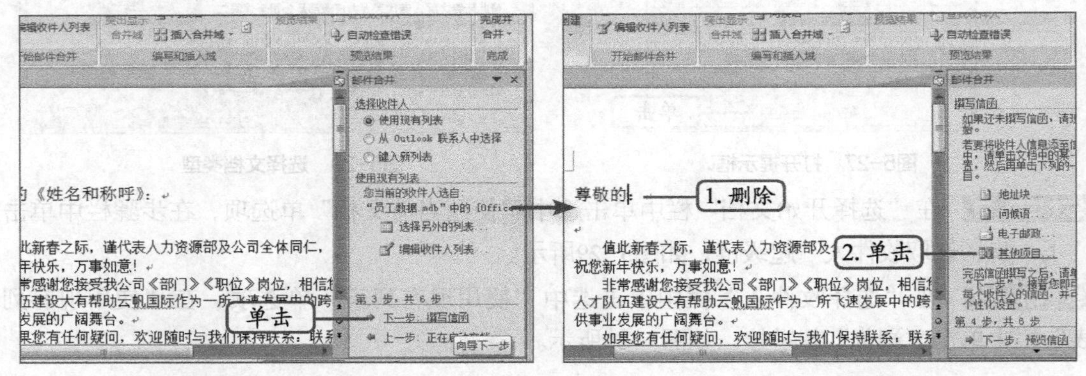

图5-33　进入下一步操作　　　　图5-34　删除文本

在图5-34所示的窗格的“撰写信函”栏中有“地址块”、“问候语”、“电子邮政”、“其他项目”4个选项。前3个选项是常用到的一些文档规范，可以将数据源中的某个字段映射到标准库中的某个字段，从而实现自动按规范进行设置。但使用“其他项目”选项进行编辑更加灵活。

STEP 9 打开“插入合并域”对话框，在“插入”栏中单击选中“数据库域”单选项，在“域”列表框中选择“姓氏”选项，单击 插入(I) 按钮，如图5-35所示。

STEP 10 继续在“插入合并域”对话框的“域”列表框中分别选择“名字”和“性别”选项，单击 插入(I) 按钮，将这两个域插入到文档中，如图5-36所示，然后单击 关闭 按钮。

STEP 11 在插入的“性别”域后增加一个“士”文本，选择“部门”和“职位”文本，将其删除。用同样的方法将“部门”和“职称”域插入其中，如图5-37所示。

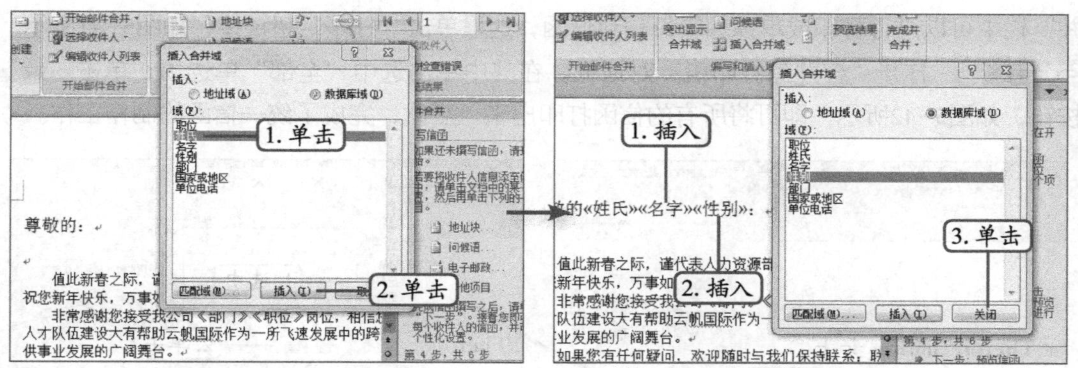

图5-35　插入域　　　　图5-36　继续插入域

STEP 12 选择插入的域对应的文本内容，设置文本字体和格式，在任务窗格的“步骤”栏中单击“下一步：预览信函”超链接，如图5-38所示。

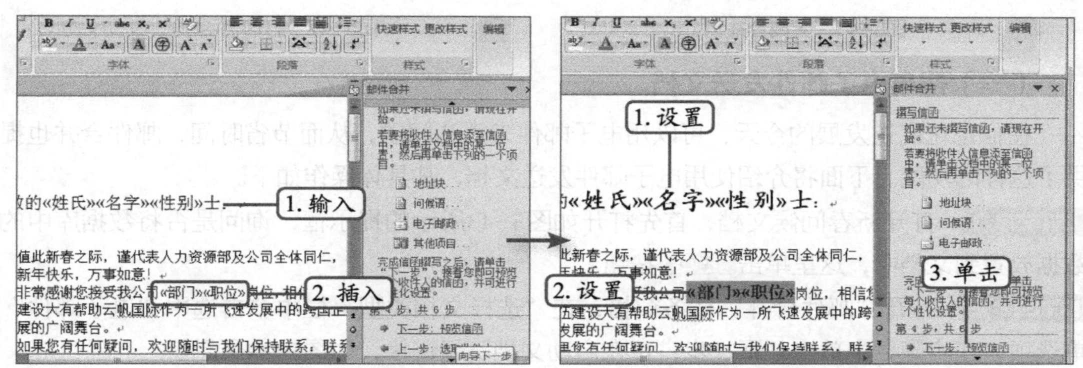

图5-37　插入域　　　　图5-38　设置字体

STEP 13 在主文档中可以看到插入相关域的文本已经自动变成数据源中对应的条目，如图5-39所示。

STEP 14 在任务窗格的“预览信函”栏中单击« 或 »按钮，即可查看其他收件人的信函效果。完成后，在步骤栏中单击“下一步：完成合并”超链接，如图5-40所示。

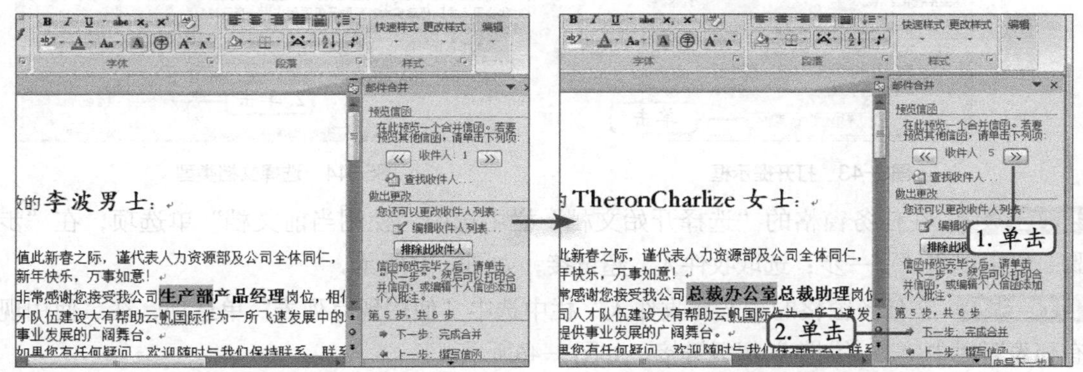

图5-39　查看效果　　　　图5-40　预览其他信函

STEP 15 在任务窗格的“完成合并”栏中显示已经可以使用邮件合并生成信函，在“合并”栏中可以进行打印或单独编辑每一封信函，这里单击“打印”超链接，如图5-41所示。

STEP 16 打开“合并到打印机”对话框，在其中单击选中“全部”单选项，单击确定按钮，如图5-42所示，即可将所有的信函打印出来。至此，完成了统一信函的制作工作。

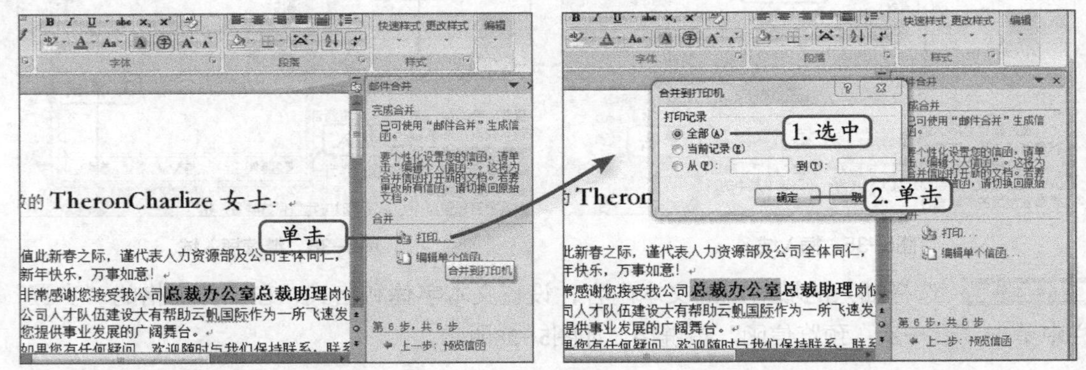

图5-41 完成合并　　图5-42 打印信函

（三）使用电子邮件发送文档

在信息化高速发展的今天，可以用电子邮件来表达问候，从而节省时间，邮件合并也提供了这样的功能。下面将介绍使用电子邮件发送文档，其具体操作如下。

STEP 1 打开新春问候文档，首先打开如图5-43所示的提示框，询问是否将数据库中的数据放置到文档中，这里单击否(N)按钮。

STEP 2 打开“邮件合并”任务窗格，在“选择文档类型”栏中单击选中“电子邮件”单选项，在步骤栏中单击“下一步：正在启动文档”超链接，如图5-44所示。

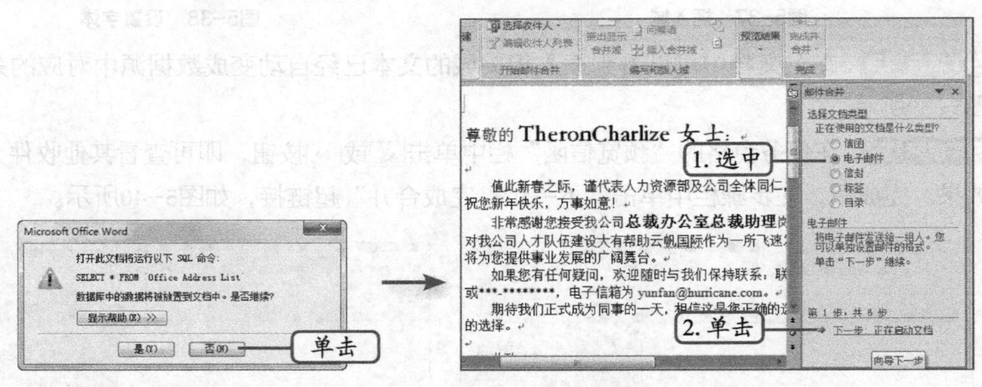

图5-43 打开提示框　　图5-44 选择文档类型

STEP 3 在任务窗格的“选择开始文档”栏中选中“使用当前文档”单选项，在“步骤”栏中单击“下一步：选取收件人”超链接，如图5-45所示。

STEP 4 在任务窗格的“选择收件人”栏中选中“使用现有列表”单选项，在“使用现有列表”栏中单击“浏览”超级链接，如图5-46所示。

STEP 5 打开“选取数据源”对话框，在其中选择创建的数据源，单击打开(O)按钮，如图5-47所示。

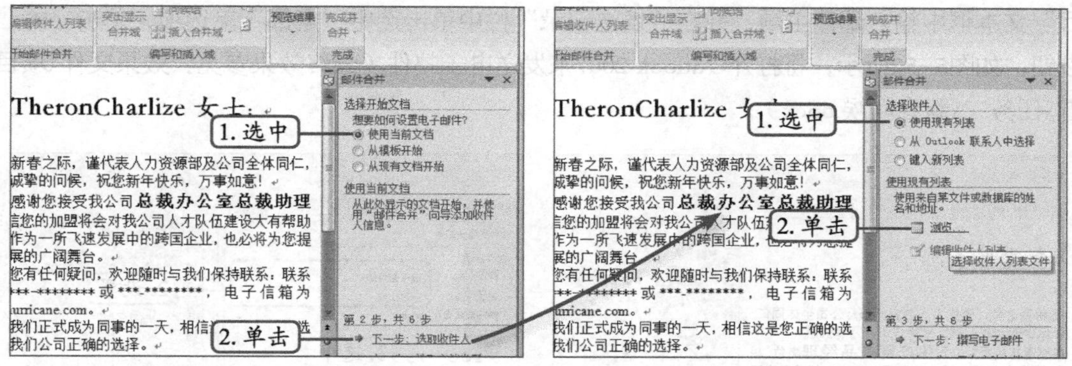

图5-45 选择开始文档　　　　图5-46 选择收件人

STEP 6 打开“邮件合并收件人”对话框，单击 确定 按钮，如图5-48所示。

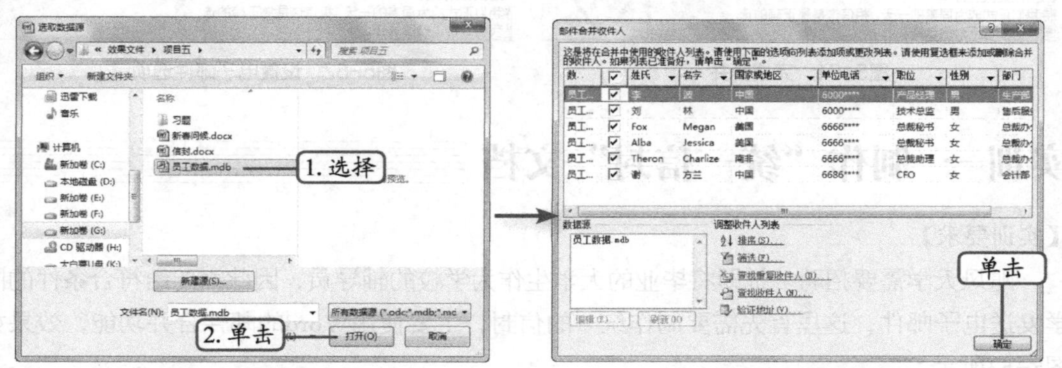

图5-47 选择数据源　　　　图5-48 查看收件人信息

STEP 7 返回任务窗格，在“步骤”栏中单击“下一步：撰写电子邮件”超链接，如图5-49所示。

STEP 8 在任务窗格的步骤栏中单击“下一步：预览电子邮件”超链接，如图5-50所示。

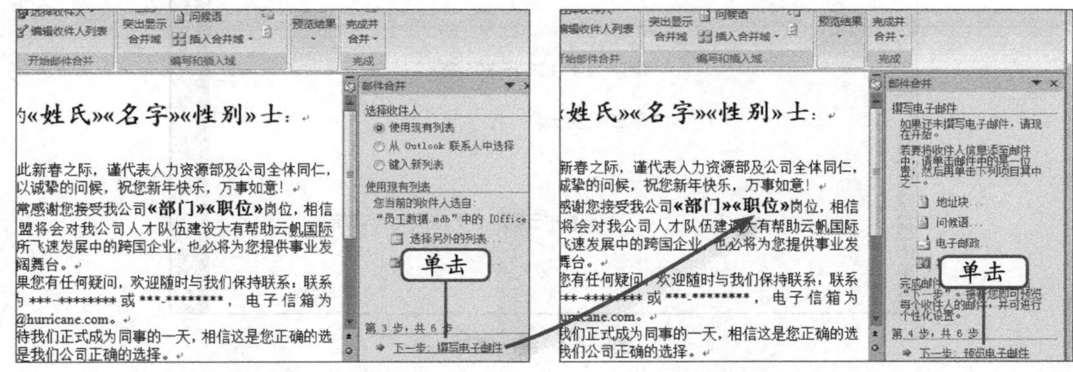

图5-49 撰写电子邮件　　　　图5-50 预览电子邮件

STEP 9 在任务窗格的“步骤”栏中单击“下一步：完成合并”超链接，如图5-51所示。

STEP 10 在任务窗格的“合并”栏中单击“电子邮件”超链接，打开“合并到电子邮件”对话框，在“收件人”下拉列表中选择电子邮件地址对应的数据源字段名，在“主题行"文本框中输入邮件主题，并在"发送记录"栏中单击选中"全部"单选项，单击 确定 按钮，如图5-52所示，将打开Outlook 2007来发送电子邮件（最终效果参见：效果文件\项目五\任务二\新春问候.docx）。

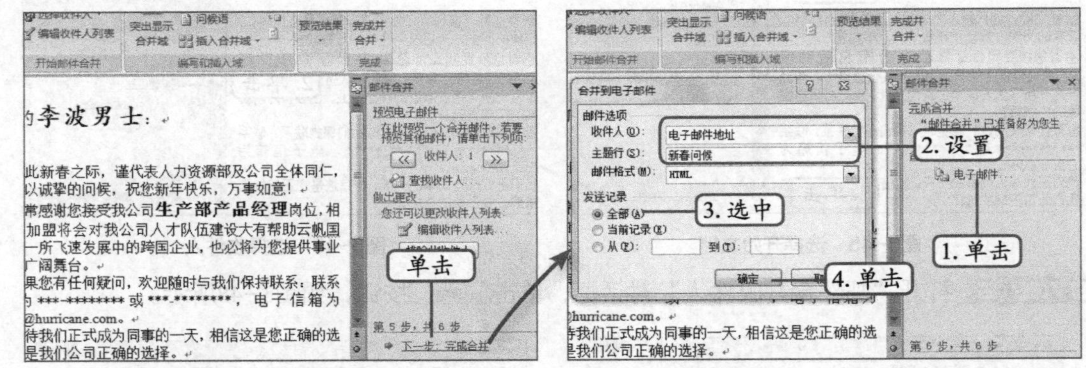

图5-51 完成合并　　图5-52 设置电子邮件选项

实训一 制作"统一信封"文档

【实训要求】

飓风大学需要招聘一批即将毕业的大学生作为学校的辅导员，因此需要给符合条件的同学发送电子邮件，这里首先需要制作统一的信封，主要使用Word的邮件合并功能，效果如图5-53所示。

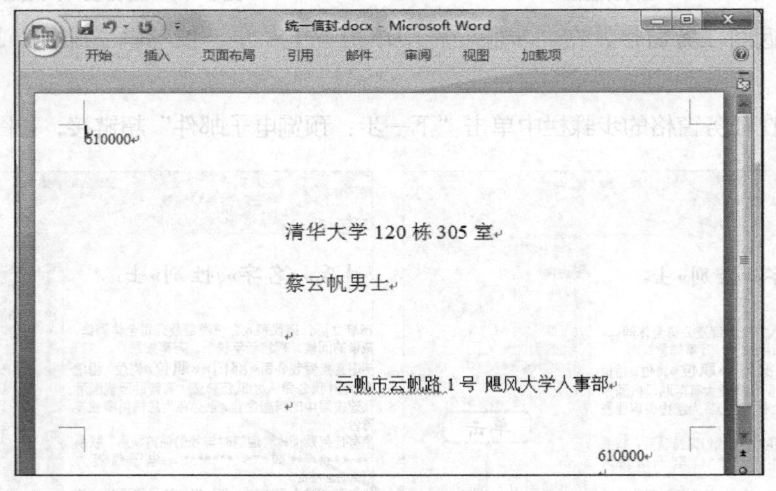

图5-53 统一信封

【实训思路】

本实训主要利用使用向导制作信函封面，以及使用邮件合并功能来打印信函封面的知识。首先通过Word新建一个文档，在其中通过中文信封的制作向导制作信函封面，然后通过导入素材文件中的数据源文件，利用Word的邮件合并功能来打印制作的信函封面。

【步骤提示】

STEP 1 新建文档，启动中文信封向导。

STEP 2 选择信封样式，在设置信封时，单击选中“基于地址簿文件，生成批量信封”单选项。

STEP 3 保存统一信封文档，在文档中输入不变的文本。

STEP 4 打开“邮件合并”任务窗格，选择文档类型为“信封”，使用现有列表，在打开的对话框中选择“新进老师名单.mdb”（素材参见：素材文件\项目五\实训一\新进老师名单.mdb）。

STEP 5 在文档中删除对应的项目，插入数据源中的域。

STEP 6 对合并的邮件进行打印（最终效果参见：效果文件\项目五\实训一\统一信封.docx）。

实训二 制作简单工资条

【实训要求】

本实训要求使用本项目所学的知识，主要是Word的邮件合并功能，为某小型企业制作一张简单的工资条，最终效果如图5-54所示。

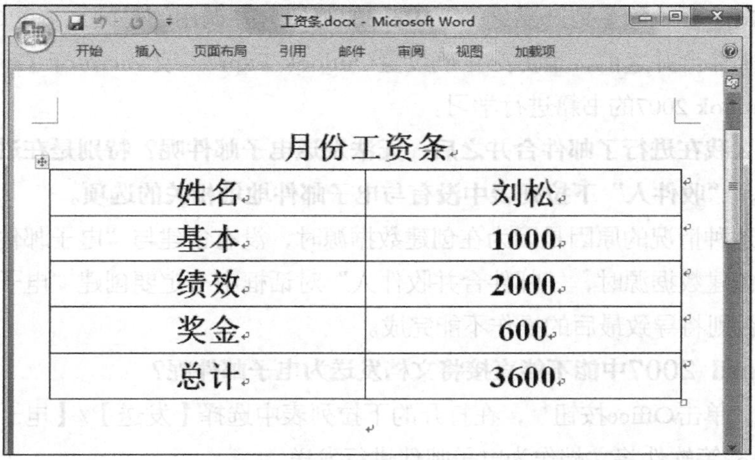

工资条.docx - Microsoft Word

开始 插入 页面布局 引用 邮件 审阅 视图 加载项

月份工资条

姓名	刘松
基本	1000
绩效	2000
奖金	600
总计	3600

图5-54 工资条

【实训思路】

本实训可综合运用前面所学知识对文档进行编辑，首先需要创建Word文档，然后绘制表格，并在表格中输入数据，然后利用邮件合并功能制作工资的相关数据源，最后将数据源和工资文档合并，并进行打印。

【步骤提示】

STEP 1 新建“工资条”文档，在其中插入“两列，五行”的表格，输入表格名称和表头文本。

STEP 2 利用创建的文档，打开“邮件合并”任务窗格，创建新的数据源，字段名包括“姓名”、“基本”、“绩效”、“奖金”、“总计”，并在其中输入数据。

STEP 3 将文档和数据源进行合并，并全部打印出来（最终效果参见：效果文件\项目五\实训二\工资条.docx）。

常见疑难解析

问：为什么我使用“地址块”超链接插入的地址格式不一样呢？

答：如果数据源包含其他国家或地区的地址，Word将根据收件人地址的国家或地区来设置地址格式。如果希望所有的地址都使用同一格式，可以在插入地址时，在打开的“插入地址块”对话框中取消选中“根据目标国家/地区设置地址格式”复选框来关闭该功能。

问：收信人通常不相同，但自己作为寄信人不会变，那么在制作信封时，可不可以让Word默认寄信人地址，不需要每次输入呢？

答：可以，单击Office按钮，在打开的下拉列表中单击 Word 选项(I) 按钮，在打开的“Word 选项”对话框中单击“高级”选项卡，在“常规”栏的“通讯地址”文本框中输入寄信人的地址，单击 确定 按钮即可。

问：邮件发送是使用的什么软件呢？

答：作为Microsoft的系列产品之一，Word的邮件合并调用的是同系统的Outlook程序。因此，在使用邮件合并之前，请务必正确设置Outlook Express 或Microsoft Outlook。相关操作可以购买Outlook 2007的书籍进行学习。

问：为什么我在进行了邮件合并之后，无法发送电子邮件呢？特别是在进行电子邮件设置的对话框中，“收件人”下拉列表中没有与电子邮件地址相关的选项。

答：发生这种情况的原因是因为在创建数据源时，没有创建与“电子邮件地址”相关的条目。所以在创建数据源时，“邮件合并收件人”对话框中一定要创建“电子邮件地址”相关的字段名，否则将导致最后的操作不能完成。

问：在Word 2007中能不能直接将文档发送为电子邮件呢？

答：可以，单击Office按钮，在打开的下拉列表中选择【发送】/【电子邮件】选项，即可通过Outlook等软件将文档作为电子邮件进行发送。

拓展知识

1. 创建数据源

创建数据源的方法比较多，主要有以下几种。

- **Microsoft Office通讯录**：在邮件合并时，可直接在“Outlook 联系人列表”中检索联系人信息。
- **Microsoft Excel工作表**：任意Excel工作表或Excel工作簿内命名的区域可以作为数

据源。

- **Microsoft Access数据库**：Access中的任意表或数据库中定义的查询也可作为数据源。
- **文本文件**：可以使用包含数据域（由制表符或逗号分隔）和数据记录（由段落标记分隔）的任何文本文件。
- **不同类型的通讯簿**：如Microsoft Outlook通讯簿和使用Microsoft Exchange Server 创建的个人通讯录等。
- **Word表格**：可以将Word文档作为数据源，该文档应该包含一个表格，表格的第一行包含表头，其他行包含要合并的记录。

2. **从数据源中筛选指定的数据记录**

在实际使用时，我们并不是每次都需要对所有的收件人发送邮件，此时如果列表包含不希望在合并中看到或包括的记录，可以采用筛选记录的方法来排除记录。例如，要从“员工数据.mdb”数据源中筛选出国籍为“中国”的数据记录，其方法为打开“邮件合并收件人”对话框，确定需要进行筛选的项目，如“国家或地区”，再单击▼按钮，在打开的下拉列表中选择“中国”选项，系统自动将职务为“总经理”的数据记录筛选出来，如图5-55所示。

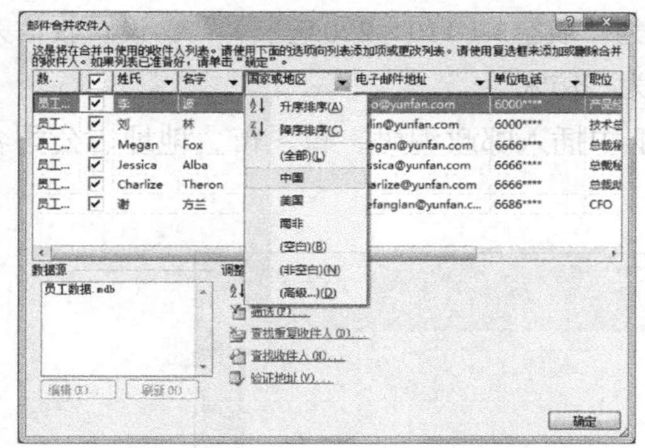

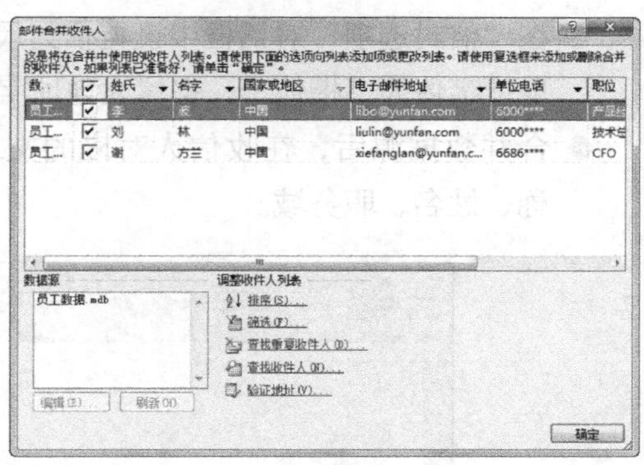

图5-55　筛选指定数据记录

课后练习

（1）邮件合并“售后服务信函”文档，将其合并到打印机，并且在其中使用“公司通讯录.mdb”数据源（素材：\素材文件\项目五\课后练习\公司通讯录.mdb）。图5-56所示为预览信函后完成合并的效果图（最终效果参见：\效果文件\项目五\课后练习\售后服务信函.docx）。

- 新建文档并将其保存为“售后服务信函.docx”。
- 在“邮件”选项卡中启动邮件合并分步向导。
- 按照向导提示一步一步执行操作，在主文档中输入最终效果图中所示的文本内容。
- 在开头称呼处插入“公司名称”、“姓氏”、“名字”、“职务”合并域。

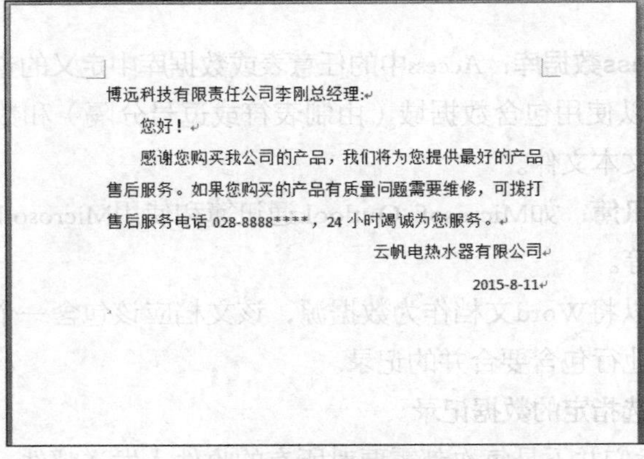
博远科技有限责任公司李刚总经理:
您好!
感谢您购买我公司的产品,我们将为您提供最好的产品售后服务。如果您购买的产品有质量问题需要维修,可拨打售后服务电话 028-8888****,24 小时竭诚为您服务。
云帆电热水器有限公司
2015-8-11

图5-56　售后服务信函

(2)制作一个中文信封(最终效果参见:\效果文件\项目五\课后练习\批量信封.docx),收件人信息来自“公司通讯录.mdb”数据源(素材:\素材文件\项目五\课后练习\公司通讯录.mdb),效果如图5-57所示。

- 启动“邮件合并分步向导”,在选择文档类型时选择“信封”。
- 在“信封选项”对话框中设置信封尺寸为“航空5(110×220毫米)”,设置收信人地址字体为“楷体”,寄信人地址字体为“仿宋”。
- 合并数据源后,在收信人对应的文本框中插入邮政编码、省、市、地址、公司名称、姓名、职务域。

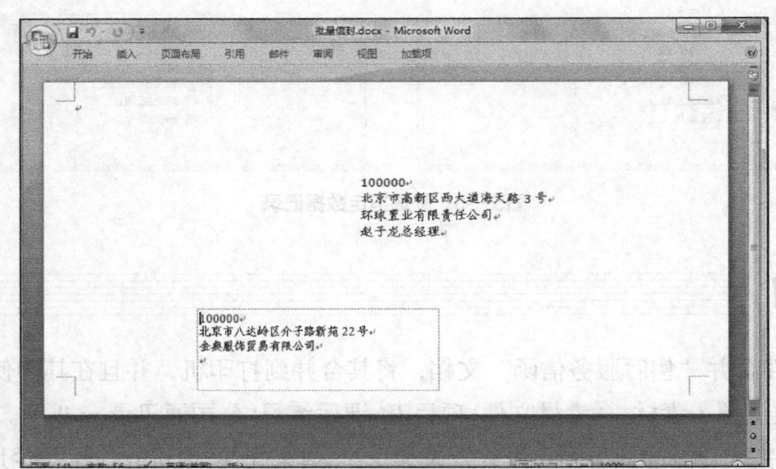

图5-57　批量信封

PART 6

项目六 制作Excel工作簿

情景导入

阿秀：小白，这段时间的工作做得不错，你制作的产品说明书还得到了销售部的一致好评。

小白：谢谢，这都是我应该做的。

阿秀：看来，我们需要开始下一阶段的学习了。

小白：下一阶段？是Excel吗？

阿秀：真聪明！下面我们就开始学习制作Excel工作簿的相关知识。Excel是Office办公软件核心组件之一，可用于制作电子表格、计算复杂数据、分析并预测数据，并具有强大的图表制作功能。

小白：听起来Excel的功能很强大！那我就开始好好学习一下吧。

学习目标

- 熟悉Excel 2007工作界面各组成部分的作用
- 掌握工作簿和工作表的新建、保存、打开和关闭等基本操作
- 掌握单元格的插入、合并、设置和数据输入、修改、填充等基本操作
- 掌握设置表格样式和数据格式，以及插入各种对象等基本操作

技能目标

- 掌握常见办公电子表格的格式与制作方法
- 掌握Excel工作簿的各种基本操作
- 了解Excel 2007的各种基础知识

任务一　创建“来访登记表”工作簿

来访登记表通常指非本单位的人士在学校、企业、事业单位或者机关、团体及其他机构办理事务时，应当出示有效证件，并填写的临时个人信息表。下面具体介绍其制作方法。

一、任务目标

本任务将练习用Excel 2007制作“来访登记表”工作簿，在制作时可以先新建并保存工作簿，然后输入数据，并合并和拆分单元格，最后设置单元格格式并关闭工作簿。通过本任务的学习，可以掌握Excel的基本操作，同时对工作簿有一个基本的认识。本任务制作完成后的最终效果如图6-1所示。

来访登记表

序号	姓名	单位	接待人	访问部门	来访日期	来访时间	事由	备注
1	李波	国美美电器	刘梅	销售部	7月7日	9:30 AM	采购	☆
2	张燕	顺德有限公司	刘梅	销售部	7月7日	9:30 AM	采购	
3	王毅	腾达实业有限公司	刘梅	销售部	7月9日	10:10 AM	采购	
4	梁上瑾	新世纪科技公司	何碧来	客服部	7月10日	10:30 AM	质量检验	
5	孙玉英	科华科技公司	何碧来	运输部	7月11日	9:30 AM	送货	
6	蒲乐	宏源有限公司	何碧来	生产技术部	7月12日	9:30 AM	技术咨询	
7	梁子天	拓启股份有限公司	何碧来	生产技术部	7月13日	3:30 PM	技术咨询	
8	高兴	佳明科技有限公司	蒋胜提	人力资源部	7月14日	4:30 PM	技术培训	
9	甄友伟	顺德有限公司	蒋胜提	人力资源部	7月15日	10:30 AM	技术培训	
10	焦明子	腾达实业有限公司	蒋胜提	生产技术部	7月16日	2:30 PM	设备维护检修	
11	蒋松柏	新世纪科技公司	王慧	客服部	7月17日	2:30 PM	质量检验	
12	郑明	科华科技公司	王慧	生产技术部	7月18日	12:30 PM	设备维护检修	
13	罗小梅	宏源有限公司	王慧	运输部	7月19日	12:30 PM	送货	

图6-1　“来访登记表”工作簿

职业素养

任何企业都有它的一套切实可行的管理制度，作为新人，遵守制度是起码的职业道德。入职后，应该首先学习员工守则，熟悉企业文化，以便在制度规定的范围内行使自己的职责，发挥所能。

二、相关知识

要学会制作电子表格，可先了解Excel 2007的操作界面，以及工作簿、工作表、单元格三者的概念和关系。下面分别进行介绍。

1. 认识Excel 2007操作界面

Excel 2007的工作界面与Word 2007基本相似，主要由快速访问工具栏、标题栏、选项卡、功能区、编辑栏、工作表编辑区等部分组成，如图6-2所示，下面主要对编辑栏和工作表编辑区进行介绍。

- **编辑栏：** 编辑栏用来显示和编辑当前活动单元格中的数据或公式。默认情况下，编辑栏包括名称框、“插入函数”按钮 *fx* 、编辑框。其中名称框用来显示当前单元格的地址或函数名称，如在名称框中输入“A3”后，按【Enter】键表示选择A3单元格；若单击“插入函数”按钮fx，可在打开的“插入函数”对话框中选择相应的函数将其插入到表格中；编辑框用来编辑输入的数据或公式。

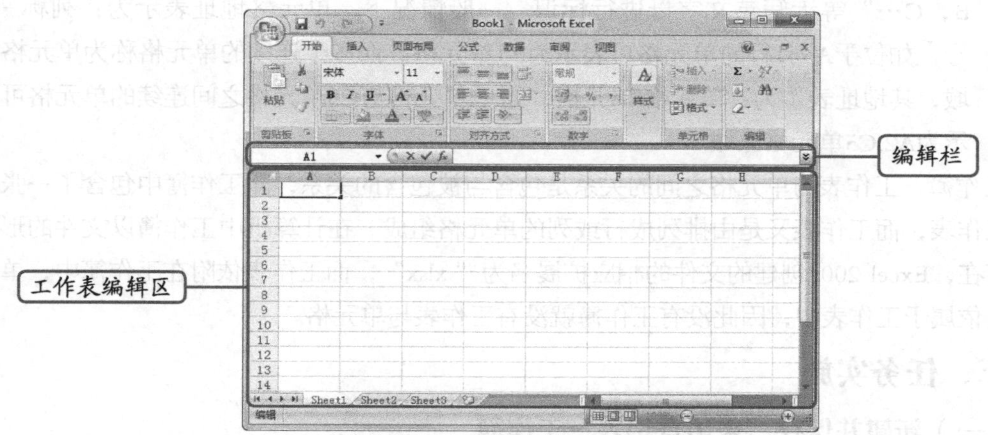

图6-2 Excel 2007操作界面

- **工作表编辑区**：工作表编辑区是Excel编辑数据的主要场所，它包括行号与列标、单元格和工作表标签等，其中行号用“1，2，3…”等阿拉伯数字标识，列标用“A，B，C，…”等大写英文字母标识；而单元格是Excel中存储数据的最小单位，一般情况下，单元格地址表示为：列标+行号，如位于A列1行的单元格可表示为A1单元格；工作表标签则用来显示工作表的名称，如“Sheet1”、“Sheet2”和“Sheet3”等。在工作表标签左侧单击◀或▶工作表标签滚动显示按钮，当前工作表标签将返回到最左侧或最右侧的工作表标签，单击◀或▶工作表标签滚动显示按钮将向前或向后切换一个工作表标签。若在◀或▶工作表标签滚动显示按钮上单击鼠标右键，在弹出的快捷菜单中选择任意一个工作表，可切换工作表。

知识补充

在单元格中输入数据或插入公式与函数时，编辑栏中将显示“取消”按钮×和“输入”按钮✓。单击“取消”按钮×表示取消输入的内容，单击“输入”按钮✓表示确定并完成输入的内容。

2. 认识工作簿、工作表和单元格

在Excel中工作簿、工作表、单元格是构成Excel的支架，同时它们之间存在着包含与被包含的关系。了解它们的概念及其相互之间的关系，有助于在Excel中执行相应的操作。下面分别介绍工作簿、工作表、单元格的概念。

- **工作簿**：工作簿即Excel文件，是用于存储和处理数据的主要文档，也称为电子表格。默认新建的工作簿以“Book1”命名，并显示在标题栏的文档名处。在不退出Excel的情况下，根据需要依次新建的工作簿将以“Book2”、“Book3”等命名。
- **工作表**：工作表总是存储在工作簿中，是用于显示和分析数据的工作场所。默认一

张工作簿中只包含3张工作表，分别以“Sheet1”、“Sheet2”和“Sheet3”命名。

- **单元格**：单元格是Excel中最基本的存储数据的单位，它通过对应的行号和列标进行命名和引用，其中行号用“1，2，3…”等阿拉伯数字进行标识，列标则用“A，B，C…”等大写英文字母进行标识。一般情况下，单元格地址表示为：列标+行号，如位于A列1行的单元格可表示为A1单元格。而多个连续的单元格称为单元格区域，其地址表示为：单元格:单元格，如A2单元格与C5单元格之间连续的单元格可表示为A2:C5单元格区域。

工作簿、工作表与单元格之间的关系是包含与被包含的关系，即工作簿中包含了一张或多张工作表，而工作表又是由排列成行或列的单元格组成。在计算机中工作簿以文件的形式独立存在，Excel 2007创建的文件的相应扩展名为“.xlsx”，而工作表依附在工作簿中，单元格则是依属于工作表中，因此没有工作簿就没有工作表与单元格。

三、任务实施

（一）新建并保存“来访登记表”工作簿

要使用Excel 2007制作所需的电子表格，首先应创建工作簿，即启动Excel后将新建的空白工作簿以相应的名称保存到所需的位置。下面以创建“来访登记表.xlsx”为例进行介绍，其具体操作如下。（**拓展微课**：光盘\微课视频\项目六\新建.swf、保存.swf）

STEP 1 在桌面左下角单击“开始”按钮，选择【所有程序】/【Microsoft Office】/【Microsoft Office Excel 2007】命令启动Excel 2007，如图6-3所示。

STEP 2 新建“Book1”工作簿，在快速访问工具栏中单击“保存”按钮，如图6-4所示。

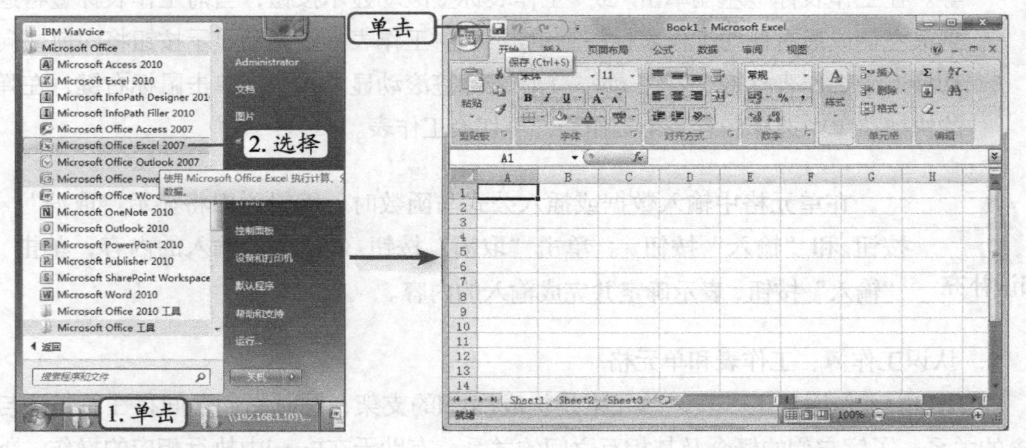

图6-3 启动Excel 2007　　　　图6-4 打开操作界面

STEP 3 打开“另存为”对话框，先设置文件的保存路径，然后在“文件名”下拉列表框中输入工作簿的名称，这里输入“来访登记表”，单击“保存”按钮，如图6-5所示。

STEP 4 返回工作表中，在工作簿的标题栏处可看到新建的工作簿以“来访登记表”为名进行保存，如图6-6所示。

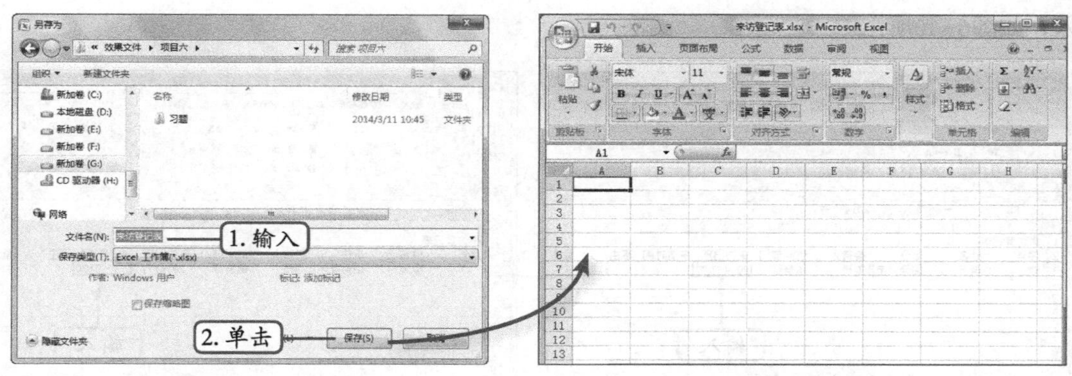

图6-5 保存文档 图6-6 查看效果

操作提示

为了避免因未保存而丢失已输入的数据，新建工作簿后，最好先保存工作簿，再进行数据的输入与编辑。这种操作同样适用于Word和PowerPoint，以及Office的其他组件。

（二）输入数据

用Excel制作表格时，需要输入不同类型的数据，如文本、数字、日期与时间、符号等，其具体操作如下。（拓展微课：光盘\微课视频\项目六\输入文本和数据.swf）

STEP 1 在创建的“来访登记表”工作簿中选择A1单元格或双击A1单元格。输入文本“来访登记表”，如图6-7所示。

STEP 2 按【Enter】键选择A2单元格，输入文本“序号”，按【Tab】键选择B2单元格，输入文本“姓名”，然后用相同的方法在C2:H2单元格区域中输入表头文本，如图6-8所示。

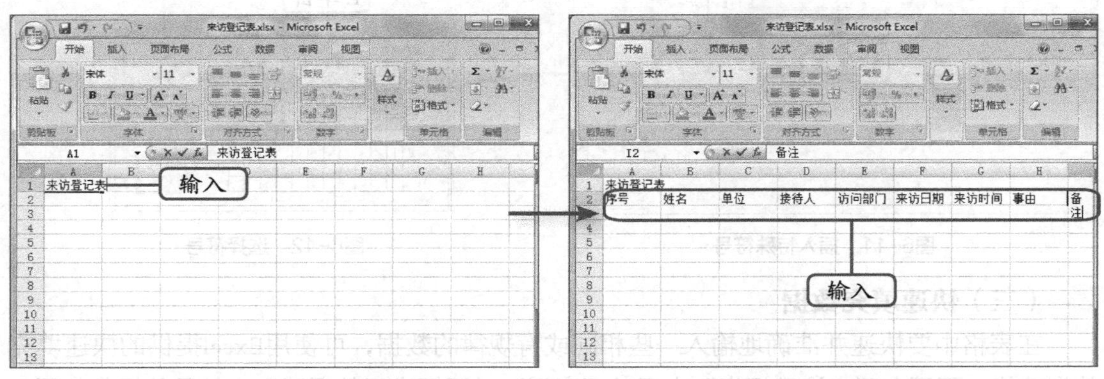

图6-7 在单元格中输入文本 图6-8 继续输入文本

STEP 3 继续输入文本内容，然后选择F3单元格，输入形如“2014-7-7”的日期格式（也可输入形如“2014/7/7”的日期格式，系统将自动显示为默认格式），按【Ctrl+Enter】组合键完成输入，如图6-9所示。

STEP 4 选择G3单元格，输入形如“9:30”的时间格式，按【Ctrl+Enter】组合键完成输入，如图6-10所示。

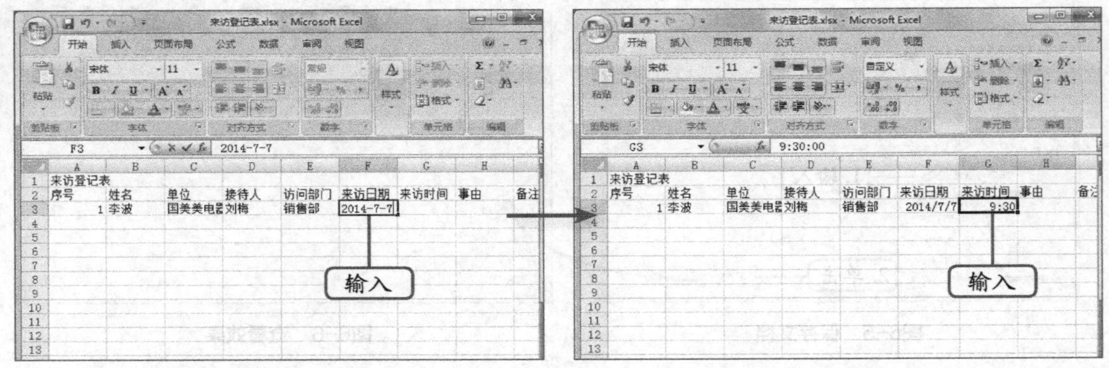

图6-9　输入日期　　　　图6-10　输入时间

知识补充

在工作表中选择某个单元格后，按【Ctrl+：】组合键系统将自动输入当天日期；按【Ctrl+Shift+：】组合键系统将自动输入当前时间。

STEP 5　继续输入，选择I3单元格，在【插入】/【特殊符号】组中单击 符号 按钮，在打开的下拉列表中选择“更多”选项，如图6-11所示。

STEP 6　打开“插入特殊符号”对话框，单击“特殊符号”选项卡，在下面的列表中选择“☆”符号，单击 确定 按钮，如图6-12所示。

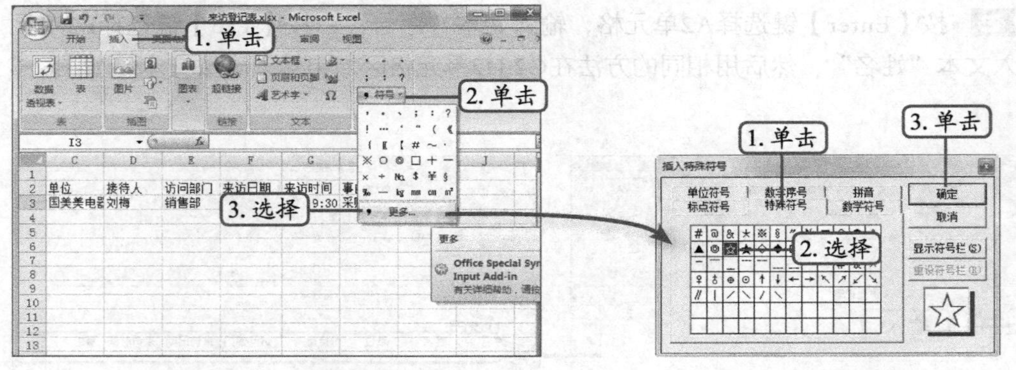

图6-11　插入特殊符号　　　　图6-12　选择符号

（三）快速填充数据

在表格中要快速并准确地输入一些相同或有规律的数据，可使用Excel提供的快速填充数据功能。下面在“来访登记表”中通过“序列”对话框进行数据填充，其具体操作如下。

（拓展微课：光盘\微课视频\项目六\快速填充数据.swf）

STEP 1　选择A3:A15单元格区域，在【开始】/【编辑】组中单击“填充”按钮，在打开的下拉列表中选择“系列”选项，如图6-13所示。

STEP 2　打开“序列”对话框，在“序列产生在”栏中单击选中“列”单选项，在“类型”栏中单击选中“等差数列”单选项，在“步长值”文本框中输入“1”，单击确定按钮，如图6-14所示。

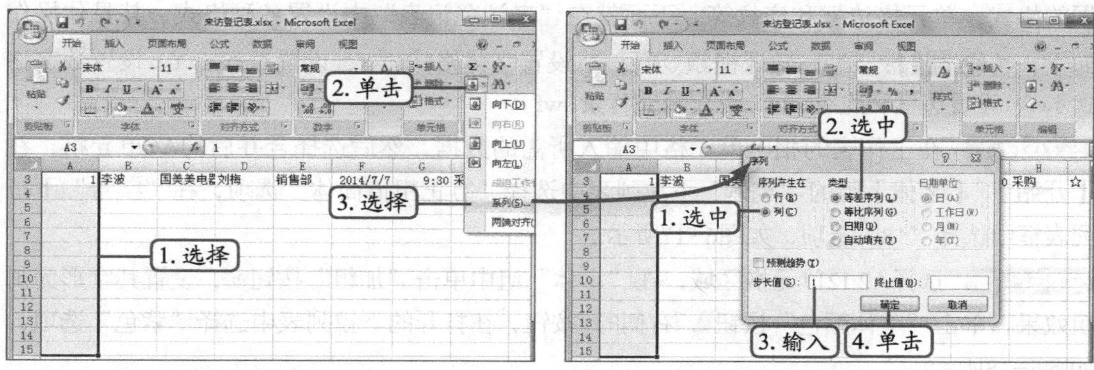

图6-13 填充序列

图6-14 设置序列

知识补充

快速填充数据的方法有3种：一是通过鼠标左键拖动控制柄填充；二是通过鼠标右键拖动控制柄填充；三是通过“序列”对话框填充。

（四）合并与拆分单元格

在编辑表格数据时，可将连续的多个单元格合并为一个单元格。当不需要合并时，可将其拆分出来，其具体操作如下。（拓展微课：光盘\微课视频\项目六\合并与拆分.swf）

STEP 1 选择A1:I1单元格区域，在【开始】/【对齐方式】组中单击“合并后居中”按钮，如图6-15所示。

STEP 2 可将选择的单元格区域合并为一个单元格，且其中的数据自动居中显示，如图6-16所示。

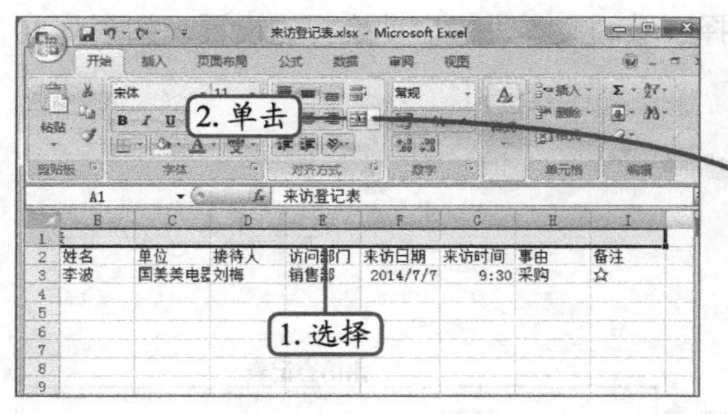

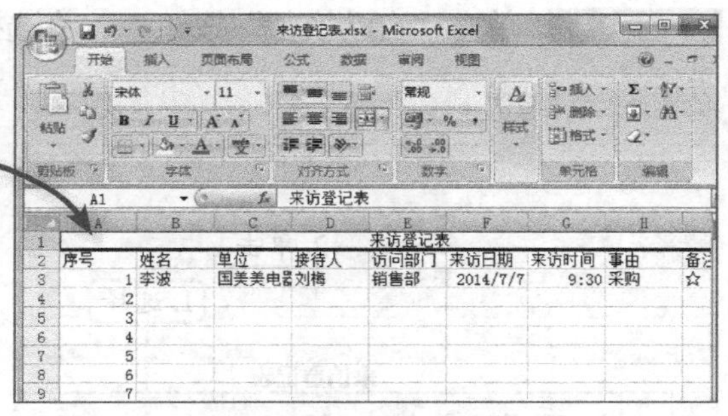

图6-15 合并单元格

图6-16 合并后的效果

操作提示

在工作表中只能合并连续相邻的单元格，不能选择不连续的单元格进行合并。单击“合并后居中”按钮右侧的按钮，在打开的下拉列表中选择“合并单元格”选项，则只将单元格区域合并为一个单元格；选择“跨越合并”选项，可将同行中相邻的单元格进行合并。

（五）设置表格格式

表格的格式包括所选区域的字体、字号、字形、字体颜色，数据的对齐方式，各种数据的格式，单元格边框和底纹等。下面就在“来访登记表”中设置各种格式，其具体操作如下。（拓展微课：光盘\微课视频\项目六\设置字体格式.swf、设置对齐.swf、设置数字格式.swf、设置边框和底纹.swf、设置填充背景.swf）

STEP 1 在工作表的相应单元格中输入所需的数据，然后选择合并后的A1单元格，在【开始】/【字体】组的“字体”下拉列表中选择“方正粗倩简体”选项，在“字号”下拉列表框中选择“18”选项，如图6-17所示。

STEP 2 选择A2:I2单元格区域，在“字体”组中单击“加粗”按钮，设置其字形为加粗效果，单击“字体颜色”按钮右侧的按钮，在打开的下拉列表中选择“紫色”选项，如图6-18所示。

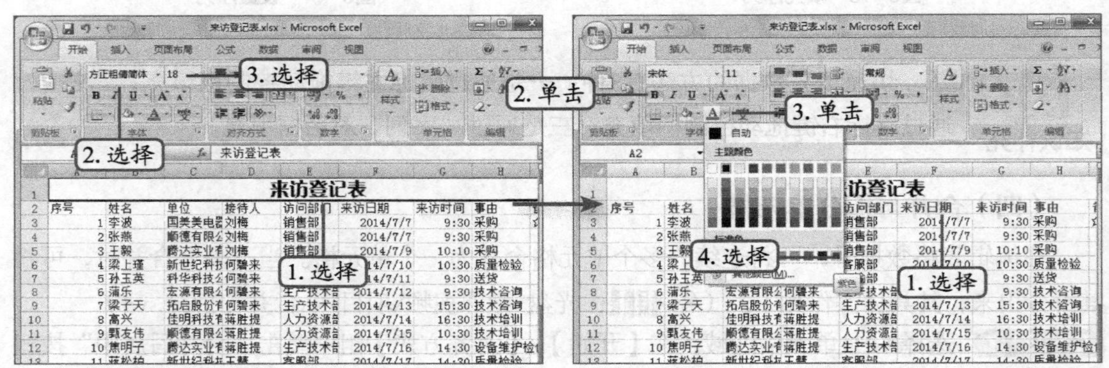

图6-17 设置字体和字号　　　　图6-18 加粗字体并设置颜色

STEP 3 选择A2:I15单元格区域，在“对齐方式”组中单击“居中”按钮，将所有文本数据居中对齐，如图6-19所示。

STEP 4 单击“自动换行”按钮，将选择区域的文本进行自动换行的设置，如图6-20所示。

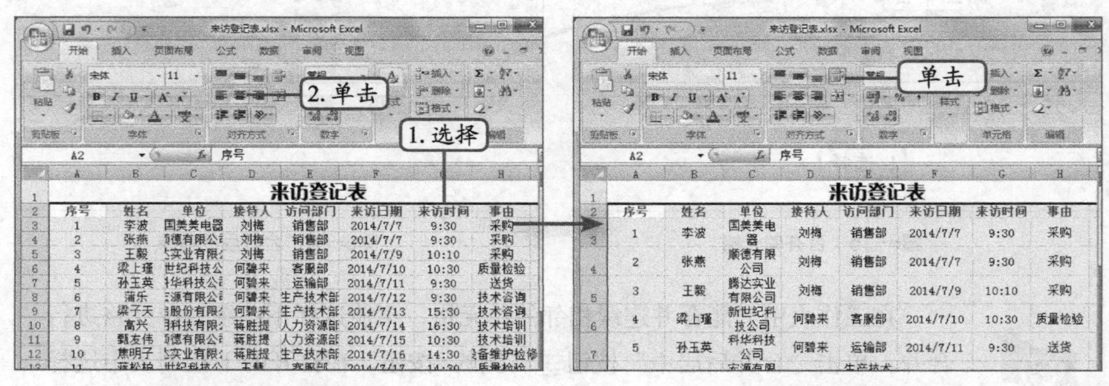

图6-19 设置居中　　　　图6-20 设置自动换行

STEP 5 选择F3:F15单元格区域，在“数字”组右下角单击按钮，如图6-21所示。

STEP 6 在打开的“设置单元格格式”对话框的“数字”选项卡的“分类”列表框中选择“日期”选项，在右侧的“类型”列表框中选择“3月14日”选项，单击确定按钮，如图6-22所示。

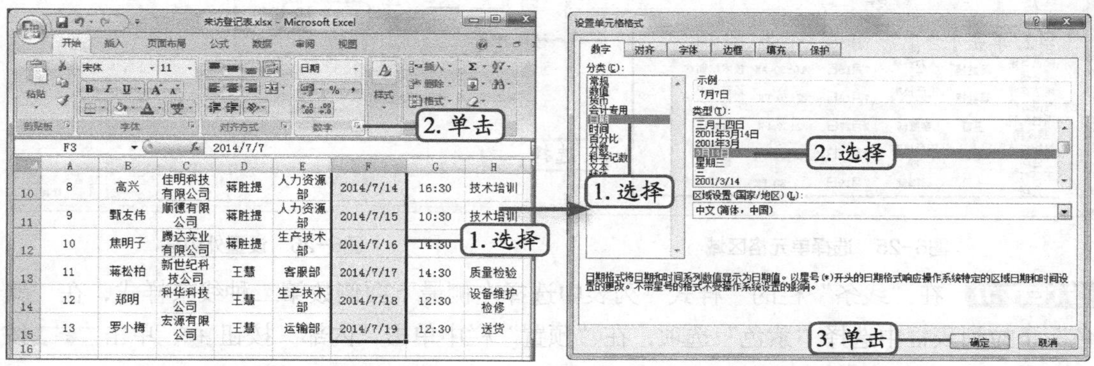

图6-21 选择区域　　图6-22 设置日期格式

STEP 7 选择G3:G15单元格区域，在“数字”组右下角单击按钮，如图6-23所示。

STEP 8 在打开的“设置单元格格式”对话框的“数字”选项卡的“分类”列表框中选择“时间”选项，在右侧的“类型”列表框中选择“1:30 PM”选项，单击确定按钮，如图6-24所示。

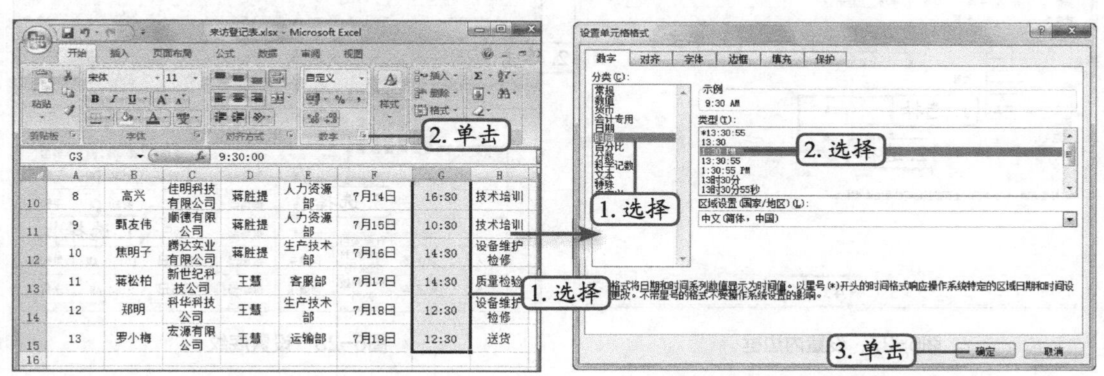

图6-23 选择区域　　图6-24 设置时间格式

在“开始”选项卡中单击组右下角的按钮，都会打开“单元格格式”对话框的对应选项卡，在其中可以进行该组的所有格式设置。

STEP 9 选择A2:I15单元格区域，在“字体”组中单击“边框”按钮右侧的按钮，在打开的下拉列表中选择“其他边框”选项，如图6-25所示。

STEP 10 打开“设置单元格格式”对话框的“边框”选项卡，在“线条”栏的“样式”列表中选择右侧最下面一种线条样式，在“预置”栏中单击“外边框”按钮，如图6-26所示。

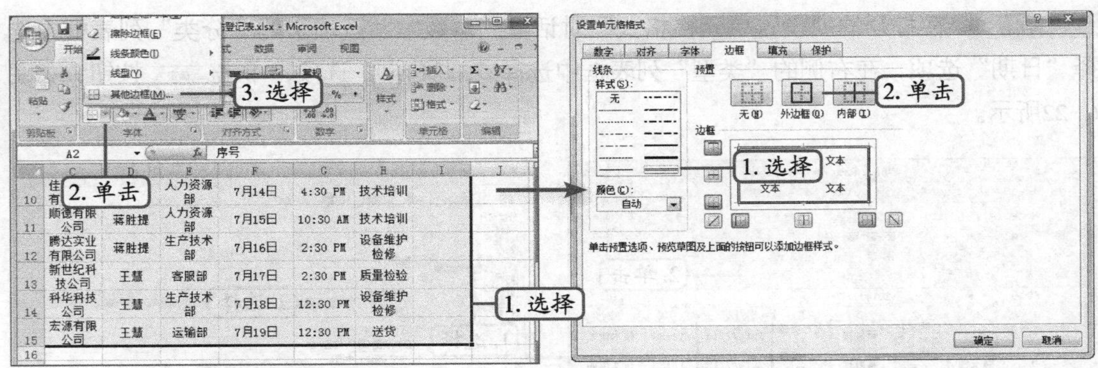

图6-25 选择单元格区域　　　　图6-26 设置外边框

STEP 11 在"线条"栏的"样式"列表中选择左侧最下面倒数第二种线条样式，在"颜色"下拉列表框中选择"紫色"选项，在"预置"栏中单击"内部"按钮，单击确定按钮，如图6-27所示。

STEP 12 选择A2:I2单元格区域，在"字体"组中单击"填充颜色"按钮右侧的按钮，在打开的下拉列表中选择"橄榄色，强调文字颜色3，淡色40%"选项，如图6-28所示，返回工作表中可看到设置底纹后的效果。

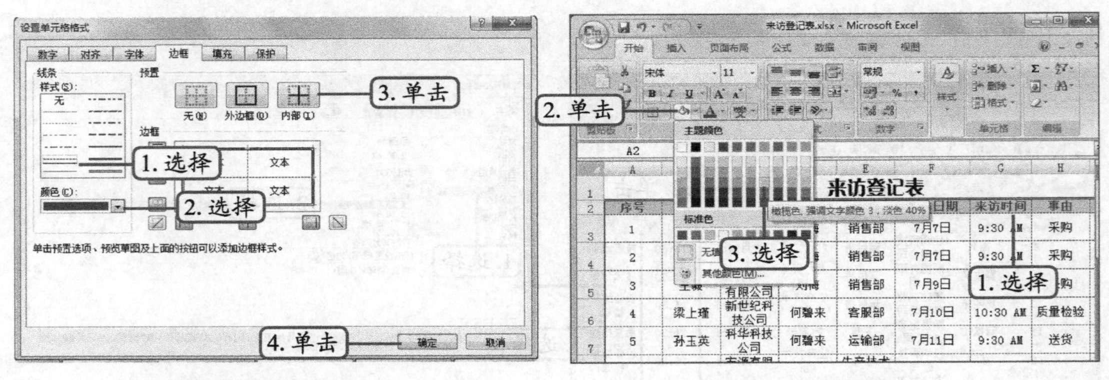

图6-27 设置内边框　　　　图6-28 设置底纹

（六）调整列宽和行高

单元格中的数据可能因表格内容的需要而溢出单元格，因此当单元格中的数据太多而不能完全显示时必须对单元格的行高或列宽进行调整。下面通过拖曳鼠标调整来访登记表中的列宽，其具体操作如下。（拓展微课：光盘\微课视频\项目六\调整列宽和行高.swf）

STEP 1 将鼠标指针移至列标C和D之间的间隔线处，鼠标指针变为形状，如图6-29所示。

STEP 2 按住鼠标左键后不放并拖曳鼠标至适当的距离释放鼠标即可，如图6-30所示。

知识补充

在Excel中调整单元格的行高或列宽的方法通常有3种：一是拖曳鼠标调整行高与列宽，二是自动调整行高与列宽，三是精确调整行高与列宽。

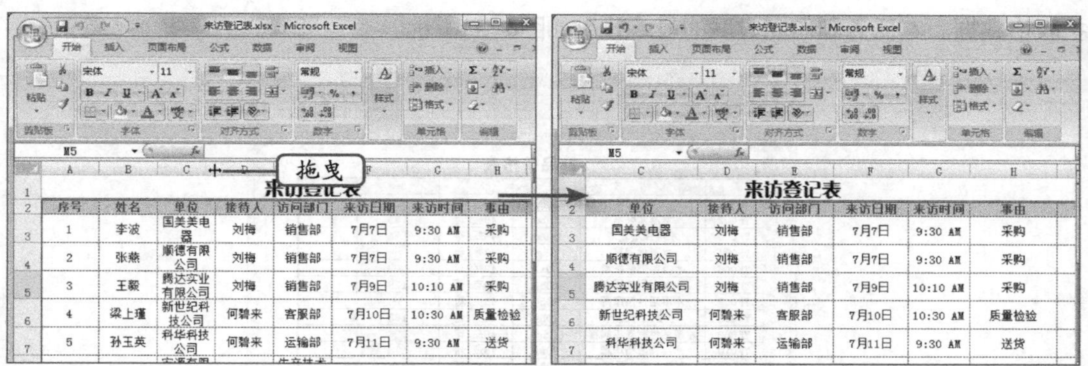

图6-29 调整列宽　　　　图6-30 调整后的效果

（七）设置工作表背景

Excel工作表中的数据呈白底黑字显示，为了使工作表更美观，除了可为其填充颜色外，还可插入喜欢的图片作为背景。其具体操作如下。

STEP 1 在工作簿中单击【页面布局】/【页面设置】组中的背景按钮，如图6-31所示。

STEP 2 打开“工作表背景”对话框，先选择图片保存的位置，然后在中间的列表框中选择“背景.jpg”图片，单击插入(S)按钮，如图6-32所示，在工作表中可查看将图片设置为工作表背景后的效果（最终效果参见：效果文件\项目六\任务一\来访登记表.xlsx）。

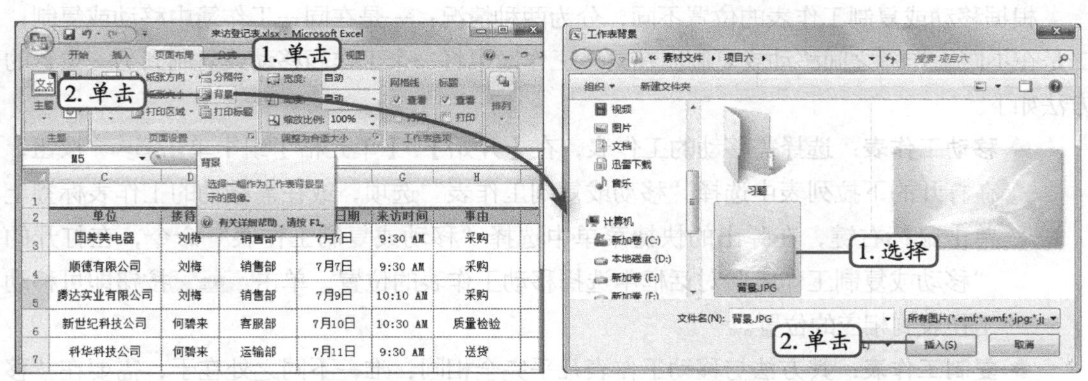

图6-31 设置工作表背景　　　　图6-32 选择背景图案

任务二 编辑“产品价格表”文档

产品价格表是一种常用的电子表格，制作表格的目的是为了方便各种数据的查看，而这种表格中的数据量较大，因此在制作这种表格时，需要对工作表进行编辑，有时直接将已有的样式应用在表格中。

一、任务目标

本任务将练习用Excel编辑“产品价格表”，制作时先打开工作簿并对工作表进行重命名，然后对表中的数据进行删除与修改等操作，最后自动套用表格样式、设置条件格式、保护表格数据。本任务制作完成后的最终效果如图6-33所示。

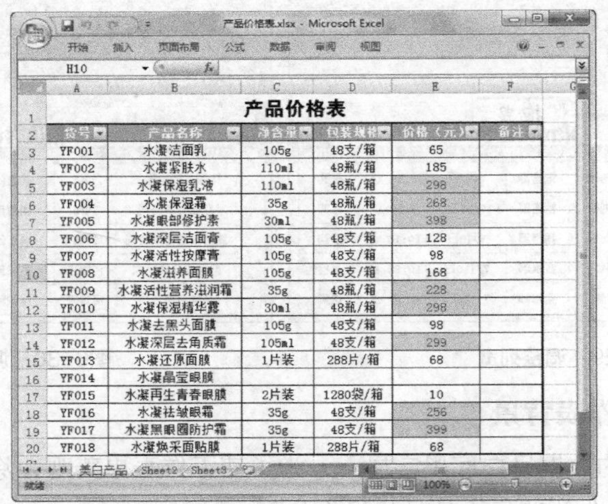

产品价格表

货号	产品名称	净含量	包装规格	价格（元）	备注
YF001	水凝洁面乳	105g	48支/箱	65	
YF002	水凝紧肤水	110ml	48瓶/箱	185	
YF003	水凝保湿乳液	110ml	48瓶/箱	298	
YF004	水凝保湿霜	35g	48瓶/箱	268	
YF005	水凝眼部修护素	30ml	48瓶/箱	398	
YF006	水凝深层洁面膏	105g	48支/箱	128	
YF007	水凝活性按摩膏	105g	48支/箱	98	
YF008	水凝滋养面膜	105g	48支/箱	168	
YF009	水凝活性营养滋润霜	35g	48瓶/箱	228	
YF010	水凝保湿精华露	30ml	48瓶/箱	298	
YF011	水凝去黑头面膜	105g	48支/箱	98	
YF012	水凝深层去角质霜	105ml	48支/箱	299	
YF013	水凝还原面膜	1片装	288片/箱	68	
YF014	水凝晶莹眼膜				
YF015	水凝再生青春眼膜	2片装	1280袋/箱	10	
YF016	水凝祛皱眼霜	35g	48支/箱	256	
YF017	水凝黑眼圈防护霜	35g	48支/箱	399	
YF018	水凝焕采面贴膜	1片装	288片/箱	68	

图6-33 “产品价格表”工作簿

二、相关知识

对于工作表的操作，主要有移动、复制、删除、插入等。下面分别进行介绍。

1. 移动和复制工作表

根据移动或复制工作表的位置不同，分为两种情况：一是在同一工作簿中移动或复制；二是在不同工作簿之间移动或复制。在同一工作簿中将一个工作表移动或复制到另一位置的方法如下。

- **移动工作表**：选择需移动的工作表，在【开始】/【单元格】组中单击 格式 按钮，在打开的下拉列表中选择“移动或复制工作表”选项，或在需移动的工作表标签上单击鼠标右键，在弹出的快捷菜单中选择“移动或复制工作表”命令，在打开的“移动或复制工作表”对话框中选择移动工作表的位置，单击 确定 按钮即可移动工作表到相应的位置。
- **复制工作表**：其方法与移动工作表几乎完全相同，唯一不同之处在于，需要在“移动或复制工作表”对话框中单击选中“建立副本”复选框。
- **通过拖曳工作表标签移动或复制工作表**：将鼠标指针移动到需移动或复制的工作表标签上，按住鼠标左键不放，复制工作表则需同时按住【Ctrl】键，当鼠标指针变成 或 形状时，将其拖曳到目标工作表之后（此时工作表标签上有一个 符号），释放鼠标左键，即可在目标工作表中看到移动或复制的工作表。

要在不同的工作簿之间移动或复制工作表，首先需打开源工作簿和目标工作簿，然后在源工作簿的工作表标签上单击鼠标右键，在弹出的快捷菜单中选择“移动或复制工作表”命令，在打开的“移动与复制工作表”对话框的“将选定工作表移至工作簿”下拉列表中选择目标工作簿，在“下列选定工作表之前”列表框中选择具体位置，完成后即可将相应的工作表移动或复制到其他工作簿中。

2. 插入工作表

Excel工作簿中默认提供了3个工作表，用户还可根据需要插入更多工作表。插入工作表的方法有两种：一是通过单击按钮快速插入工作表，二是通过右键菜单插入工作表。

- **通过按钮插入**：在工作簿的工作表标签后单击"插入工作表"按钮，或在"单元格"组中单击插入按钮右侧的按钮，在打开的下拉列表中选择"插入工作表"选项，都可快速插入空白工作表。
- **通过右键菜单插入**：在工作表标签上单击鼠标右键，在弹出的快捷菜单中选择"插入"命令，在打开的"插入"对话框的"常用"选项卡的列表框中选择"工作表"选项，可以插入新的空白工作表；在"电子表格方案"选项卡中可以插入基于模板的工作表，完成后单击确定按钮即可。

3. 删除工作表

删除工作表的操作与插入工作表的操作相似。

- **通过按钮删除**：在"单元格"组中单击删除按钮右侧的按钮，在打开的下拉列表中选择"删除工作表"选项。
- **通过右键菜单删除**：在工作表标签上单击鼠标右键，在弹出的快捷菜单中选择"删除"命令。

三、任务实施

（一）重命名工作表

重命名工作表有双击直接输入和通过右键菜单输入两种方法。下面就在"产品价格表"中通过右键菜单重命名"Sheet1"工作表，其具体操作如下。（拓展微课：光盘\微课视频\项目六\重命名工作表.swf）

STEP 1 打开素材文档"产品价格表.xlsx"（素材参见：素材文件\项目六\任务二\产品价格表.xlsx），在工作簿中的"Sheet1"工作表标签上单击鼠标右键，在弹出的快捷菜单中选择"重命名"命令，如图6-34所示。

STEP 2 此时，工作表标签呈可编辑状态，直接输入工作表的名称，这里输入"美白产品"，如图6-35所示。按【Enter】键完成工作表的重命名操作。

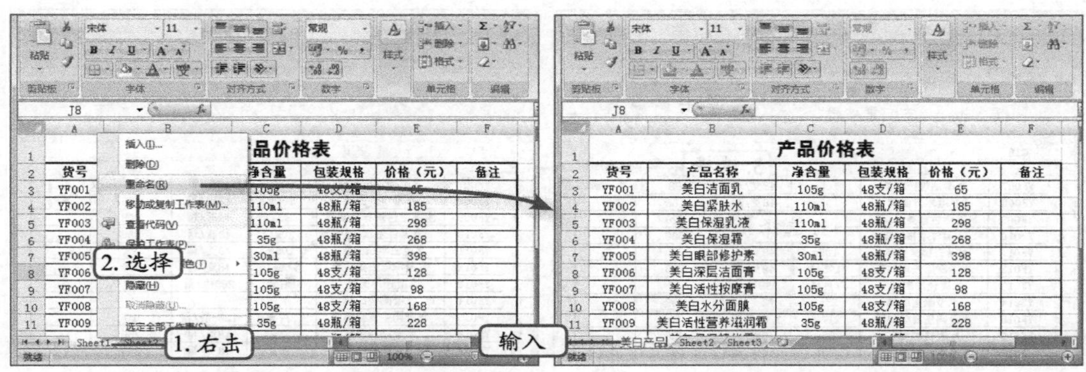

图6-34 选择"重命名"命令　　图6-35 输入工作表名称

（二）替换数据

如果需要修改工作表中查找到的所有数据，可利用Excel的“替换”功能快速地将符合条件的内容替换成指定的内容。其具体操作如下。

STEP 1 在【开始】/【编辑】组中单击“查找和选择”按钮，在打开的下拉列表中选择“替换”选项，如图6-36所示。

STEP 2 在打开的“查找和替换”对话框的“替换”选项卡的“查找内容”下拉列表框中输入文本“美白”，在“替换为”下拉列表框中输入文本“水凝”，单击全部替换(A)按钮，工作表中的文本“美白”全部替换成“水凝”，系统自动打开提示对话框提示替换的数量。单击确定按钮返回“查找和替换”对话框，单击关闭按钮，如图6-37所示，完成替换操作。

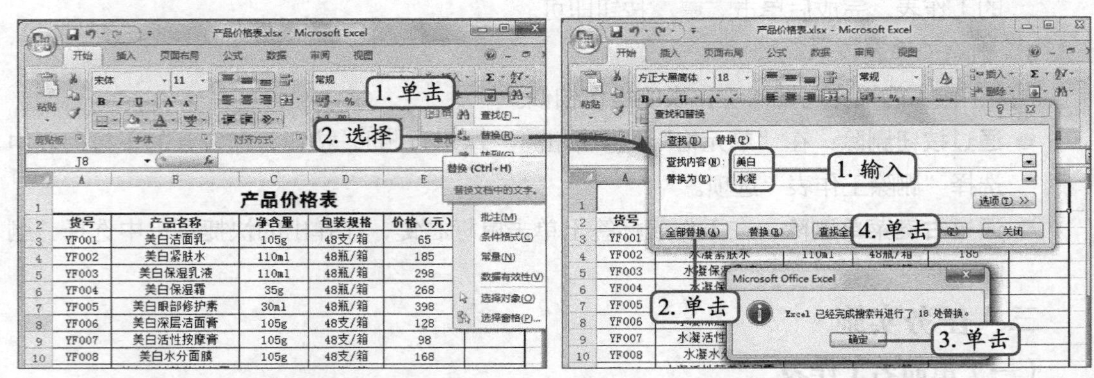

图6-36　选择“替换”选项　　图6-37　替换数据

（三）清除与修改数据

对单元格中已经无效或需要更新的数据，可执行清除或修改操作，同时其他单元格中的内容与位置不会发生改变。其具体操作如下。

STEP 1 选择C16:E16单元格区域，在“编辑”组中单击“清除”按钮，在打开的下拉列表中选择“清除内容”选项，如图6-38所示。

STEP 2 在工作表中可看到所选单元格区域中的数据已被清除，选择要修改数据的单元格，这里选择E12单元格，然后直接输入新数据“298”，如图6-39所示。

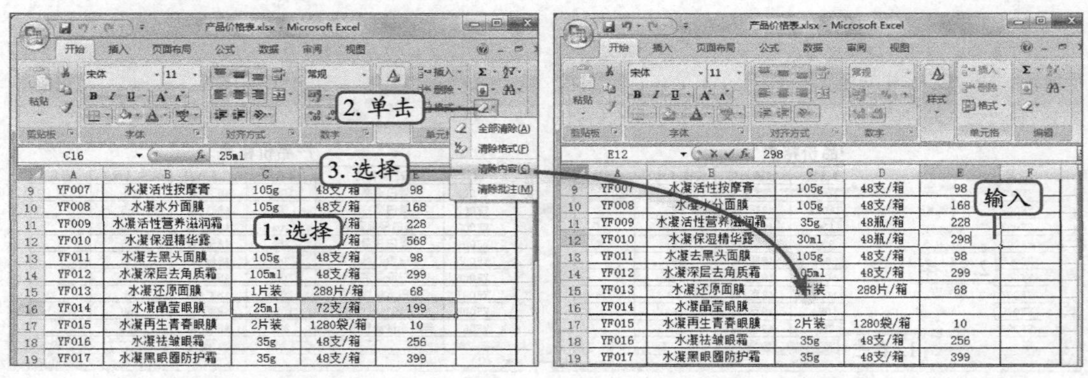

图6-38　清除数据　　图6-39　修改数据

STEP 3 双击B10单元格，将文本插入点定位到其中并选择文本“水分”，如图6-40所示。

STEP 4 直接输入文本“滋养”，按【Ctrl+Enter】组合键完成数据修改，如图6-41所示。

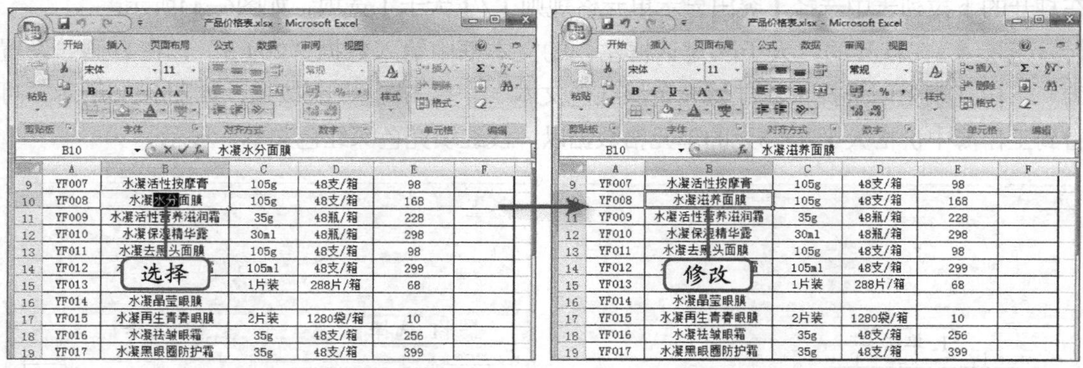

图6-40 选择部分数据　　　图6-41 修改部分数据

（四）自动套用表格样式

完成表格的创建以及数据的输入后，用户可以直接调用系统中已经设置好的表格样式，使表格更美观、更专业。下面就为工作表套用表格样式，其具体操作如下。（拓展微课：光盘\微课视频\项目六\自动套用表格样式.swf）

STEP 1 选择A2:F20单元格区域，在“样式”组中单击“套用表格格式”按钮，在打开的下拉列表的“浅色”栏中选择“表样式浅色11”选项，如图6-42所示。

STEP 2 由于已选择了套用范围的单元格区域，这里只需在打开的“套用表格式”对话框中单击 确定 按钮，应用表格样式，如图6-43所示。

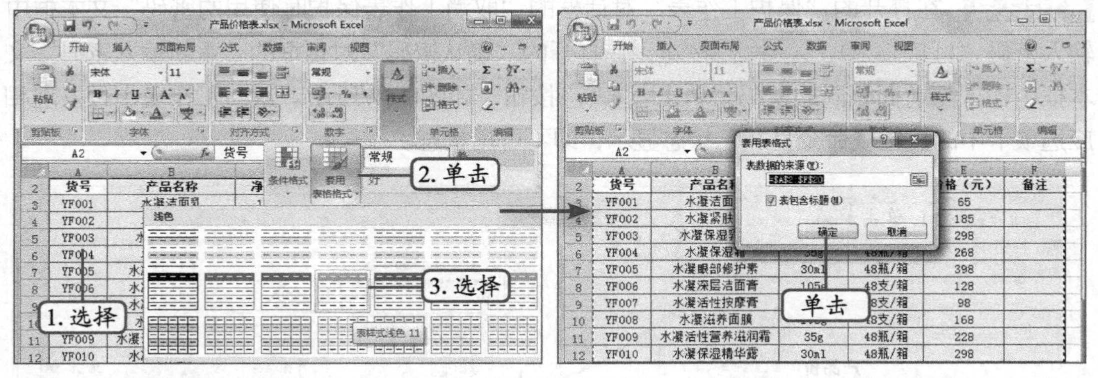

图6-42 选择表格样式　　　图6-43 设置样式套用区域

在“表工具 设计”选项卡的“表样式”组中单击“其他”按钮，在打开的下拉列表中选择“清除”选项可取消套用的表格样式。

（五）设置条件格式

设置条件格式的目的是为了快速显示出满足条件的单元格数据。下面以设置突出显示单

元格规则为例，其具体操作如下。（拓展微课：光盘\微课视频\项目六\设置条件格式.swf）

STEP 1 在工作表中选择E3:E20单元格区域，在“样式”组中单击“条件格式”按钮，在打开的下拉列表中选择【突出显示单元格规则】/【大于】选项，如图6-44所示。

STEP 2 在打开的“大于”对话框左侧的文本框中输入数据“204.5”，在右侧“设置为”下拉列表框中选择“浅红填充色深红色文本”，单击 确定 按钮，如图6-45所示，可看到工作簿中价格大于204.5元的单元格数据以“浅红填充色深红色文本”显示。

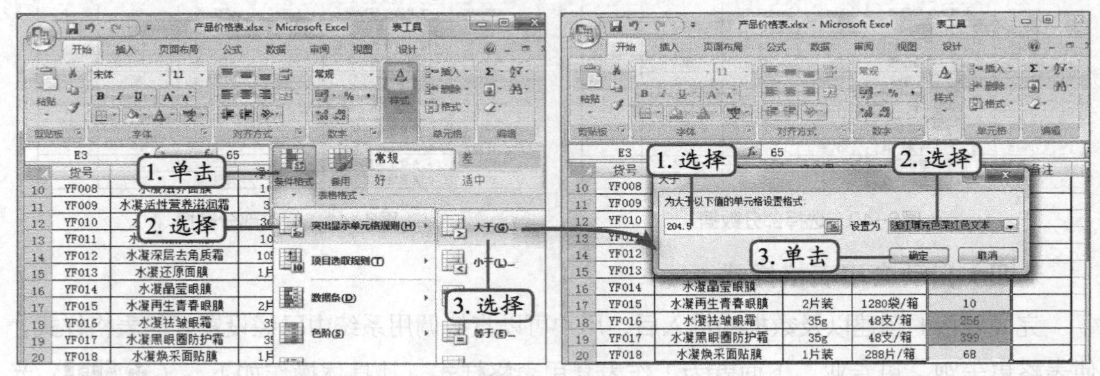

图6-44　选择条件格式命令　　图6-45　设置条件格式

（六）保护表格数据

为了保护好表格数据不被他人更改或盗用，可使用保护功能。下面为工作簿和工作表设置密码，其具体操作如下。（拓展微课：光盘\微课视频\项目六\保护工作表.swf）

STEP 1 在【审阅】/【更改】组中单击 保护工作表 按钮，如图6-46所示。

STEP 2 在打开的“保护工作表”对话框的“取消工作表保护时使用的密码”文本框中输入密码“111”，单击 确定 按钮，在打开的“确认密码”对话框的“重新输入密码”文本框中输入与前面相同的密码，单击 确定 按钮，如图6-47所示。返回工作簿中可发现相应选项卡中的按钮或命令呈灰色状态显示，即不可用状态。

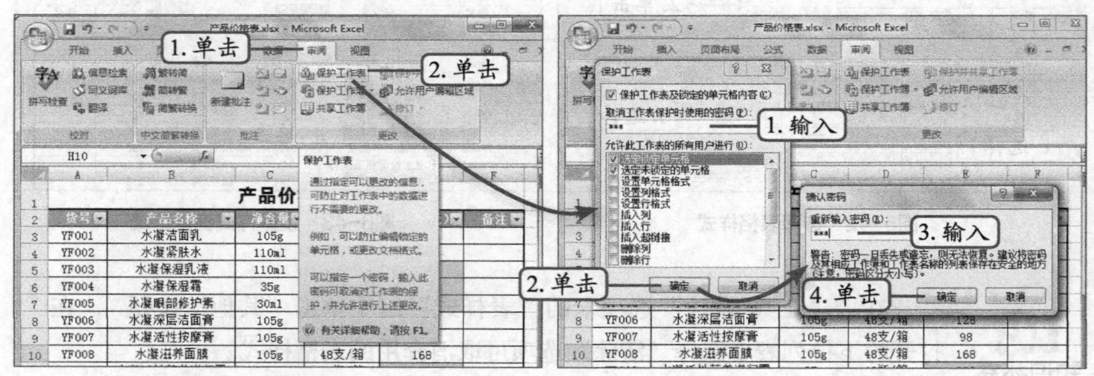

图6-46　保护工作表　　图6-47　设置密码

STEP 3 在【审阅】/【更改】组中单击 保护工作簿 按钮，在打开的下拉列表的“限制编辑”栏中选择“保护结构和窗口”选项，如图6-48所示。

STEP 4 在打开的“保护结构和窗口”对话框中“窗口”复选框表示在每次打开工作簿时工作簿窗口大小和位置都相同，这里直接在“密码”文本框中输入密码“222”，单击 确定 按钮，在打开的“确认密码”对话框的“重新输入密码”文本框中输入与前面相同的密码，单击 确定 按钮，如图6-49所示。返回工作簿中，完成后再保存并关闭工作簿（最终效果参见：效果文件\项目六\任务二\产品价格表.xlsx）。

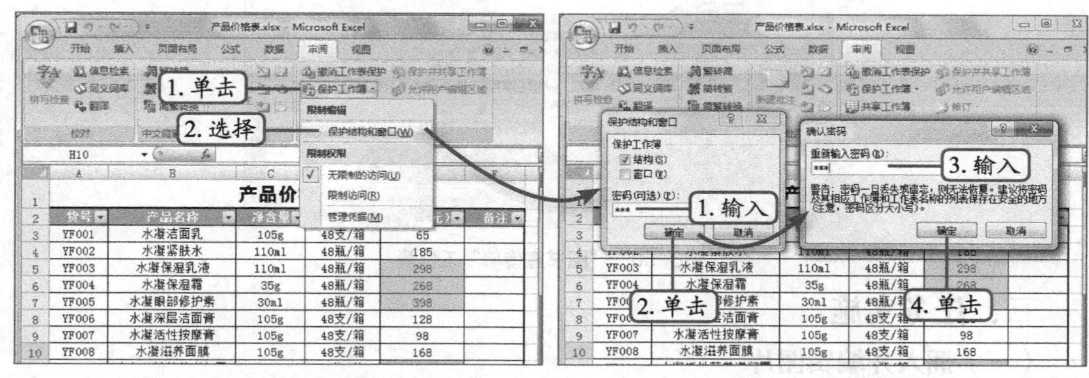

图6-48 保护工作簿　　图6-49 设置密码

知识补充

要撤销工作表或工作簿的保护，可在“更改”组中单击 撤消工作表保护 按钮，或单击 保护工作表 按钮，在打开的对话框中输入设置的保护密码，完成后单击 确定 按钮即可。

任务三 制作“图书宣传单”

图书宣传单属于产品宣传单的范畴，其制作的目的是通过图片和文字，表现产品主要特点的文档。Excel也能制作产品宣传单，主要是通过插入对象的功能，下面进行介绍。

一、任务目标

本任务将练习用Excel制作“图书宣传单”，制作时先新建工作簿，然后对工作表进行设置，并在其中插入图片、文本框、艺术字，最后插入剪贴画和SmartArt图形。本任务制作完成后的最终效果如图6-50所示。

二、相关知识

在Excel 2007的默认情况下，插入的图形对象都是浮于数据的上方，这样不利于查阅数据，且许多时候还需要对插入图形的大小、位置、颜色、效果、边框、对比度等进行调整。在插入图形对象后，Excel会自动打开“图片工具（绘图工具）格式”选项卡，在“图片工具 格式”选项卡中包含了“调整”、“图片样式”、“排列”、“大小”4个组；而“绘图工具 格式”选项卡中则包含了“插入形状”、“形状样式”、“艺术字样式”、“排列”、“大小”5个组，在其中选择相应的按钮即可对插入的图形对象进行设置。

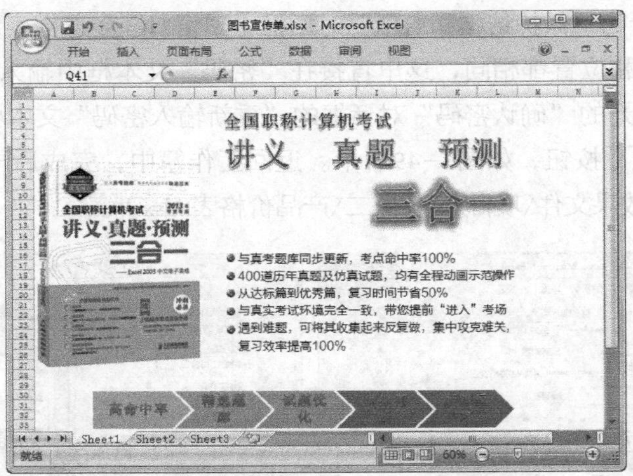

图6-50 "图书宣传单"工作簿

三、任务实施

（一）插入并编辑图片

在Excel表格中，用户可根据需要插入相应的图片丰富表格内容。下面创建"图书宣传单.xlsx"表格，在其中插入并编辑产品图片，其具体操作如下。

STEP 1 新建空白工作簿，将其以"图书宣传单"为名进行保存，单击行标记和列标记左上角交叉处的"全选"按钮，选择所有单元格，单击"填充颜色"按钮右侧的按钮，在打开的下拉列表中选择"白色，背景1"选项，如图6-51所示。

STEP 2 选择A1单元格，然后单击"插入"选项卡，在"插图"组中单击"图片"按钮，如图6-52所示。

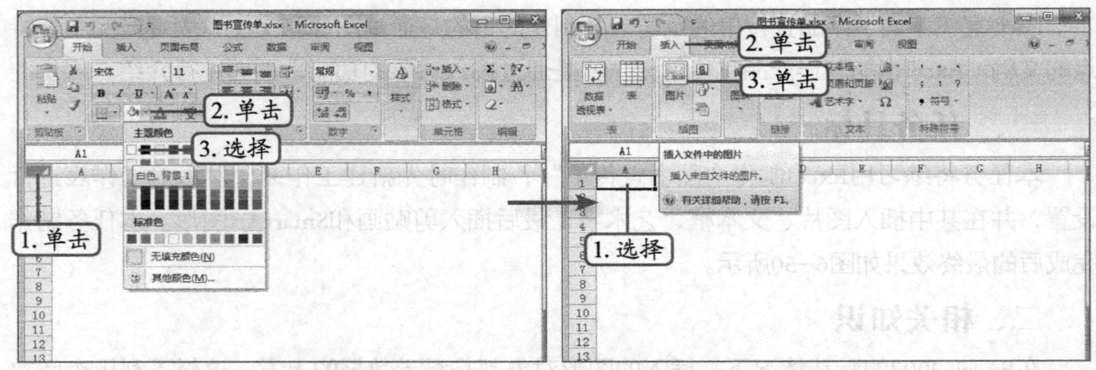

图6-51 设置表格背景　　图6-52 插入图片

STEP 3 打开"插入图片"对话框，先选择图片的保存位置，然后在文件列表区域选择"图书.jpg"图片文件（素材参见：素材文件\项目六\任务三\图书.jpg），单击插入(S)按钮，如图6-53所示。

STEP 4 选择插入的图片，在【图片工具 格式】/【大小】组的"高度"数值框中输入数据"10厘米"，如图6-54所示，按【Enter】键调整图片的大小。

图6-53 选择图片　　　　图6-54 调整图片大小

STEP 5 在“大小”组中单击“裁剪”按钮，如图6-55所示。

STEP 6 在工作表的图片四周将出现相应的粗黑线框，将鼠标指针移到左边线中间的粗黑线框上，此时鼠标指针变为形状，按住鼠标左键不放并向右拖曳到适合的位置释放鼠标左键，选择工作表中的空白单元格退出图片裁剪状态，如图6-56所示。

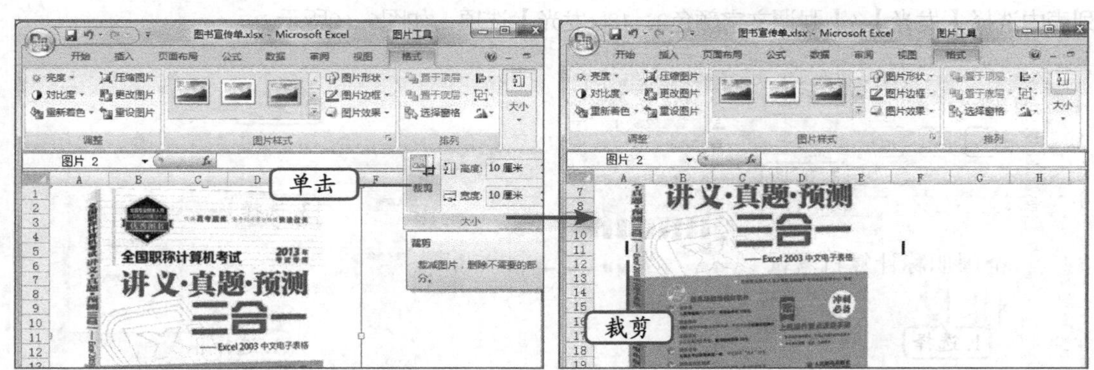

图6-55 选择操作　　　　图6-56 裁剪图片

STEP 7 将鼠标指针移动到图片上，当鼠标指针变成形状时，按住鼠标左键不放向左拖曳到适合的位置释放鼠标左键，调整图片的位置。

（二）插入并编辑艺术字

艺术字即具有特殊效果的文字，用户可选择不同样式的艺术字插入到表格中。下面在创建的工作表中插入艺术字，其具体操作如下。

STEP 1 在【插入】/【文本】组中单击艺术字按钮，在打开的下拉列表中选择“填充，强调文字颜色2，粗糙棱台”选项，如图6-57所示。

STEP 2 将鼠标指针移动到插入的艺术字文本框上，当鼠标指针变成形状时，按住鼠标左键不放，将其拖曳到适合的位置后释放鼠标左键。选择艺术字文本框中的文本内容“请在此放置您的文字”，然后输入文本“全国职称计算机考试”，设置文本为“24，左对齐”，输入文本“讲义　真题　预测”，设置文本为“44，左对齐”，输入文本“三合一”，设置文本为“60，右对齐”。艺术字效果如图6-58所示。

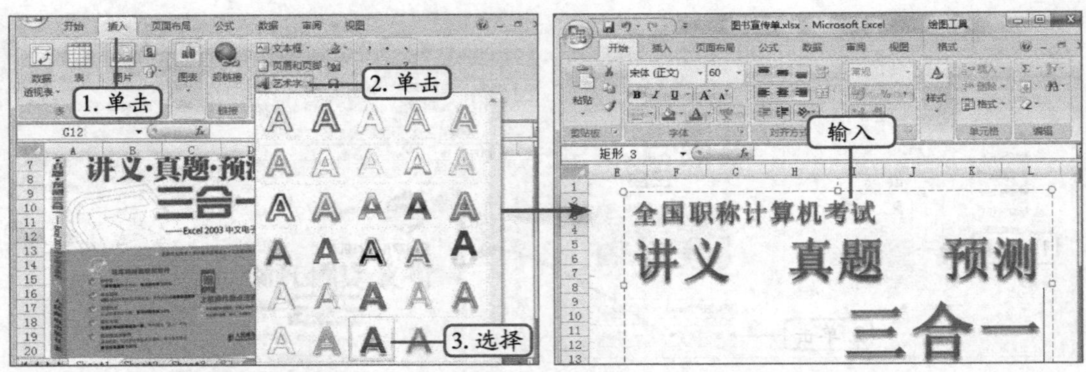

图6-57 插入艺术字　　图6-58 输入文本

STEP 3 选择第一行文字，单击“绘图工具-格式”选项卡，在“艺术字样式”组中单击“文本填充”按钮右侧的按钮，在打开的下拉列表的“主题颜色”栏中选择“黑色，文字1”选项，如图6-59所示。

STEP 4 选择第三行文字，在“艺术字样式”组中单击“文本效果”按钮，在打开的下拉列表中选择【发光】/【强调文字颜色2，18pt发光】选项，如图6-60所示。

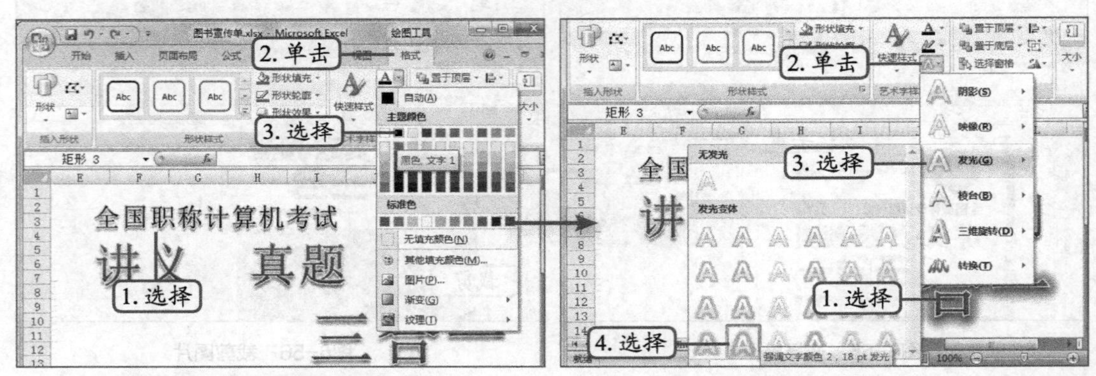

图6-59 设置艺术字颜色　　图6-60 设置文本效果

（三）插入并编辑文本框

在Excel中用户可根据需要绘制文本框并插入到表格中，其具体操作如下。

STEP 1 在【插入】/【插图】组中单击“形状”按钮，在打开的下拉列表的“基本形状”栏中选择“文本框”选项，如图6-61所示。

STEP 2 返回工作表中鼠标指针变成形状，按住鼠标左键不放，向右下角拖曳，到合适位置释放鼠标左键，即可插入文本框，且插入点自动定位到文本框中，输入所需的文本内容，如图6-62所示。

STEP 3 在文本框中选择全部的文本，在【开始】/【字体】组中设置其字体格式为“方正兰亭黑简体，16号，深蓝”，如图6-63所示。

STEP 4 适当调整文本框的位置和大小。

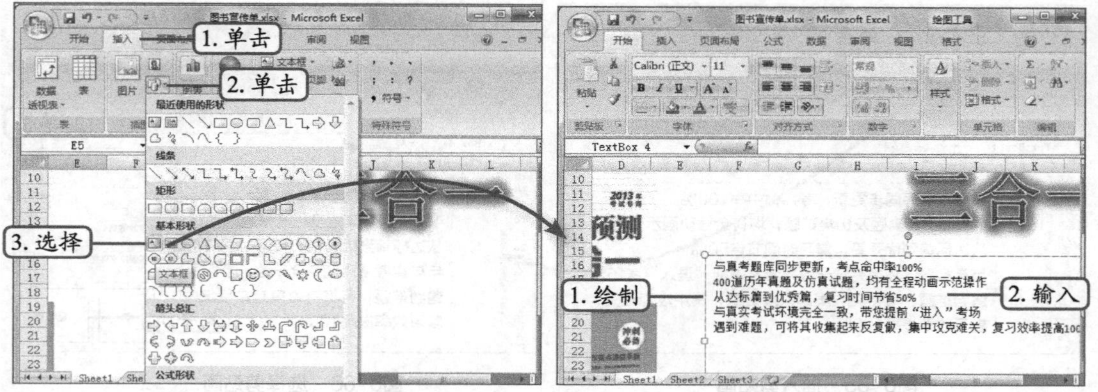

图6-61 插入文本框　　图6-62 输入文本内容

STEP 5 选择文本框，在【绘图工具-格式】/【形状样式】组中单击形状轮廓按钮，在打开的下拉列表中选择“无轮廓”选项，取消文本框的边框样式，如图6-64所示。

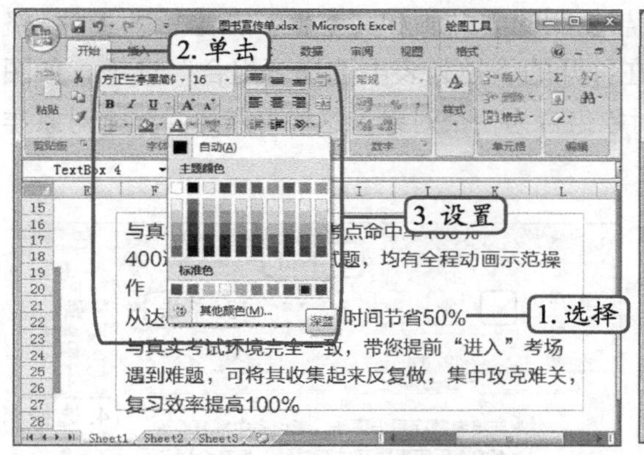

图6-63 设置文本格式　　图6-64 设置文本框轮廓

操作提示

插入文本框时若按住【Ctrl】键和鼠标左键不放并拖动鼠标，可绘制以单击点为中心逐渐放大的图形；若同时按住【Ctrl+Shift】组合键和鼠标左键不放并拖动鼠标，可绘制正方形、正圆形等形状。

（四）插入并编辑剪贴画

在Excel表格中还可插入Office剪辑管理器中提供的精美剪贴画丰富表格内容。插入剪贴画的具体操作如下。

STEP 1 在【插入】/【插图】组中单击“剪贴画”按钮，如图6-65所示。

STEP 2 打开“剪贴画”任务窗格，在“搜索文字”文本框中输入“图标”，单击搜索按钮，在列表框中列出搜索结果，这里选择并单击如图6-66所示的剪贴画，将该图片插入到工作表中。

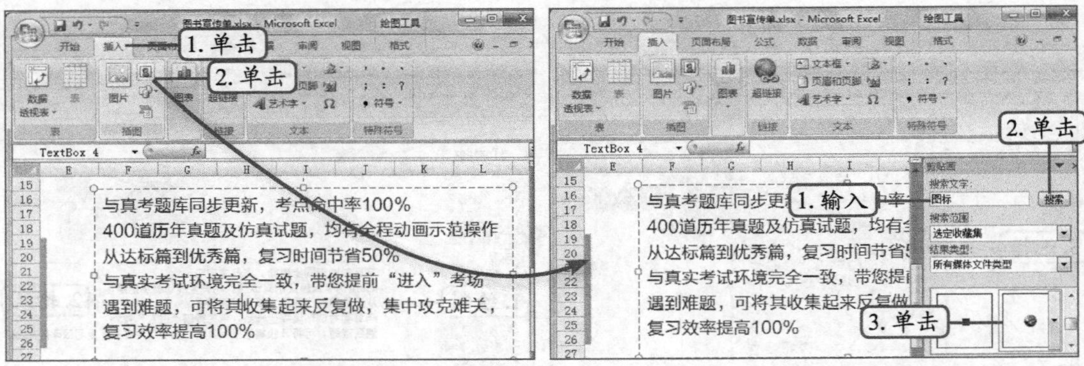

图6-65 插入剪贴画　　图6-66 选择剪贴画

STEP 3 按住鼠标左键不放，将图片拖曳到适合的位置后释放鼠标。选择剪贴画，按住【Shift+Ctrl】组合键，垂直向下拖曳可复制多个剪贴画，如图6-67所示，单击按钮关闭任务窗格。

STEP 4 按住【Ctrl】键，同时选择插入与复制的剪贴画和文本框，在【绘图工具-格式】/【排列】组中单击“组合”按钮，在打开的下拉列表中选择“组合”选项，如图6-68所示。返回工作表中可看到所选的多个对象组合为一个对象，这样可避免将某个对象作为单个对象进行操作。

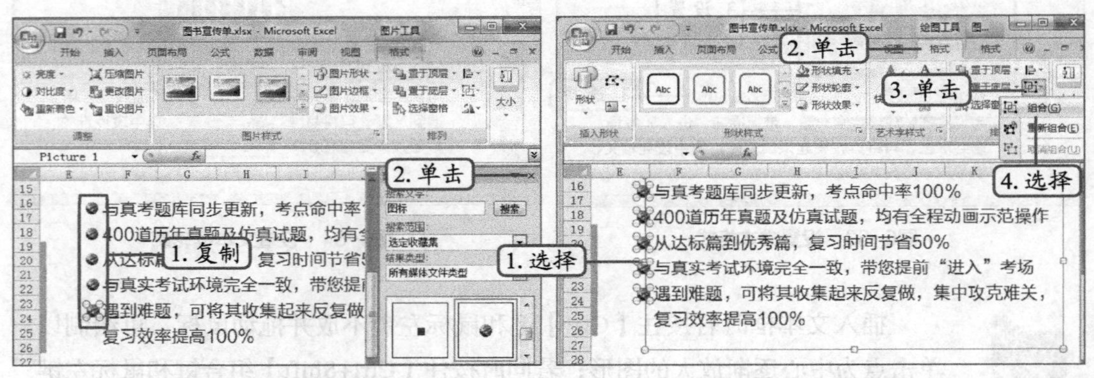

图6-67 复制剪贴画　　图6-68 组合对象

（五）插入并编辑SmartArt图形

SmartArt图形中的类型包括列表、流程、循环、层次结构、关系、矩阵、棱锥图等，使用SmartArt图形可创建出相对专业的图形效果。下面就在创建的工作表中插入SmartArt图形，其具体操作如下。

STEP 1 在【插入】/【插图】组中单击“插入SmartArt图形”按钮，如图6-69所示。

STEP 2 在打开的“选择SmartArt图形”对话框的左侧单击“流程”选项卡，在中间的列表框中选择“闭合V形流程”选项，完成后单击按钮，如图6-70所示，插入流程图，并打开“在此处键入文字”文本窗格。

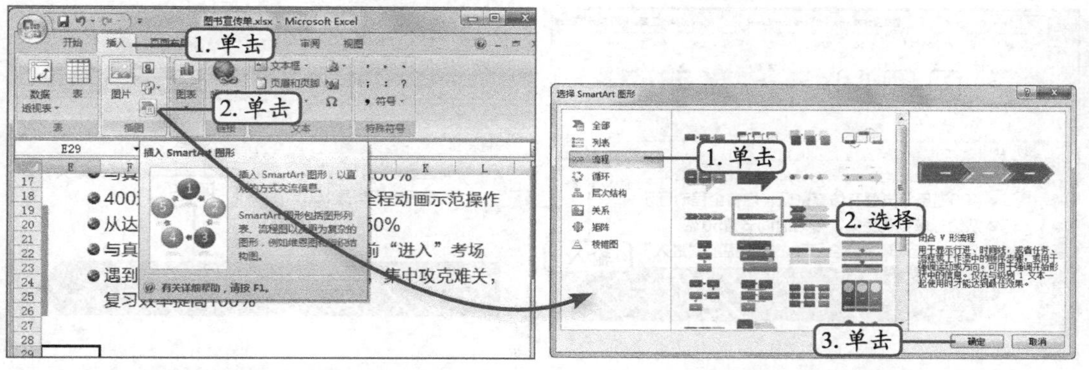

图6-69 插入SmartArt图形　　　　图6-70 选择SmartArt图形

STEP 3 将文本插入点定位到相应的矩形文本框中，或在“在此处键入文字”文本窗格的文本框中依次输入相应的文本内容，如图6-71所示。

STEP 4 默认情况下，在“在此处键入文字”文本窗格的文本框中只列出了3个项目，此时可按【Enter】键添加项目，并在SmartArt图形上添加形状，然后在其中输入相应的数据，单击×按钮，关闭文本窗格，如图6-72所示。

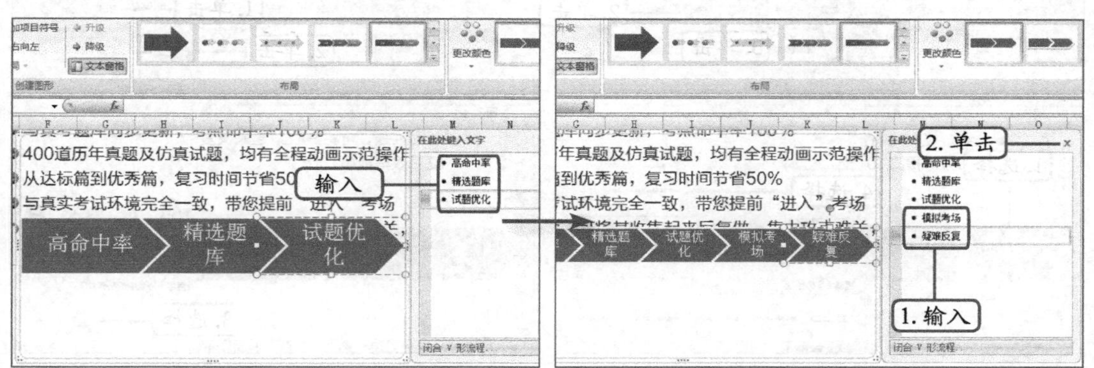

图6-71 输入文本　　　　图6-72 添加SmartArt图形

STEP 5 在SmartArt图形内的空白处单击选择SmartArt图形，在【SmartArt工具-格式】/【大小】组的“宽度”数值框中输入“20厘米”，如图6-73所示。

STEP 6 选择SmartArt图形，将鼠标指针移动到其边框上，当鼠标指针变成形状时，按住鼠标左键不放，将其拖曳到适当位置后释放鼠标左键，如图6-74所示。

STEP 7 选择SmartArt图形，在【SmartArt工具-设计】/【SmartArt样式】组中单击“更改颜色”按钮，在打开的下拉列表的“彩色”栏中选择“彩色范围-强调文字颜色3至4”选项，如图6-75所示。

选择SmartArt图形，单击鼠标右键，在弹出的快捷菜单中选择“设置对象格式”命令，在打开的“设置形状格式”对话框中可对SmartArt图形的各种对象进行更详细的设置。

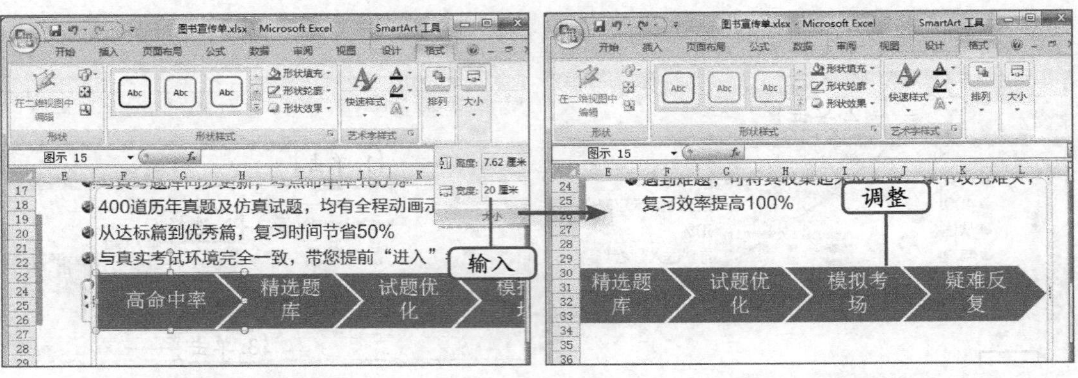

图6-73 调整大小　　图6-74 调整位置

STEP 8 在【SmartArt工具-格式】/【艺术字样式】组中单击"快速样式"按钮，在打开的下拉列表的"应用于形状中的所有文字"栏中选择"填充-强调文字颜色2，暖色粗糙棱台"选项，如图6-76所示。调整各对象的位置，完成后保存并关闭工作簿（最终效果参见：效果文件\项目六\任务三\图书宣传单.xlsx）。

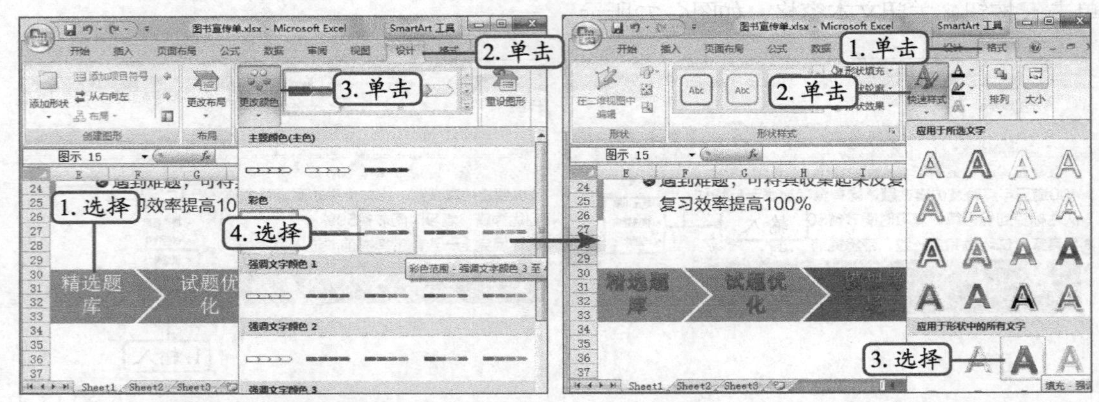

图6-75 设置图形颜色　　图6-76 更改图形样式

实训一 制作"客户资料管理表"

【实训要求】

云帆农业合作社需要整理一份主要客户的联系和基本资料的表格，要求清楚显示客户的公司名称、公司性质、主要负责人姓名、联系电话、注册资金，以及与本公司第一次合作的时间和第一份合同的金额等内容。

【实训思路】

根据实训的要求，在Excel中编辑资料工作表时，首先需要在工作表中输入各种类型的数据，然后对数据进行相应编辑，包括复制数据、设置数据格式、快速填充数据等，然后调整工作表的行高与列宽，并设置单元格格式，最后设置工作表中文本的格式，并为表格添加边框和设置背景颜色。本实训的参考效果如图6-77所示。

客户资料管理表

公司名称	公司性质	主要负责人姓名	电话	注册资金（万元）	与本公司第一次合作时间	合同金额（万元）
春来到饭店	私营	李先生	8967****	20	2000/6/1	10
花满楼酒楼	私营	姚女士	8875****	50	2000/7/1	15
有间酒家	私营	刘经理	8777****	150	2000/8/1	20
哞哞小肥牛	私营	王小姐	8988****	100	2000/9/1	10
松柏餐厅	私营	蒋先生	8662****	50	2000/10/1	20
吃八方餐厅	私营	胡先生	8875****	50	2000/11/1	30
吃到饱饭庄	私营	方女士	8966****	100	2000/12/1	10
梅莉嘉餐厅	私营	袁经理	8325****	50	2001/1/1	15
蒙托亚酒店	私营	吴小姐	8663****	100	2001/2/1	20
木鱼石菜馆	私营	杜先生	8456****	200	2001/3/1	30
庄聚贤大饭店	私营	郑经理	8880****	100	2001/4/1	50
龙吐珠酒店	股份公司	师小姐	8881****	50	2001/5/1	10
蓝色生死恋主题餐厅	股份公司	陈经理	8898****	100	2001/6/1	20
杏仁饭店	股份公司	王经理	8878****	200	2001/7/1	10
福佑路西餐厅	股份公司	柳小姐	8884****	100	2001/8/1	60

图6-77 “客户资料管理表”工作簿

【步骤提示】

STEP 1 新建工作簿，在C1单元格中输入标题，然后在A2:F2单元格中输入表头文本，在A3:F16单元格中输入文本数据，并修改工作表名称。

STEP 2 在A列后面插入一列，在第4行下插入一行。

STEP 3 在B列和F列中通过快速填充输入相关的数据。

STEP 4 通过鼠标调整A列和B列的宽度，自动调整F列的宽度，并设置C列、E列、G列的列宽为“17”。

STEP 5 通过鼠标调整A行的行高，设置除A行外其他行的行高为“18”。

STEP 6 合并A1:G1单元格区域，并设置文本为“方正粗倩简体、22、加粗”，为A2:G17单元格区域设置边框，并设置文本居中。

STEP 7 合并A2:G2单元格区域，并设置文本为“12、加粗”，设置该区域的背景颜色为“浅绿”（最终效果参见：效果文件\项目六\实训一\客户资料管理表.xlsx）。

实训二 编辑“材料领用明细表”

【实训要求】

云帆成衣的一分厂需要整理一份各车间领用材料的明细表格，要求清楚显示该厂的3个车间领料的单号、材料号、材料的规格和名称、各车间的颜色和数量、总共的合计、领料人姓名和签字批准人的姓名等内容。

【实训思路】

本实训可综合运用前面实训文字的相关知识对工作表进行编辑，在工作表中输入并编辑数据后，为了使制作出的表格更加美观、更具吸引力，需要对数据和表格的格式进行设置，包括设置字符格式、单元格格式、表格样式等。本实训的参考效果如图6-78所示。

材料领用明细表

领料单号	材料号	材料名称及规格	领用部门						合计	领料人	签批人
			生产一车间		生产二车间		生产三车间				
			颜色	数量	颜色	数量	颜色	数量			
YF-L0610	C-001	棉布100%，130g/m2，2*2罗纹	白色	30	粉色	33	浅黄色	37	100	李波	柳林
YF-L0611	C-002	全棉100%，160g/m2，1*1罗纹	粉色	50	浅绿色	40	酸橙色	47	137	李波	柳林
YF-L0612	C-003	羊毛10%，涤纶90%，140g/m2，起毛布1-4	鲜绿色	46	蓝色	71	白色	64	181	刘松	柳林
YF-L0613	C-004	全棉100%，190g/m2，提花布1-1	红色	40	紫罗兰	36	青色	55	131	刘松	柳林
YF-L0614	C-005	棉100%，170g/m2，提花空气层	玫瑰红	80	白色	44	粉色	20	144	刘松	柳林
YF-L0615	C-006	棉100%，180g/m2，安纶双面布	淡紫色	77	淡蓝色	56	青绿色	39	172	李波	柳林
YF-L0616	C-007	棉100%，160g/m2，抽条棉毛	天蓝色	32	橙色	43	水绿色	64	139	李波	柳林

图6-78 “材料领用明细表”工作簿

【步骤提示】

STEP 1 新建工作簿，在A1单元格中输入标题，然后在A2:L11单元格区域中创建表格，注意在A2:L4单元格区域中都是表头内容。

STEP 2 为A6单元格设置一种表格样式，将A2:L4单元格区域设置为“强调文字颜色2”，A5:L5单元格区域设置为“适中”。

STEP 3 合并A1单元格，文本格式设置为“微软雅黑、28、加粗、深红”；选择A2:L4单元格区域，设置为“微软雅黑、加粗、14”。

STEP 4 合并居中A2:A4、B2:B4、C2:C4、D2:I2、D3:E3、F3:G3、H3:I3、J2:J4、K2:K4和L2:L4单元格区域，设置D4:I4单元格区域居中对齐。

STEP 5 设置A5:L11单元格区域为“无边框”，设置A2:L11单元格区域上下边框的样式为“右栏中的最后一种样式”，设置其内部框线为“左栏中倒数第2种样式”（最终效果参见：效果文件\项目六\实训二\材料领用明细表.xlsx）。

常见疑难解析

问：为什么在应用表格样式后，无法删除表格中的边框？

答：操作中将表转换为普通区域是为后面设置表格边框做准备，一旦为工作表套用预设表格样式后，默认的普通区域将自动变为表格，同时在功能区中显示隐藏的“表格工具 格式”选项卡。此时进行边框删除操作是无法实现的，只有将表转换为普通区域后才能完成，因此在设置表格边框之前，首先应将已应用表格样式的工作表转换为普通区域。

问：制作同一类型的表格时，通常表格的表名与表头基本相似，有没有办法在同一工作簿的相应工作表中输入相同的表名与表头呢？

答：可以。同时选择需输入相同表名与表头的工作表，在相应的单元格输入表名与表头，取消选定的工作表组，即可在相应的工作表中看到相同的表名与表头。

问：可不可以直接更改Excel 2007的默认字体？

答：可以。打开“Excel选项”对话框，在“新建工作簿时”区域中分别设置默认的字体和字号，设置完毕后，单击 确定 按钮即可。

问：可不可以取消工作表中的网格线，使其以空白纸张的形式显示？

答：可以，在【视图】/【显示\隐藏】组中撤销选中“网格线”复选框即可。

拓展知识

1. 拆分或冻结工作表

要在数据量比较大的工作表中查看数据上下左右的对照关系相对较麻烦，此时可将工作表拆分为多个窗格，再在每个窗格中进行单独操作，这样即使不移动表头所在的行或列也可查看工作表的其他部分。拆分或冻结工作表的方法介绍如下。

- **拆分工作表**：在工作表中选择一个单元格作为拆分中心，在【视图】/【窗口】组中单击“拆分”按钮，工作簿将以该单元格为中心拆分为4个窗格，在任意一个窗格中单击单元格，然后滚动鼠标滚轴即可显示出工作表中的其他数据。
- **冻结工作表**：在工作表中选择一个单元格作为冻结中心，在【视图】/【窗口】组中单击“冻结窗格”按钮，在打开的下拉列表中选择需冻结对象名称对应的选项，若选择“冻结拆分窗格”选项表示保持设置的行和列的位置不变；选择“冻结首行”选项表示保持工作表的首行位置不变；选择“冻结首列”选项表示保持工作表的首列位置不变。

2. 设置工作表标签颜色

在Excel 2007中，默认状态下工作表标签的颜色都是呈白底黑字显示，为了让工作表标签的颜色更美观醒目，可通过相应的设置改变工作表标签的颜色，其方法为：在工作表标签上单击鼠标右键，在弹出的快捷菜单中选择“工作表标签颜色”命令，此时将打开颜色列表，在列表中选择要设置为工作表标签的颜色即可。

3. 用批注注释表格内容

批注用来对表格中的某项数据进行补充说明，并且只有当鼠标指针移动到插入了批注的单元格上时，该批注才会显示出来。在表格中适当插入批注是非常有用的，其方法为：在要插入批注的单元格单击鼠标右键，在弹出的快捷菜单中选择“插入批注”命令，打开批注编辑框，在编辑框中输入批注内容，并在批注编辑框外的任意位置单击鼠标完成批注的输入。

课后练习

（1）创建员工通讯录工作簿，输入数据并设置工作表的格式，效果如图6-79所示。

- 设置表题的字体格式为“方正细珊瑚简体、20”，表头的字体格式为“方正粗活意简体、12、白色、加粗、居中”，填充颜色为“浅蓝”。
- 选择A2:F15单元格区域，设置边框为“所有框线”。
- 调整单元格行高与列宽，然后将“背景.jpg”图片（素材参见：素材文件\项目六\课后练习\背景.jpg）设置为工作表背景。

- 设置工作表与工作簿的保护功能，设置密码为“123456”（最终效果参见：效果文件\项目六\课后练习\通讯录.xlsx）。

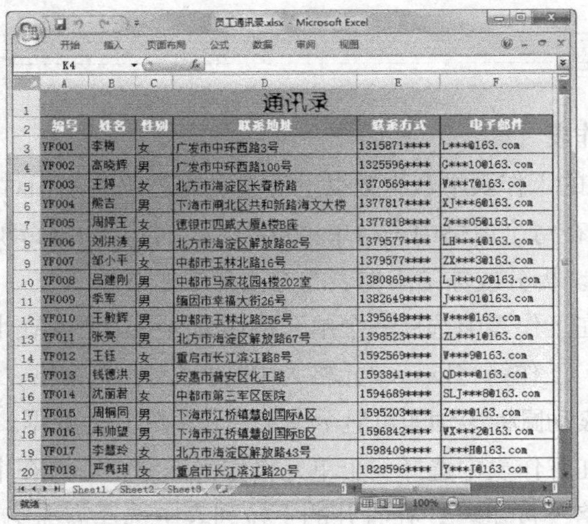

通讯录					
编号	姓名	性别	联系地址	联系方式	电子邮件
YF001	李梅	女	广发市中环西路3号	1315871****	L***@163.com
YF002	高晓辉	男	广发市中环西路100号	1325596****	G***10@163.com
YF003	王婷	女	北方市海淀区长春桥路	1370569****	W***7@163.com
YF004	熊吉	男	下海市闸北区共和新路海文大楼	1377817****	XJ***6@163.com
YF005	周婷王	女	德银市四藏大厦A楼B座	1377818****	Z***05@163.com
YF006	刘洪涛	男	北方市海淀区解放路82号	1379577****	LH***4@163.com
YF007	邹小平	女	中都市玉林北路16号	1379577****	ZX***3@163.com
YF008	吕建刚	男	中都市马家花园4楼202室	1380869****	LJ***02@163.com
YF009	季军	男	缅因市幸福大街26号	1382649****	J***01@163.com
YF010	王敏辉	男	中都市玉林北路256号	1395648****	W***@163.com
YF011	张亮	男	北方市海淀区解放路67号	1398523****	ZL***1@163.com
YF012	王钰	女	重启市长江滨江路8号	1592569****	W***9@163.com
YF013	钱德洪	男	安惠市普安区化工路	1593841****	QD***@163.com
YF014	沈丽君	女	中都市第三军区医院	1594689****	SLJ***8@163.com
YF015	周桐同	男	下海市江桥镇慧创国际A区	1595203****	Z***@163.com
YF016	韦帅望	男	下海市江桥镇慧创国际B区	1596842****	WX***2@163.com
YF017	李慧玲	女	北方市海淀区解放路43号	1598409****	L***H@163.com
YF018	严隽琪	女	重启市长江滨江路20号	1828596****	Y***J@163.com

图6-79 “员工通讯录”工作簿

（2）创建一篇空白文档，输入如图6-80所示的内容，并将其以“公司管理结构图”为名进行保存。

- 创建“公司管理结构图”工作簿，标题设置为艺术字，插入SmartArt图形，类型为“层次结构”。
- 添加形状并输入文本，将图形样式设置为“彩色范围－强调文字颜色 3至 4”，文本效果设置为“渐变填充-蓝色，强调文字颜色1”。
- 添加形状，将图形样式设置为“中等效果 － 水绿色，强调颜色 5”。插入文本框并输入文本，设置文本格式为“方正楷体简体、14、红色”（最终效果参见：效果文件\项目六\课后练习\公司管理结构图.xlsx）。

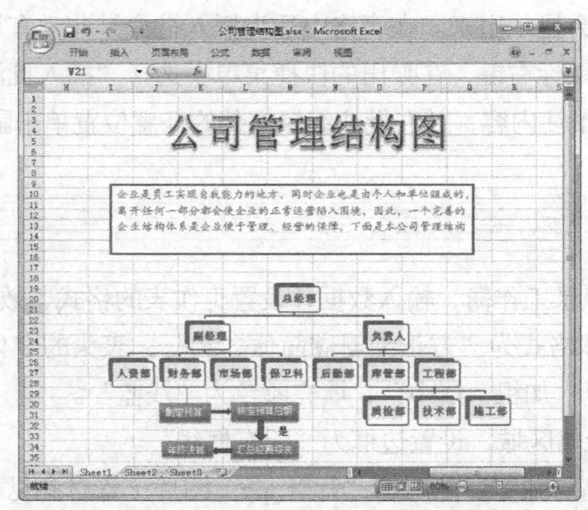

图6-80 “公司管理结构图”工作簿

PART 7

项目七 计算表格数据

情景导入

阿秀：小白，会计部门要制作一张新晋员工的工资表格，你来负责这件事吧。

小白：没问题，制作电子表格我已经很熟练了。

阿秀：制作这种工资表格，涉及数据的计算，要用到Excel的公式和函数，这些你会吗?

小白：公式和函数？数学公式和计算机函数吗?

阿秀：公式和函数是Excel处理数据的重要工具，通过公式可以对单元格中的简单数据进行计算；函数则是一种特殊公式，合理使用函数可快速完成各种复杂数据的计算，大大提高工作效率。

小白：这样啊！看来我又要开始学习新的知识了……

学习目标

- 熟悉Excel 2007中的数据计算方法
- 掌握利用公式计算数据的基本操作
- 掌握公式引用和审核等操作
- 掌握SUN、AVERAGE、MAX、RANK和IF函数的操作

技能目标

- 掌握Excel中公式的使用方法
- 掌握Excel中常见函数的使用方法

任务一 计算“工资表”中的数据

工资表又称工作结算表，通常会在工资正式发放前的1~3天发放到员工手中，员工可以就工资表中出现的问题向上级反映。在工资表中，要根据工资卡、考勤记录、产量记录、代扣款项等资料进行数据的计算。下面具体介绍其制作方法。

一、 任务目标

本任务将练习用Excel计算“工资表”中的数据，在制作时可以先输入公式，然后引用单元格和复制公式，最后利用数组公式计算数据，并审核数据结果。通过本任务的学习，可以掌握利用公式计算数据的基本操作。本任务制作完成后的最终效果如图7-1所示。

员工工资表

姓名	基本工资	岗位工资	加班补助	补贴			应扣		实发工资
				餐补	交通费	电话费	社保	考勤	
唐永明	¥ 1,200	¥ 200	¥ 441.00	¥200	¥300	¥200	¥ 202.56	¥50	¥2,288
司徒闵	¥ 1,200	¥ 150	¥ 368.25	¥200	¥100	¥150	¥ 202.56	¥100	¥1,866
陈勋奇	¥ 1,200	¥ 150	¥ 438.00	¥200	¥50	¥150	¥ 202.56	¥0	¥1,985
梁爱诗	¥ 1,200	¥ 150	¥ 400.68	¥200	¥200	¥50	¥ 202.56	¥50	¥1,948
马玲	¥ 1,200	¥ 150	¥ 413.00	¥200	¥300	¥100	¥ 202.56	¥50	¥2,110
周萌萌	¥ 1,200	¥ 150	¥ 365.25	¥200	¥100	¥100	¥ 202.56	¥0	¥1,913
孙水林	¥ 1,200	¥ 150	¥ 437.00	¥200	¥100	¥100	¥ 202.56	¥0	¥1,984
彭兆荪	¥ 1,200	¥ 150	¥ 408.00	¥200	¥200	¥200	¥ 202.56	¥100	¥2,055
严歌苓	¥ 1,200	¥ 150	¥ 445.00	¥200	¥50	¥100	¥ 202.56	¥100	¥1,842
李江涛	¥ 1,200	¥ 150	¥ 336.90	¥200	¥200	¥100	¥ 202.56	¥50	¥1,934
刘帅	¥ 1,500	¥ 150	¥ 423.00	¥200	¥100	¥200	¥ 268.30	¥50	¥2,255
宁静	¥ 1,500	¥ 150	¥ 448.00	¥200	¥100	¥200	¥ 268.30	¥0	¥2,330
童叶庚	¥ 1,500	¥ 150	¥ 403.00	¥200	¥100	¥150	¥ 268.30	¥0	¥2,235
王永胜	¥ 1,500	¥ 150	¥ 425.80	¥200	¥200	¥100	¥ 268.30	¥0	¥2,308
郑爽	¥ 1,500	¥ 100	¥ 430.00	¥200	¥50	¥100	¥ 268.30	¥0	¥2,112

图7-1 “工资表”工作簿

职业素养

大学生刚毕业步入职场，作为职场新人应具备几项重要素质，即在最短时间内认同企业文化，对企业忠诚，有团队归属感，努力提高自己综合素质，有敬业精神和职业素质，有专业技术能力，沟通能力强，有亲和力，有团队精神和协作能力，带着激情去工作。只有做到这些才能更好更快地投入到职场生涯中，尽可能地发挥自己的才能。

二、相关知识

下面主要介绍Excel中公式和单元格引用的基本知识。

1. 公式在Excel中的使用

在Excel 2007中使用公式，需要先了解公式的含义、语法结构、不同运算符的使用方法等，下面便进行简单介绍。

● **公式的含义**：Excel中的公式按特定顺序进行数值运算，这一特定顺序即为语法。Excel中的公式遵守一个语法规则：最前面是等号“=”，后面是参与计算的元素和运算符，其中元素可以是常量、运算符、引用单元格区域等。如果公式中同时用到了多个运算符，则会按照运算符的优先级别进行运算，如果公式中包含了相同优先级的运算符，则先进行括号里面的运算，再从左到右计算。

- **运算符的使用**：运算符即公式中的运算符号，用于对公式中的元素进行特定计算。公式中涉及的运算符大致可以分为算术运算符、文本运算符、比较运算符、引用运算符4种，如常见的"+、-、×、÷"等便属于算术运算符，">、<、>=、<="等则属于比较运算符，不同类型的运算符实现的功能也不同。

公式中运算符的运算顺序依次为"："、"，"、"空格"、"（）"、"—"、"%"、"∧"、"×"和"÷"、"+"和"–"，最后为比较运算符"="、">"、"<"、">="、"<="、"<>"。

2. 单元格的引用

在Excel中使用公式计算时，参与计算的数据都是工作表各个单元格中的数据，为了使公式计算更加简单、准确，Excel允许在公式中直接使用数据所在单元格来对单元格中的数据进行计算，这就是单元格引用。Excel通过单元格地址来引用单元格。单元格地址是指单元格的行号与列标的组合。例如，输入的公式"=1200+200+441+200+300+200−202.56−50"中，数据"441"位于D列和4行交叉的单元格，即表示为"D4"单元格，其他数据依次位于B4、C4、E4、F4、G4、H4、I4单元格中。通过单元格引用，可将公式输入为"=B4+C4+D4+E4+F4+G4−H4−I4"，同样可以获得相同的计算结果。

在计算工作表中的数据时，通常会通过复制或移动公式的方式来达到快速计算的目的，此时将会涉及不同的单元格引用方式。在Excel中，单元格引用方式分为相对引用、绝对引用、混合引用3种，不同的引用方式得到的计算结果也不相同。下面分别介绍3种引用方式的含义和使用方法，掌握这几种引用方式，有利于更好地使用公式和后面将要介绍的函数。

- **相对引用**：相对引用是指输入公式时直接通过单元格地址来引用单元格，如果将包含有公式的单元格移动到其他位置时，单元格中的公式会随着位置的改变而随之发生改变。如将J4单元格中的公式复制到J5单元格中，那么原公式"=B4+C4"将自动变为"=B5+C5"。相对引用对于复制一行或一列中指定单元格的公式非常适用。
- **绝对引用**：绝对引用是指无论引用单元格的公式位置如何改变，所引用的单元格地址固定不变。绝对引用的形式是在单元格的行号和列标前加上符号"$"，如将J4单元格中的公式变为"=$B$4+$C$4"，那么再次将该公式复制到J5单元格时，公式所引用的单元格地址依旧为"=B4+C4"，计算结果不会发生改变。
- **混合引用**：混合引用是指在一个单元格地址引用中，既有绝对引用，又有相对引用。混合引用有两种：一种是行绝对、列相对，如H$5表示行不发生变化，但是列会随着新的位置发生变化；另一种是行相对、列绝对，如$I5表示列保持不变，但是行会随着新的位置而发生变化。一般进行高级运算时会涉及混合引用操作。

若想快速实现相对引用、绝对引用、混合引用3种不同引用方式之间的切换操作，可选择在单元格或编辑栏中输入公式的全部内容或部分单元格引用地址后，直接按【F4】键来实现。

三、任务实施

（一）输入公式

在Excel中可直接在单元格或编辑栏中输入公式并获得计算结果，就如同使用计算器进行计算一样。在Excel中输入公式时，需要先输入一个“=”，然后再输入公式。下面计算“工资表.xlsx”（素材参见：素材文件\项目七\任务一\工资表.xlsx）中第一个员工的工资，其具体操作如下。（拓展微课：光盘\微课视频\项目七\输入公式.swf）

STEP 1 选择J4单元格，输入符号“=”，编辑栏中会同步显示输入的“=”，依次输入要计算的公式内容“1200+200+441+200+300+200−202.56−50”，编辑栏中同步显示输入内容，如图7-2所示。

STEP 2 按【Enter】键，单元格中将显示计算结果，并自动选择下方单元格，如图7-3所示。

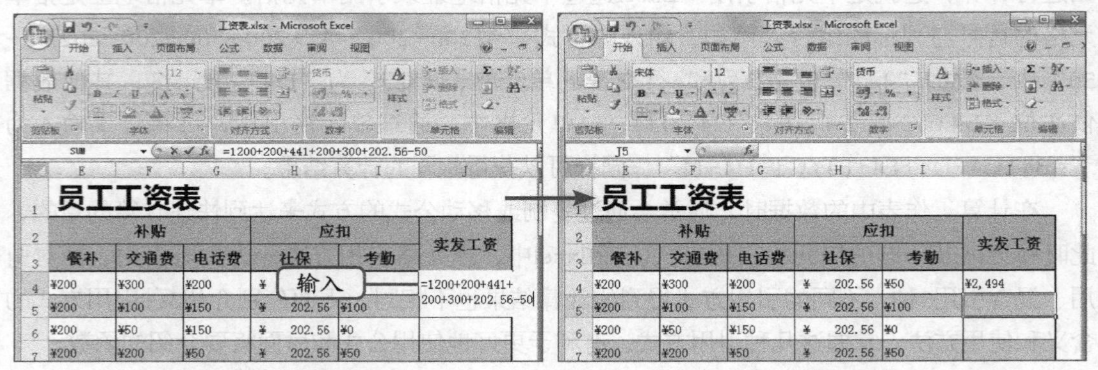

图7-2 输入公式内容　　图7-3 得出计算结果

完成公式的输入后，若发现公式中部分内容输入有误，此时可对公式进行更正。具体方法为：在工作表中选择要编辑的单元格，将文本插入点定位到编辑栏中，此时公式呈可编辑状态，拖曳鼠标选择要修改的内容，然后重新输入正确数据，按【Enter】键即可确认修改。

（二）在公式中引用单元格

引用单元格的作用在于标识工作表中的单元格或单元格区域，并指明公式中所使用的数据地址。在创建公式时就可以直接通过引用单元格的方法来快速创建公式并实现计算。下面通过引用单元格的方法计算“工资表”中第二个员工的实发工资，其具体操作如下。

STEP 1 选择J5单元格，输入符号“=”，接着输入“B5”，如图7-4所示。

STEP 2 此时B5单元格周围自动出现蓝色边框，表示在J5单元格中引用B5单元格中的数据，如图7-5所示。

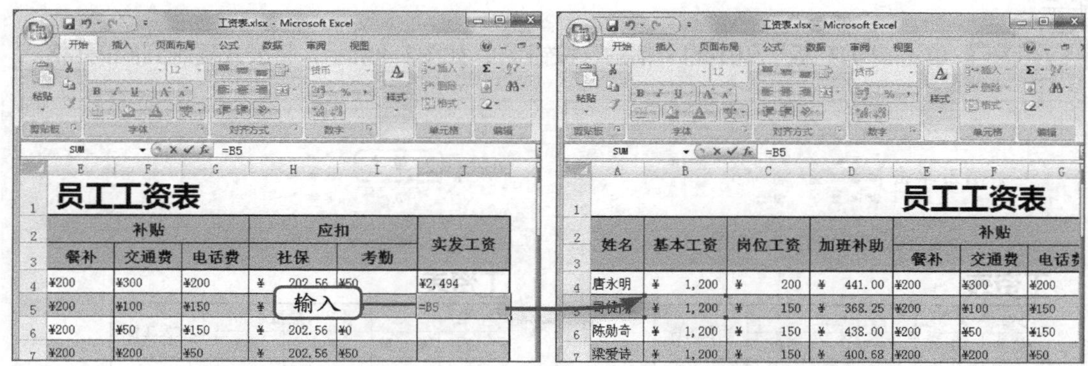

图7-4 输入数据　　图7-5 显示引用的单元格

STEP 3 输入运算符号“+”，并在其后继续输入引用的单元格C5，使用相同的方法在J5单元格中输入剩余的公式内容，Excel将使用不同的颜色边框，显示引用的单元格，如图7-6所示。

STEP 4 输入完毕后按【Enter】键确认，单元格中自动显示计算结果，选择J5单元格，编辑栏中则显示引用了单元格的公式“=B5+C5+D5+E5+F5+G5−H5−I5”，如图7-7所示。

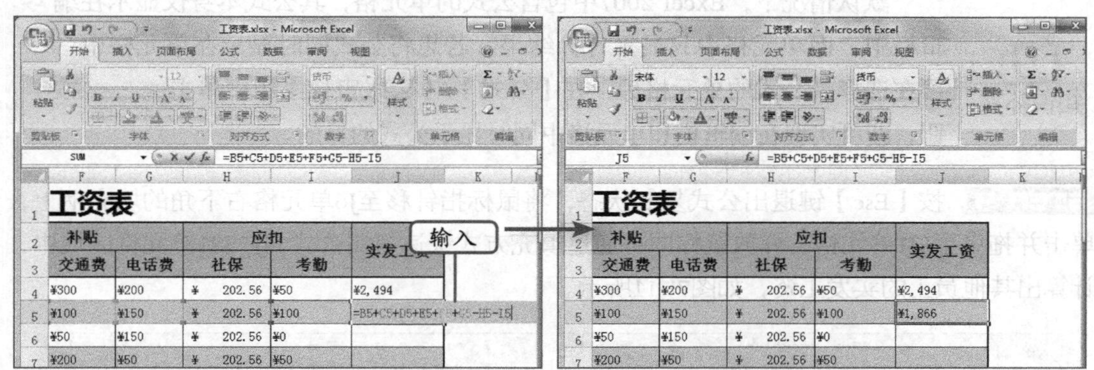

图7-6 输入引用了单元格的公式　　图7-7 显示计算结果

知识补充

在公式中引用单元格时，可通过单击选择单元格的方法来引用单元格地址，也可直接在公式中输入引用单元格的地址。两种方式比较而言，单击选择能更加直观地引用单元格，并减少公式中引用错误的发生，因此建议用户使用单击方式进行单元格的引用操作。

（三）复制公式

在一张工作表中通常多个单元格采用的计算公式是一样的，因此可在创建一个公式后，通过复制公式快速计算出其他数据。下面通过复制公式来计算"工资表"中其他员工的实发工资，其具体操作如下。（拓展微课：光盘\微课视频\项目七\复制公式.swf）

STEP 1 选择J5单元格，在【开始】/【剪贴板】组中单击"复制"按钮，如图7-8所示。

STEP 2 单击"剪贴板"组中的"粘贴"按钮，如图7-9所示，将公式复制到J6单元格。

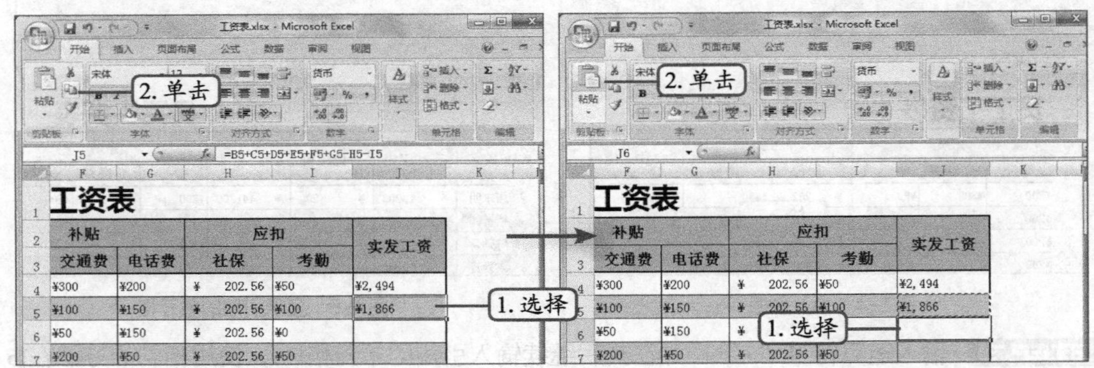

图7-8 复制公式　　图7-9 粘贴公式

STEP 3 J6单元格中将自动显示公式的计算结果，选择J6单元格，在编辑栏中将显示引用了单元格的公式，其引用方式为相对引用，如图7-10所示。

知识补充

默认情况下，Excel 2007中包含公式的单元格，其公式本身仅显示在编辑栏中，而单元格中只显示计算结果。若想将公式同时显示在单元格中，可在选择带公式的单元格后，在【公式】/【公式审核】组中单击"显示公式"按钮，即可实现在编辑栏和单元格中同时显示公式的目的。

STEP 4 按【Esc】键退出公式复制状态，将鼠标指针移至J6单元格右下角的填充柄上，单击并拖曳至J21单元格，释放鼠标即可通过填充方式快速复制公式到J7:J21单元格区域中，计算出其他员工的实发工资，如图7-11所示。

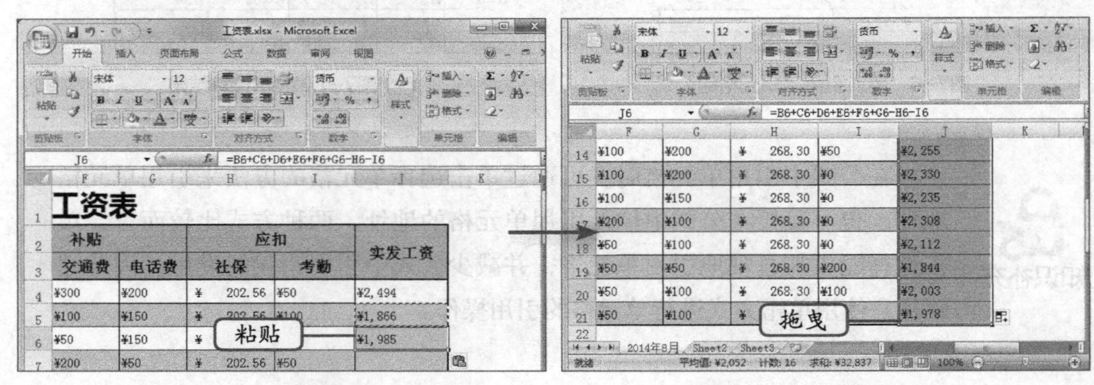

图7-10 显示相对引用效果　　图7-11 显示复制公式结果

操作提示

利用填充柄完成复制公式操作后，单元格右下角会自动弹出一个按钮，单击该按钮，在打开的下拉列表中提供了3种不同填充方式供用户选择，默认情况下是“复制单元格”方式。若只填充单元格格式，则需单击选中“仅填充格式”单选项；若只填充单元格中的数字，则单击选中“不带格式填充”单选项。

（四）利用数组公式计算

数组公式是Excel中提供的数据批量计算公式，用于快速对分布与计算规律相同的数据进行计算。下面采用数组公式快速计算“工资表”中所有员工的实发工资，其具体操作如下。

STEP 1 选择J4:J21单元格区域，按【Delete】键删除其中的数据，在编辑栏中输入数组公式“=B4:B21+C4:C21+D4:D21+E4:E21+F4:F21+G4:G21−H4:H21−I4:I21”，如图7-12所示。

STEP 2 公式输入完后，按【Ctrl+Shift+Enter】组合键，即可在J4:J21单元格区域中计算出每位员工的实发工资，如图7-13所示。

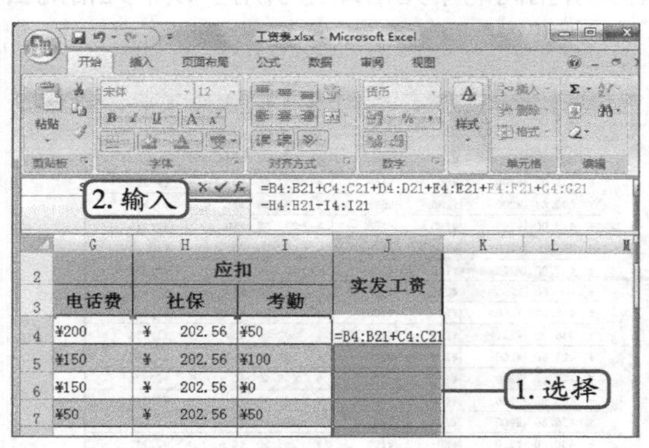

图7-12 输入数组公式

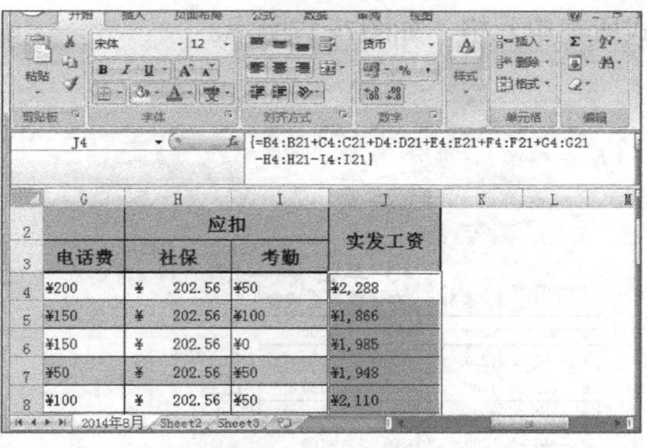

图7-13 显示计算结果

知识补充

输入的数组公式“=B4:B21+C4:C21+D4:D21+E4:E21+F4:F2+G4:G21−H4:H21−I4:I21”表示分别计算“=B4+C4+D4+E4+F4+G4−H4−I4”、“=B5+C5+D5+E5+F5+G5−H5−I5”……“=B21+C21+D21+E21+F21+G21−H21−I21”的值。

（五）检查与审核公式

在公式中引用单元格进行计算时，为了降低使用公式时发生错误的概率，可以利用Excel提供的公式审核功能对公式的正确性进行检查。对公式的检查包括两个方面，一是检查公式所引用的单元格是否正确，二是检查指定单元格被哪些公式所引用。下面对“工资表”中输入的公式进行检查，其具体操作如下。

STEP 1 选择J4单元格，在【公式】/【公式审核】组中单击追踪引用单元格按钮，如图7-14所示。

STEP 2 此时Excel便会自动追踪J4单元格中所显示值的数据来源，并用蓝色箭头将相关单元格标注出来，如图7-15所示。

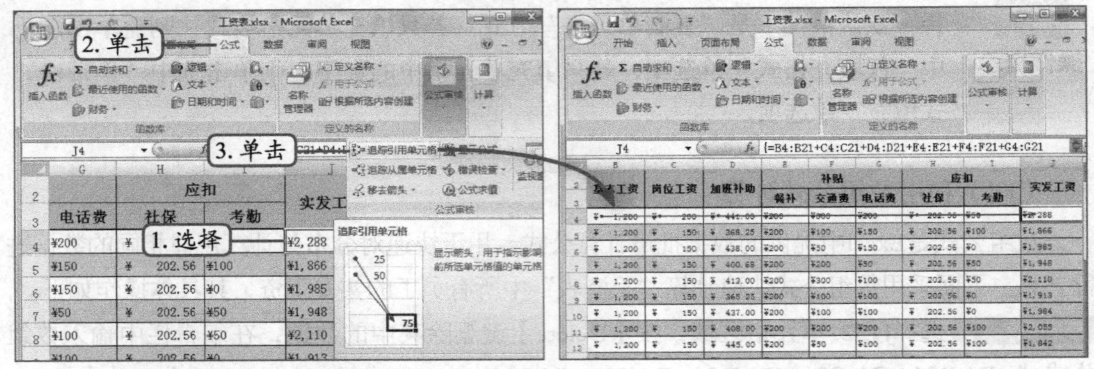

图7-14　选择检查的公式　　图7-15　查看数据来源

STEP 3 选择F9单元格，在【公式】/【公式审核】组中单击 追踪从属单元格 按钮，如图7-16所示。

STEP 4 此时单元格中将显示蓝色箭头，箭头所指向的单元格即为引用了该单元格的公式所在单元格，如图7-17所示。

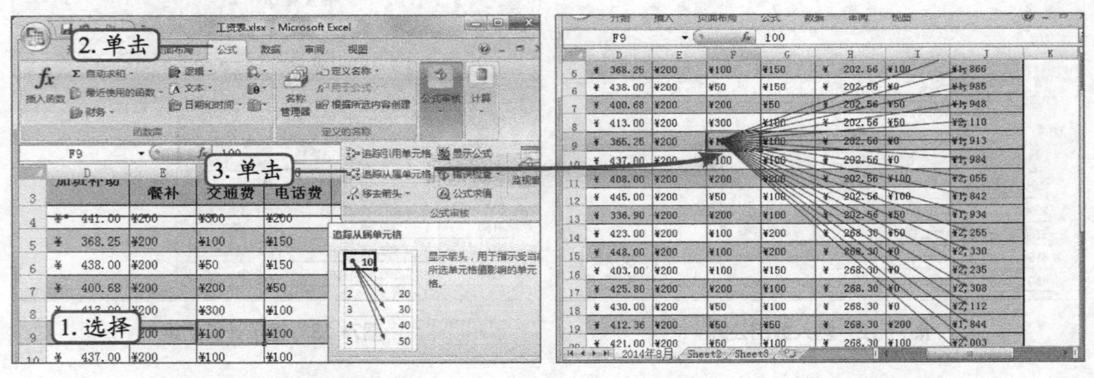

图7-16　选择检查的单元格　　图7-17　查看数据结果

STEP 5 对公式检查完毕后，单击"公式审核"组中的 移去箭头 按钮，将蓝色箭头全部移除，完成公式的检查与审核操作（最终效果参见：效果文件\项目七\任务一\工资表.xlsx）。

操作提示

图7-17中显示的F9单元格中的数据被J4:J21所有单元格引用了，其原因是J4:J21单元格区域的计算结果采用了数组公式。如果按照复制公式的方法计算结果，F9单元格中的数据只会被J9单元格引用，其检查结果如图7-18所示。

图7-18　检查结果

任务二 制作"新晋员工测评表"

测评是以现代心理学和行为科学为基础，通过心理测验、面试、情景模拟等科学方法对人的价值观、性格特征、发展潜力等的心理特征进行客观的测量与科学评价。测评表通常是企业对于员工各方面的技能的测试评分表格，下面进行具体制作。

一、 任务目标

本任务将练习用Excel制作"新晋员工测评表"工作簿，制作过程中主要是使用Excel的常用函数来完成表格中对应的项目。通过本任务的学习，可以了解Excel的常用函数，并能使用这些函数计算数据。本任务制作完成后的最终效果如图7-19所示。

新晋员工素质测评表

ID	姓名	测评项目						测评总分	测评平均分	名次	是否转正
		企业文化	规章制度	电脑应用	办公知识	管理能力	礼仪素质				
1	夏敏	80	86	78	83	80	76	483	80.5	7	转正
2	龚晓民	85	76	78	83	87	80	489	81.5	6	转正
3	周泰	90	91	89	84	86	85	525	87.5	1	转正
4	黄锐	80	86	92	76	85	84	503	83.8333333	4	转正
5	宋康明	89	79	88	90	79	77	502	83.6666667	5	转正
6	郭庆华	78	65	60	78	76	85	442	73.6666667	11	辞退
7	刘金国	80	84	82	79	77	80	482	80.3333333	8	转正
8	马俊良	77	68	79	70	69	75	438	73	12	辞退
9	周恒	87	84	90	89	81	89	520	86.6666667	2	转正
10	孙承斌	87	84	90	85	80	90	516	86	3	转正
11	罗长明	76	72	80	69	80	85	462	77	10	辞退
12	毛登庚	72	85	78	86	76	70	467	77.8333333	9	辞退
各项最高分		90	91	92	90	87	90				

图7-19 "新晋员工测评表"工作簿

二、相关知识

下面主要介绍Excel中的常用函数和函数的使用两种基本知识。

1. 函数在Excel中的使用

函数的使用方法比较简单，只要在需要计算的单元格中插入函数，并设置好相应的函数参数后就能得出计算结果。在Excel中可以利用对话框和直接输入两种方式来插入函数。

- **利用对话框插入函数**：在【公式】/【函数库】组中单击"插入函数"按钮f_x，或单击编辑栏前的"插入函数"按钮f_x，打开"插入函数"对话框，在"或选择类别"下拉列表中选择所需函数类别后，在"选择函数"下拉列表中选择要插入的函数，最后单击确定按钮。
- **直接输入函数**：若了解函数名及函数参数，就可在单元格中直接输入函数。具体操作方法为：首先选择要插入函数的单元格，然后直接输入"="，接着输入函数的第一个字母，再从打开的下拉列表中选择所需函数，或继续输入函数其他内容即可。
- **插入常用函数**：为方便操作，Excel将日常工作中的常用函数汇总到了"函数库"组中。插入常用函数的方法为选择目标单元格，在【公式】/【函数库】组中单击

Σ 自动求和按钮右侧的▾按钮，在打开的下拉列表中选择要使用的常用函数，即可在单元格中插入所选函数。

2. 函数在Excel中的使用

函数一般由“=”、函数名和参数组成，其中参数可以是数值、文本、单元格引用地址等。在Excel中提供了针对不同领域的数百种函数，如表7-1所示为日常办公中的常用函数。

表 7-1 常用函数的功能与语法

函数	功能	语法
SUM	返回所有参数之和	SUM（number1,number2,…）
AVERAGE	返回所有参数的算术平均值	AVERAGE（number1,number2,…）
MAX	返回包含数值的参数中的最大值	MAX（number1,number2,…）
MIN	返回包含数值的参数中的最小值	MIN（number1,number2,…）
SUMIF	返回指定区域中满足条件的单元格之和	SUMIF（Range,Criteria,Sum_range）
IF	对第 1 参数进行判断，并根据判断出的真假返回不同的值	IF（logical_test,value_if_true,value_if_false）
LOOKUP	指定要查找的某一行（列）的数值，并在另一行（列）中返回指定区域内与该指定值位于同一列（行）位置的数值	LOOKUP（lookup_value,lookup_vector,result_vector）
COUNTIF	返回指定区域中满足设置条件的单元格个数	COUNTIF（range,criteria）
COUNT	返回指定区域中内容为数字的单元格个数	COUNT（value1,value2,…）
ROUND	返回指定的数字按设置位数四舍五入后的值	ROUND（number,num_digits）

三、任务实施

（一）使用求和函数SUM

求和函数用于计算两个或两个以上单元格的数值之和，是Excel数据表中使用较频繁的函数。下面计算“新晋员工评测表.xlsx”中第一名员工的测评总分，其具体操作如下。

STEP 1 打开素材文件（素材参见：素材文件\项目七\新晋员工测评表.xlsx），选择I4单元格，在【公式】/【函数库】组中单击Σ 自动求和按钮，此时便在I4单元格中插入求和函数“SUM”，同时Excel会自动识别函数参数（C4:H4），如图7-20所示。

STEP 2 单击编辑栏左侧的“输入”按钮✓，或按【Enter】键，即可在单元格中显示计算结果，如图7-21所示。

知识补充

使用“自动求和”功能只能识别出同行或同列中连续的单元格的数据并自动产生函数参数。如果需要计算的数据并非连续的单元格数据，或非Excel自动识别的单元格数据，那么就需要手动修改函数参数；或通过“插入函数”对话框来插入函数，方法参见“使用排名函数RANK”的操作。

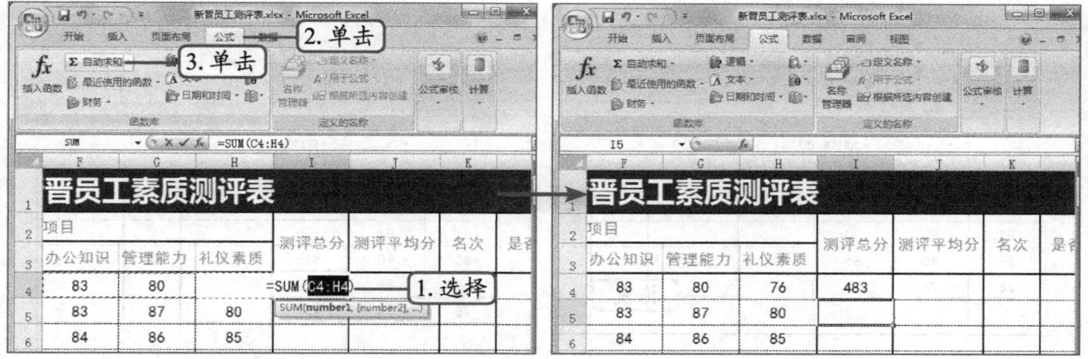

图7-20 插入求和函数　　　　图7-21 计算结果

（二）复制函数

在工作表中插入求和函数后，如果其他单元格需要进行相同的计算，并且所计算的数据分布规律相同，即可进行复制函数操作。与复制数据和公式的方法相同，函数的计算同样可以通过复制功能或填充方式实现。下面计算“新晋员工评测表.xlsx”中其他员工的测评总分，其具体操作如下。

STEP 1 选择I4单元格，在【开始】/【剪贴板】组中单击“复制”按钮，如图7-22所示。

STEP 2 选择I5单元格，在【开始】/【剪贴板】组中单击“粘贴”按钮，即可将I4单元格中的函数粘贴到I5单元格中，并显示对应的计算结果，如图7-23所示。

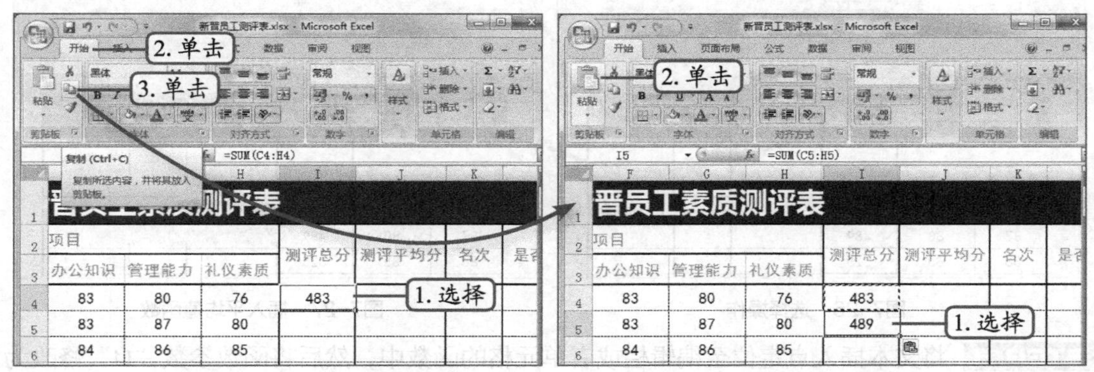

图7-22 复制函数　　　　图7-23 粘贴函数

无论是在复制函数还是复制公式的过程中，都会将源单元格的格式（包括字体、边框、底纹等）复制到目标单元格中。

STEP 3 将鼠标指针移至I5单元格右下角的填充柄上，按住鼠标左键不放向下拖曳直至I15单元格，如图7-24所示。

STEP 4 释放鼠标即可通过填充方式快速复制函数到I6:I15单元格区域中，计算出其他员工的测评总分，如图7-25所示。

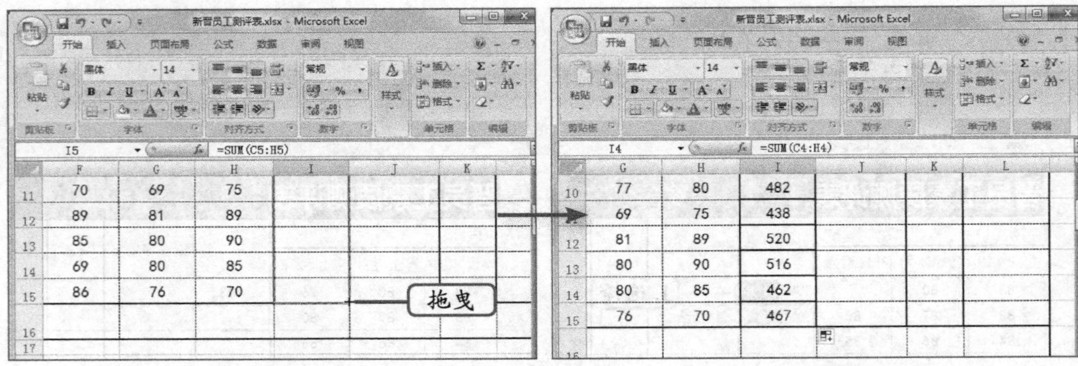

图7-24　拖曳填充柄　　　　图7-25　复制函数

（三）使用平均值函数AVERAGE

平均值函数用于计算参与的所有参数的平均值，相当于使用公式将若干个单元格数据相加后再除以单元格个数。下面计算“新晋员工测评表.xlsx”中的测评平均分，其具体操作如下。

STEP 1 选择J4单元格，在【公式】/【函数库】组中单击Σ自动求和按钮右侧的按钮，在打开的下拉列表中选择“平均值”选项，如图7-26所示。

STEP 2 此时Excel将自动在J4单元格中插入平均值函数“AVERAGE”，函数参数即为单元格区域C4:I4，如图7-27所示。

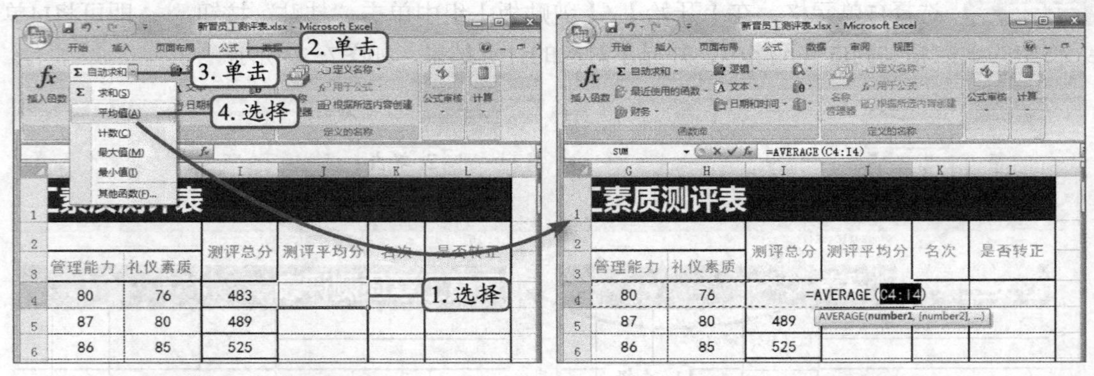

图7-26　选择操作　　　　图7-27　插入平均值函数

STEP 3 将文本插入点定位至编辑栏或者单元格的函数中，然后将函数参数“I4”修改为“H4”，如图7-28所示。

STEP 4 确认参与计算的单元格区域后按【Enter】键，即可在单元格中显示计算结果，如图7-29所示。

STEP 5 选择J4单元格，向下拖曳填充柄到J15单元格，计算出每一位员工的测评平均分，如图7-30所示。

STEP 6 单击填充柄右下角的按钮，在打开的下拉列表中单击选中“不带格式填充”单选项，保留原单元格边框，如图7-31所示，在复制函数的同时，并没有复制源单元格的格式。

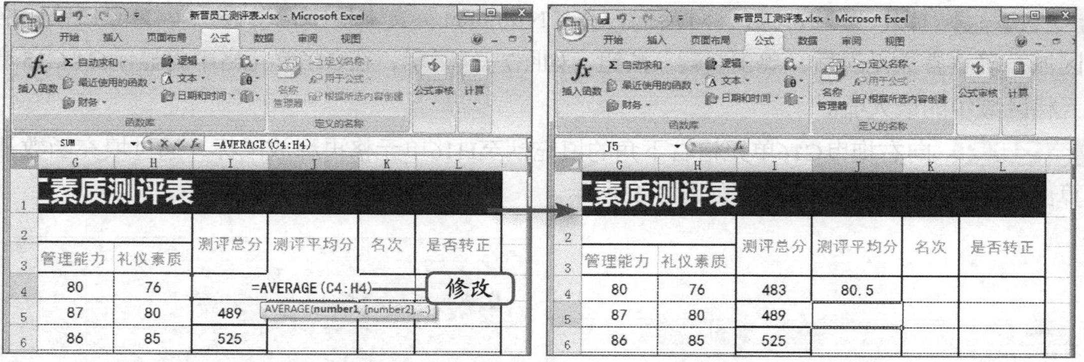

图7-28 修改函数参数

图7-29 计算平均值

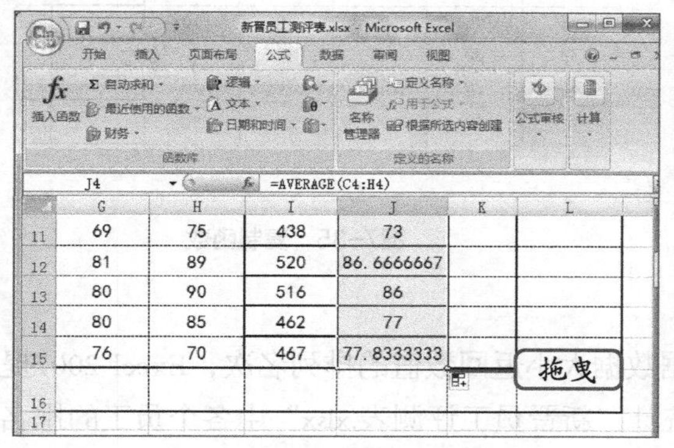

图7-30 填充函数

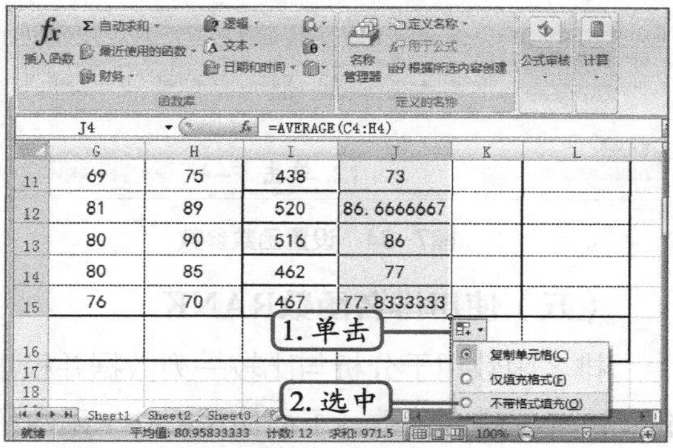

1. 单击

2. 选中

复制单元格(C)

仅填充格式(F)

不带格式填充(O)

图7-31 设置填充方式

（四）使用最大值函数MAX

最大值函数用于返回一组数据中的最大值，是数据分析中常用的函数之一。下面统计“员工素质评测表.xlsx”中各个测评项目的最高分，其具体操作如下。

STEP 1 选择插入最大值函数的C16单元格，在【公式】/【函数库】组中单击“插入函数”按钮fx，如图7-32所示。

STEP 2 打开“插入函数”对话框，在“或选择类别”下拉列表中选择“常用函数”选项，在“选择函数”列表框中选择“MAX”选项，单击确定按钮，如图7-33所示。

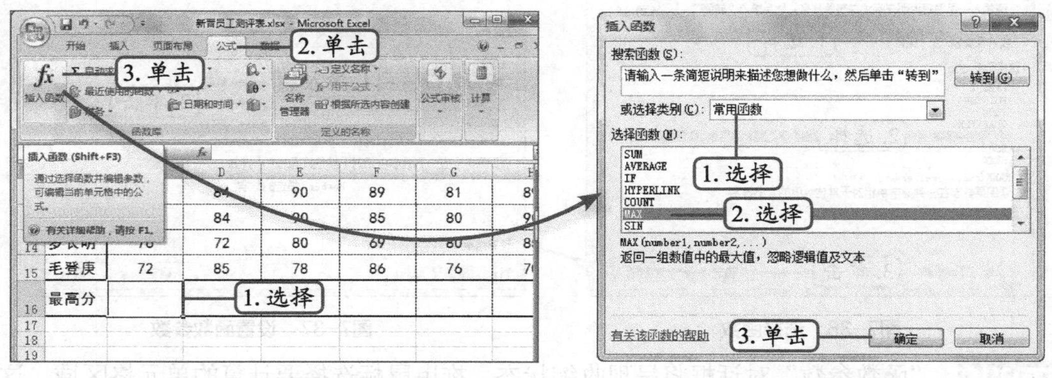

图7-32 插入函数

图7-33 选择函数

STEP 3 打开“函数参数”对话框，在“Number1”文本框中自动显示了C4:C15单元格区域，确认参数无误后，单击【确定】按钮，如图7-34所示，在C16单元格中将显示C4:C15单元格区域中的最大值。

STEP 4 向右拖曳C16单元格右下角的填充柄至H16单元格再释放鼠标，通过填充函数计算出其他测评项目的最高分，如图7-35所示。

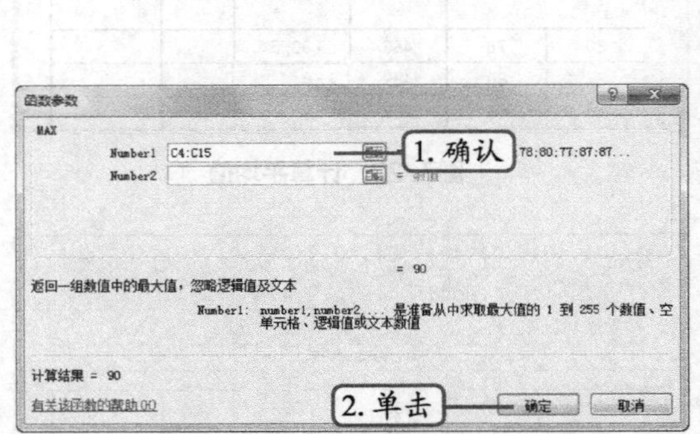

图7-34 设置函数参数　　图7-35 复制函数

（五）使用排名函数RANK

排名函数用于分析与比较一列数据并根据数据大小返回数值的排列名次，Excel 2007提供了RANK排名函数。下面使用RANK函数统计“新晋员工评测表.xlsx”中各个员工的排名情况，其具体操作如下。

STEP 1 选择K4单元格，在【公式】/【函数库】组中单击“插入函数”按钮f_x，打开“插入函数”对话框。

STEP 2 在“或选择类型”下拉列表框中选择“统计”选项，在“选择函数”列表框中选择“RANK”选项，单击【确定】按钮，如图7-36所示。

STEP 3 打开“函数参数”对话框，在“Number”文本框中输入“I4”，单击“Ref”文本框右侧的“收缩”按钮，如图7-37所示。

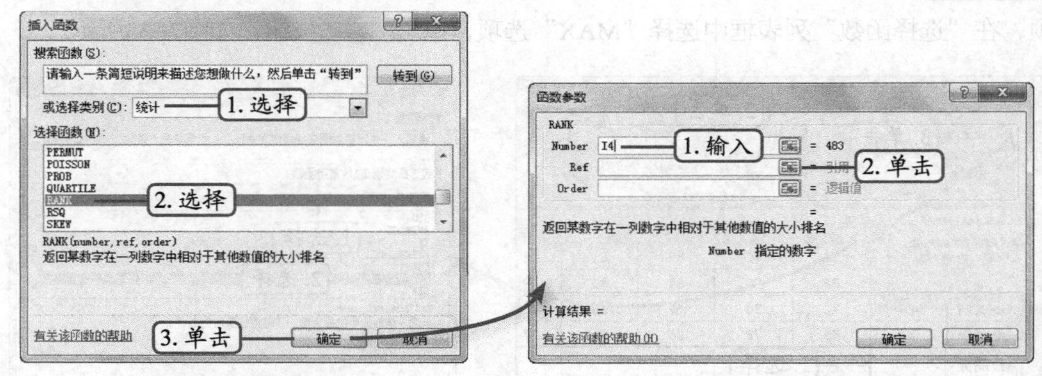

图7-36 选择函数　　图7-37 设置函数参数

STEP 4 “函数参数”对话框将呈现收缩状态，拖曳鼠标选择要计算的单元格区域，这里选择I4:I15单元格区域，单击对话框右侧的“展开”按钮，如图7-38所示。

STEP 5 展开“函数参数”对话框，选择“Ref”文本框中的内容，按【F4】键将“Ref”参数中的单元格引用地址转换为绝对引用，单击确定按钮，如图7-39所示。

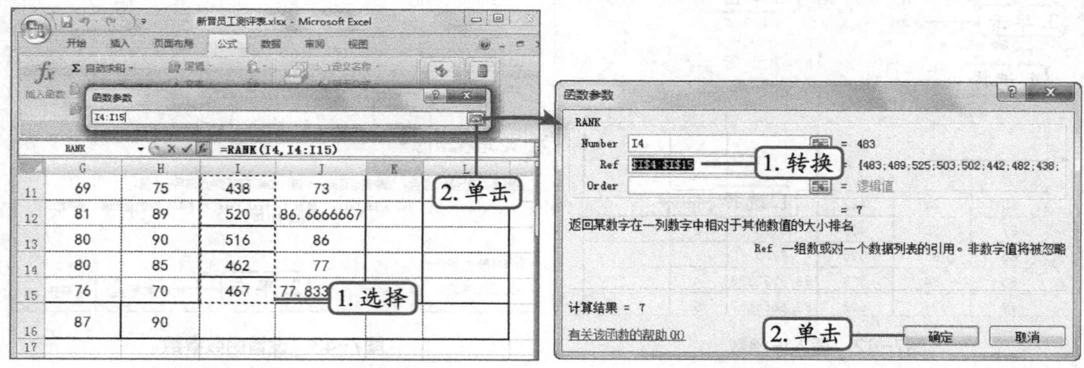

图7-38 设置参数区域

图7-39 转换引用类型

STEP 6 此时在K4单元格中计算出第一个员工的素质测评排名名次，如图7-40所示。

STEP 7 向下拖曳K4单元格填充柄到K15单元格，自动填充函数并统计出每个员工的名次，如图7-41所示。

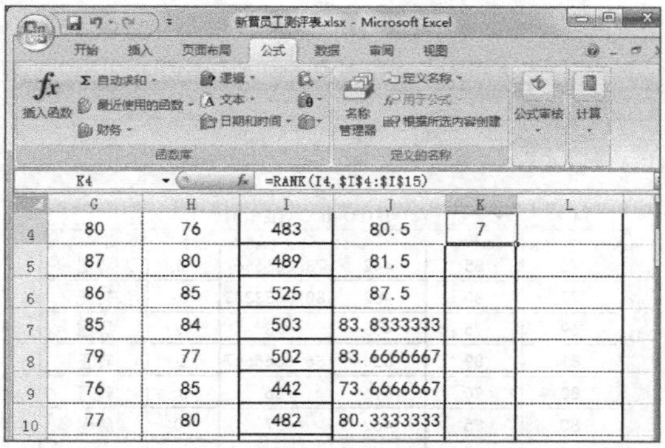

图7-40 计算名次

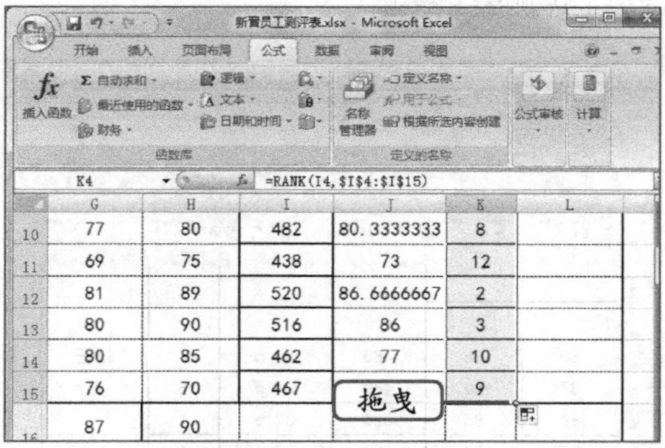

图7-41 填充函数

（六）使用逻辑函数IF

逻辑函数IF用于判断数据表中的某个数据是否满足指定条件，如果满足则返回特定值，不满足则返回其他值。下面在“新晋员工测评表.xlsx”中，以测评总分480分作为标准，通过逻辑函数IF来判断各个员工是否符合转正规定，480（包括480）分以上的“转正”，480分以下的“辞退”，其具体操作如下。

STEP 1 选择L4单元格，在【公式】/【函数库】组中单击逻辑按钮，在打开的下拉列表中选择“IF”选项，如图7-42所示。

STEP 2 打开“函数参数”对话框，在“Logical_test”文本框中输入判断的条件，这里输入“I4>=480”，在“Value_if_ture”文本框中输入判断后的第一种结果，这里输入“转正”（表示如果I4单元格中的数据大于等于480，在L4单元格中将显示“转正”），在“Value_if_ false”文本框中输入判断后的第二种结果，这里输入“辞退”（表示如果I4单元格中的数据不是大于等于480，在L4单元格中将显示“辞退”），单击 确定 按钮，如图7-43所示。

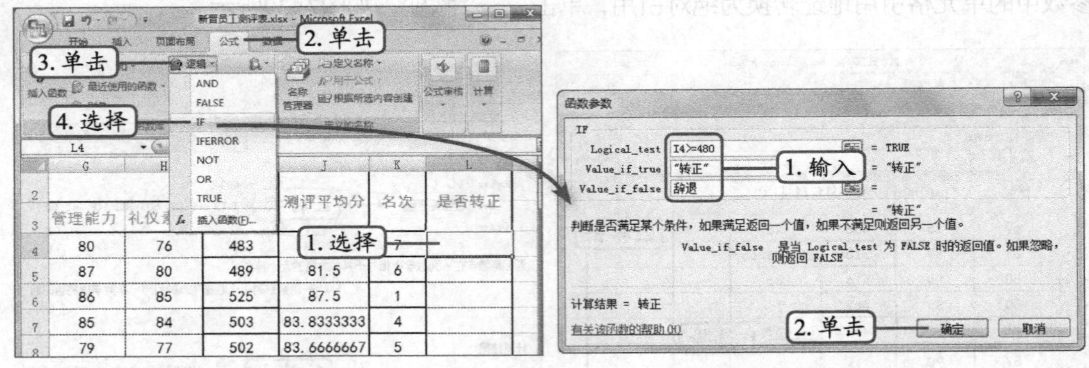

图7-42　插入IF函数　　　　图7-43　设置函数参数

STEP 3 由于I4单元格中的数值大于“480”，因此在L4单元格中显示“转正”，如图7-44所示。

STEP 4 向下拖曳L4单元格填充柄到L15单元格，填充函数并判断其他员工是否满足转正条件，然后显示判断的结果，如图7-45所示（最终效果参见：效果文件\项目七 \任务二\新晋员工评测表.xlsx）。

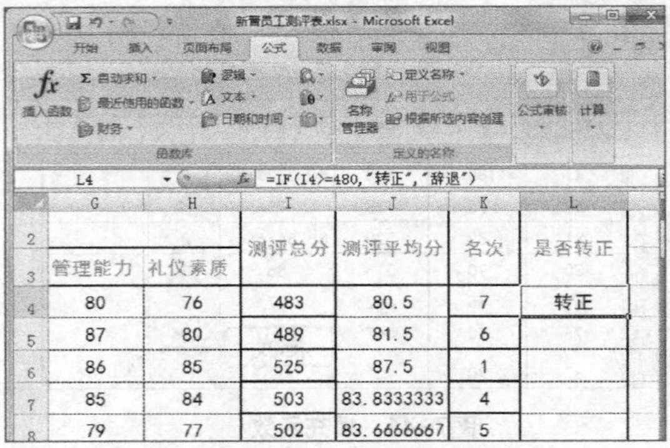

图7-44　显示判断结果

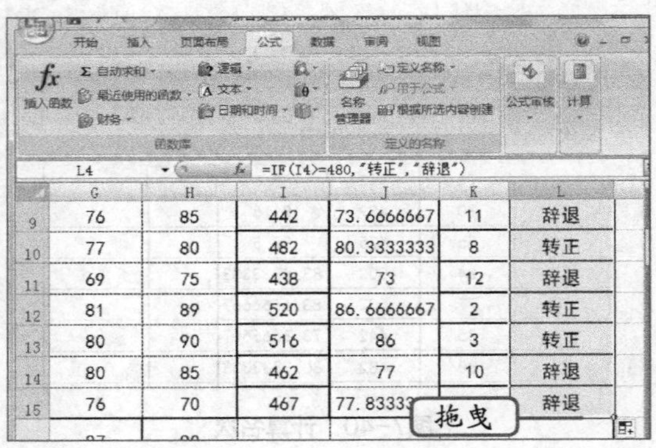

图7-45　填充函数

实训一　制作“销售记录表”

【实训要求】

某小食品批发超市要针对十月份的产品销售，制作一张简单的销售记录表格。要求显示出产品的销量和销售额，并统计出最大销售额和最小销售额。

【实训思路】

本实训主要涉及公式的运用和函数的运用，首先创建表格、输入数据、设置单元格格式、设置边框和底纹，然后通过公式计算各种产品的销售额，最后利用MAX函数和MIN函数统计最大和最小销售额。本实训的参考效果如图7-46所示。

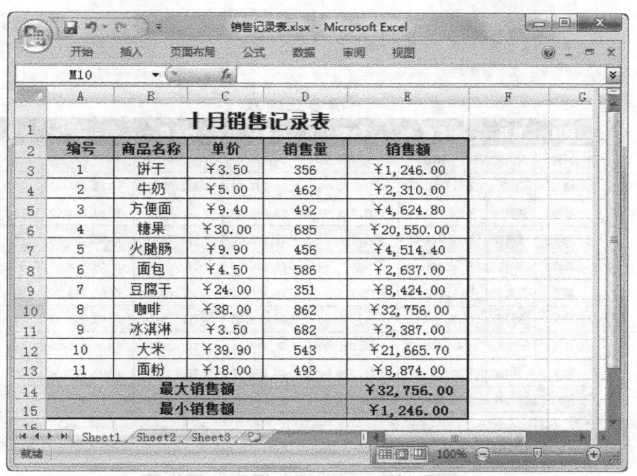

	A	B	C	D	E
1	十月销售记录表				
2	编号	商品名称	单价	销售量	销售额
3	1	饼干	￥3.50	356	￥1,246.00
4	2	牛奶	￥5.00	462	￥2,310.00
5	3	方便面	￥9.40	492	￥4,624.80
6	4	糖果	￥30.00	685	￥20,550.00
7	5	火腿肠	￥9.90	456	￥4,514.40
8	6	面包	￥4.50	586	￥2,637.00
9	7	豆腐干	￥24.00	351	￥8,424.00
10	8	咖啡	￥38.00	862	￥32,756.00
11	9	冰淇淋	￥3.50	682	￥2,387.00
12	10	大米	￥39.90	543	￥21,665.70
13	11	面粉	￥18.00	493	￥8,874.00
14	最大销售额				￥32,756.00
15	最小销售额				￥1,246.00

图7-46 “销售记录表”工作簿

【步骤提示】

STEP 1 创建工作簿“销售记录表.xlsx”，输入各项数据。

STEP 2 合并居中A1:E1单元格区域，设置文本格式为“方正粗倩简体、16”，合并A14:D14，A15:D15单元格区域。

STEP 3 选择A2:E2，A14:E14，A15:E15单元格区域，设置文本格式为“宋体、11、加粗”，设置填充颜色为“橄榄色、强调文字颜色3、淡色40%”。

STEP 4 选择E3单元格区域，输入公式“=C3×D3”，并将公式复制到E4:E13单元格区域。

STEP 5 在E14单元格中插入函数“MAX”，计算最大销售额。

STEP 6 在E15单元格中输入公式“MIN”，计算最小销售额（最终效果参见：效果文件\项目七\实训一\销售记录表.xlsx）。

实训二 制作“销售业绩表”

【实训要求】

海龙小商品批发市场要了解员工今年的销售业绩，需要制作一张简单的销售业绩表格。要求按季度显示出每个人的销售业绩，并进行汇总，最后按照一定的标准进行等级划分。

【实训思路】

本实训主要涉及公式的运用和函数的运用，首先创建表格，然后输入数据，并设置单元格的格式，以及设置边框和底纹，接着通过自动求和计算每个人今年的销售总额，最后利用IF函数为每个人的销售额进行等级划分。本实训的参考效果如图7-47所示。

【步骤提示】

STEP 1 创建工作簿“销售业绩表.xlsx”，输入各项数据。

STEP 2 合并居中A1:H1单元格区域，设置文本格式为“华文隶书、20”。

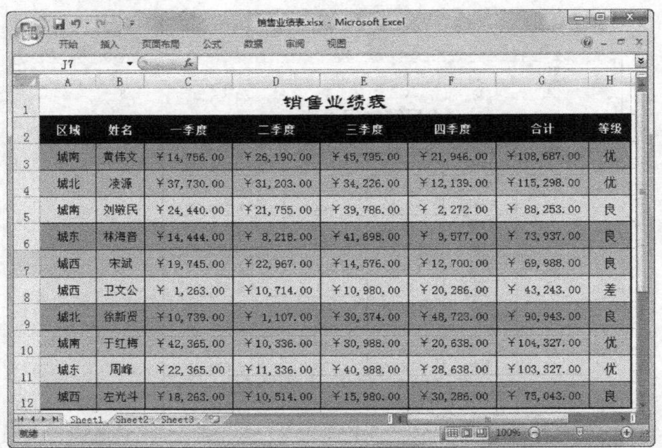

销售业绩表

区域	姓名	一季度	二季度	三季度	四季度	合计	等级
城南	黄伟文	￥14,756.00	￥26,190.00	￥45,795.00	￥21,946.00	￥108,687.00	优
城北	凌源	￥37,730.00	￥31,203.00	￥34,226.00	￥12,139.00	￥115,298.00	优
城南	刘敬民	￥24,440.00	￥21,755.00	￥39,786.00	￥ 2,272.00	￥ 88,253.00	良
城东	林海音	￥14,444.00	￥ 8,218.00	￥41,698.00	￥ 9,577.00	￥ 73,937.00	良
城西	宋斌	￥19,745.00	￥22,967.00	￥14,576.00	￥12,700.00	￥ 69,988.00	良
城西	卫文公	￥ 1,263.00	￥10,714.00	￥10,980.00	￥20,286.00	￥ 43,243.00	差
城北	徐新贤	￥10,739.00	￥ 1,107.00	￥30,374.00	￥48,723.00	￥ 90,943.00	良
城南	于红梅	￥42,365.00	￥10,336.00	￥30,988.00	￥20,638.00	￥104,327.00	优
城东	周峰	￥22,365.00	￥11,336.00	￥40,988.00	￥28,638.00	￥103,327.00	优
城西	左光斗	￥18,263.00	￥10,514.00	￥15,980.00	￥30,286.00	￥ 75,043.00	良

图7-47　“销售业绩表”工作簿

STEP 3 选择A2:H2单元格区域，设置文本格式为“宋体、11”，背景颜色为“黑色、文字1”；分别为A3:H12单元格区域中的每一行设置背景颜色。

STEP 4 选择G3:G12单元格区域，使用自动求和功能计算各个员工的“合计”销售额。

STEP 5 选择H3:H12单元格，插入IF函数并分别设置其参数，其公式效果为“=IF(F3>100000,"优",IF(F3>50000,"良","差"))”，按【Ctrl+Enter】组合键计算员工等级（最终效果参见：效果文件\项目七\实训二\销售业绩表.xlsx）。

常见疑难解析

问：在Excel中，【F4】键是各种引用的切换键，它是如何进行引用切换的？

答：在引用的单元格地址前后按【F4】键可在相对引用与绝对引用之间相互切换，如将鼠标指针定位到公式中的A1元素前后，第一次按【F4】键将变为绝对引用“$A$1”；第二次按【F4】键将变为“A$1”；第3次按【F4】键将变为“$A1”；第4次按【F4】键将变为相对引用“A1”。

问：在大型的工作表中如何快速选择需要的单元格区域？

答：可以按【F5】键打开“定位”对话框，在“引用位置”文本框中输入要选择的单元格区域，如“W1500:Z1000”，单击确定按钮即可快速选择该单元格区域。

问：如何避免在每次输入公式时都必须输入符号“=”？

答：打开“Excel选项”对话框，单击“高级”选项卡，在“Lotus兼容性设置”栏中，单击选中“转换LOTUS1-2-3公式”复选框，单击确定按钮应用设置。

拓展知识

1. 公式使用的常见错误值

在单元格中输入错误的公式不仅会导致出现错误值，而且还会产生某些意外结果，如在需要输入数字的公式中输入文本、删除公式引用的单元格或者使用了宽度不足以显示结果的单元格等。进行这些操作时单元格将显示一个错误值，如####、#VALUE!等。下面介绍产生这些错误值的原因及其解决方法。

- **出现错误值####**：如果单元格中所含的数字、日期或时间超过单元格宽度或者单元格的日期时间产生了一个负值，就会出现####错误。解决的方法是增加单元格列宽、应用不同的数字格式、保证日期与时间公式的正确性。
- **出现错误值#VALUE!**：当使用的参数或操作数类型错误，或者当公式自动更正功能不能更正公式，如公式需要数字或逻辑值（如True或False）时，却输入了文本，将产生#VALUE!错误。解决方法是确认公式或函数所需的运算符或参数是否正确，公式引用的单元格中是否包含有效的数值。例如，单元格A1包含一个数字，单元格B1包含文本“单位”，则公式=A1+B1将产生#VALUE!错误。
- **出现错误值#N/A**：当在公式中没有可用数值时，将产生错误值#N/A。如果工作表中某些单元格暂没有数值，可以在单元格中输入#N/A，公式在引用这些单元格时，将不进行数值计算，而是返回#N/A。
- **出现错误值#REF!**：当单元格引用无效时将产生错误值#REF!，产生的原因是删除了其他公式所引用的单元格，或将已移动的单元格粘贴到其他公式所引用的单元格中。解决的方法是更改公式；在删除或粘贴单元格之后恢复工作表中的单元格。
- **出现错误值#NUM!**：通常公式或函数中使用无效数字值时，出现这种错误。产生的原因是在需要数字参数的函数中使用了无法接受的参数，解决的方法是确保函数中使用的参数是数字。例如，即使需要输入的值是$2,000，也应在公式中输入2000。

2. 函数的类型

Excel 2007提供了多种函数，利用这些函数可以完成各种复杂数据的处理工作。函数的主要类别有以下几种。

- **加载宏和自动化函数**：这些函数使用加载项程序加载，如EUROCONVERT 将数字转换为欧元形式。
- **数据库函数**：用于对存储在列表或数据库中的数据进行分析。
- **日期和时间函数**：用于计算工作表中有关日期和时间的函数。
- **工程函数**：用于一些复数和进制转换的函数。
- **财务函数**：用于在财务方面进行计算的函数。
- **信息函数**：针对工作表中数据信息的函数。
- **逻辑函数**：包括一些逻辑运算符的函数。
- **查找和引用函数**：对工作表中数据进行查找或引用的函数。
- **数学和三角函数**：在数学和三角函数中进行计算的函数。
- **统计函数**：对工作表中数据进行统计的函数。
- **文本函数**：针对工作表中文本字符的函数。

课后练习

（1）创建一个水果销售的流水账簿，运用公式和函数计算数据，效果如图7-48所示（最终效果参见：效果文件\项目七\课后练习\每日流水账.xlsx）。

- 使用公式“=C3×D3”计算“苹果”的销售金额。
- 拖曳填充柄采用“无格式填充”的方式复制公式，计算其他商品的销售额。
- 使用求和函数SUM计算日销售总额。

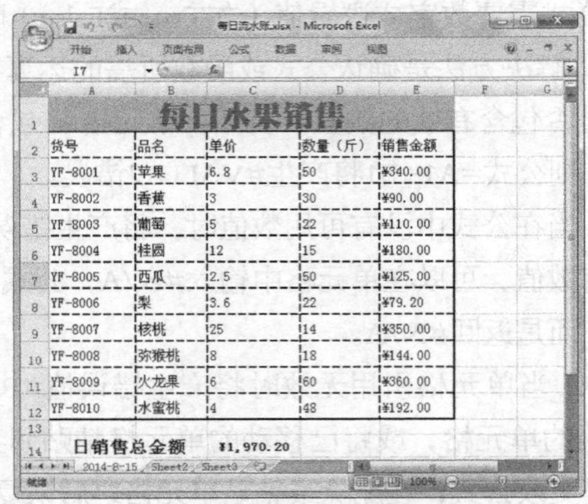

每日水果销售

货号	品名	单价	数量（斤）	销售金额
YF-8001	苹果	6.8	50	¥340.00
YF-8002	香蕉	3	30	¥90.00
YF-8003	葡萄	5	22	¥110.00
YF-8004	桂圆	12	15	¥180.00
YF-8005	西瓜	2.5	50	¥125.00
YF-8006	梨	3.6	22	¥79.20
YF-8007	核桃	25	14	¥350.00
YF-8008	弥猴桃	8	18	¥144.00
YF-8009	火龙果	6	60	¥360.00
YF-8010	水蜜桃	4	48	¥192.00

日销售总金额 ¥1,970.20

图7-48 “每日流水账”工作簿

（2）创建一个矿石的产量统计表格，使用函数计算数据，效果如图7-49所示（最终效果参见：效果文件\项目七\课后练习\产量表.xlsx）。

- 分别使用最大值MAX函数和最小值MIN函数分析不同矿石产量。
- 使用SUMIF函数分别汇总2月和3月的总产量，函数语法是SUMIF(range，criteria，sum_range)，range为条件区域，用于条件判断的单元格区域；criteria是求和条件，由数字、逻辑表达式等组成的判定条件；sum_range 为实际求和区域，需要求和的单元格、区域或引用。

矿石产量统计　单位：吨

名称＼时间	铁矿石		铁精矿		铁成品矿		汇总	
	2月	3月	2月	3月	2月	3月	2月	3月
宇飞矿山公司	616	676	670	674	609	654	1895	2004
石镇钢铁	670	610	633	661	614	632	1917	1903
巨灵铁矿	659	604	727	776	684	797	2070	2177
太金矿业	771	656	724	771	619	642	2114	2069
巴南石矿厂	665	773	696	763	689	717	2050	2253
紫云矿业	729	669	792	666	620	713	2141	2048
金华武钢	609	619	630	687	647	715	1886	2021
深川铁矿	666	723	754	688	763	720	2183	2131
充淳矿业	656	636	725	683	777	636	2158	1955
苏宝山铁矿	693	797	686	767	746	762	2125	2326

分析“铁矿石”最大值 797

分析“铁成品矿”最小值 630

图7-49 “产量表”工作簿

PART 8

项目八 统计与分析表格数据

情景导入

阿秀：小白，会计部要求我们把最近两个月的销售日报表进行汇总，然后制作成图表传给他们。

小白：好的，但之前你说今天教我统计和分析表格数据相关的操作。

阿秀：数据统计与分析是Excel软件的一个特有功能，其中用于数据统计的操作包括数据排序、筛选和分类汇总等，用于数据分析的操作则包括创建数据透视表、数据透图和图表等。

小白：会计部刚好要制作图表。

阿秀：是的，我们先学习相关的操作，然后再制作图表。

小白：完美！又可以学到新的知识了。

学习目标

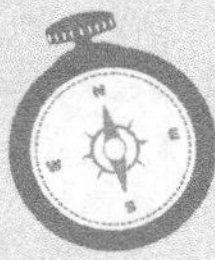

- 掌握数据的排序、筛选和分类汇总等基本操作
- 掌握图表制作的相关操作
- 掌握数据透视图和透视表的相关操作

技能目标

- 掌握在Excel中统计数据的方法
- 掌握在Excel中分析数据的方法

任务一 管理“业务人员提成表”

提成表通常是各种数据的集合，主要涉及数据的计算和分析，分析数据主要是数据的排序和分类汇总。下面具体介绍相关的知识。

一、任务目标

本任务将练习用Excel来管理“业务人员提成表”，在制作时可以先通过Excel的排序功能，对其中的数据按照不同的方法进行排序，然后设置条件进行筛选，并使用条件格式显示特定的数据，最后进行分类汇总。通过本任务的学习，可以掌握Excel管理数据的基本操作。本任务进行分类汇总后的效果如图8-1所示。

	A	B	C	D	E	F
1	业务人员提成表					
2	姓名	商品名称	商品型号	合同金额	商品销售底价	商品提成（差价的60%）
3	吕苗苗	云帆空调	1P	¥2,000.0	¥1,200.0	¥480.0
4	王思雨	云帆空调	1P	¥1,823.0	¥1,500.0	¥193.8
5			1P 汇总	¥3,823.0		
6	陈鸣明	云帆空调	2P	¥3,690.0	¥3,000.0	¥414.0
7	钱瑞麟	云帆空调	2P	¥4,500.0	¥3,900.0	¥360.0
8			2P 汇总	¥8,190.0		
9	孙旭东	云帆空调	大2P	¥7,000.0	¥6,100.0	¥540.0
10	郑明	云帆空调	大2P	¥3,900.0	¥3,000.0	¥540.0
11			大2P 汇总	¥10,900.0		
12	吕苗苗	云帆空调	3P	¥6,880.0	¥5,200.0	¥1,008.0
13			3P 汇总	¥6,880.0		
14	赖文峰	云帆空调（变频）	1.5P	¥3,050.0	¥2,600.0	¥270.0
15	李亚军	云帆空调（变频）	1.5P	¥3,050.0	¥2,600.0	¥270.0
16	孙靓靓	云帆空调（变频）	1.5P	¥2,680.0	¥2,000.0	¥408.0
17			1.5P 汇总	¥8,780.0		
18	韩雨芹	云帆空调（变频）	2P	¥2,880.0	¥2,100.0	¥468.0
19	徐孟兰	云帆空调（变频）	2P	¥2,880.0	¥2,100.0	¥468.0
20			2P 汇总	¥5,760.0		
21	陆伟东	云帆空调（变频）	3P	¥4,900.0	¥4,200.0	¥420.0
22			3P 汇总	¥4,900.0		
23	赖文峰	云帆空调（无氟）	大1P	¥3,210.0	¥2,000.0	¥726.0
24			大1P 汇总	¥3,210.0		
25	杜利军	云帆空调（无氟）	3P	¥6,800.0	¥5,600.0	¥720.0
26	吴丹丹	云帆空调（无氟）	3P	¥8,520.0	¥7,200.0	¥792.0
27			3P 汇总	¥15,320.0		
28			总计	¥67,763.0		

图8-1 “业务人员提成表”工作簿

职业的规划和定位不仅在找工作前就要考虑清楚，进入企业以后，也要根据实际情况来调整。新人入职，切忌眼高手低，应做好长远规划；在工作中难免会遇到许多棘手问题，但是千万不可气馁，要坚信自己能克服困难，并耐心地处理好各种疑难问题，工作将会越做越好。

二、相关知识

下面主要对分类汇总表的隐藏、显示和删除操作进行介绍。

1. 隐藏和显示分类汇总

隐藏和显示分类汇总更方便对表格中的数据进行查看，其方法是：打开已进行分类汇总的表格，表格左侧列表旁有1、2、3 3个按钮，单击可以显示不同级别的分类汇总，单击其表格左侧的-按钮，即可隐藏不需要的分类汇总项目，隐藏后其表格左侧的按钮变成+，单击该按钮可显示被隐藏的分类汇总项目。

2. 删除分类汇总

对表格的分类汇总不需要时，用户可以将其删除，其方法是单击“数据”选项卡“分级显示”栏中的“分类汇总”按钮，在打开的“分类汇总”对话框中单击全部删除(R)按钮即可删除所创建的分类汇总。

三、任务实施

（一）数据简单排序

简单排序是根据数据表中的相关数据或字段名，将表格数据按照升序或降序的方式进行排列，是分析数据时最常用的排序方式。下面对“业务人员提成表.xlsx”中的商品名称进行降序排列，其具体操作如下。（拓展微课：光盘\微课视频\项目八\简单排序.swf）

STEP 1 打开“业务人员提成表.xlsx”表格（素材参见：素材文件\项目八\任务一\业务人员提成表.xlsx），选择B列中任意一个单元格，在【数据】/【排序和筛选】组中单击“降序”按钮，如图8-2所示。

STEP 2 “商品名称”所在列的数据将按由高到低的顺序进行自动排序，如图8-3所示。

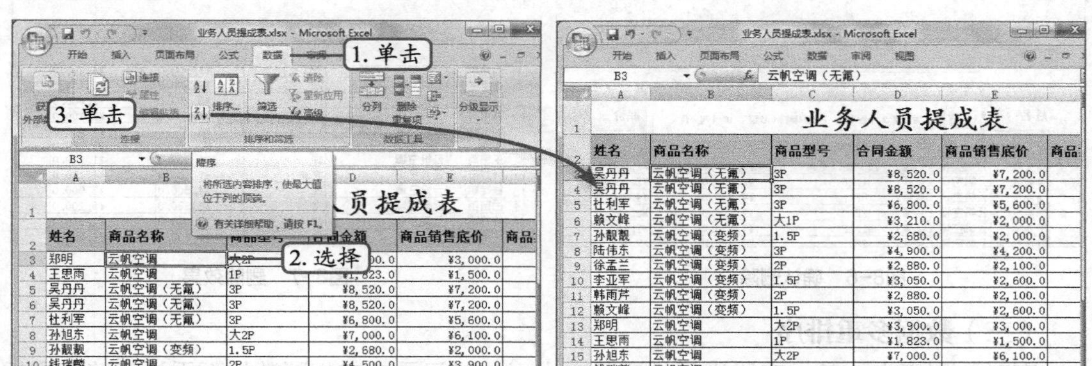

图8-2 设置排序　　图8-3 排序效果

（二）删除重复值

重复值是指工作表中某一行中的所有值与另一行中的所有值完全匹配的值，删除时，可逐一查找数据表中的重复数据，然后按【Delete】键将其删除。不过，此方法仅适用于数据记录较少的工作表，对于数据量庞大的工作表而言，则可采用Excel 2007提供的删除重复项功能快速完成此操作。下面在“业务人员提成表.xlsx”中删除重复值，其具体操作如下。

STEP 1 在表格中选择任意一个单元格，这里选择C3单元格，在【数据】/【数据工具】组中单击“删除重复项”按钮，如图8-4所示。

STEP 2 打开“删除重复项”对话框，在“列”列表框中保持选中所有的复选框，单击确定按钮，如图8-5所示。

STEP 3 弹出提示对话框，显示删除重复值的相关信息，确认无误后单击确定按钮，如图8-6所示。

STEP 4 此时数据表中只保留了16条记录，其中所有数据都重复的2条记录已成功删除，其他唯一值都保留了下来，如图8-7所示。

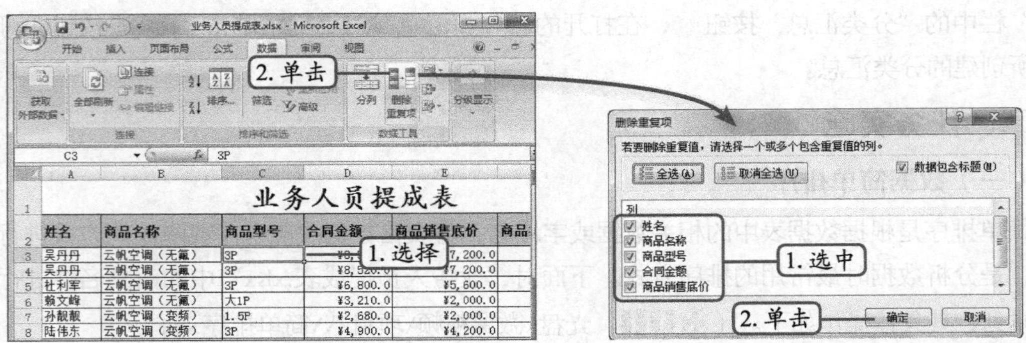

图8-4　删除重复项　　图8-5　设置删除条件

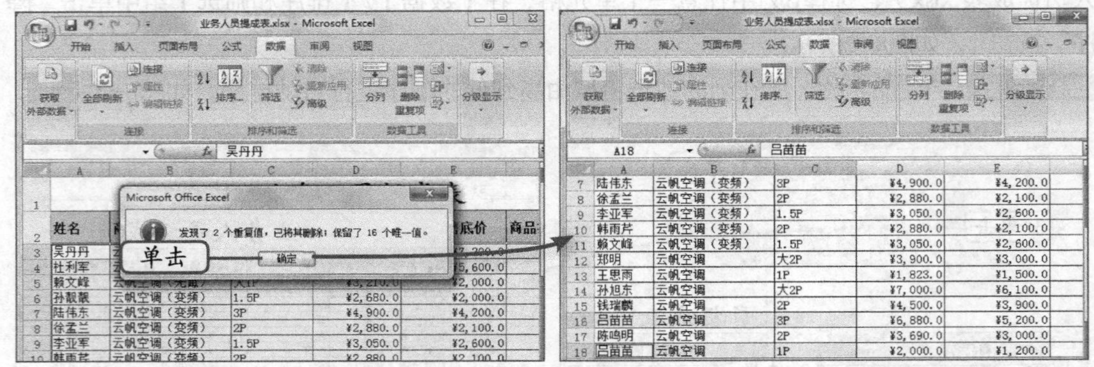

图8-6　确认删除　　图8-7　删除效果

（三）数据多重排序

在对数据表中的某一字段进行排序时，出现一些记录含有相同数据而无法正确排序的情况，此时就需要另设其他条件来对含有相同数据的记录进行排序。下面对“业务人员提成表.xlsx”进行多重排序，其具体操作如下。（拓展微课：光盘\微课视频\项目八\复杂排序.swf）

STEP 1　选择任意单元格，在【数据】/【排序和筛选】组中单击“排序”按钮，如图8-8所示。

STEP 2　打开“排序”对话框，在“主要关键字”下拉列表中选择“姓名”选项，在“排序依据”下拉列表中选择“数值”选项，在“次序”下拉列表中选择“升序”选项，如图8-9所示。

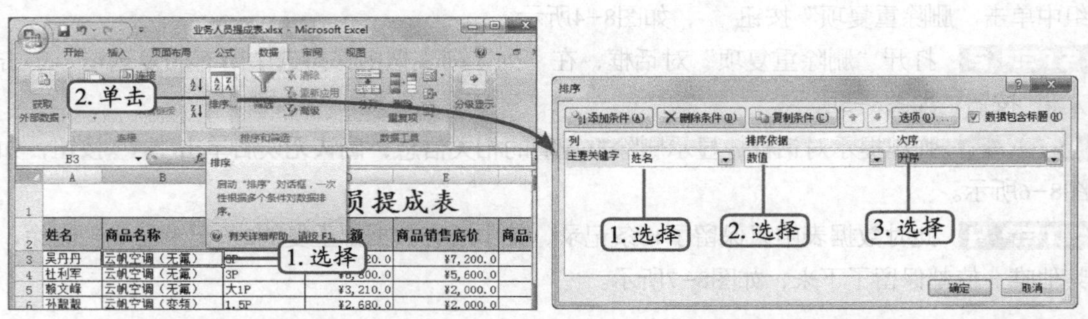

图8-8　数据排序　　图8-9　设置主要关键字

STEP 3 单击[添加条件(A)]按钮，添加“次要关键字”相关选项，将次要排序依据设置为“合同金额、数值、降序”，单击[确定]按钮，如图8-10所示。

STEP 4 此时即可对数据表先按照“姓名”序列升序排序，对于“姓名”列中重复的数据，则按照“合同金额”序列进行降序排序，如图8-11所示。

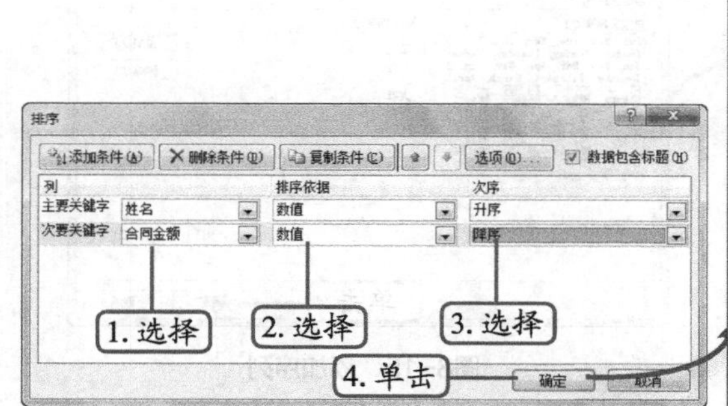

图8-10 设置次要关键字

姓名	商品名称	商品型号	合同金额	商品销售底价
陈鸣明	云帆空调	2P	¥3,690.0	¥3,000.0
杜利军	云帆空调（无氟）	3P	¥6,800.0	¥5,600.0
韩雨芹	云帆空调（变频）	2P	¥2,880.0	¥2,100.0
赖文峰	云帆空调（无氟）	大1P	¥3,210.0	¥2,000.0
赖文峰	云帆空调（变频）	1.5P	¥3,050.0	¥2,600.0
李亚军	云帆空调（变频）	1.5P	¥3,050.0	¥2,600.0
陆伟东	云帆空调（变频）	3P	¥4,900.0	¥4,200.0
吕苗苗	云帆空调	3P	¥6,880.0	¥5,200.0
吕苗苗	云帆空调	1P	¥2,000.0	¥1,200.0
钱瑞麟	云帆空调	2P	¥4,500.0	¥3,900.0
孙靓靓	云帆空调（变频）	1.5P	¥2,680.0	¥2,000.0
孙旭东	云帆空调	大2P	¥7,000.0	¥6,100.0
王思雨	云帆空调	1P	¥1,823.0	¥1,500.0
吴丹丹	云帆空调（无氟）	3P	¥8,520.0	¥7,200.0
徐孟兰	云帆空调（变频）	2P	¥2,880.0	¥2,100.0
郑明	云帆空调	大2P	¥3,900.0	¥3,000.0

图8-11 排序效果

在Excel 2007中，除了可以对数字进行排序外，还可以对字母或文本进行排序，对于字母，升序是从A到Z排列；对于数字，升序是按数值从小到大排列，降序则相反。

（四）数据自定义排序

通常，排序有“升序”和“降序”两种，如果需要将数据按照除升序和降序以外的其他次序进行排列，那么就需要设置自定义排序。下面将“业务人员提成表.xlsx”按照“商品型号”序列排序，次序为“1P→大1P→1.5P→2P→大2P→3P”，其具体操作方法如下。

STEP 1 打开进行排序的工作表，单击Office按钮，在打开的下拉列表中单击[Excel 选项(I)]按钮，如图8-12所示。

STEP 2 打开“Excel 选项”对话框，单击“常用”选项卡，在“使用Excel时采用的首选项”栏中单击[编辑自定义列表(O)...]按钮，如图8-13所示。

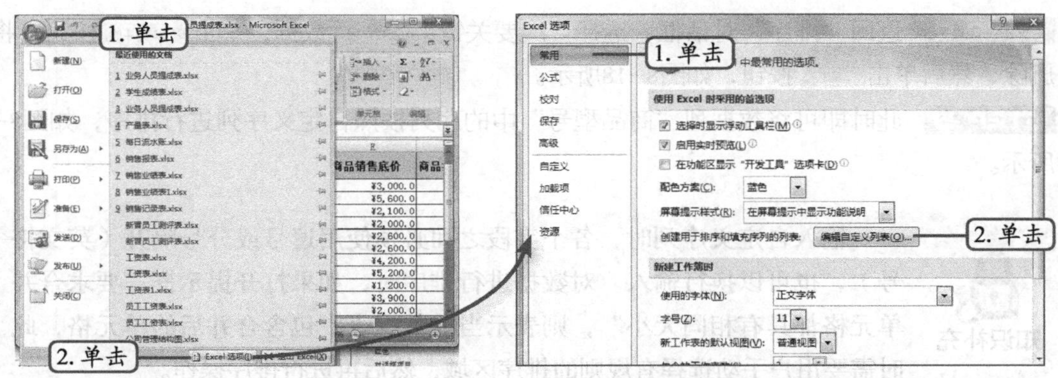

图8-12 设置Excel选项

图8-13 编辑自定义列表

STEP 3 打开"自定义序列"对话框，在"输入序列"文本框中输入新定义的序列"1P,大1P,1.5P,2P,大2P,3P"，单击 添加(A) 按钮，如图8-14所示。

STEP 4 该序列被添加到左侧的"自定义序列"列表框中，单击 确定 按钮，如图8-15所示。

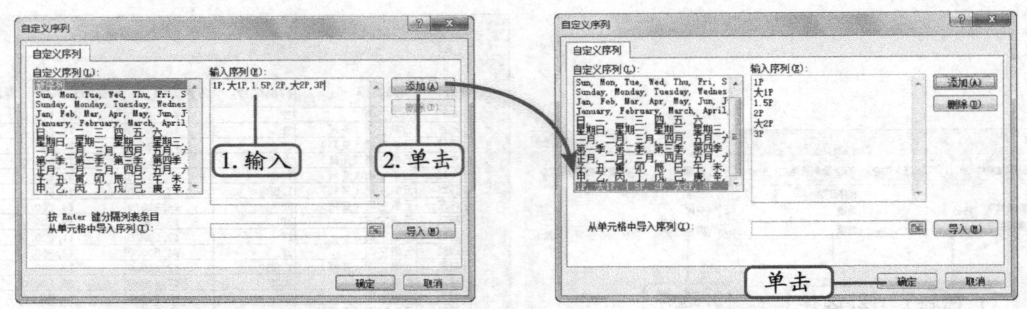

图8-14 输入序列　　图8-15 添加序列

STEP 5 返回"Excel选项"对话框，单击 确定 按钮，在【数据】/【排序和筛选】组中单击"排序"按钮。

STEP 6 打开"排序"对话框，在"主要关键字"下拉列表中选择"商品型号"选项，在"次序"下拉列表中选择"自定义序列"选项，单击 确定 按钮，如图8-16所示。

STEP 7 打开"自定义序列"对话框，在"自定义序列"列表框中选择刚才新建的序列对应的选项，单击 确定 按钮，如图8-17所示。

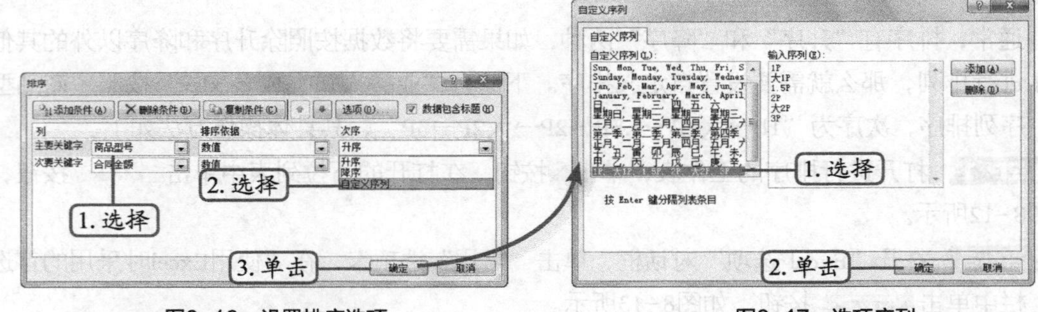

图8-16 设置排序选项　　图8-17 选项序列

STEP 8 返回"排序"对话框，选择"次要关键字"一行数据，单击 删除条件(D) 按钮，将其删除，然后单击 确定 按钮，如图8-18所示。

STEP 9 此时即可将数据列"商品型号"中的序列按照自定义序列进行排序，如图8-19所示。

知识补充

输入自定义序列时，各个字段之间必须使用逗号或分号隔开（英文符号），也可以换行输入。对数据进行排序时，如果打开提示框"要求合并单元格都具有相同大小"，则表示当前数据表中包含合并后的单元格，此时需要用户手动选择有规则的排序区域，然后再进行排序操作。

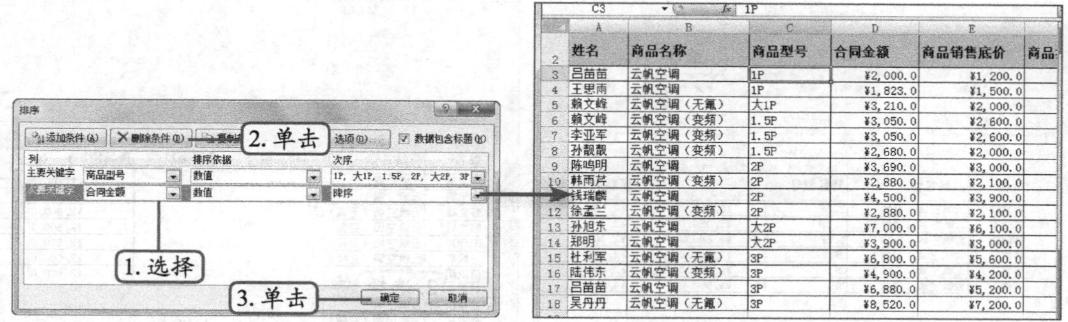

图8-18 删除多余关键字　　图8-19 自定义序列效果

（五）筛选数据

通过“自动筛选”功能可快速筛选出符合条件的字段记录并隐藏其他记录。下面在“业务人员提成表.xlsx”中筛选出“云帆空调（变频）”的销售情况，其具体操作如下。（拓展微课：光盘\微课视频\项目八\自动筛选.swf）

STEP 1 选择数据表中的任意单元格，这里选择C3单元格，在【数据】/【排序和筛选】组中单击“筛选”按钮，此时列标题单元格中右侧自动显示“筛选”按钮，如图8-20所示。

STEP 2 在打开的下拉列表中单击选中“云帆空调（变频）”复选框，单击确定按钮，如图8-21所示，数据表中只显示商品名称为“云帆空调（变频）”的数据信息，其他数据将全部隐藏。

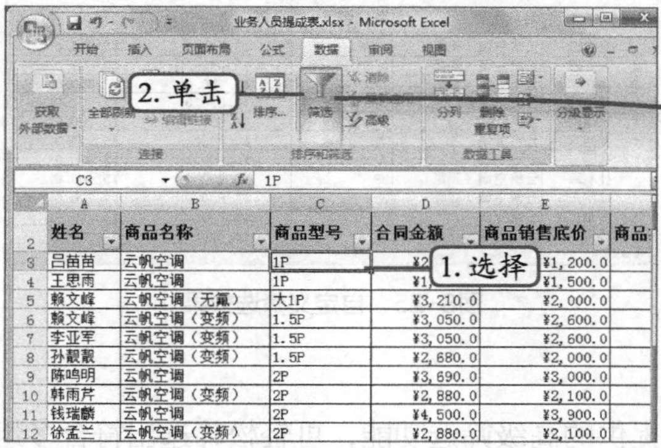

图8-20 筛选数据 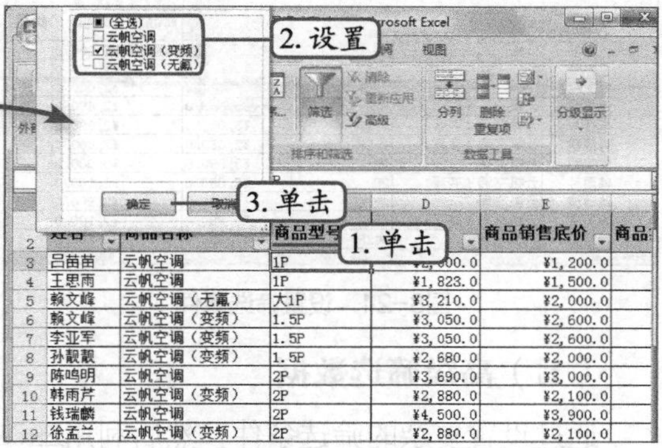　　图8-21 设置筛选条件

（六）自定义筛选数据

自定义筛选一般用于筛选数值型数据，通过设定筛选条件可将符合条件的数据筛选出来。下面在“业务人员提成表.xlsx”中筛选出“合同金额”大于“3000”的数据记录，其具体操作如下。（拓展微课：光盘\微课视频\项目八\自定义筛选.swf）

STEP 1 在【数据】/【排序和筛选】组中单击清除按钮，清除对“商品名称”的筛选操作，如图8-22所示。

STEP 2 单击“合同金额”单元格中的“筛选”按钮，在打开的下拉列表中选择【数字筛选】/【大于】选项，如图8-23所示。

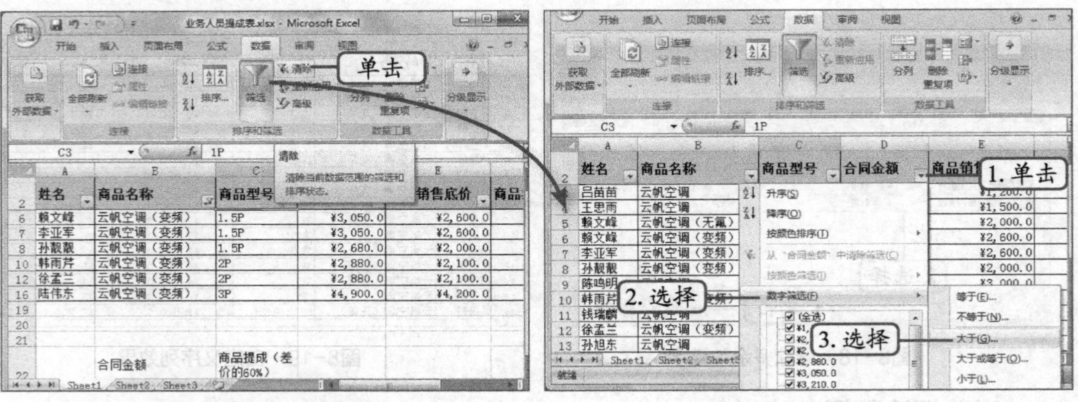

图8-22 清除以前的筛选　　　图8-23 自定义筛选

STEP 3 打开“自定义自动筛选方式”对话框，在“大于”下拉列表框右侧的下拉列表框中输入“3000”，单击[确定]按钮，如图8-24所示。

STEP 4 此时即可在数据表中显示出“合同金额”大于“3000”的数据信息，其他数据将自动隐藏，如图8-25所示。

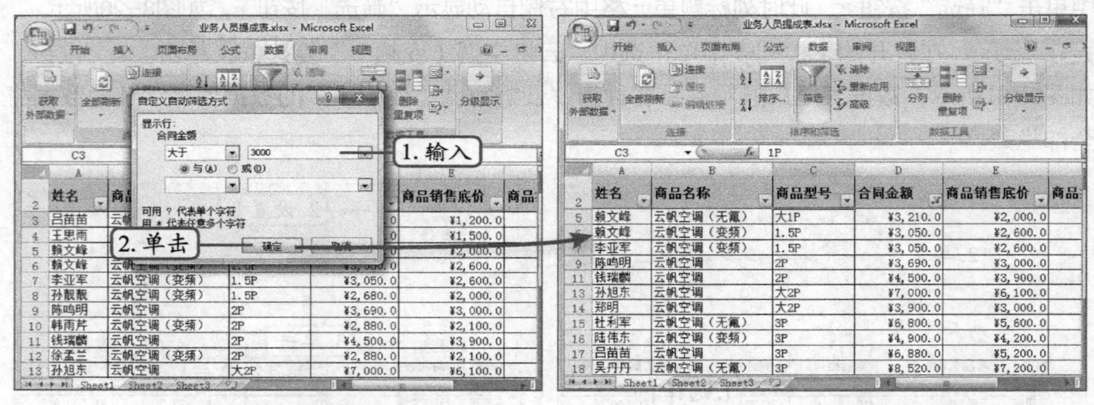

图8-24 设置筛选条件　　　图8-25 自定义筛选效果

（七）高级筛选数据

通过设置复杂的筛选条件，然后利用Excel提供的高级筛选功能，可轻松筛选出符合多组条件的数据记录。下面在“业务人员提成表.xlsx”中筛选出“合同金额”大于“3000”，并且“商品提成”小于“600”的员工，其具体操作如下。

STEP 1 在【数据】/【排序和筛选】组中单击“筛选”按钮，退出数据表的筛选状态。

STEP 2 在数据表以外的区域输入高级筛选条件，这里在B20:C21单元格区域输入“合同金额、>3000、商品提成（差价的60%）、<600”，如图8-26所示。

STEP 3 选择A2:F18单元格区域，单击“排序和筛选”组中的[高级]按钮，如图8-27所示。

STEP 4 打开“高级筛选”对话框，在“条件区域”文本框中输入“$B$20:$C$21”，单击[确定]按钮，如图8-28所示。

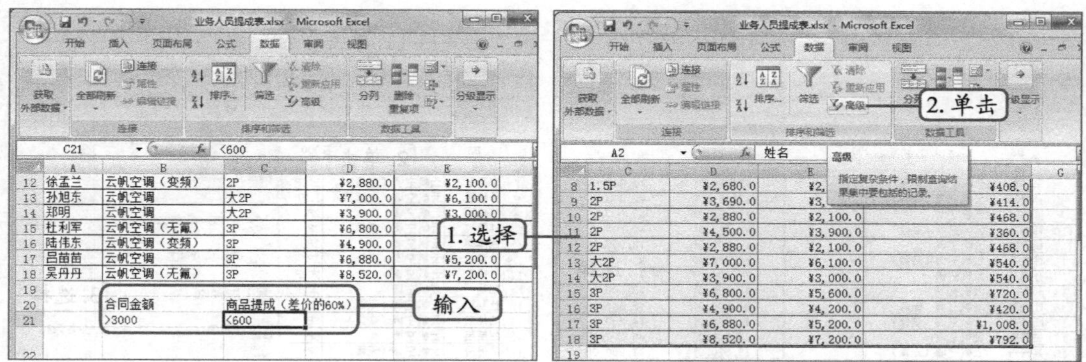

图8-26 输入筛选条件　　图8-27 高级筛选

STEP 5 此时即可在原数据表中显示出符合筛选条件的数据记录，如图8-29所示。

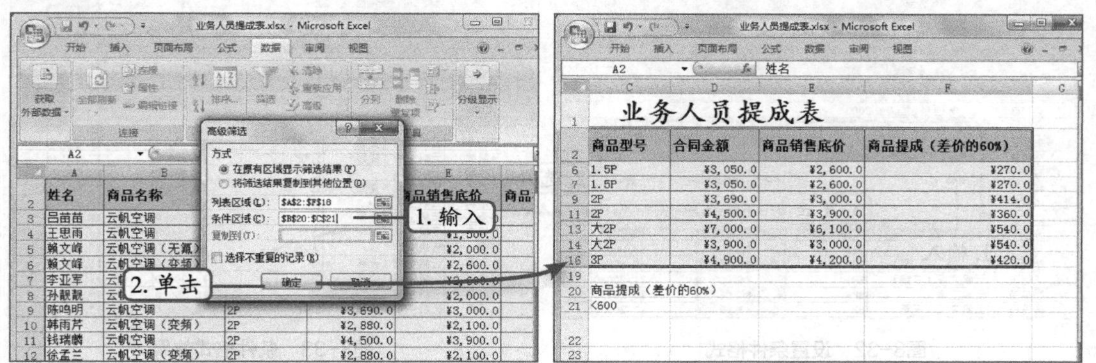

图8-28 设置筛选条件区域　　图8-29 高级筛选效果

在“高级筛选”对话框中单击选中“将筛选结果复制到其他位置”单选项后，将自动激活“复制到”文本框，在该文本框中输入一个单元格区域，可以将筛选结果显示到该区域。

（八）使用条件格式

条件格式用于将数据表中满足指定条件的数据以特定的格式显示出来，从而便于直观查看与区分数据。下面在“业务人员提成表.xlsx”中将“合同金额”大于“6000”的单元格填充为浅红色，其具体操作如下。

STEP 1 清除对数据表的筛选操作，选择D3:D18单元格区域，如图8-30所示。

STEP 2 在【开始】/【样式】组中单击“条件格式”按钮，在打开的下拉列表中选择【突出显示单元格规则】/【大于】选项，如图8-31所示。

STEP 3 打开“大于”对话框，在文本框中输入“6000”，在“设置为”下拉列表中选择“浅红色填充”选项，单击确定按钮，如图8-32所示。

STEP 4 此时即可将D3:D18单元格区域中大于“6000”的单元格自动填充为浅红色，如图8-33所示。

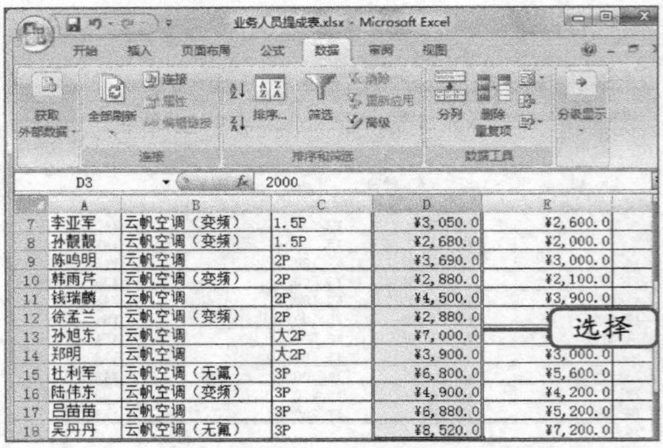

图8-30　选择条件区域

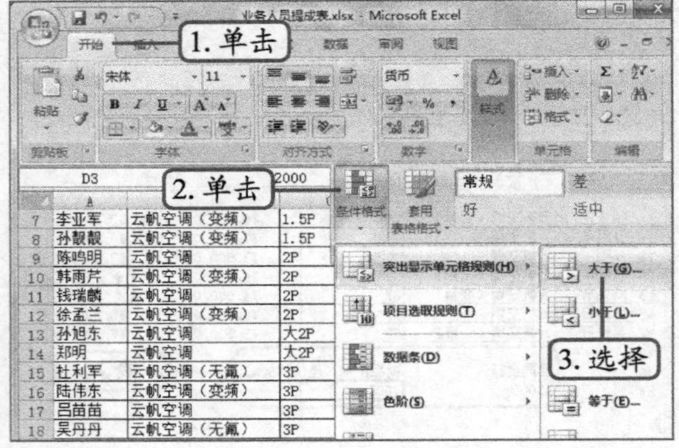

图8-31　选择条件规则

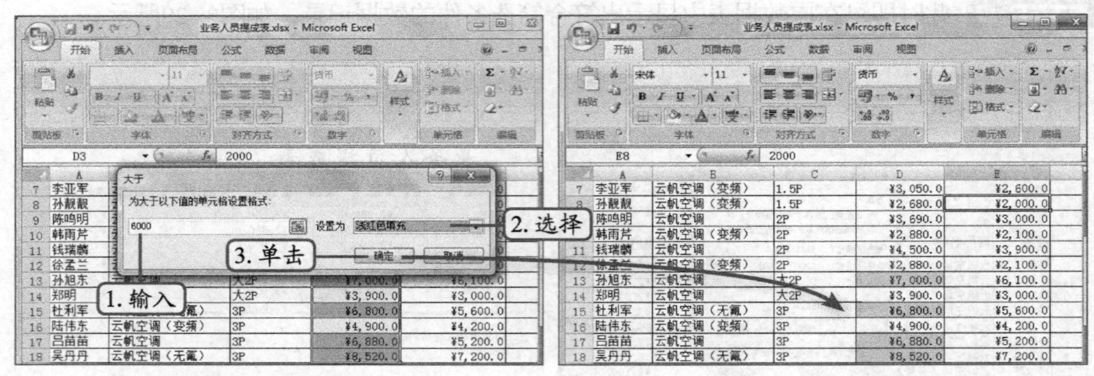

图8-32　设置条件格式

图8-33　条件格式效果

（九）分类汇总

分类汇总就是将数据表按照特定的某一关键序列，对相应的数据进行汇总，汇总结果可以是求和、求平均值等。下面为“业务人员提成表.xlsx”中的数据进行分类汇总，其具体操作如下。（拓展微课：光盘\微课视频\项目八\分类汇总.swf）

STEP 1　选择任意一个单元格，在【数据】/【排序和筛选】组中单击“升序”按钮，如图8-34所示。

STEP 2　单击“分级显示”组中的“分类汇总”按钮，如图8-35所示。

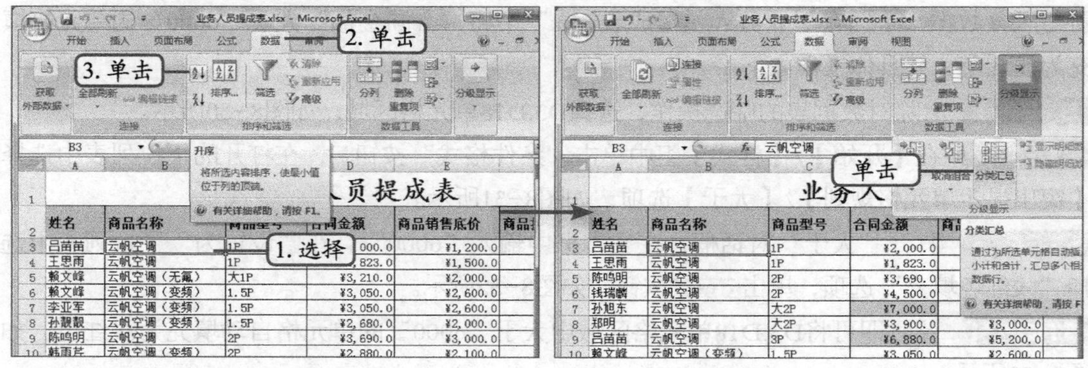

图8-34　数据排序

图8-35　分类汇总

STEP 3 打开“分类汇总”对话框，在“分类字段”下拉列表中选择“商品型号”选项，在“汇总方式”下拉列表中选择“求和”选项，在“选定汇总项”列表框中单击选中“合同金额”复选框，单击确定按钮，如图8-36所示，此时即可对数据表进行分类汇总，同时直接在表格中显示汇总结果。

STEP 4 在工作簿中复制一份“Sheet1”工作表，然后切换到复制后的“Sheet1（2）”工作表中，并将其命名为“分类汇总”，如图8-37所示。返回“Sheet1”工作表，将其中的分类汇总删除（最终效果参见：效果文件\项目八\任务一\业务人员提成表.xlsx）。

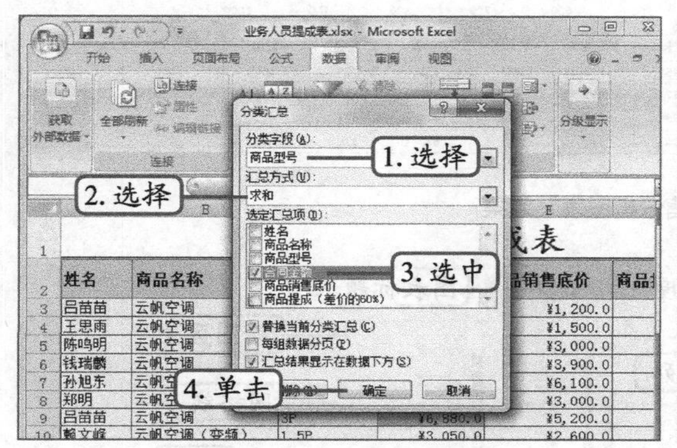

图8-36　设置分类汇总

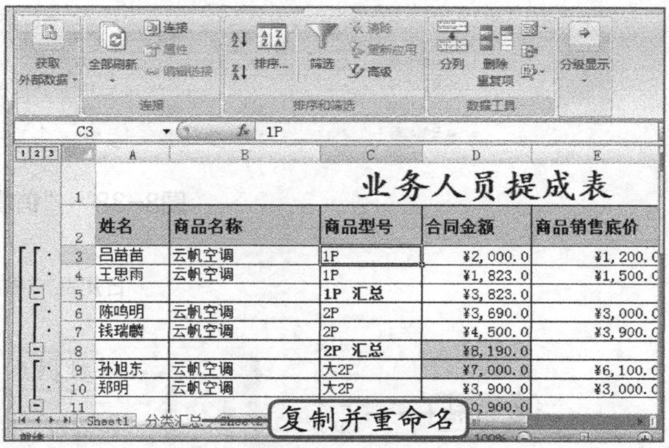

图8-37　复制工作表

任务二　制作“销售分析图表”

图表用于将数据表中的数据以图例的方式显示出来，便于用户更加直观地查看数据的分布、趋势、各种规律。图表也是Excel中非常重要的一项功能，主要用于配合数据表以不同的层面来表现数据，在日常办公中的使用频率较高。

一、 任务目标

本任务将练习用Excel制作“销售分析图表”，制作时先创建图表，然后对图表进行修改、设置样式和格式等操作。通过本任务的学习，可以掌握在Excel制作图表的各种相关操作。本任务制作完成后的最终效果如图8-38所示。

二、相关知识

为了使表格中的数据看起来更直观，可将数据以图表的形式显示。在Excel中，图表能清楚显示各个数据的大小和变化情况，以帮助用户分析数据，查看数据的差异、走势以及预测发展趋势。下面介绍Excel中图表的组成和常见类型。

1. 图表的组成

图表是重要的数据分析工具之一，将工作表中的数据由单一的表格形式转换为图表形式，能让数据更清楚、更容易理解。一张完整的图表主要包括图表区、图表标题、坐标轴（分类轴和数值轴）、绘图区、数据系列、网格线、图例，图8-39所示为柱形图的图表。

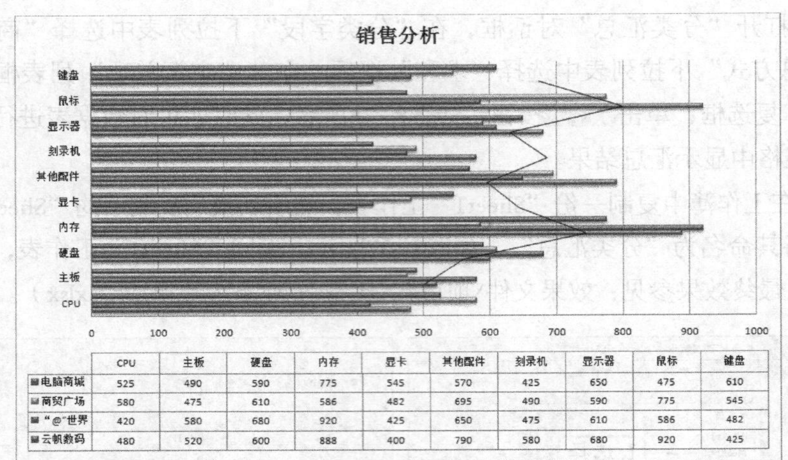

	CPU	主板	硬盘	内存	显卡	其他配件	刻录机	显示器	鼠标	键盘
电脑商城	525	490	590	775	545	570	425	650	475	610
商贸广场	580	475	610	586	482	695	490	590	775	545
“@”世界	420	580	680	920	425	650	475	610	586	482
云帆数码	480	520	600	888	400	790	580	680	920	425

图8-38　“销售分析图表”效果

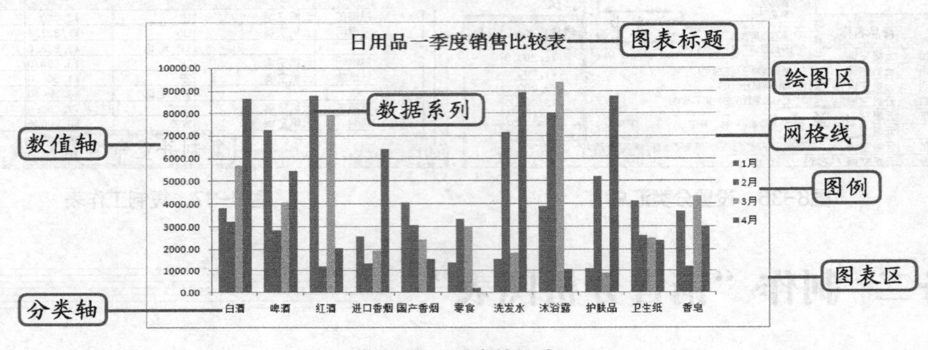

图8-39　图表的组成

2. 图表的类型

Excel提供了10多种标准类型和多个自定义类型图表，如柱形图、条形图、折线图、饼图、XY散点图、面积图等。用户可为不同的表格数据选择合适的图表类型，使信息突出显示，让图表更具阅读性。

- **柱形图**：柱形图用于显示一段时间内数据的变化，或描绘各项目之间数据的比较，它强调一段时间内类别数据值的变化。
- **条形图**：条形图用于描绘各项目之间数据的差异，它常应用于分类标签较长的图表的绘制中，以免出现柱形图中对长分类标签省略的情况。
- **折线图**：折线图用于显示等时间间隔数据的变化趋势，它强调的是数据的时间性和变动率。
- **饼图**：饼图主要用于显示每一数值在总数值中所占的比例。它只能显示一个系列的数据比例关系，如果有几个系列同时被选中，只会显示其中的一个系列。
- **散点图**：散点图类似于折线图，它可以显示单个或者多个数据系列的数据在时间间隔条件下的变化趋势，常用于比较成对的数据。
- **面积图**：面积图又称区域图，强调数量随时间而变化的程度，也可用于引起人们对总值趋势的注意。堆积面积图还可以显示部分与整体的关系。

- **其他类型**：Excel中还提供了一些其他类型的图表供用户选用，这些图表一般在专业领域或特殊场合中使用，如面积图、雷达图、气泡图、圆锥图等。要了解它们的作用及使用场合，可在【插入】/【图表】组中单击“其他图表”按钮，在打开的下拉列表中选择相应的图表类型，并插入到工作表中。

三、任务实施

（一）创建图表

图表是将数据表以图例的方式进行展现。下面为“销售分析图表.xlsx”（素材参见：素材文件\项目八\任务二\销售分析图表.xlsx）创建图表，其具体操作如下。（拓展微课：光盘\微课视频\项目八\创建图表.swf）

STEP 1 选择A2:F12单元格区域，在【插入】/【图表】组中单击“柱形图”按钮，在打开的下拉列表的“二维柱形图”栏中选择“簇状柱形图”选项，如图8-40所示。

STEP 2 此时即可在当前工作表中插入柱形图，将鼠标指针指向图表中的某一系列，即可查看该商品在指定商城的销售数据，如图8-41所示。

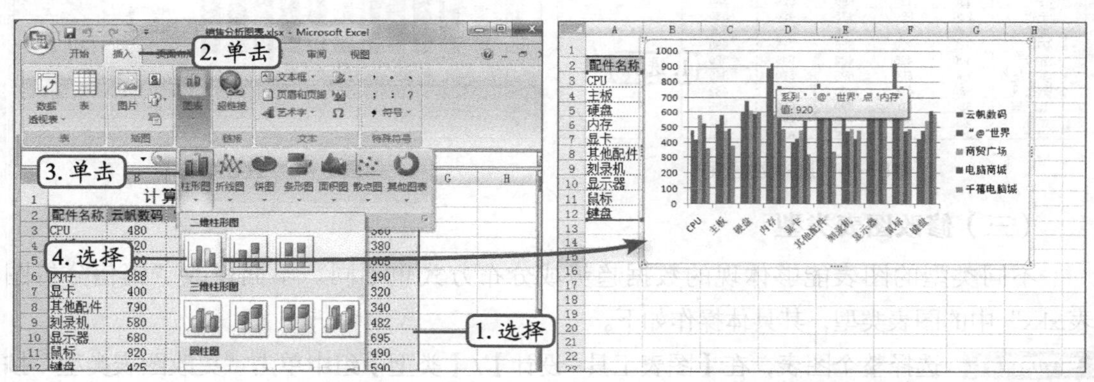

图8-40　插入图表　　　　图8-41　查看图表效果

（二）修改图表数据

图表依据数据表所创建，若创建图表时选择的数据区域有误，那么在创建图表后，就需要重新选择图表数据源。下面修改“销售分析图表.xlsx”中图表的数据源，其具体操作如下。

STEP 1 单击“图表区”选择插入的整个图表，在【图表工具-设计】/【数据】组中单击“选择数据”按钮，如图8-42所示。

STEP 2 打开“选择数据源”对话框，单击“图表数据区域”框中的“收缩”按钮，如图8-43所示。

STEP 3 拖曳鼠标选择A2:E12单元格区域，单击收缩对话框中的“展开”按钮，如图8-44所示。

STEP 4 返回“选择数据源”对话框，单击 确定 按钮，在图8-45中，可以看到图表数据系列发生了相应的变化，即图表中没有显示“千禧电脑城”的销售数据。

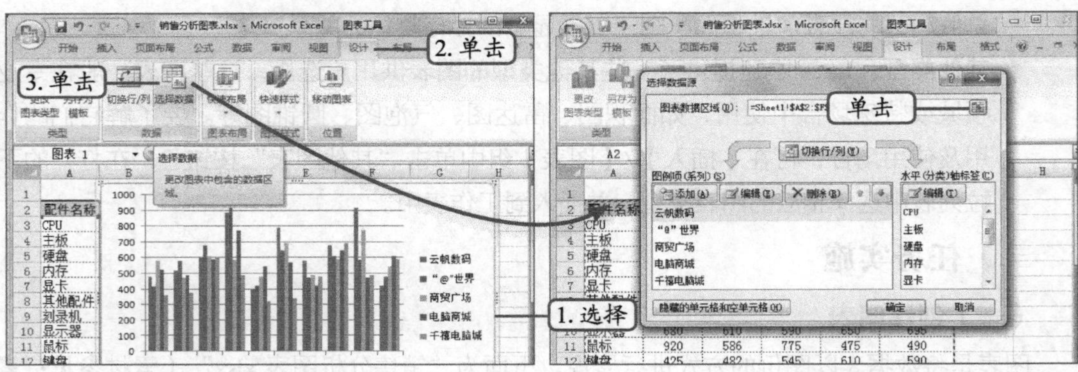

图8-42 选择操作　　图8-43 "选择数据源"对话框

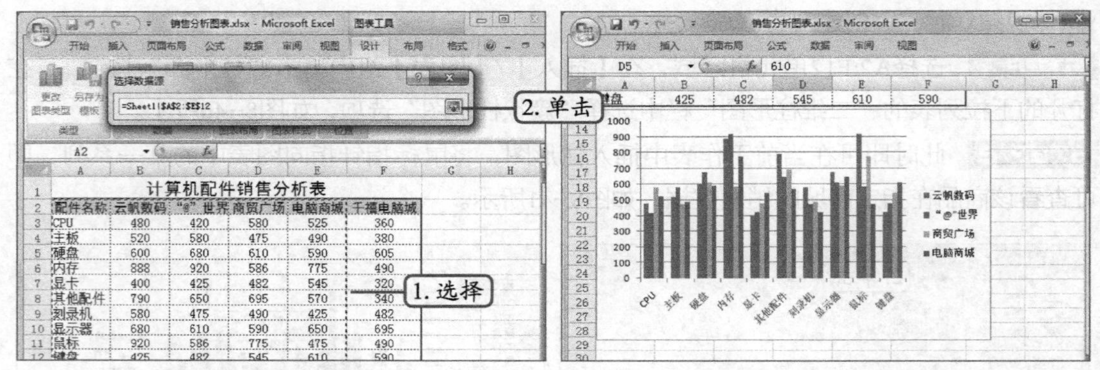

图8-44 选择数据源　　图8-45 查看效果

（三）修改图表类型

不同类型的图表能够体现的数据趋势或分布方式也不同。下面修改"销售分析图表.xlsx"中的图表类型，其具体操作如下。

STEP 1 选择整个图表，在【图表工具-设计】/【类型】组中单击"更改图表类型"按钮，如图8-46所示。

STEP 2 打开"更改图表类型"对话框，在右侧列表中选择要更改的图表样式，单击「确定」按钮，如图8-47所示，可以看到图表的类型与样式发生了变化。

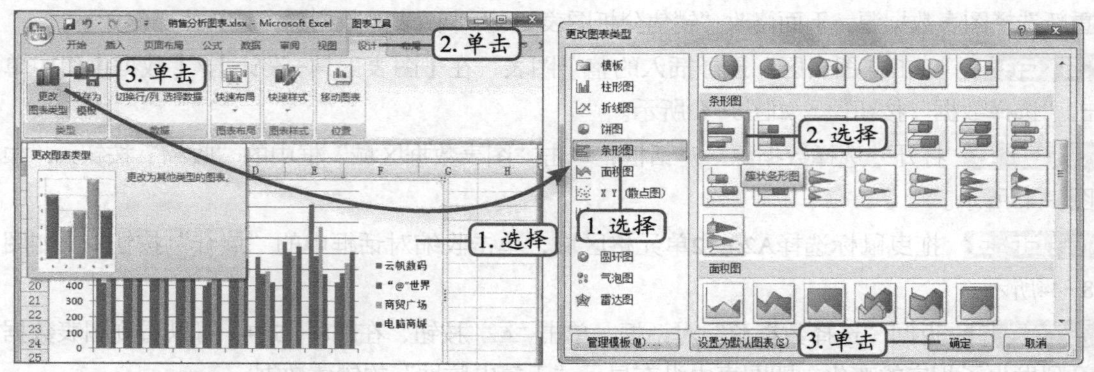

图8-46 修改图表类型　　图8-47 选择类型

（四）设置图表样式和布局

Excel 2007提供了丰富的图表样式和布局方式，为了使图表更加美观，还可以设置一种最佳的样式和布局。下面设置“销售分析图表.xlsx”中图表的样式和布局，其具体操作如下。

STEP 1 选择整个图表，在“图表样式”组的列表框中选择“样式26”选项，如图8-48所示，此时即可更改所选图表样式。

STEP 2 保持图表的选择状态，在“图表布局”组“快速布局”列表框中选择“布局5”选项，如图8-49所示，此时即可更改所选图表的布局，图表中将同时显示数据表与图表。

图8-48 设置图表样式　　图8-49 设置图表布局

（五）设置图表格式

一个完整的图表由多个图表对象组成，包括绘图区、图例、水平坐标轴、垂直坐标轴、网格线等。在工作表中插入图表后，即可单独对图表中各个对象的格式进行设置。下面设置“销售分析图表.xlsx”中数据条和网格线的格式，其具体操作如下。

STEP 1 在数据系列中单击任意一条绿色数据条，这里选择“商贸广场”系列，选择【图表工具 格式】/【形状样式】/【强烈效果-强调颜色6】选项，如图8-50所示，更换该数据条的颜色。

STEP 2 单击绘图区中任意一条网格线，在“形状样式”组的列表中选择“细线-强调颜色3”样式，如图8-51所示，更改网格线格式。

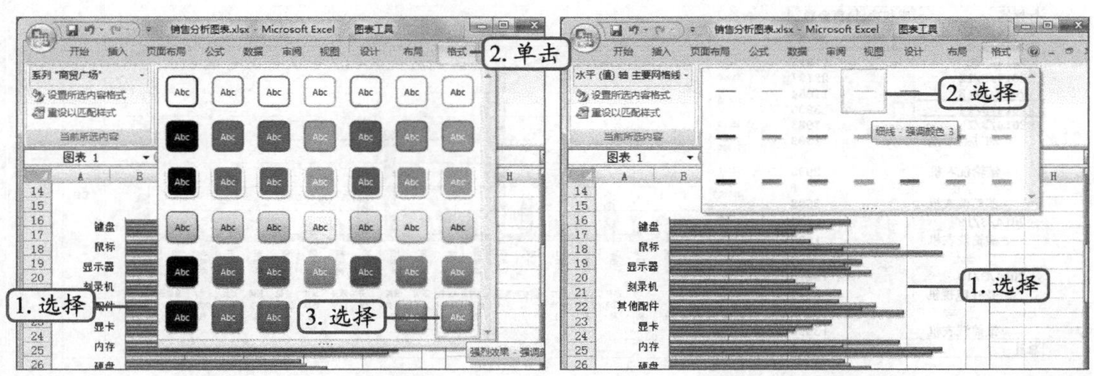

图8-50 设置数据条格式　　图8-51 设置网格线格式

（六）添加趋势线

趋势线用于对图表数据的分布与规律进行标识，从而使用户直观地了解数据的变化趋势。下面为“销售分析图表.xlsx”中的图表添加趋势线，其具体操作如下。

STEP 1 选择图表中的“云帆数码”数据系列，在【布局】/【分析】组中单击“趋势线”按钮，在打开的下拉列表中选择“双周期移动平均”选项，如图8-52所示。

STEP 2 此时可为图表中的“云帆数码”数据系列添加趋势线，然后在图表中输入图表的名称，如图8-53所示（最终效果参见：效果文件\项目八\任务二\销售分析图表.xlsx）。

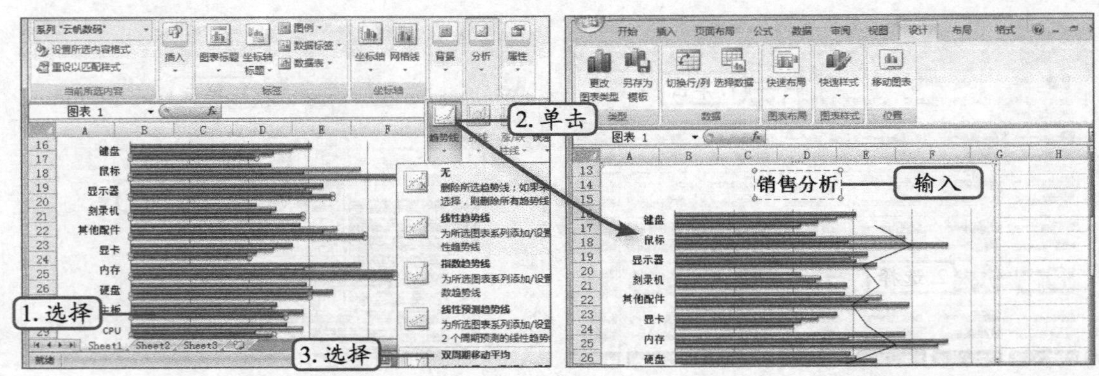

图8-52 设置趋势线　　图8-53 输入标题

任务三 分析“销售清单”

数据透视表和数据透视图是Excel进行数据分析的重要工具，它们以报表和图形的方式按需组合数据，满足用户不同的汇总与分类需求。下面具体介绍相关的知识。

一、任务目标

本任务将练习用Excel来分析“销售清单”，在制作时主要操作是创建数据透视表和数据透视图。通过本任务的学习，可以掌握数据透视图和透视表的基本操作。本任务完成后制作的数据透视表和数据透视图的效果如图8-54所示。

行标签	求和项:销售金额
2014/3/1	20136
2014/3/4	50531
2014/3/9	11815
2014/3/12	22797
2014/3/13	11664
2014/3/14	3999
2014/3/15	7983
24寸显示器	1399
张秀琴	1399
波轮洗衣机	2996
李佳雨	2996
滚筒洗衣机	3588
2014/3/18	1998
波轮洗衣机	1998
李佳雨	1998
2014/3/19	16275
42寸电视机	2279
张秀华	2279
滚筒洗衣机	13996
总计	147198

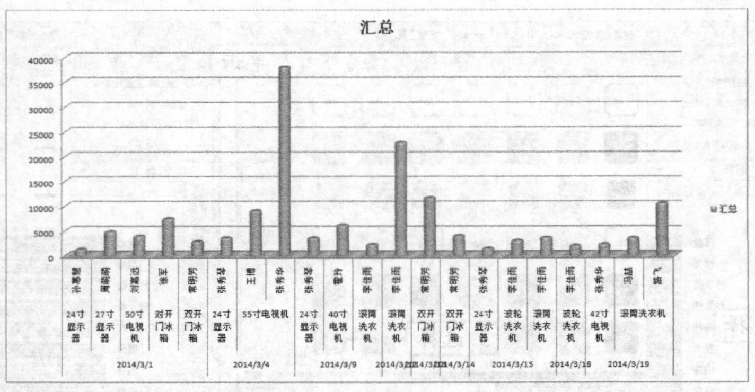

图8-54 “销售清单”的数据透视图表

二、相关知识

利用数据透视表和透视图能更加直观地查看工作表中的数据，并可方便地对数据进行对比与分析。数据透视表与透视图都是利用数据库进行创建的，但它们是两个不同的概念。

- **数据透视表**：数据透视表是Excel中具有强大分析能力的工具，它能将大量繁杂的数据转换成可以用不同方式进行汇总的交互式表格。
- **数据透视图**：数据透视图是数据透视表的一个图形形式，它能准确地显示透视表中的数据。

数据透视图和数据透视表是相连的，改变了数据透视表，数据透视图将发生变化；反之，改变了数据透视图，数据透视表也将发生变化。在数据透视表中，可以很容易地改变数据透视表的布局，调整字段按钮显示不同的数据，同时在数据透视图中也可以实现，且只需改变数据透视图中的字段即可。

三、任务实施

（一）创建数据透视表

要创建数据透视表的数据必须以数据库的形式存在，数据库可以存储在工作表中或外部数据库中，一个数据库表可以包含任意数量的数据字段和分类字段，但在分类字段中的数值应以行、列、页的形式出现在数据透视表中。下面为“销售清单.xlsx”中的数据创建数据透视表，其具体操作如下。（拓展微课：光盘\微课视频\项目八\创建数据透视表.swf）

STEP 1 打开素材文件“销售清单.xlsx”（素材参见：素材文件\项目八\任务三\销售清单.xlsx），选择A2:F23单元格区域，在【插入】/【表格】组中单击“数据透视表”按钮，如图8-55所示。

STEP 2 打开“创建数据透视表”对话框，由于之前已经选定了数据，因此这里单击选中“选择放置数据透视表的位置”栏中的“现有工作表”单选项，在“位置”文本框中输入具体存放位置，这里输入“Sheet1!H3”，单击确定按钮，如图8-56所示。

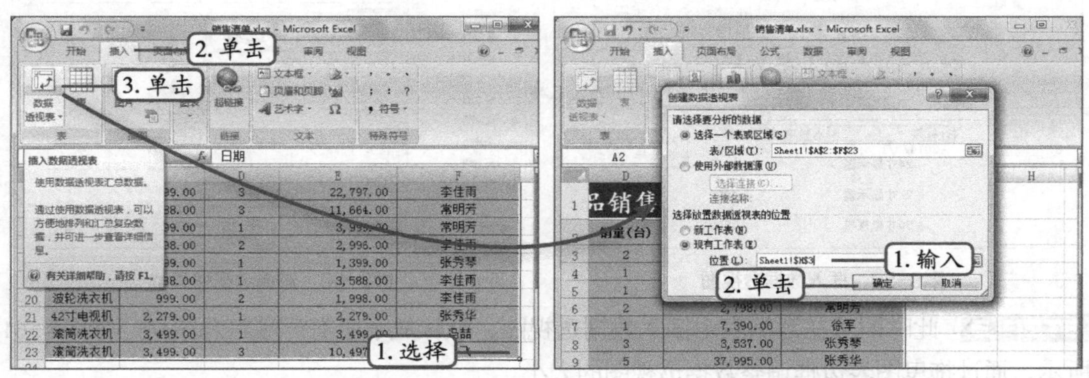

图8-55　插入数据透视表　　　　图8-56　设置透视表的放置位置

STEP 3 此时将在H3单元格起始位置显示空白的数据透视表，并同时打开“数据透视表字段列表”窗格，选中要添加到数据透视表中的字段，这里选中“日期”、“产品名称”、

“销售金额”、“销售员”4个复选框。此时所选字段将自动添加到“行标签”和“数值”区域，如图8-57所示。

STEP 4 在【数据透视表工具-设计】/【数据透视表样式】组中选择任意一种预设样式，这里选择“数据透视表样式浅色10”选项，如图8-58所示。

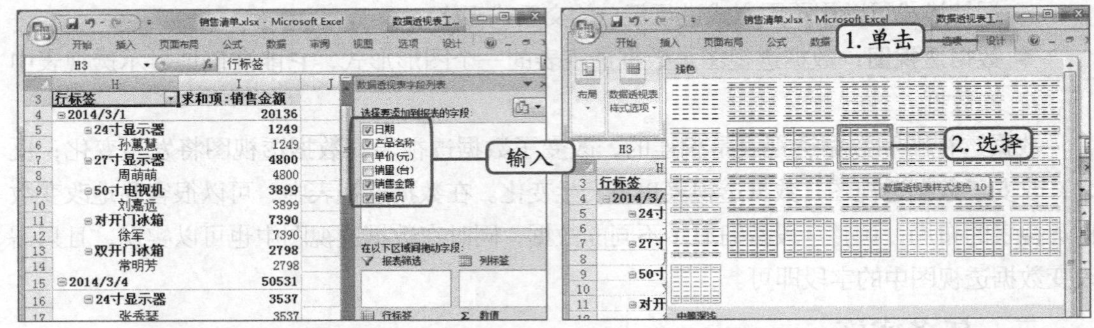

图8-57 设置透视表中字段　　图8-58 设置透视表样式

（二）创建数据透视图

为了直观查看数据情况，还可根据数据透视表进一步制作数据透视图。下面根据“销售清单.xlsx”数据透视表创建数据透视图，其具体操作如下。（拓展微课：光盘\微课视频\项目八\创建数据透视图.swf）

STEP 1 在【数据透视表工具-选项】/【工具】组中单击“数据透视图”按钮，如图8-59所示。

STEP 2 打开“插入图表”对话框，在其中选择一种图表样式，这里在“柱形图”栏中选择第二行第一个选项，单击确定按钮，如图8-60所示。

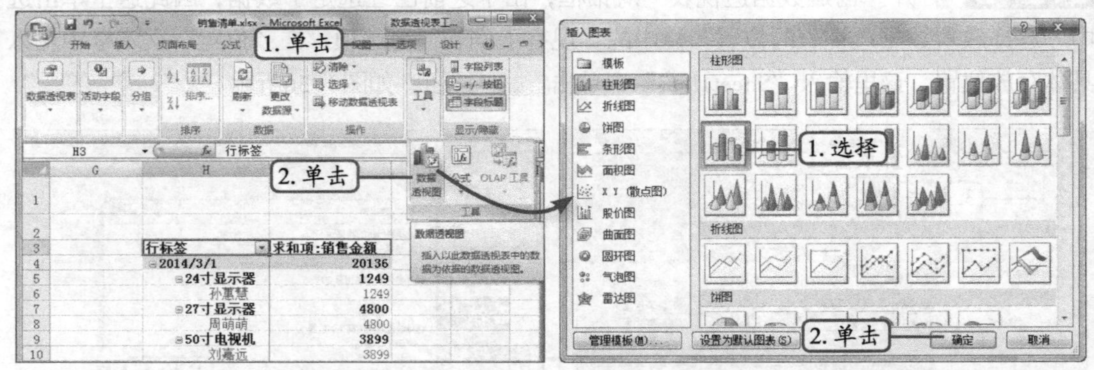

图8-59 插入数据透视图　　图8-60 选择透视图类型

STEP 3 此时即可在数据表中插入数据透视图，默认显示所有产品汇总图例，如图8-61所示，通过拖曳图表边框调整数据透视图的大小。

STEP 4 在【数据透视图工具-设计】/【图表样式】组中选择任意一种预设样式，这里选择“样式29”选项，如图8-62所示（最终效果参见：效果文件\项目八\任务三\销售清单.xlsx）。

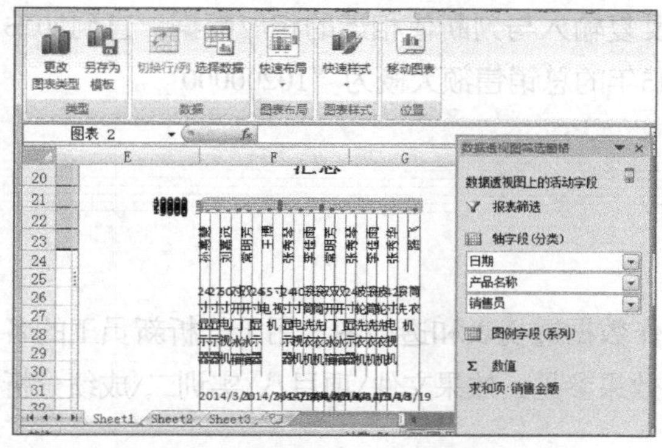

图8-61 创建数据透视图

图8-62 设置透视图样式

实训一 制作“预测图表”

【实训要求】

公司销售部需要根据近几年的销售业绩，制作一个产品销售的预测图表。要求利用Excel的图表功能制作并美化。本实训的参考效果如图8-63所示（最终效果参见：效果文件\项目八\实训一\预测图表.xlsx）。

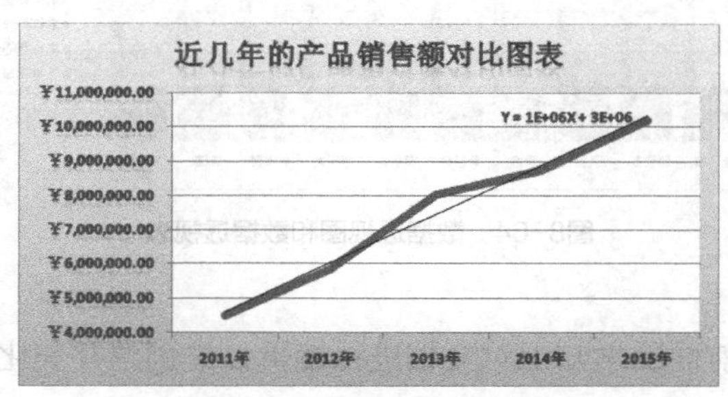

图8-63 “预测图表”工作簿

【实训思路】

本实训先通过“预测图表.xlsx”中的数据创建图表，然后对图表进行编辑和美化，最后利用趋势线分析数据。

【步骤提示】

STEP 1 打开素材文件（素材参见：素材文件\项目八\实训一\预测图表.xlsx），选择A2:B7单元格区域作为创建图表的数据区域。

STEP 2 插入折线图，移动图表区位置，输入标题文本，设置“无”标签。

STEP 3 设置垂直（值）轴的最小值为“4000000”，设置图表样式为“样式30”。

STEP 4 设置图表区的格式为“细微效果-蓝色、强调颜色1”，艺术字样式为“渐变填充、强调文字颜色4、映像”。

STEP 5 在“高度”和“宽度”数值框中分别输入“8”和“15”。

STEP 6 添加线性趋势线，自定义设置趋势线格式，选中“显示公式”复选框。

STEP 7 返回工作表中，选择B7单元格，反复输入与判断值相近的相应数据，直到2015年的折线图与趋势线相重合时，即可预测出2015年的总销售额大概为“10200000”。

实训二 编辑数据透视图表

【实训要求】

公司要求根据新入职员工的考试成绩，制作数据透视表和透视图，用于分析新员工的各项个人能力。其最终效果如图8-64所示（最终效果参见：效果文件\项目八\实训二\成绩分析图表.xlsx）。

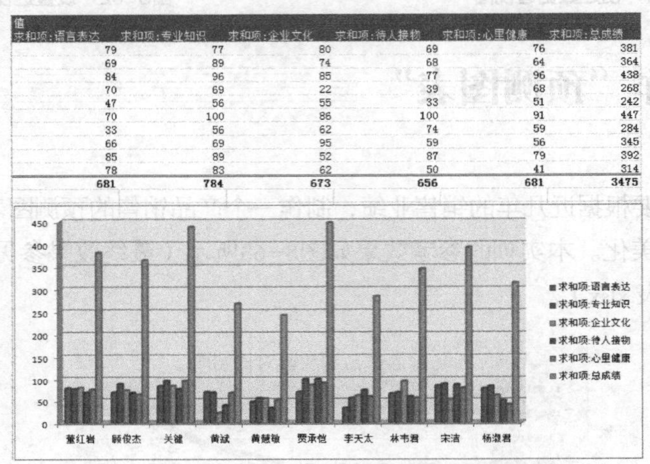

值 求和项:语言表达	求和项:专业知识	求和项:企业文化	求和项:待人接物	求和项:心里健康	求和项:总成绩
79	77	80	69	76	381
69	89	74	68	64	364
84	96	85	77	96	438
70	69	22	39	68	268
47	56	55	33	51	242
70	100	86	100	91	447
33	56	62	74	59	284
66	69	95	59	56	345
85	89	52	87	79	392
78	83	62	50	41	314
681	**784**	**673**	**656**	**681**	**3475**

图8-64 数据透视图和数据透视表

【实训思路】

本实训可综合运用前面所学知识对文档进行编辑，先创建并美化数据透视表，然后创建和美化数据透视图。

【步骤提示】

STEP 1 打开成绩分析图表工作簿（素材参见：素材文件\项目八\实训二\成绩分析图表.xlsx），选择数据源中的任意单元格，创建数据透视图表。

STEP 2 数据透视表需要创建在新的工作表中，单击选中除“工号”、“性别”外所有字段对应的复选框，为数据透视图表添加字段，并设置样式为“数据透视表样式中等深浅2”。

STEP 3 根据创建的数据透视表创建数据透视图，设置样式为“样式34”。

常见疑难解析

问：英文排序时的升序和降序是以什么为依据进行排列的？可以按人名的姓氏笔画数进行排序吗？

答：默认情况下，英文是按单词首字母进行排序的，中文是按首字母拼音第一个字母进行排序的。如果要按姓氏笔画数进行排序，可在【数据】/【排序和筛选】组中单击“排序”按钮，打开“排序”对话框，单击选项(O)...按钮，打开“排序选项”对话框，在“方向”栏中单击选中“笔画排序”单选项，然后单击确定按钮应用。

问：如果设置了数据有效性为一个数据段，如“0 ~ 100”。如果其他人输入了无效的单元格数据时，可以设置提醒消息吗？

答：可以。打开“数据有效性”对话框，在“设置”选项卡中设置了允许的类型和来源后，可在“出错警告”选项卡中设置提示信息。在“样式”下拉列表中可选择“停止”、“警告”或“信息”；在“标题”文本框中可输入提示对话框的标题；在“错误信息”文本框中输入提示对话框的提示内容，完成后单击确定按钮。此后，将鼠标光标移动到工作表中的单元格时，将弹出提示信息。若在单元格中输入超过100的数字，将打开警告对话框，提示输入的数据有错误。

问：插入图表时，若显示的横坐标标签或图例系列有误，应该怎样进行修改呢？

答：此时选择图表，然后单击“选择数据”按钮，在打开的“选择数据源”对话框中进行修改。若横坐标标签有误，可以在对话框右侧的“水平（分类）轴标签”栏中单击编辑(T)按钮，在打开的“轴标签”对话框中单击按钮重新选择要显示的区域；若图例系列有误，则在对话框左侧的“图例项（系列）”栏中单击编辑(E)按钮，在打开的“编辑数据系列”对话框中单击按钮分别选择系列名称和系列值名称，完成后单击确定按钮即可。

拓展知识

1. 隐藏工作表中的图表

与工作表中的表格数据一样，图表也是可隐藏的。隐藏图表的方法为在有图表的工作表中按【Ctrl+6】组合键即可隐藏图表，使其只显示其占位符，再次按【Ctrl+6】组合键则完全隐藏图表第3次按【Ctrl+6】组合键又可显示图表。

2. 用柱形宽度表示系列数据所占比例

一般情况下，柱形图都是用高度来表示数据系列的大小，若灵活运用图表还可以同时以柱形宽度来表示该项值点同系列总值的百分比。下面以销售数据与销售收入的比率图表为例讲解，方法为创建一个“销售数据比较”图表，在其中包括的数据系列有“销售成本率”、“销售费用率”、“销售税金率”，分类轴为“月份”。双击选中任意序列，单击鼠标右键，在弹出的快捷菜单中选择“设置数据系列格式”命令，打开“设置数据系列格式”对话框。拖曳“系统重叠”滑块到“100%”，然后拖曳“分类间距”滑块到“0%”，完成后单击关闭按钮。图表中相应的数据系列将以柱形宽度表示所占比例。

课后练习

（1）本次练习将对“电器销售分析图表”（素材参见：素材文件\项目八\课后练习

\电器销量分析图表.xlsx）进行外观设置，着重练习设置图表类型、设置图表样式和布局的操作，效果如图8-65所示（最终效果参见：效果文件\项目八\课后练习\电器销量分析图表.xlsx）。

- 将图表类型设置为“带数据标记的折线图”，图表样式设置为“样式10”。
- 设置横、纵坐标轴标题的位置及内容。
- 设置图表标题，设置图例的位置及填充颜色。
- 设置图表区、绘图区的背景为“图片或纹理填充”，显示次要网格线。

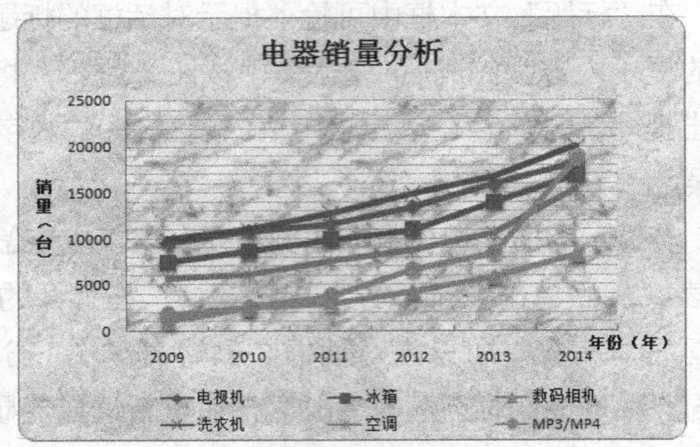

图8-65 “电器销售分析图表”工作簿

（2）本次练习将制作一个“股市行情数据透视表”，并创建数据透视图，练习数据透视表和透视图的使用，效果如图8-66所示（最终效果参见：效果文件\项目八\课后练习\股市行情数据透视表.xlsx、股市行情数据透视图.xlsx）。

- 根据“Sheet1”工作表中的数据（素材参见：素材文件\项目八\课后练习\股市行情.xlsx）创建数据透视表。
- 将数据透视表创建在新工作表中。
- 设置图表类型后创建数据透视图。
- 通过“设计”和“格式”选项卡对数据透视图的样式进行设置。

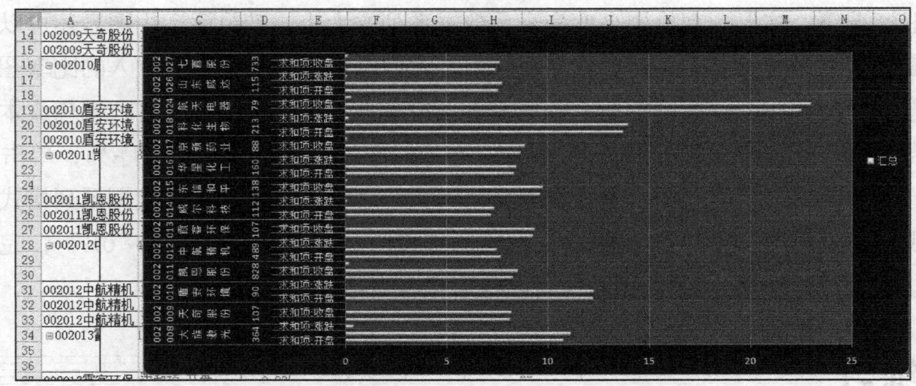

图8-66 股市行情数据透视表和透视图

PART 9 项目九 制作PowerPoint演示文稿

情景导入

阿秀：小白，公司下个月的月会需要制作一个PPT报告，这个任务就交给你了。

小白：PPT就是演示文稿吗？可我不会呀。

阿秀：目前，几乎所有的企业都要制作各种各样的演示文稿。幻灯片是组成演示文稿的元素，制作演示文稿实际上是对多张幻灯片进行编辑。我们可利用PowerPoint创建演示文稿，它主要用于创建形象生动、图文并茂的幻灯片，是制作公司简介、会议报告、产品说明、培训计划、教学课件等演示文稿的首选软件，深受广大用户的青睐。

小白：太好了，我要学习这个软件！

学习目标

- 熟悉和认识PowerPoint 2007的操作界面
- 掌握创建和编辑演示文稿的操作
- 掌握编辑幻灯片的基本操作

技能目标

- 掌握PowerPoint 2007的各种基本操作
- 掌握计划和方案类幻灯片的格式与制作方法

任务一 创建“人员招聘计划”演示文稿

人员招聘计划是企业人事部门制作的主要工作计划之一，主要通过对于企业各部门人员的流动情况进行监督和数据统计分析，对于企业的人才需求提前做出预测。下面使用PowerPoint 2007创建该演示文稿，下面具体介绍其制作方法。

一、任务目标

本任务将练习用PowerPoint 2007制作“人员招聘计划”演示文稿，在制作时可以使用创建和保存样式文稿的操作，以及添加、删除、移动、复制幻灯片的操作。通过本任务的学习，可以掌握演示文稿的基本操作，同时掌握操作幻灯片的基本方法。本任务制作完成后的最终效果如图9-1所示。

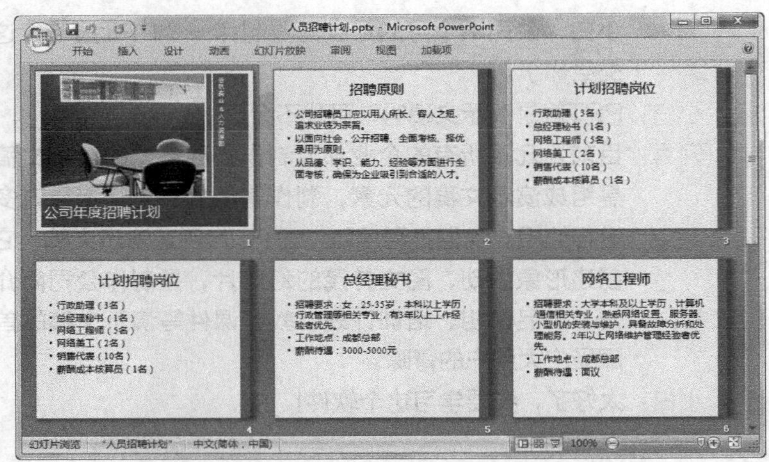

图9-1 “人员招聘计划”演示文稿

上班时间应该按照企业的规定统一着装或着职业套装，并佩戴企业统一制作的身份卡，不要染太突兀的发色，并使用普通话进行交流。

二、相关知识

要学会制作演示文稿，首先需要了解PowerPoint 2007的操作界面，以及新建空白演示文稿的方法。下面分别进行介绍。

1. 认识PowerPoint 2007操作界面

PowerPoint 2007是一款专业且功能强大的演示文稿设计与制作软件，其编辑的对象称为幻灯片，多张幻灯片便组成了一个演示文稿。PowerPoint 2007的工作界面与Office的其他组件有很多相似之处，同样包括标题栏、快速访问工具栏、功能选项卡、状态栏等部分，如图9-2所示。区别之处在于，PowerPoint 2007的工作界面还包括“幻灯片/大纲”窗格、幻灯片编辑区、“备注”窗格3个特殊组成部分，下面将主要对其特殊组成部分的功能进行介绍。

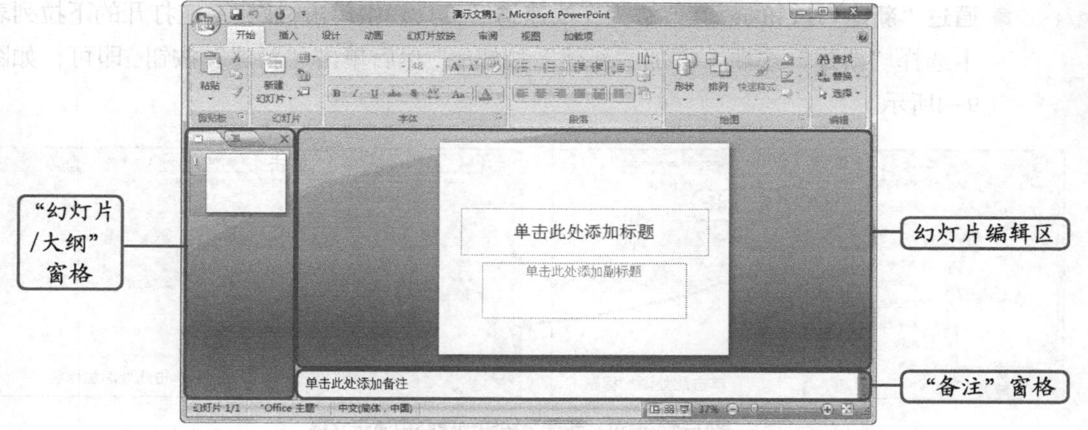

图9-2 PowerPoint 2007操作界面

- **“幻灯片/大纲”窗格**：“大纲”窗格以大纲的形式列出了当前演示文稿中各张幻灯片的文本内容，在其中可以对幻灯片进行切换和文本编辑等操作。“幻灯片”窗格则列出了组成当前演示文稿所有幻灯片的缩略图，在其中可以对幻灯片进行选择、移动、复制等操作，但不能对文本进行编辑。
- **幻灯片编辑区**：幻灯片编辑区是PowerPoint工作界面的核心组成部分，主要用于显示当前幻灯片的内容，用户可在其中对幻灯片进行各种编辑操作。
- **“备注”窗格**：“备注”窗格位于幻灯片编辑区下方，在该窗格中可以对当前幻灯片编辑区中显示的幻灯片内容进行补充说明。

2. 新建空白演示文稿

创建各种演示文稿前都需要新建空白演示文稿，其方法有多种，其中最简便且常用的方法有以下3种。

- **通过“新建”选项**：其方法为单击Office按钮，在面板中选择“新建”选项，打开“新建演示文稿”对话框，在“模板”栏中选择“空白文档和最近使用的文档”选项，在“空白文档和最近使用的文档”栏中选择“空白演示文稿”选项，单击 创建 按钮，如图9-3所示。

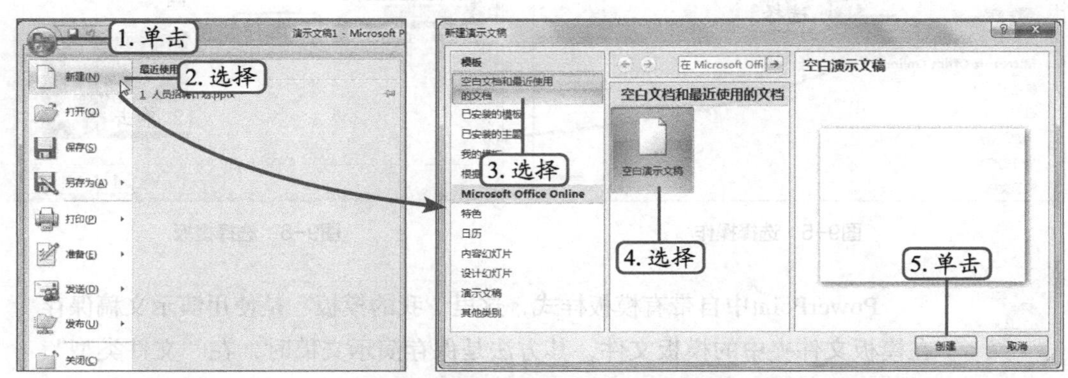

图9-3 通过“新建”选项创建空白演示文稿

● **通过"新建"按钮**：其方法为在快速访问工具栏中单击按钮，在打开的下拉列表中选择"新建"选项，添加"新建"按钮，然后单击"新建"按钮即可，如图9-4所示。

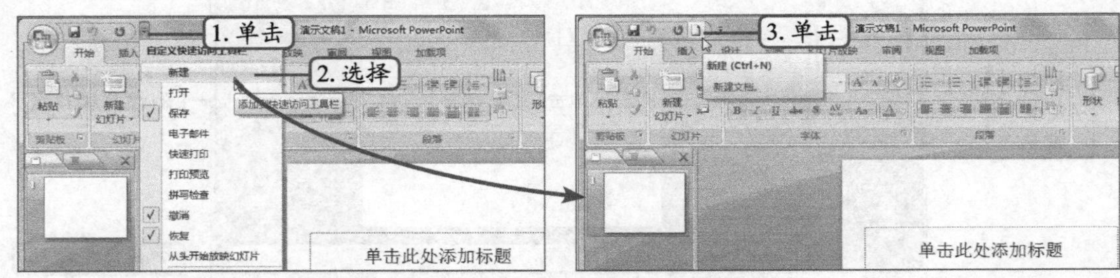

图9-4　通过"新建"按钮创建空白演示文稿

● **通过快捷键**：其方法为启动PowerPoint 2007后，直接按【Ctrl+N】组合键。

三、任务实施

（一）根据模板创建演示文稿

利用模板创建演示文稿能够节省设置模板样式等操作时间，下面就根据模板创建人员招聘计划的演示文稿，其具体操作如下。（**拓展微课**：光盘\微课视频\项目九\创建.swf）

STEP 1　启动PowerPoint 2007，单击Office按钮，在面板中选择"新建"选项。

STEP 2　打开"新建演示文稿"对话框，在"模板"栏中选择"我的模板"选项，如图9-5所示。

STEP 3　在打开对话框的"我的模板"选项卡中选择"人员招聘计划.potx"（素材参见：素材文件\项目九\任务一\人员招聘计划.potx）模板文件，单击确定按钮，如图9-6所示，即可根据该模板文件创建演示文稿。

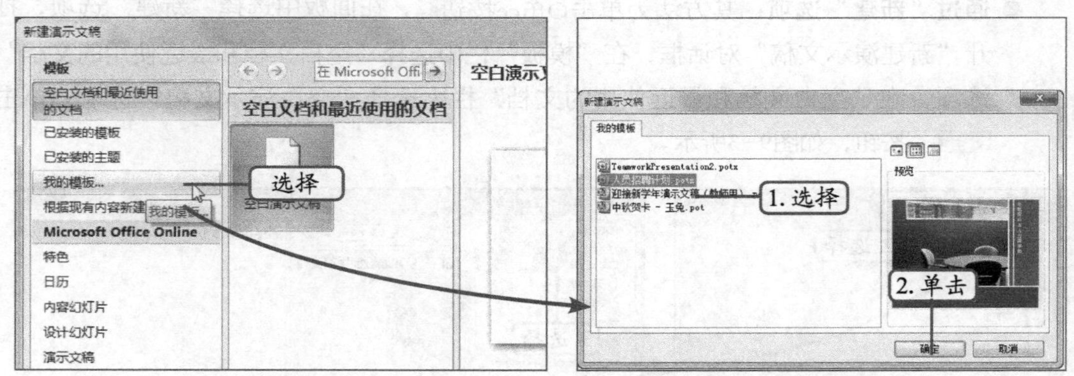

图9-5　选择操作　　　　图9-6　选择模板

知识补充

PowerPoint中自带有模板样式，这里"我的模板"是使用演示文稿保存在模板文件夹中的模板文件，其方法是保存演示文稿时，在"文件类型"下拉列表框中选择"PowerPoint模板（*.potx）"选项。

（二）保存演示文稿

新建文件后可以对其进行保存，下面就将根据模板创建的演示文稿保存为名为“人员招聘计划”的演示文稿，其具体操作如下。（拓展微课：光盘\微课视频\项目九\保存.swf）

STEP 1 单击快速访问工具栏中的“保存”按钮，如图9-7所示。

STEP 2 打开“另存为”对话框，先设置保存位置，然后在“文件名”文本框中输入“人员招聘计划”，单击保存(S)按钮即可保存新建的Word文档，如图9-8所示。

图9-7 单击按钮　　图9-8 保存文档

知识补充

在PowerPoint中保存演示文稿还有一种方法，即单击Office按钮，在面板中选择“保存”选项，也可打开“另存为”对话框进行文档保存。

（三）添加幻灯片

一个完整的演示文稿由多张幻灯片组成，因此在制作演示文稿的过程中往往需要添加幻灯片以丰富其内容。添加幻灯片分为添加与所选幻灯片版式相同的幻灯片和添加自选版式的幻灯片两种。下面在“人员招聘计划.potx”演示文稿中添加与所选幻灯片版式相同的幻灯片，其具体操作如下。（拓展微课：光盘\微课视频\项目九\添加幻灯片.swf）

STEP 1 打开“人员招聘计划”演示文稿，在“幻灯片”窗格中选择第4张幻灯片，在【开始】/【幻灯片】组中单击“新建幻灯片”按钮，如图9-9所示。

STEP 2 此时在所选幻灯片之后将添加一张与所选幻灯片版式完全相同的空白幻灯片，如图9-10所示。

操作提示

选择要添加幻灯片的存放位置后，直接按【Ctrl+M】组合键或【Enter】键，可快速插入一张与所选幻灯片版式相同的空白幻灯片。

STEP 3 在“幻灯片”窗格中的第6张幻灯片上单击鼠标右键，在弹出的快捷菜单中选择“新建幻灯片”命令，如图9-11所示。

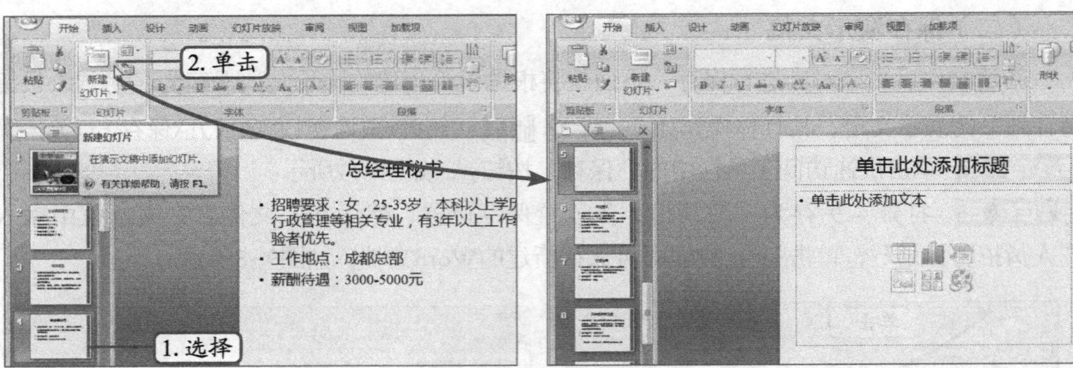

图9-9 单击“新建幻灯片”按钮　　图9-10 新建幻灯片

STEP 4 此时也可以在第6张幻灯片之后添加一张与第6张幻灯片版式完全相同的空白幻灯片，如图9-12所示。

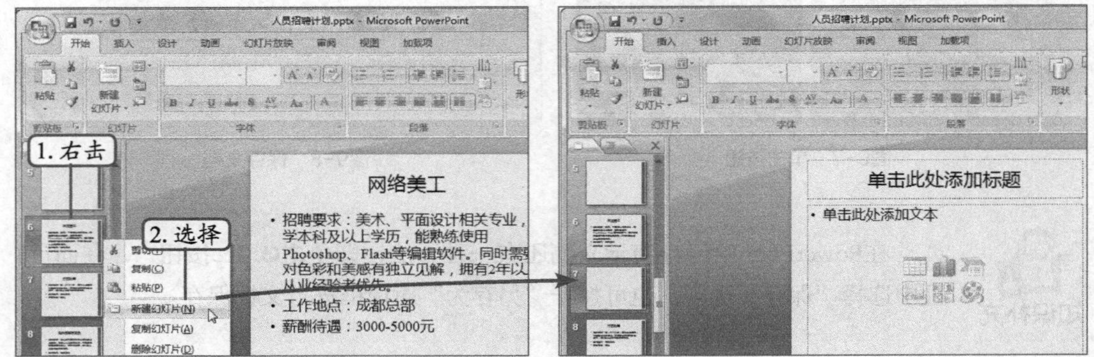

图9-11 选择【新建幻灯片】命令　　图9-12 新建幻灯片

知识补充

在制作演示文稿的过程中，若不需要其中的某张或多张幻灯片，可把幻灯片从中删除。具体操作方法为：在“幻灯片”窗格中要删除的幻灯片上单击鼠标右键，在打开的快捷菜单中选择“删除幻灯片”命令，或直接按【Delete】键即可删除单张幻灯片。

（四）移动幻灯片

在演示文稿中添加新幻灯片后，若发现幻灯片的位置没有按预定顺序进行排序，还可对幻灯片的位置进行调整。下面在“人员招聘计划.pptx”演示文稿中对幻灯片的排列顺序进行调整，其具体操作如下。（拓展微课：光盘\微课视频\项目九\移动幻灯片.swf）

STEP 1 单击任务栏中的“幻灯片浏览”按钮，将演示文稿从普通视图切换至幻灯片浏览视图，如图9-13所示。

STEP 2 将鼠标指针指向需要移动的第2张幻灯片，按住鼠标左键不放向右拖曳，移至第3张幻灯片之后，待出现黑色细线时再释放鼠标，如图9-14所示。

STEP 3 选择第8张幻灯片，在【开始】/【剪贴板】组中单击“剪切”按钮，如图

9-15所示。

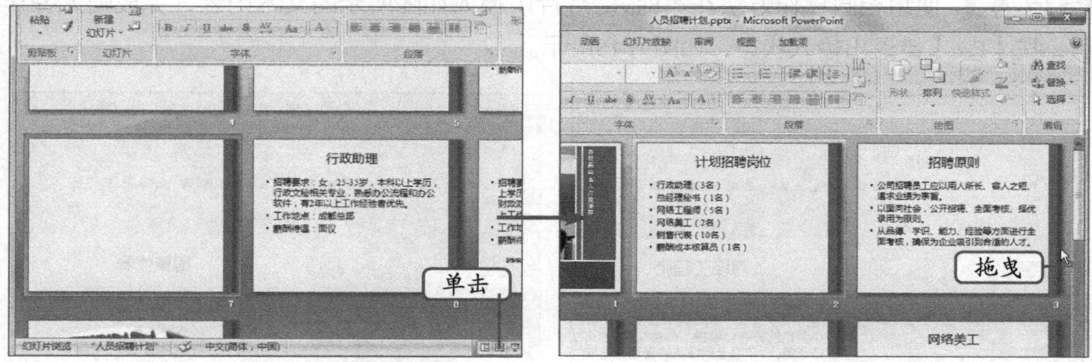

图9-13 切换视图模式　　图9-14 移动幻灯片

STEP 4 选择移动后幻灯片的存放位置，这里选择第3张幻灯片，单击“剪贴板”组中的“粘贴”按钮，如图9-16所示。

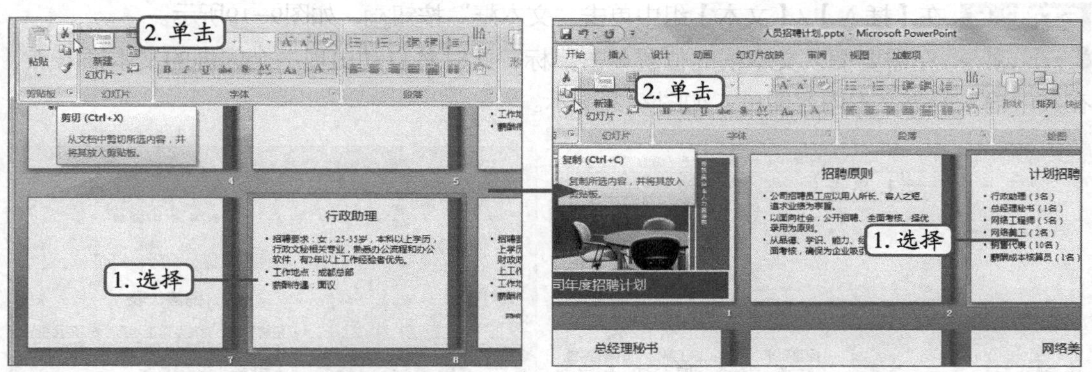

图9-15 剪切幻灯片　　图9-16 粘贴幻灯片

复制幻灯片的具体操作方法为：在“幻灯片”窗格中选择要复制的幻灯片，按【Ctrl+C】组合键进行复制，然后将鼠标指针移动到要粘贴的幻灯片之前，单击鼠标定位插入位置，直接按【Ctrl+V】组合键即可完成复制操作。

（五）在幻灯片中输入文本

新添加的幻灯片为空白页，此时就需要手动在其中添加相应的文本。在占位符中添加文本是输入幻灯片内容最常用的方法之一，除此之外，还可以利用PowerPoint提供的文本框功能在幻灯片中的任意位置添加所需文本。下面在“人员招聘计划.pptx”演示文稿中输入幻灯片内容，其具体操作如下。（**拓展微课**：光盘\微课视频\项目九\输入文本1.swf、输入文本2.swf）

STEP 1 双击幻灯片浏览视图中的第6张幻灯片，快速切换至普通视图模式。

STEP 2 单击标题占位符，在不断闪烁的文本插入点处输入标题文本“网络工程师”，单击内容占位符，在文本插入点处输入有关网络工程师的招聘信息，如图9–17所示。

STEP 3 使用相同操作方法在第8张幻灯片中输入如图所示的文本内容，完成输入操作后，按【Esc】键退出输入状态，如图9–18所示。

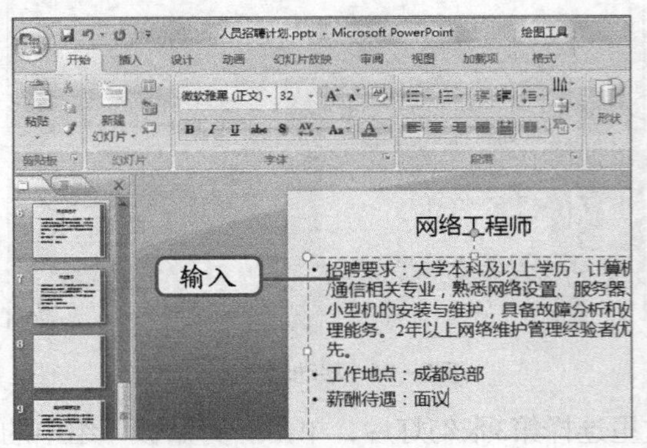

图9–17 输入文本

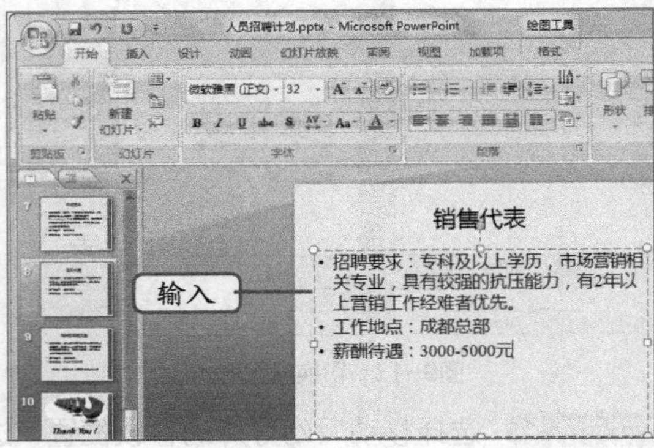

图9–18 输入文本

STEP 4 在【插入】/【文本】组中单击“文本框”按钮，如图9–19所示。

STEP 5 在需要插入文本框的位置单击鼠标，此时将自动出现一个闪烁的文本插入点，在其中输入所需文本内容即可，如图9–20所示。

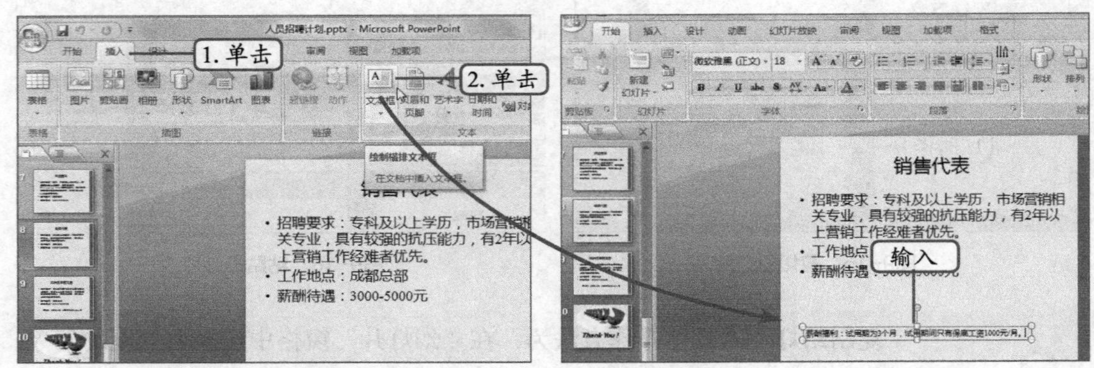

图9–19 单击按钮　　　　图9–20 插入文本框

STEP 6 按【Esc】键退出文本编辑状态，并自动选择插入的文本框，将鼠标指针指向文本框边框，按住鼠标左键不放并拖曳，至目标位置后再释放鼠标，如图9–21所示。

STEP 7 单击“开始”选项卡“字体”组中的“增大字号”按钮A˄，将文本框中输入的文本的字号更改为“20”，如图9–22所示。

STEP 8 在【绘图工具–格式】/【形状样式】组中单击“形状填充”按钮右侧的下拉按钮，在打开的下拉列表中选择“橙色、强调文字颜色6、淡色80%”选项，如图9–23所示。

STEP 9 单击“形状样式”组中的“形状效果”按钮，在打开的下拉列表中选择【阴影】/【向上偏移】选项，如图9–24所示。

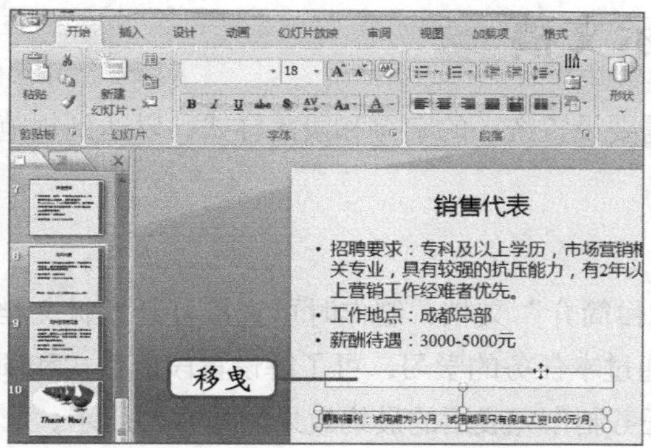

图9-21 移曳文本框

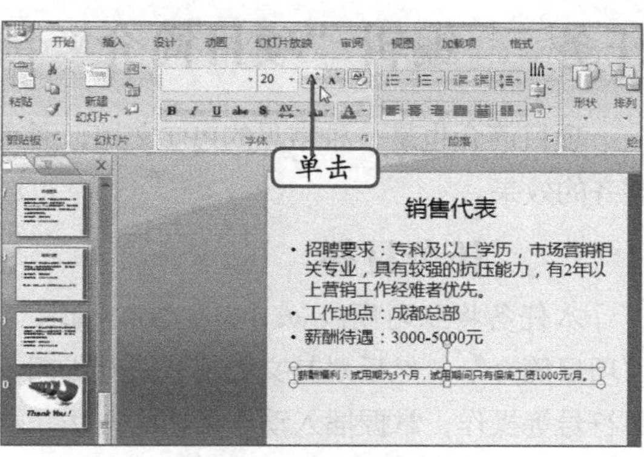

图9-22 调整字体大小

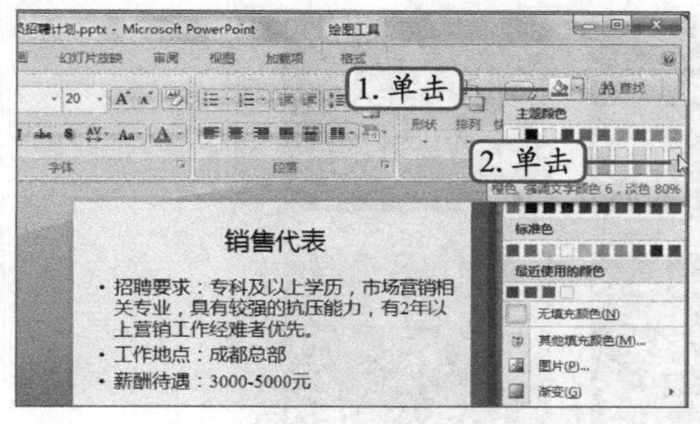

图9-23 设置颜色

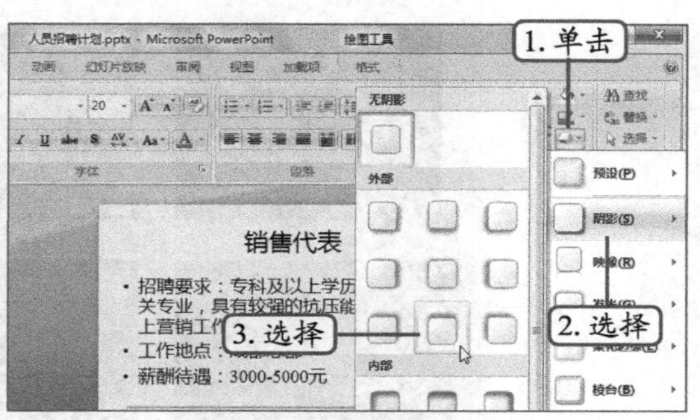

图9-24 设置形状样式

（六）关闭演示文稿

关闭演示文稿并不一定要退出PowerPoint，下面关闭刚创建的“人员招聘计划.pptx”演示文稿，其具体操作如下。（拓展微课：光盘\微课视频\项目九\关闭演示文稿.swf）

STEP 1 在快速访问工具栏中单击“保存”按钮，先保存演示文稿，如图9-25所示。

STEP 2 单击Office按钮，选择“关闭”命令，如图9-26所示，即可在不退出PowerPoint的情况下关闭演示文稿（最终效果参见：效果文件\项目九\任务一\人员招聘计划.pptx）。

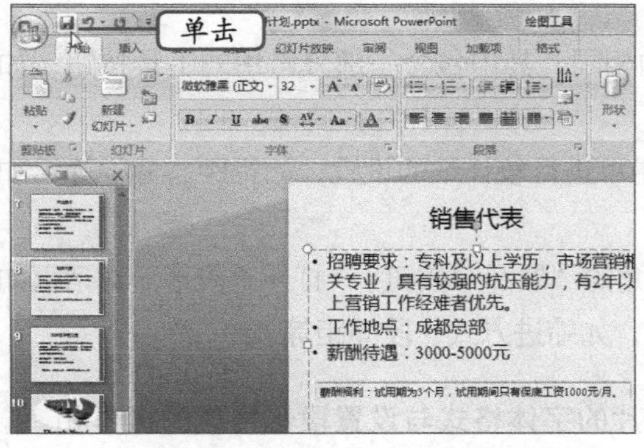

图9-25 保存文档

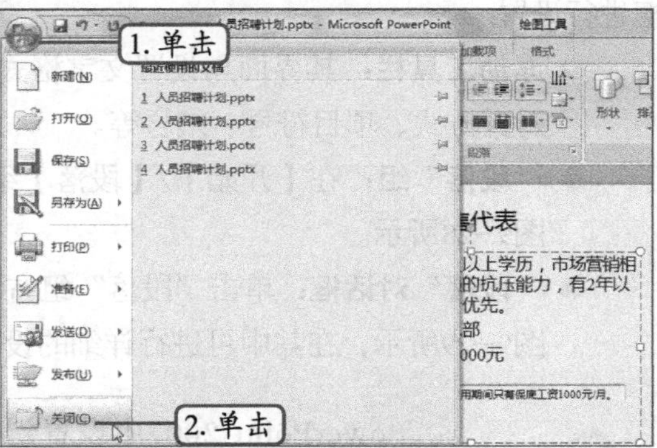

图9-26 关闭演示文稿

任务二　编辑“项目简介”演示文稿

项目简介也是一种常见的PPT文档，通常需要设置统一的字符和段落样式，以达到规范整齐的效果。

一、任务目标

本任务将练习用PowerPoint 2007编辑“项目简介”文档，制作时可直接打开素材文档“项目简介”，然后对其文档格式进行编辑。通过本任务的学习，可了解设置段落格式和项目符号等操作，掌握插入动作按钮的方法。本任务制作完成后的最终效果如图9-27所示。

图9-27　“项目简介”演示文稿

二、相关知识

在演示文稿中，通常需要对幻灯片的文本设置段落格式，这样才能体现各部分内容的层次，使幻灯片结构更加清晰、美观。设置文本的段落格式一般包括段落的对齐方式、缩进方式、行间距、段间距、项目符号、编号等，可使用浮动工具栏、“段落”组、“段落”对话框进行设置。

- **浮动工具栏**：其界面与设置文字格式的相同，其中包含一部分常用的工具按钮，如对齐方式、项目符号、编号等。
- **“段落”组**：在【开始】/【段落】组中可进行较详细的设置，如行距、分栏等，如图9-28所示。
- **“段落”对话框**：单击“段落”组右下角的“展开”按钮，打开“段落”对话框如图9-29所示，在其中可进行详细的设置，如缩进方式、段间距等。

知识补充

PowerPoint 2007中设置幻灯片的字体格式与设置段落格式的操作相似，也可以通过浮动工具栏、“开始”选项卡中的“字体”组、“字体”对话框3种方式进行。

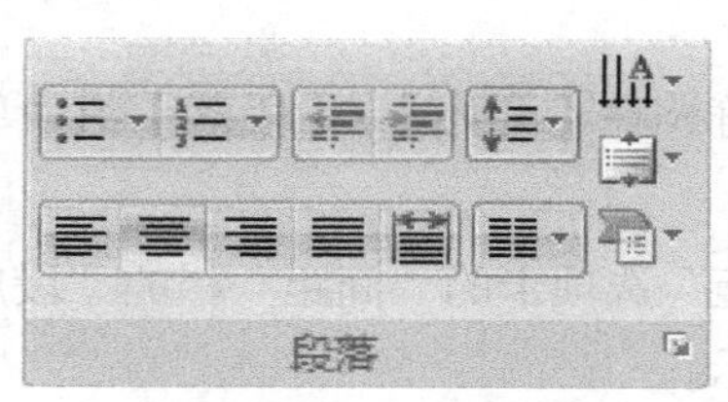

图9-28 “段落”组

图9-29 “段落”对话框

三、任务实施

（一）打开演示文稿

对保存在计算机中的PowerPoint 2007文档可以将其打开，以便继续进行查看、修改、编辑等操作。打开演示文稿的方法有很多，包括直接双击文件打开、通过对话框打开、移动打开以及通过命令在PowerPoint 2007操作界面中打开等。下面通过操作界面打开“项目简介.pptx”演示文稿，其具体操作如下。（拓展微课：光盘\微课视频\项目九\打开演示文稿.swf）

STEP 1 启动PowerPoint 2007，单击Office按钮，在打开的面板中选择“打开”选项，如图9-30所示。

STEP 2 在打开的“打开”对话框中的“查找范围”下拉列表中选择路径，然后在下方的列表框中选择“项目简介.pptx”演示文稿（素材参见：素材文件\项目九\任务二\项目简介.pptx），单击按钮，如图9-31所示，即可将该演示文稿打开。

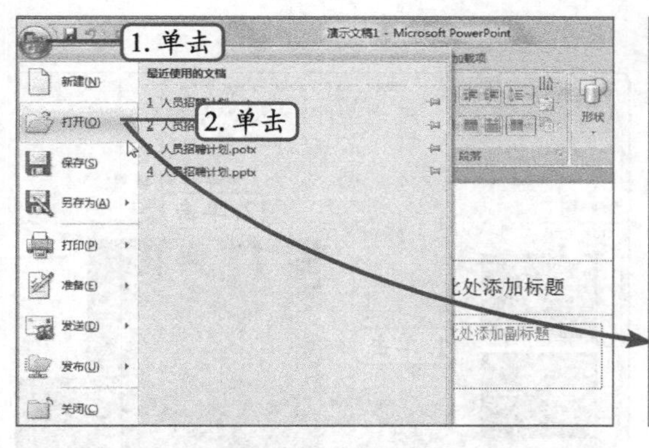

图9-30 选择操作

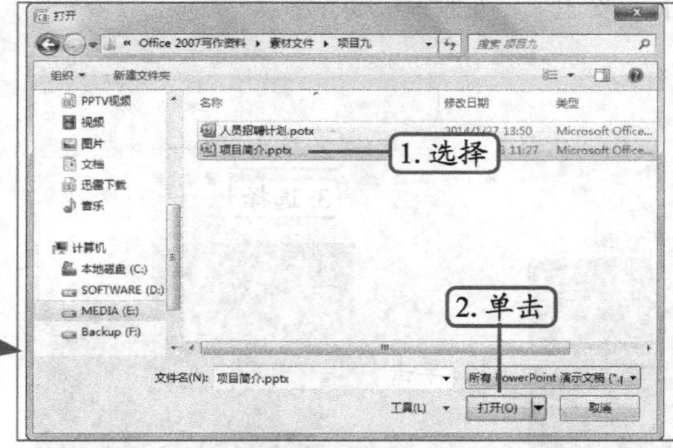

图9-31 打开演示文稿

知识补充

启动PowerPoint 2007，在“计算机”窗口中找到演示文稿，将其拖曳到PowerPoint 2007操作界面的任意位置也可以将其打开。如果没有启动PowerPoint 2007，可以直接将演示文稿拖曳到PowerPoint 2007的快捷方式图标上，释放鼠标后，在启动程序的同时会自动打开该演示文稿。

（二）设置段落格式

段落格式包括段落缩进、段间距、行间距、对齐方式等，这些格式的设置均可通过【开始】/【段落】组实现。下面对“项目简介.pptx”演示文稿中的多张幻灯片设置段落格式，其具体操作如下。

STEP 1 切换至第2张幻灯片，单击内容占位符，在【开始】/【段落】组中单击“展开”按钮，如图9-31所示。

STEP 2 打开“段落”对话框，在“缩进和间距”选项卡的“间距”栏的“段后”数值框中输入“8磅”，单击 确定 按钮，如图9-33所示。

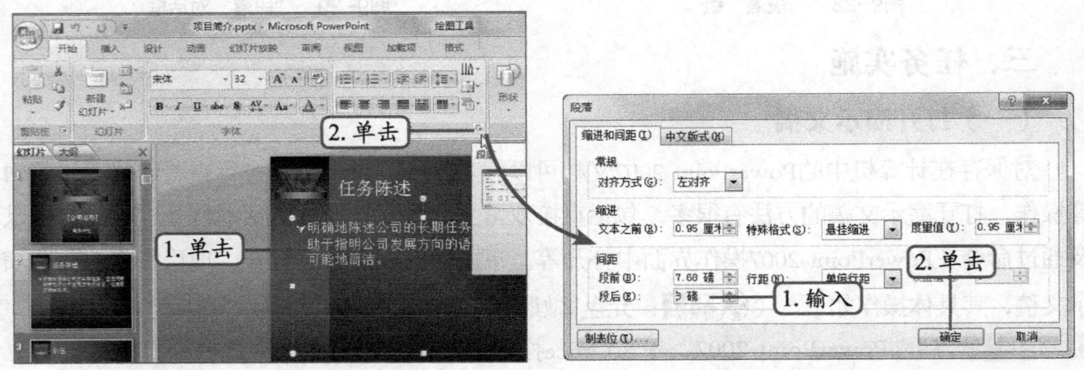

图9-32 选择操作

图9-33 设置间距

STEP 3 切换至第3张幻灯片，单击内容占位符，单击“段落”组中的“行距”按钮，在打开的下拉列表中选择“1.5”选项，如图9-34所示。

STEP 4 切换至第4张幻灯片，单击内容占位符，在【开始】/【段落】组中单击“展开”按钮，如图9-35所示。

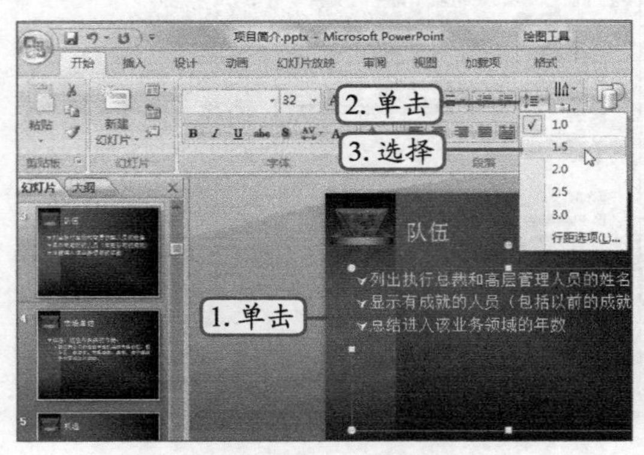

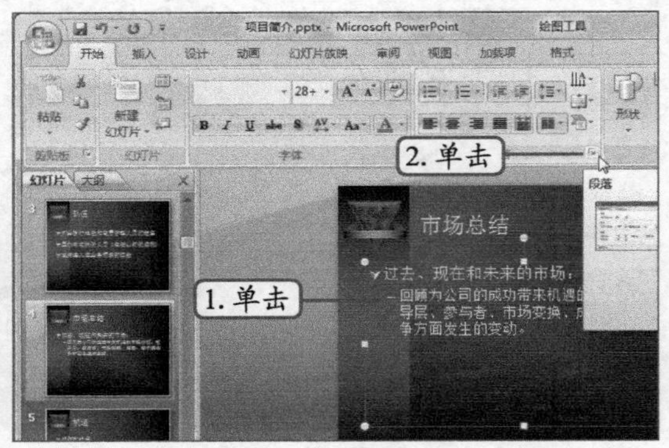

图9-34 设置行距

图9-35 选择操作

STEP 5 打开“段落”对话框，在“行距”下拉列表中选择“固定值”选项，在右侧的“设置值”数值框中输入“60磅”，单击 确定 按钮，如图9-36所示。

STEP 6 保持内容占位符的选择状态，在【开始】/【剪贴板】组中单击“格式刷”按钮，如图9-37所示。

STEP 7 切换至第5张幻灯片，将鼠标指针移至内容占位符中单击即可完成段落格式的复制操作，如图9-38所示。

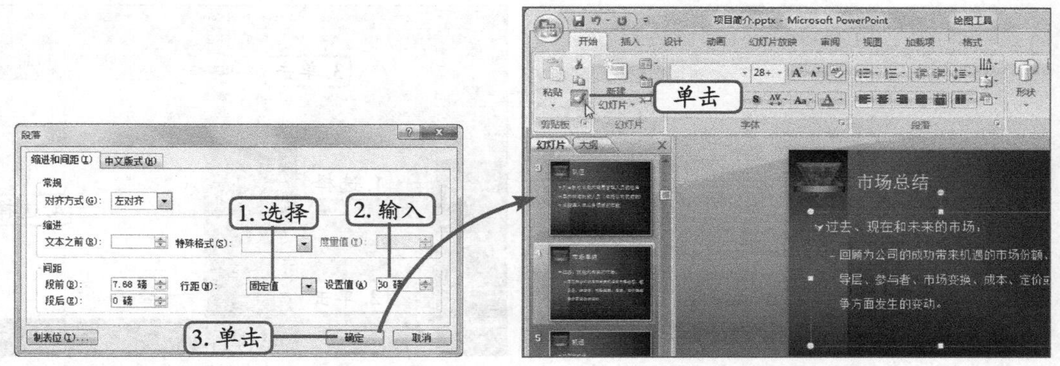

图9-36 设置行距　　图9-37 复制格式

STEP 8 在快速访问工具栏中单击“保存”按钮，保存演示文稿，如图9-39所示，完成设置段落格式的操作。

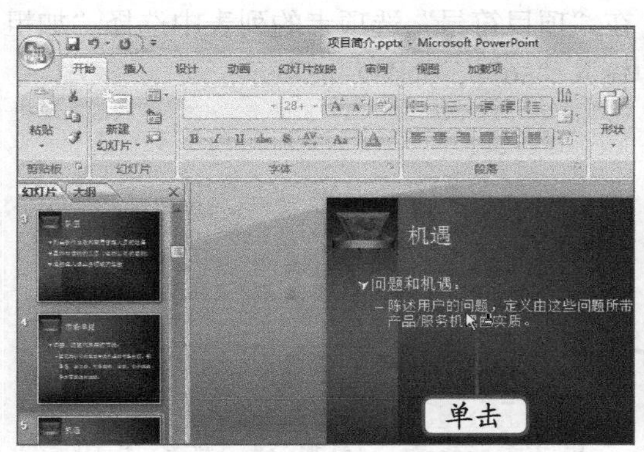

图9-38 粘贴格式

图9-39 保存设置

（三）设置项目符号和编号

项目符号和编号是放在文本前的点或其他符号，主要起强调作用。合理使用项目符号和编号除了可使文本内容突出显示，还可使文本层次结构更清晰、更有条理。设置项目符号和编号的基本操作包括更改样式、大小、颜色等。下面对“项目简介.pptx”演示文稿中的多张幻灯片的项目符号和编号进行设置，其具体操作如下。

STEP 1 切换至第2张幻灯片，单击内容占位符，在【开始】/【段落】组中单击“项目符号”按钮右侧的下拉按钮，在打开的下拉列表中选择“无”选项，如图9-40所示。

STEP 2 切换至第3张幻灯片，单击内容占位符，单击“段落”组中“编号”按钮右侧的下拉按钮，在打开的下拉列表中选择“带圆圈编号”选项，如图9-41所示。

知识补充

单击“项目符号”选项卡中的 图片(P)... 按钮，打开“图片项目符号”对话框，在“搜索文字”文本框中输入要插入图片的关键字后单击右侧的 搜索(G) 按钮，稍后在显示的搜索结果列表框中便可选择要插入的图片，最后依次单击 确定 按钮完成图片项目符号的添加操作。

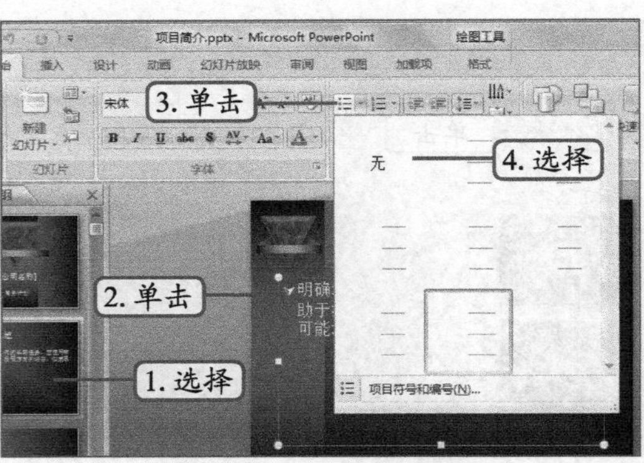

图9-40 设置项目符号

图9-41 设置编号

STEP 3 单击第4张幻灯片的内容占位符，然后单击“段落”组中的“项目符号”按钮右侧的下拉按钮，在打开的下拉列表中选择“项目符号和编号”选项，如图9-42所示。

STEP 4 打开“项目符号和编号”对话框，在“项目符号”选项卡的列表中选择“加粗空心方形项目符号”选项，在“大小”数值框中输入“50”，如图9-43所示。

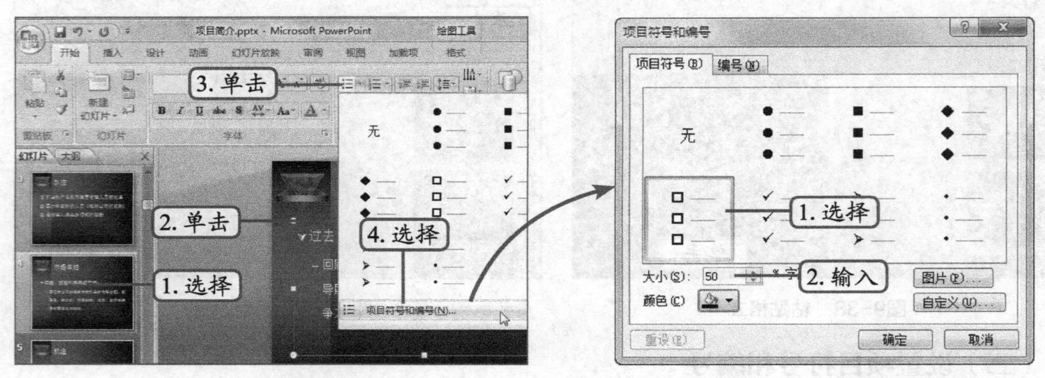

图9-42 选择操作

图9-43 在对话框中设置项目符号

STEP 5 单击“颜色”按钮，在打开的下拉列表中选择“红色”选项，单击确定按钮确认设置，如图9-44所示。

STEP 6 用相同方法在第5张～第9张幻灯片中设置项目符号，效果如图9-45所示。

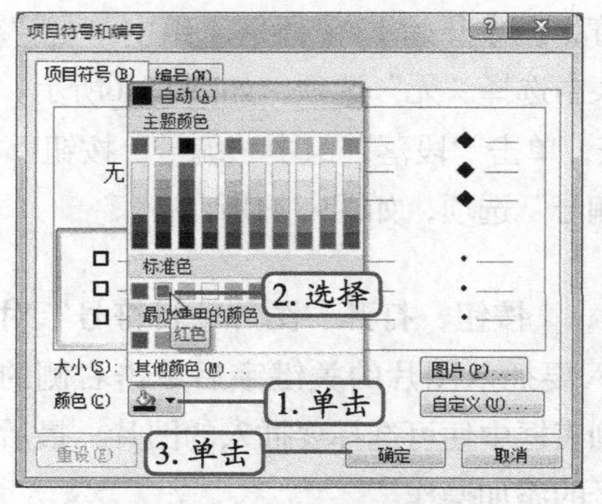

图9-44 设置项目符号颜色

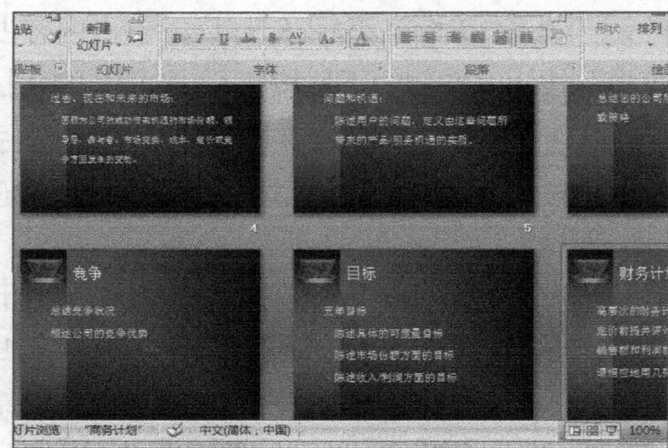

图9-45 设置后的效果

（四）插入动作按钮

为了方便控制幻灯片的放映，经常需要在演示文稿中添加一些链接功能，除了前面介绍的超级链接外，还可以利用PowerPoint提供的“动作按钮”来控制放映。下面在“项目简介.pptx”演示文稿中添加“上一张”、“下一张”、“第一张”动作按钮，其具体操作如下。

STEP 1 选择第2张幻灯片，在【插入】/【插图】组中单击“形状”按钮，在打开的下拉列表的“动作按钮”栏中选择“动作按钮:后退或前一项”选项，如图9-46所示。

STEP 2 将鼠标指针移至当前幻灯片左下角的目标位置，按住鼠标左键不放进行拖动，绘制一个大小适中的动作按钮，如图9-47所示。

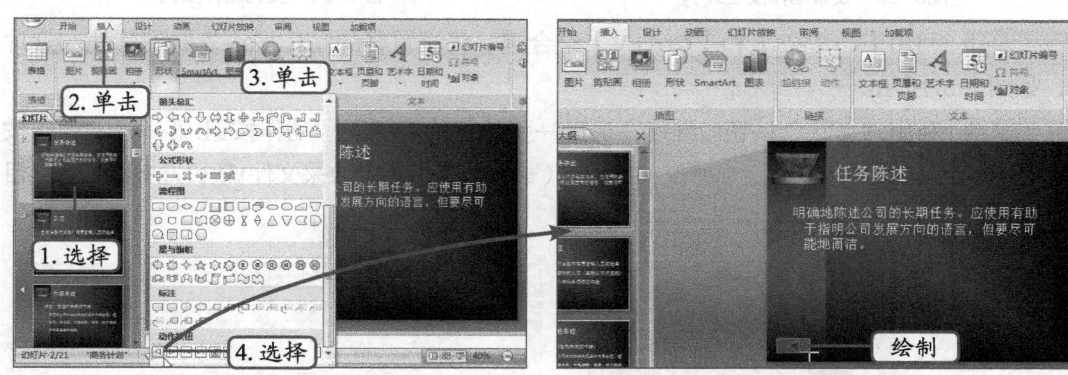

图9-46 选择动作按钮　　图9-47 绘制动作按钮

STEP 3 释放鼠标后将打开“动作设置”对话框，在“单击鼠标”选项卡中已自动设置好动作的超链接对象，确认无误后单击 确定 按钮，如图9-48所示。

STEP 4 使用相同的操作方法添加一个“动作按钮:前进或下一项”动作按钮，如图9-49所示。

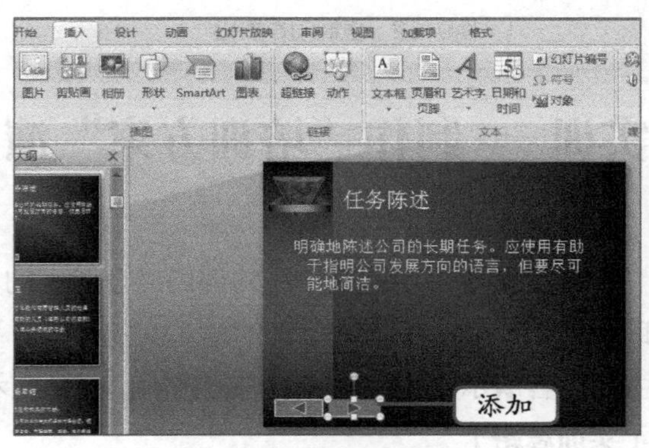

图9-48 设置动作按钮　　图9-49 添加其他动作按钮

STEP 5 利用【Shift】键的同时选择插入的2个动作按钮，切换至“绘图工具-格式”选项卡，将动作按钮的大小设置为“1.4厘米×1.8厘米”，如图9-50所示。

STEP 6 保持动作按钮的选择状态，在“形状样式”列表框中选择一种预设的形状样式，如图9-51所示。

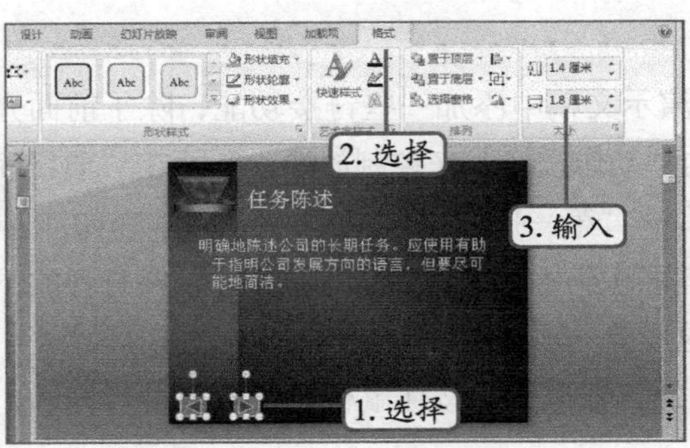

图9-50 设置动作按钮大小

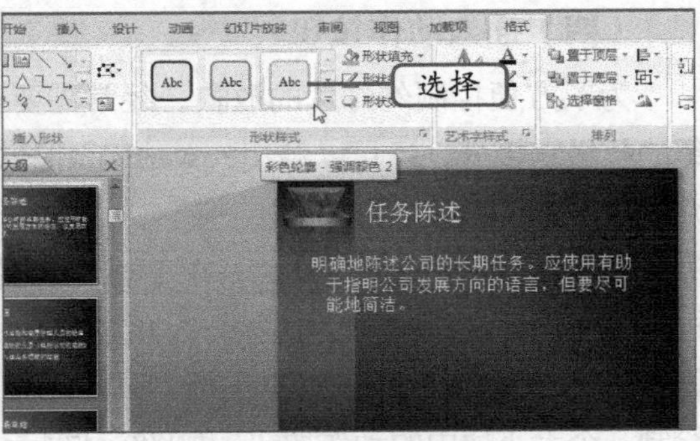

图9-51 美化动作按钮

STEP 7 利用【Ctrl+C】和【Ctrl+V】组合键，将设置好的动作按钮复制到其他幻灯片中，如图9-52所示。

STEP 8 利用"形状"按钮继续在最后一张幻灯片中插入"动作按钮:第一张"动作按钮，并保持默认的形状样式，如图9-53所示（最终效果参见：效果文件\项目九\任务二\项目简介.pptx）。

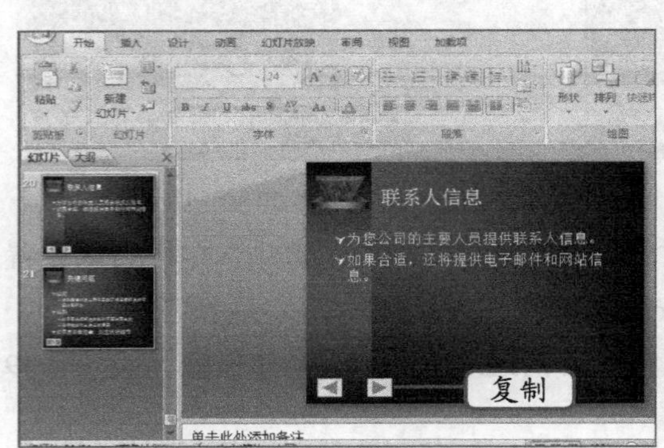

图9-52 复制动作按钮

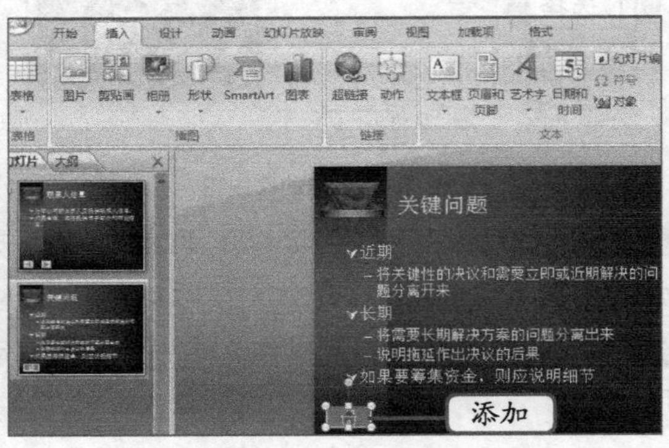

图9-53 添加"第一张"按钮

实训一 制作"培训方案"演示文稿模板

【实训要求】

云帆实业需要对全集团的部门经理以上的员工进行一次关于领导能力的培训活动，请帮助该公司制作一份培训方案的演示文稿模板，要求制作封面和主要内容两张演示文稿，并对主要内容演示文稿中的文本进行排版。两张演示文稿的效果如图9-54所示。

【实训思路】

制作演示文稿的模板文件，首先根据已有的文档内容创建模板的封面，然后创建一张主要内容的演示文稿，设置字符和段落格式，并保存为模板文件。

【步骤提示】

STEP 1 启动PowerPoint 2007，打开"新建演示文稿"对话框，在左侧的"模板"栏中选择"已安装的主题"选项卡，在中间的列表中选择"流畅"选项。

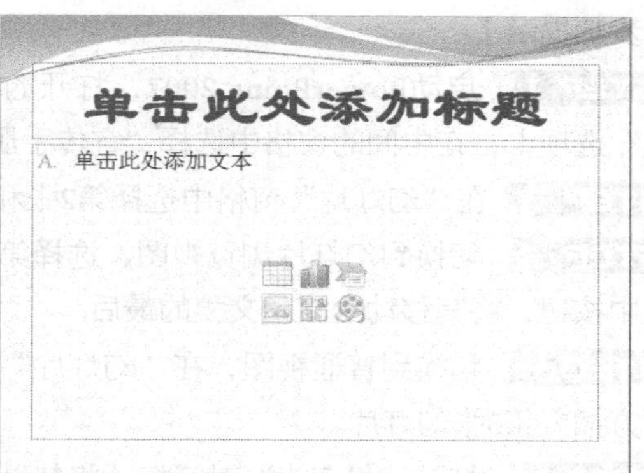

图9-54　培训方案演示文稿模板的效果

STEP 2 输入标题和副标题。

STEP 3 在演示文稿左侧的幻灯片缩略图列表框中新建幻灯片。

STEP 4 选择标题占位符，然后将其字符格式设置“66、加粗、居中对齐”。

STEP 5 选择主要内容占位符，设置项目符号为“带填充效果的钻石型项目符号”，设置编号为“A. B. C.”。

STEP 6 打开“另存为”对话框，将演示文稿保存为“PowerPoint模板（potx）”文件（最终效果参见：效果文件\项目九\实训一\培训方案.potx）。

实训二　制作“活动策划”演示文稿

【实训要求】

云帆实业企划部门需要制作能够在宽屏显示器中播放的演示文稿，用于各种活动策划方案。请帮助该公司制作一份“活动策划”演示文稿，要求能在16:9宽屏显示器中显示，幻灯片数量不超过7张。其前后对比效果如图9-54所示。

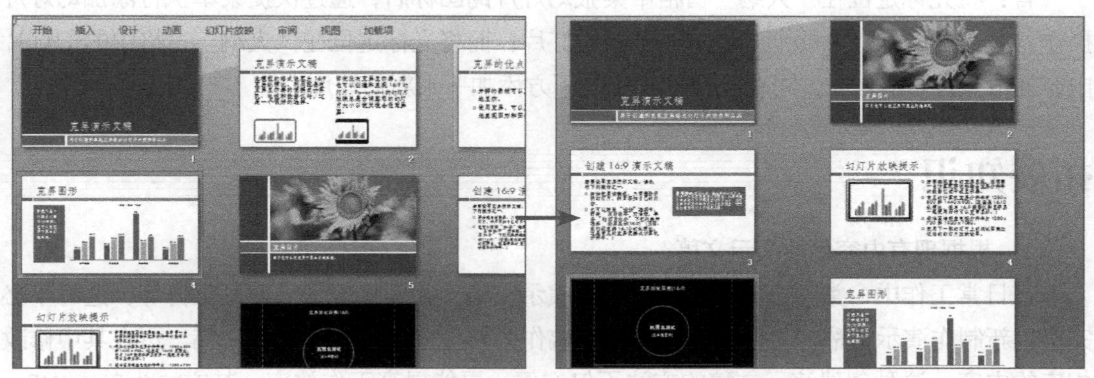

图9-55　“活动策划”演示文稿前后的对比效果

【实训思路】

本实训可运用前面所学的样式知识完成，包括创建演示文稿，在演示文稿中插入、移动、复制和删除幻灯片，放映、保存、打开、关闭演示文稿等。

【步骤提示】

STEP 1 启动PowerPoint 2007，打开的“新建演示文稿”对话框，单击“已安装的模板”选项卡，在中间的窗格中选择“宣传手册”选项。

STEP 2 在“幻灯片”窗格中选择第2张和第3张幻灯片，通过右键菜单命令删除。

STEP 3 切换到幻灯片浏览视图，选择第2张幻灯片，通过“开始”选项卡的“剪贴板”组中按钮，将其移动到演示文稿的最后。

STEP 4 切换到普通视图，在“幻灯片”窗格中选择第4张幻灯片，按【Enter】键，在其下方插入第5张幻灯片。

STEP 5 打开“另存为”对话框，将其以“活动策划”为名进行保存（最终效果参见：效果文件\项目九\实训二\活动策划.pptx）。

常见疑难解析

问：为什么在占位符中输入文字后，有时出现按钮，有时又不会出现呢？

答：当在占位符中录入的文字过多并超过其边界时，占位符旁边将出现按钮，单击该按钮，在打开的下拉列表中单击选中“根据占位符自动调整文本”单选项，系统将自动调整文本字号以适应该占位符；单击选中“停止根据此占位符调整文本”单选项，将以设置的字体及字号填充占位符。

问：为什么在“大纲”窗格中没有显示幻灯片的文本内容呢？

答：这是将幻灯片的文本内容折叠起来造成的，在“大纲”窗格中已折叠的幻灯片任意位置单击鼠标右键，在打开的快捷菜单中选择“展开”命令即可。

问：在“大纲”窗格中通过快捷菜单的方法添加幻灯片时，有时幻灯片添加到当前幻灯片的上方，有时却添加到当前幻灯片的下方，这是为什么呢？

答：将光标定位在“大纲”窗格中某张幻灯片的图标后，通过快捷菜单执行添加幻灯片操作，可在当前幻灯片的上方添加一张新幻灯片；而将光标定位在“大纲”窗格中的幻灯片内容处再执行该操作时，可在当前幻灯片的下方添加一张新幻灯片。

拓展知识

1. 根据现有内容创建演示文稿

在日常工作中，常常会使用一些类似的演示文稿，如销售报告、财务报告等，这时不必完全重新制作演示文稿，可以将现有演示文稿作为模板来创建新的演示文稿，再在其中修改相应的内容。这种创建演示文稿的方法不仅方便，更能提高工作效率。其方法为单击Office按钮，在打开的面板中选择“新建”选项，在打开的“新建演示文稿”对话框中单击“根据现有内容新建”选项卡，在打开的“根据现有演示文稿新建”对话框中的“查找范围”下拉列表中选择演示文稿的所有路径，在其下的列表框中选择已存在的演示文稿，单击新建(C)

按钮，即可看到创建的演示文稿。

2. 在“大纲”窗格中输入文本

在制作幻灯片的过程中，不仅可以在文本占位符中输入文本，还可以在“大纲”窗格中快速输入大量的文本，这样可以浏览到所有的文本内容，并且方便观察各幻灯片之间的连贯性。在“大纲”窗格中输入文本的操作方法是将光标定位在幻灯片图标的后面，显示文本插入点时输入文本即可。不过输入的文本通常被显示为标题，幻灯片中的文本应该具有等级之分，如一级标题、二级标题、正文等，为了显示出文本的层次关系，可使用一些操作技巧来实现，常用的操作技巧如下。

- 输入完标题文本后，按【Ctrl+Enter】组合键则在该幻灯片中建立下一级小标题或正文内容，可以输入下一级文本内容。
- 将光标定位在文本中，如果按【Tab】键，则可将该文本降一级；如果按【Shift+Tab】组合键，则可将该文本升一级。
- 在输入文本时，按【Shift+Enter】组合键可在同一级内容里换行。

课后练习

（1）打开提供的素材文件“员工培训.pptx”（素材参见：素材文件\项目九\课后练习\员工培训.pptx），并执行以下操作，完成后的效果如图9-56所示（最终效果参见：效果文件\项目九\课后练习\员工培训.pptx）。

- 在第一张幻灯片的副标题占位符中删除文本，并输入新文本。
- 同时选择第5张~第8张幻灯片，一起删除。

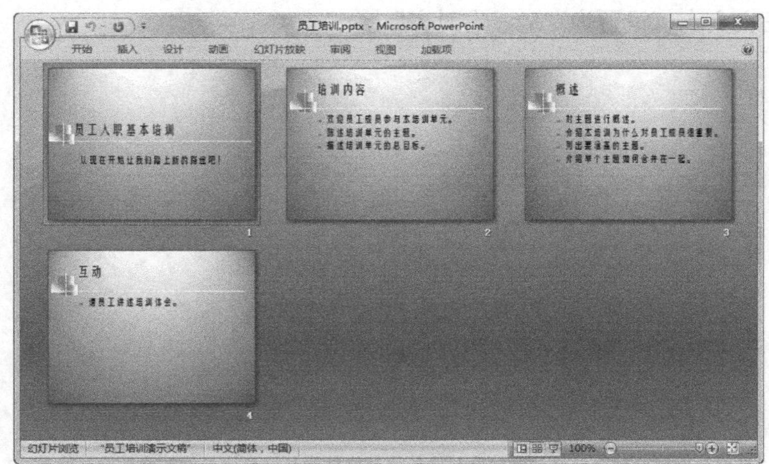

图9-56 “员工培训”演示文稿

（2）打开提供的素材文件“请假制度.pptx”（素材参见：素材文件\项目九\课后练习\请假制度.pptx），并执行以下操作。文档编辑后的效果如图9-57所示（最终效果参见：效果文件\项目九\课后练习\请假制度.pptx）。

- 将标题文本设置为文本居中，第一段文本设置为首行缩进。
- 用不同的方法设置第二段和第三段文本为首行缩进。
- 显示标尺，并通过拖动标尺中的滑块，将最后一段文本设置为不缩进。

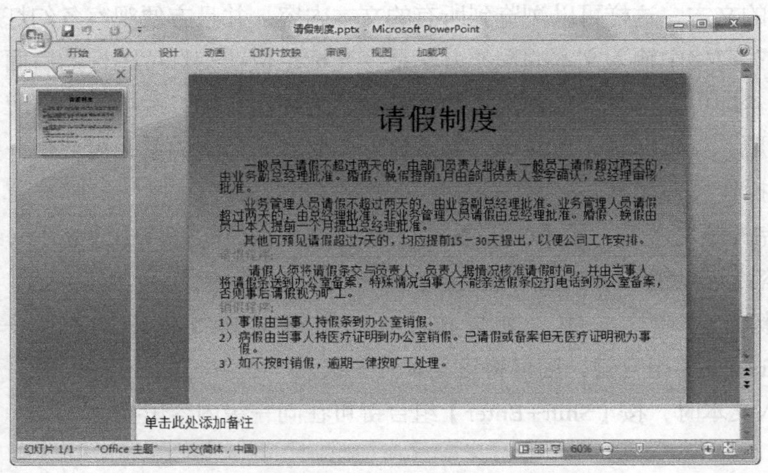

图9-57 “请假制度”演示文稿

（3）打开提供的素材文件“股东会议.pptx”（素材参见：素材文件\项目九\课后练习\股东会议.pptx），并执行以下操作。文档编辑后的效果如图9-58所示（最终效果参见：效果文件\项目九\课后练习\股东会议.pptx）。

- 在演示文稿最后新建一张幻灯片，在第6张幻灯片后即新建一张版式相同的幻灯片，将其拖动至第1张幻灯片的后面。
- 输入文本内容，设置标题文本为“华文琥珀、40、蓝色、居中”。
- 选择正文文本，设置为“32、右对齐”。

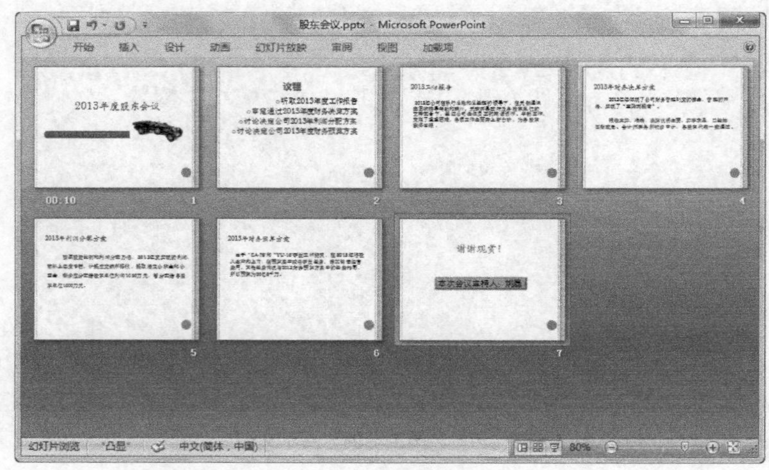

图9-58 “股东会议”演示文稿

PART 10

项目十 编辑幻灯片

情景导入

阿秀：小白，昨天的演示文稿制作得不错，但是内容太单调了，这样可不行啊。

小白：那有什么办法吗?

阿秀：可以在幻灯片中插入一些图片、图形、图表、声音或者视频，这样幻灯片会更加生动，更形象地说明演示文稿的主题。

小白：PowerPoint还有这么强大的功能?

阿秀：是的，而且在幻灯片中还可以设置背景、插入超链接，以及设置日期和时间。

小白：好，我会尽量制作出更加美观和专业的演示文稿。

学习目标

- 掌握在幻灯片中插入图片、图形和图表的方法
- 掌握在幻灯片中插入声音和视频的方法
- 掌握设置幻灯片背景和插入超链接的操作

技能目标

- 掌握与公司形象介绍相关的演示文稿的制作方法
- 掌握与产品介绍相关的演示文稿的制作方法

任务一　制作“公司形象展示”演示文稿

公司形象展示类型的演示文稿就是一个公司的名片，通过该演示文稿，可以反映出该公司的现有情况，将公司最美好的形象展示在参观者面前。所以在制作该类型的演示文稿时，通常需要使用到图片、图表、声音或视频等元素，力求全方位、立体化突出公司的企业优势，下面具体介绍其制作方法。

一、任务目标

本任务将练习用PowerPoint 2007制作“公司形象展示”演示文稿，在制作时可以使用插入各种图像元素，以及在幻灯片中插入超链接的操作。通过本任务的学习，可以掌握在演示文稿中插入对象的基本操作，并了解设置幻灯片中图形对象的操作。本任务制作完成后的最终效果如图10-1所示。

图10-1　“公司形象展示”演示文稿

职业素养

遵守企业的各项规定，工作时间一切以企业的利益为重，当与个人利益发生冲突时，应按照企业的规定处理个人事务。

二、相关知识

在幻灯片中增加一些图形元素，如剪贴画、图片、艺术字、自选图形、SmartArt图形等，就能使幻灯片更加生动形象，从而增强观众的兴趣。下面将分别介绍在幻灯片中插入自选图形和表格的方法。

1. 插入自选图形

PowerPoint 2007提供了多种形状的自选图形，可分为线条、矩形、基本形状、箭头、公式形状、流程图、星与旗帜、标注、动作按钮等类型。绘制自选图形的方法与添加图片类似，在【插入】/【插图】组中单击“形状”按钮，在打开的下拉列表中选择一种形状，然后在幻灯片中单击鼠标即可绘制。

2. 设置自选图形格式

与图片类似，在选择自选图形后，将显示“绘图工具”的“格式”选项卡及其功能区，如图10–2所示，编辑操作主要是在“插入形状”和“形状样式”组中进行的。

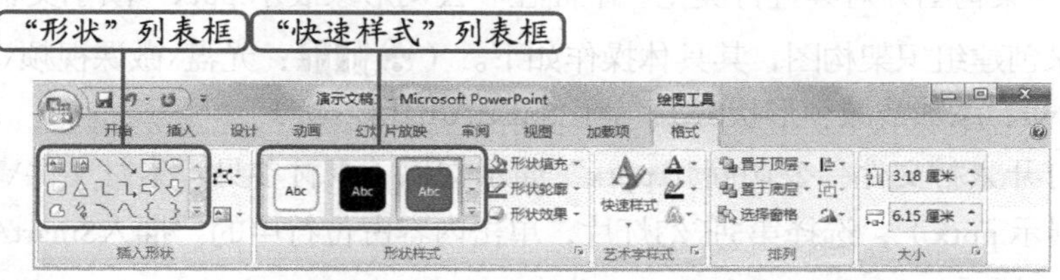

图10–2 “绘图工具”的格式选项卡及功能区

- **“形状”列表框**：在列表框中选择一种形状可在幻灯片中快速插入。
- **“编辑形状”按钮**：单击该按钮，在打开的下拉菜单中选择相应的命令可进行更改形状或编辑顶点、转换为任意多边形等操作。
- **“文本框”按钮**：单击该按钮右侧的按钮，在打开的下拉菜单中选择横排文本框的类型。
- **“快速样式”列表框**：选择需要进行编辑的形状后，选择一种样式进行应用。
- 形状填充 **按钮**：单击该按钮，在打开的下拉列表中选择相应选项更改形状的填充色。
- 形状轮廓 **按钮**：单击该按钮，在打开的下拉列表中选择相应的选项更改图形的边框样式及颜色。
- 形状效果 **按钮**：单击该按钮，在打开的下拉菜单中更改图形的形状。

3. 插入表格

与插入其他对象的方法类似，插入表格也可以通过项目占位符或“插入”选项卡中的按钮进行。而插入固定行和列的表格通常可使用两种方式，一种是使用现成的表格框，另一种是使用“插入表格”对话框。

- 在【插入】/【表格】组中单击“表格”按钮，在打开的下拉菜单中的表格框中将鼠标指针移动到需要的行数和列数的位置单击即可，如图10–3所示。
- 单击“表格”按钮，在打开的下拉菜单中选择“插入表格”选项，在打开的“插入表格”对话框中设置行数和列数，单击 确定 按钮即可，如图10–4所示。

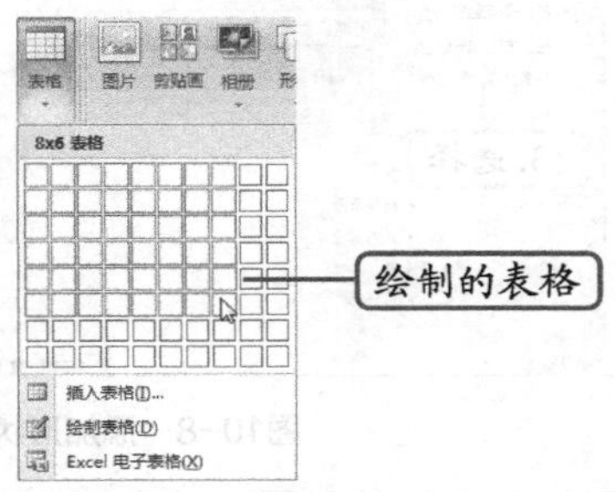

图10–3 选择表格行列数

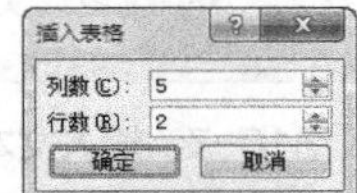

图10–4 “插入表格”对话框

三、任务实施

（一）插入SmartArt图形

公司组织架构图主要由基本形状和线条组成，在PowerPoint 2007中可利用SmartArt图形来快速创建组织架构图并对其进行美化。下面在“公司形象展示.pptx”演示文稿中通过插入SmartArt图形来创建组织架构图，其具体操作如下。（拓展微课：光盘\微课视频\项目十\插入SmartArt图形.swf、添加或减少形状.swf、美化SmartArt图形.swf）

STEP 1 打开素材文件“公司简介.pptx”演示文稿（素材参见：素材文件\项目十\任务一\公司形象展示.pptx），选择第5张幻灯片，单击内容占位符中的“插入SmartArt 图形”按钮，如图10-5所示。

STEP 2 打开“选择SmartArt图形”对话框，选择“层次结构”选项，在中间列表中选择一种样式，单击 确定 按钮，如图10-6所示。

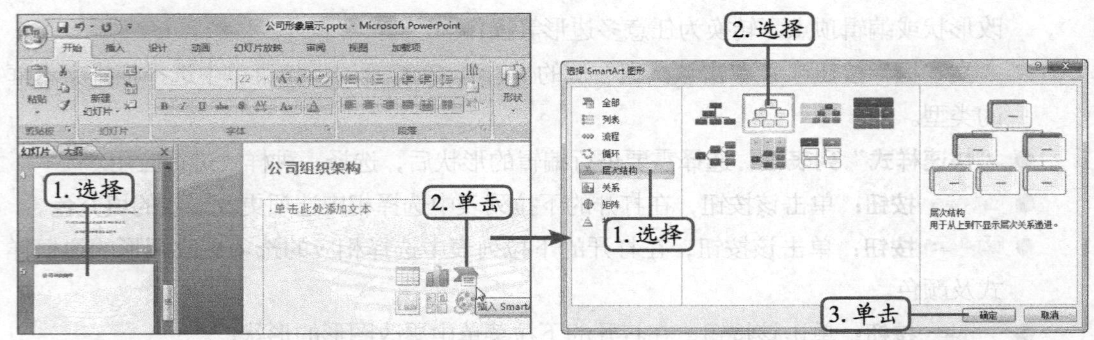

图10-5　单击“插入SmartArt图形”按钮　　图10-6　选择SmartArt图形

STEP 3 单击插入图形中的“文本”字样，在不断闪烁的文本插入点处输入文本内容，如图10-7所示。

STEP 4 选择“设计部”文本对应的形状，在【设计】/【创建图形】组中单击“添加形状”下拉按钮，在打开的列表中选择要添加形状的位置对应的选项，如图10-8所示。

图10-7　输入文本

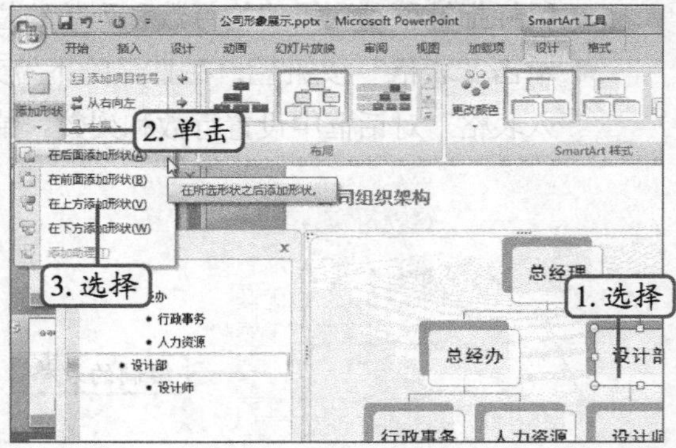

图10-8　添加形状

STEP 5 单击“创建图形”组中的“添加形状”下拉按钮，在打开的下拉列表中选择

“在下方添加形状”选项，如图10-9所示。

STEP 6 使用相同的操作方法，在新添加的形状之后再添加一个形状，如图10-10所示。

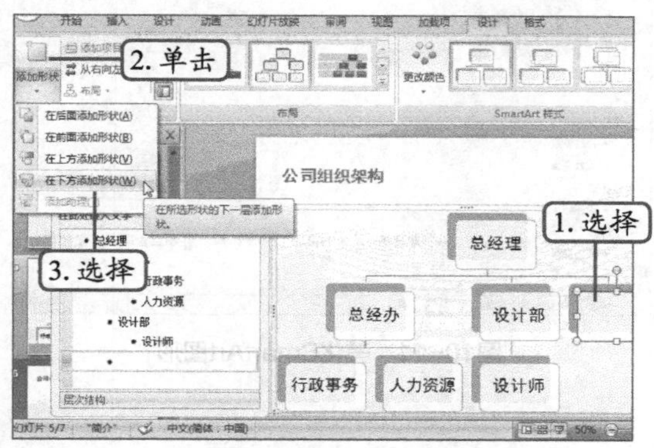

图10-9 在下方添加形状

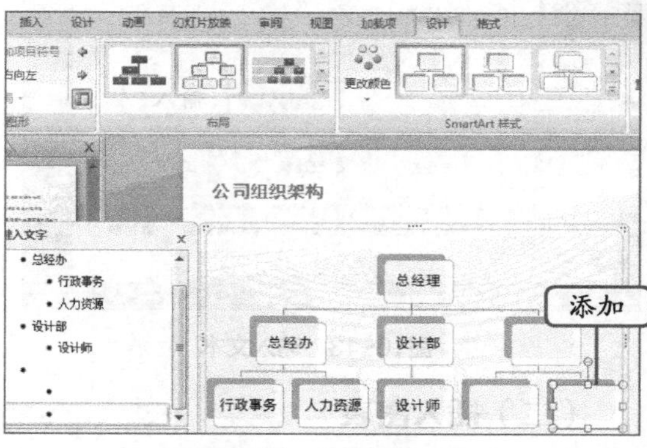

图10-10 继续添加形状

STEP 7 在新添加的任意一个形状上单击鼠标右键，在弹出的快捷菜单中选择“编辑文字”命令，如图10-11所示。

STEP 8 此时所选形状中将自动插入文本插入点，在其中输入所需文本内容即可，如图10-12所示。

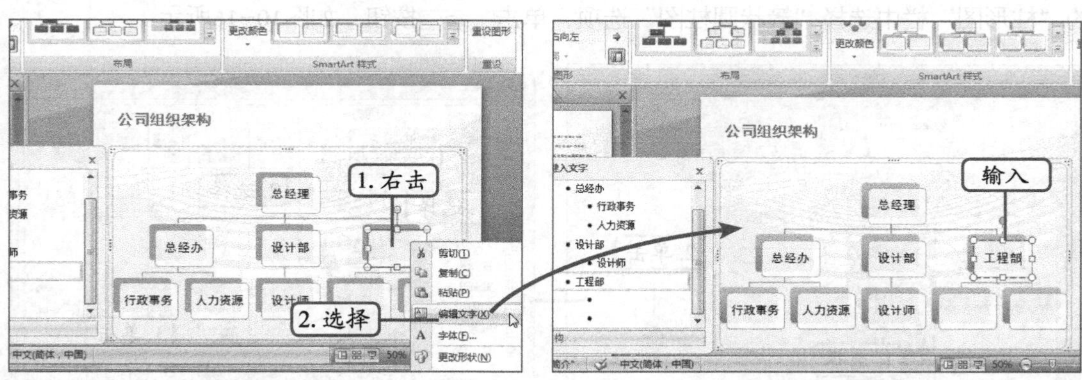

图10-11 选择命令

图10-12 输入文本

STEP 9 使用相同的操作方法，在剩余的2个新形状中分别添加文本“项目管理”和“质检部”，如图10-13所示。

STEP 10 单击图形边框选择编辑后的图形，选择“SmartArt样式”列表框中预设的图形样式，美化编辑后的图形，如图10-14所示。

需要设置图形布局时，选择SmartArt图形后，在【SmartArt工具-设计】/【布局】组的列表框中可以选择同一类型的其他图形。若想选择其他类型的图形，则需选择“其他布局”选项。除了可以更改SmartArt图形的布局外，还可单击【设计】/【SmartArt 样式】组中的“颜色”按钮，在打开的下拉列表中选择颜色更改所选图形的颜色。

图10-13　输入文本

图10-14　美化SmartArt图形

（二）插入图表

图表是PowerPoint演示文稿中能直观体现数据内容的重要工具之一，一般可分为柱形图、圆柱图、饼图、折线图等。下面在“公司形象展示.pptx”演示文稿的第6张幻灯片中插入“簇状圆柱图”图表，其具体操作如下。

STEP 1 切换至第6张幻灯片，单击内容占位符中的“插入图表”按钮，如图10-15所示。

STEP 2 打开“更改图表类型”对话框，在左侧的窗格中选择“柱形图”选项，在右侧的“柱形图”栏中选择“簇状圆柱图”选项，单击确定按钮，如图10-16所示。

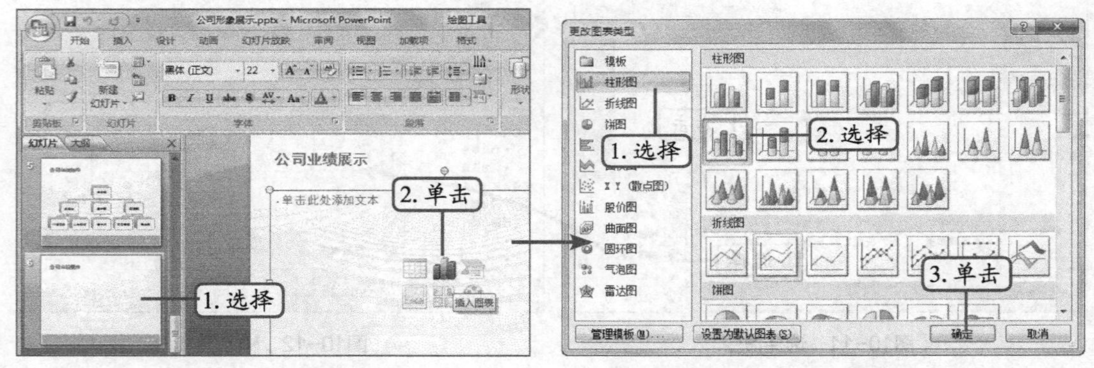

图10-15　插入图表　　图10-16　选择图表样式

STEP 3 自动打开Excel 2007，在已经创建好的“Sheet1”工作表中输入如图10-17所示的图表数据，单击标题栏中的“关闭”按钮，退出Excel程序。

STEP 4 返回PowerPoint工作界面，即可在第6张幻灯片中查看插入的簇状圆柱图，如图10-18所示。

知识补充

在【插入】/【插图】组中单击“图表”按钮，也可以打开“插入图表”对话框，选择图表的样式，进行插入图表的操作。

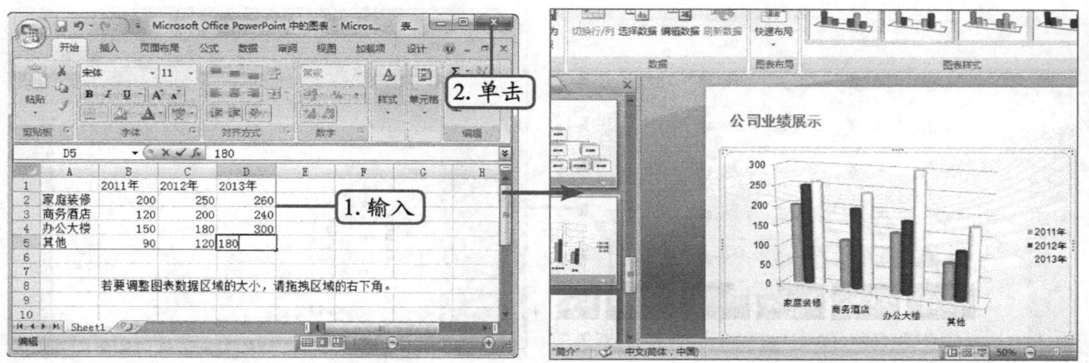

图10-17　输入图表数据　　　　图10-18　插入图表的效果

（三）编辑并美化图表

在幻灯片中成功插入图表后将在功能区中自动激活“图表工具-设计”、“图表工具-布局”、“图表工具-格式”3个选项卡，通过这些选项卡对插入图表的样式、布局、数据标签等进行设置。下面对“公司形象展示.pptx”演示文稿中的“簇状圆柱图”图表进行设置，其具体操作如下。

STEP 1 选择插入的簇状圆柱图，在【图表工具-设计】/【图表布局】组中单击“快速布局”按钮，在打开的下拉列表中选择一种预设的图表布局，这里选择“布局7”选项，如图10-19所示。

STEP 2 保持图表的选择状态，单击“图表样式”组的列表框右侧的“其他”按钮，如图10-20所示。

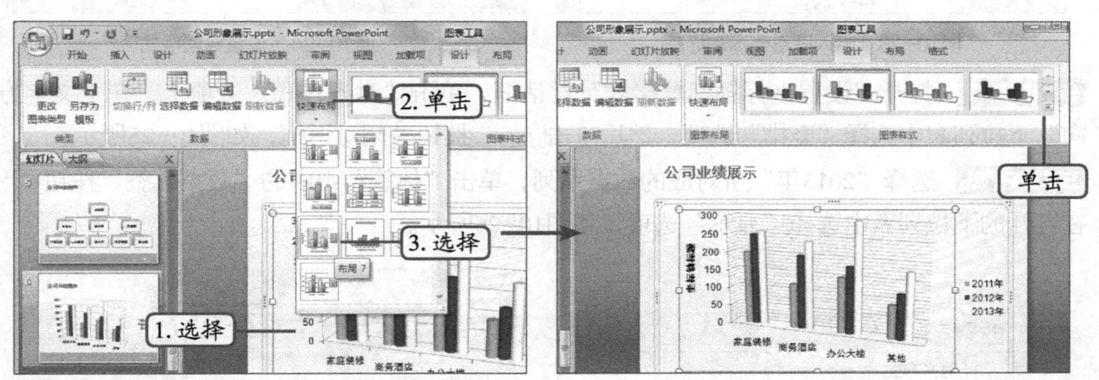

图10-19　设置图表布局　　　　图10-20　设置图表样式

STEP 3 在打开的下拉列表中选择一种图表样式，这里选择“样式 35”选项，如图10-21所示。

STEP 4 选择水平方向的“坐标轴标题”元素，然后按【Delete】键将其删除，如图10-22所示。

STEP 5 选择垂直方向的“坐标轴标题”元素，在其中输入标题文本，如图10-23所示，然后按【Esc】键确认输入。

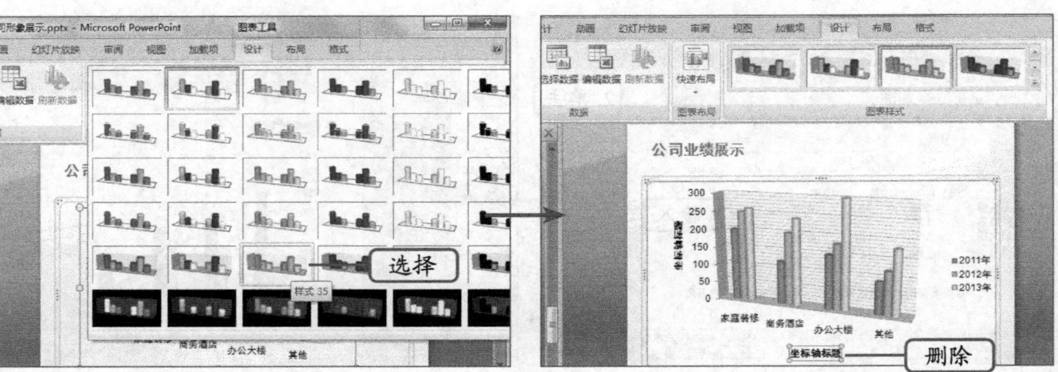

图10-21　选择样式　　　　图10-22　删除水平坐标轴标题

STEP 6 单击“图表工具-布局”选项卡，在“当前所选内容”组中单击“设置所选内容格式”按钮，如图10-24所示。

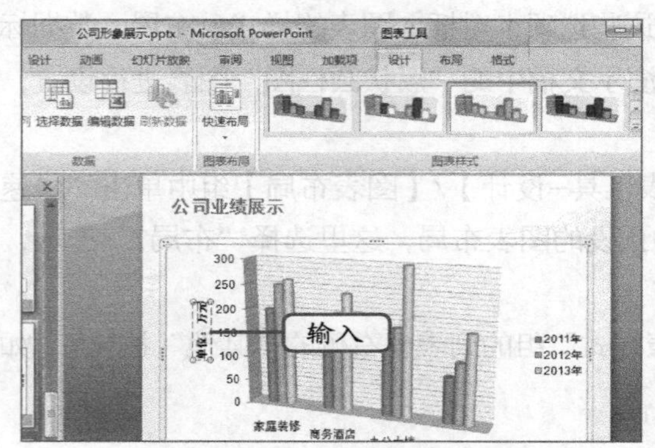

图10-23　输入垂直坐标轴标题

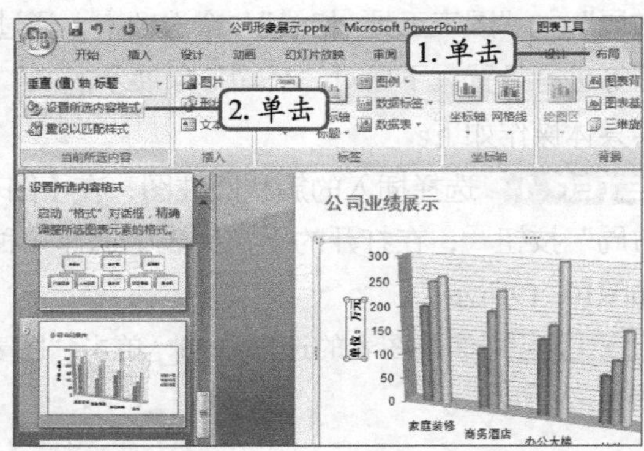

图10-24　设置标题格式

STEP 7 打开“设置坐标轴标题格式”对话框，单击“对齐方式”选项卡，在“文字方向”下拉列表中选择“竖排”选项，然后单击关闭按钮关闭对话框，如图10-25所示。

STEP 8 选择“2013年”所对应的数据系列，单击“标签”组中的“数据标签”按钮，在打开的下拉列表中选择“显示”选项，如图10-26所示。

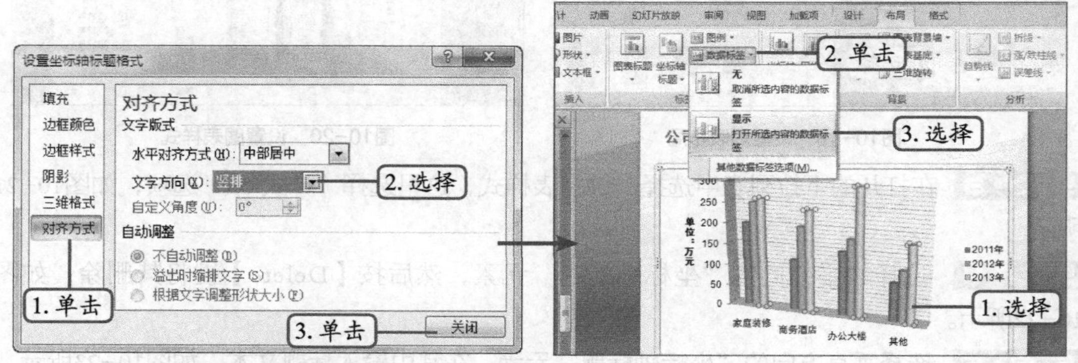

图10-25　设置文字方向　　　　图10-26　设置数据标签

STEP 9 选择图表中的“图例”元素，单击【图表工具-格式】/【形状样式】组的列表框右侧的“其他”按钮，如图10-27所示。

STEP 10 在打开的下拉列表中选择一种预设样式快速美化所选图例，这里选择“细微效果－深色1”选项，如图10-28所示。

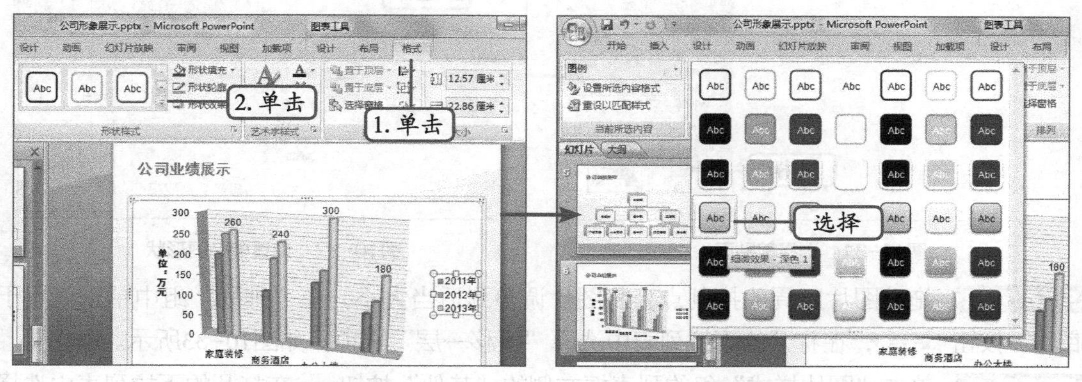

图10-27 设置图例样式　　图10-28 选择样式

（四）插入剪贴画

PowerPoint提供了一个庞大的剪贴画库，其中收集了许多好看且实用的剪贴画图片。下面在“公司形象展示.pptx”演示文稿的最后一张幻灯片中插入剪贴画，其具体操作如下。（拓展微课：光盘\微课视频\项目十\插入剪贴画.swf、编辑剪贴画.swf）

STEP 1 选择“幻灯片”窗格中的最后一张幻灯片，在【插入】/【插图】组中单击“剪贴画”按钮，如图10-29所示。

STEP 2 打开“剪贴画”任务窗格，在“搜索文字”文本框中输入关键字“联系”，在“结果类型”下拉列表中选中“剪贴画”和“照片”复选框，单击搜索按钮，如图10-30所示。

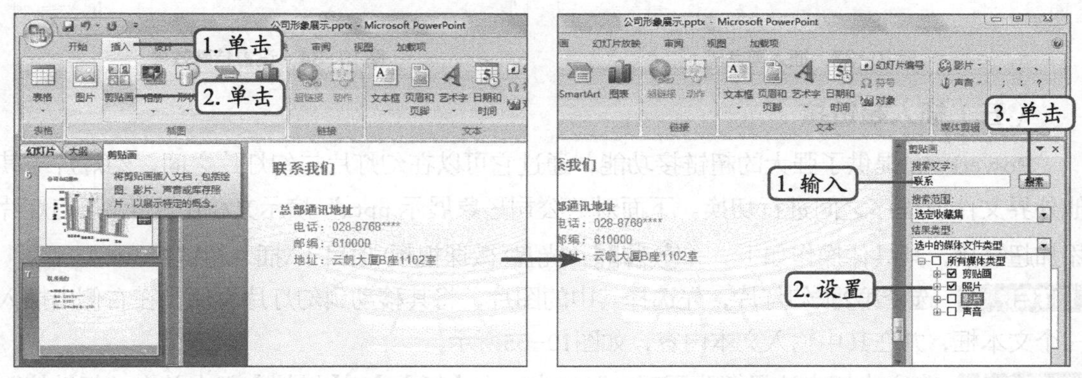

图10-29 插入剪贴画　　图10-30 设置搜索条件

STEP 3 在“搜索结果”列表框中单击所需剪贴画，如图10-31所示，即可将其插入到当前幻灯片中，自动呈选择状态。

STEP 4 在【图片工具-格式】/【图片样式】组中单击“图片形状”按钮，在打开的下拉列表的“基本形状”栏中选择“椭圆”选项，如图10-32所示。

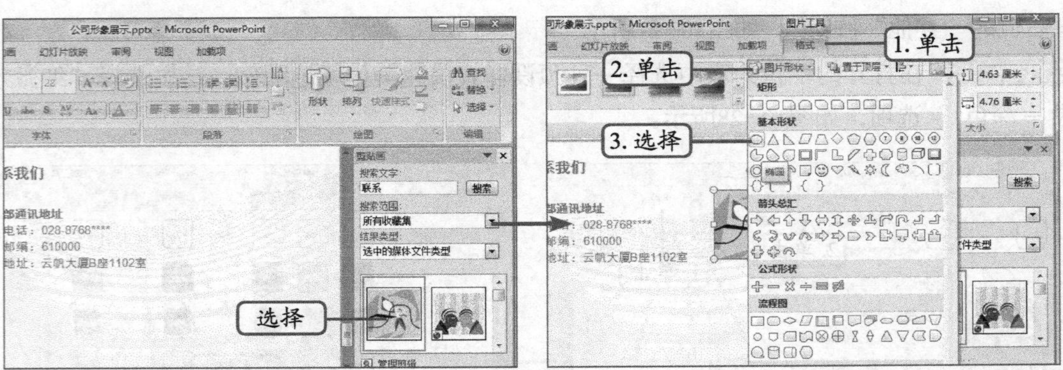

图10-31　选择剪贴画　　　　图10-32　设置剪贴画形状

STEP 5 拖动图片四周的控制点，将图片调整到适当大小，在"排列"组中单击"置于底层"按钮，在打开的下拉列表中选择"下移一层"选项，如图10-33所示。

STEP 6 单击"图片样式"组的列表框右侧的"其他"按钮，在打开的下拉列表中选择"柔化边缘椭圆"选项，为图片设置特殊效果，如图10-34所示。

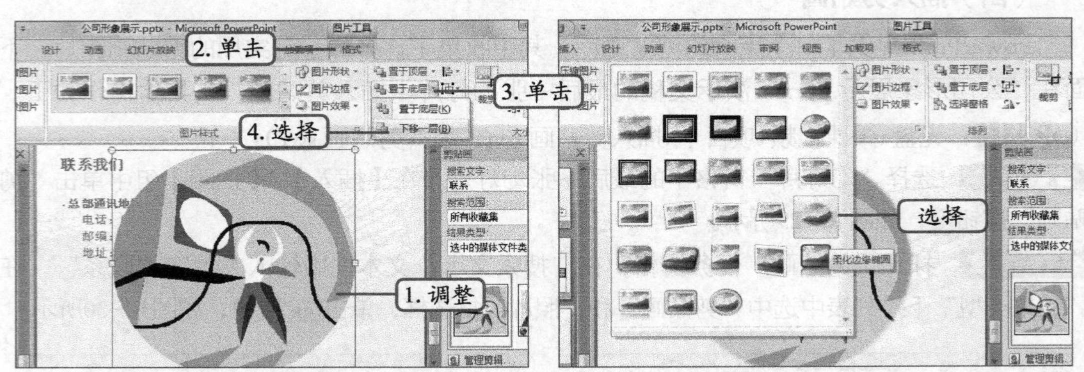

图10-33　插入剪贴画　　　　图10-34　设置特殊效果

（五）插入超链接

PowerPoint提供了强大的超链接功能，通过它可以在幻灯片与幻灯片之间、幻灯片与其他外界文件或程序之间进行切换。下面对"公司形象展示.pptx"演示文稿中的第2张幻灯片添加超链接，其具体操作如下。（拓展微课：光盘\微课视频\项目十\插入超链接.swf）

STEP 1 选择第2张幻灯片，先选择其中的图片，将其移动到幻灯片左侧，在右侧出插入一个文本框，并在其中输入文本内容，如图10-35所示。

STEP 2 在文本框中选择"公司理念"文本，在【插入】/【链接】组中单击"超链接"按钮，如图10-36所示。

STEP 3 打开"插入超链接"对话框，在"链接到"列表中单击"在文档中的位置"按钮，在"请选择文档中的位置"列表框中选择第3张幻灯片对应的选项，单击确定按钮，如图10-37所示。

图10-35　插入文本内容

图10-36　插入超链接

STEP 4 此时所选文本的颜色将自动更改为当前主题颜色，并添加下画线，表示该文本已添加超链接。使用相同的操作方法为其他文本添加超链接，效果如图10-38所示。

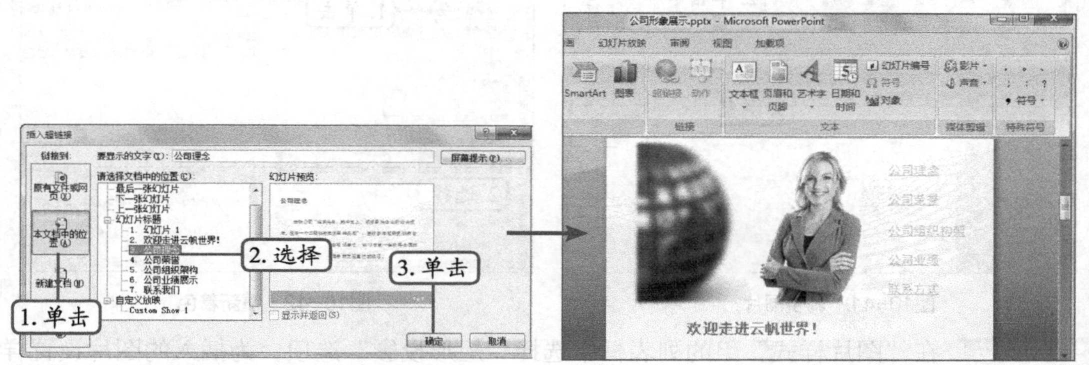

图10-37　设置超链接　　图10-38　插入超链接效果

（六）插入图片

在幻灯片中插入图片可以达到修饰幻灯片和表现文字所无法表现出的内容的目的。下面在“公司形象展示.pptx”演示文稿中插入并编辑图片，其具体操作如下。

STEP 1 选择“幻灯片”窗格中的第4张幻灯片，在【插入】/【插图】组中单击“图片”按钮，如图10-39所示。

STEP 2 打开“插入图片”对话框，先选择插入图片所在的文件夹，然后选择插入的图片，单击 插入(S) 按钮，如图10-40所示。

STEP 3 选择插入的图片，通过四周的控制点调整图片的大小和位置，然后单击“图片工具-格式”选项卡，在“大小”组中单击“裁剪”按钮，通过拖动鼠标，将图片的左右两侧的空白部分裁剪掉，如图10-41所示。

STEP 4 在“调整”组中单击“重新着色”按钮，在打开的下拉列表中选择“设置透明色”选项，如图10-42所示。

STEP 5 当鼠标指针变成形状时，在插入的图片四周空白处单击，即可去掉多余的颜色，将幻灯片背景颜色显示出来，如图10-43所示。

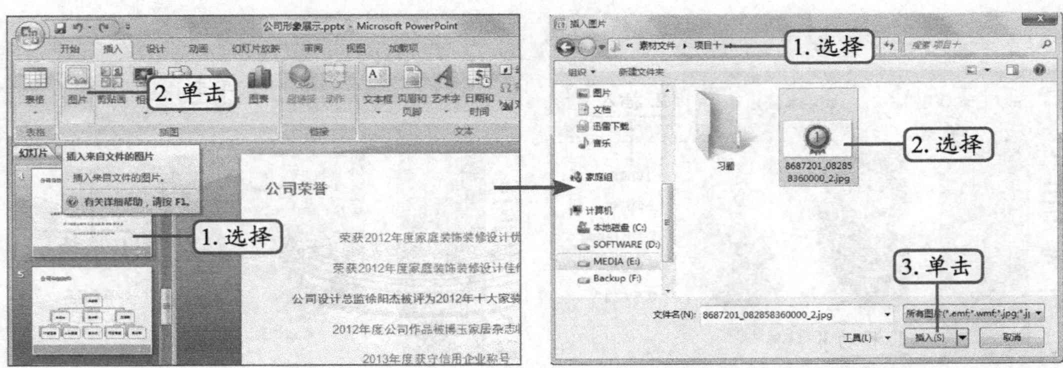

图10-39 插入图片

图10-40 选择图片

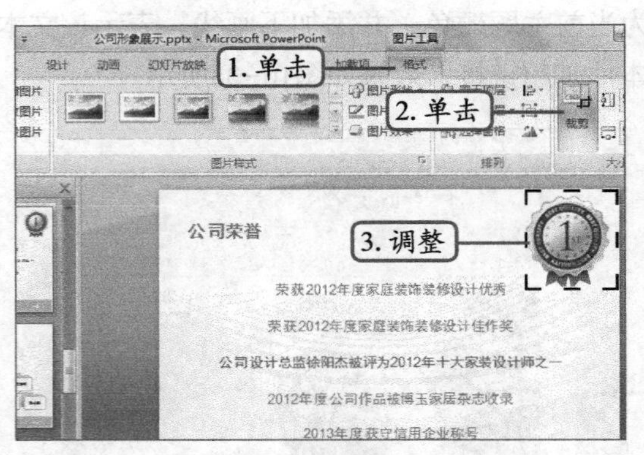

图10-41 调整图片

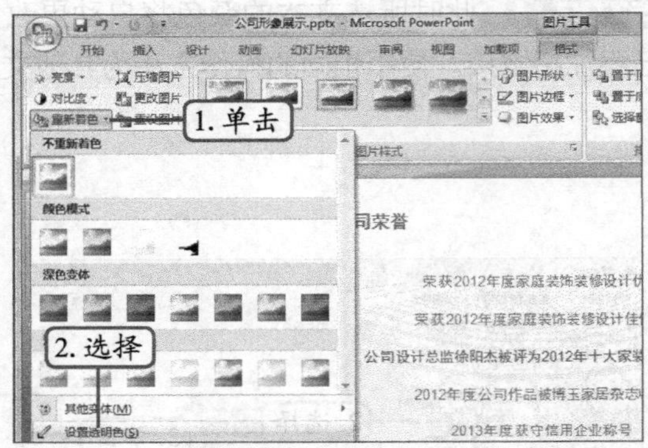

图10-42 重新着色

STEP 6 在“图片样式”组的列表框中选择“矩形投影”选项，为插入的图片设置样式，如图10-44所示（最终效果参见：效果文件\项目十\任务一\公司形象展示.pptx）。

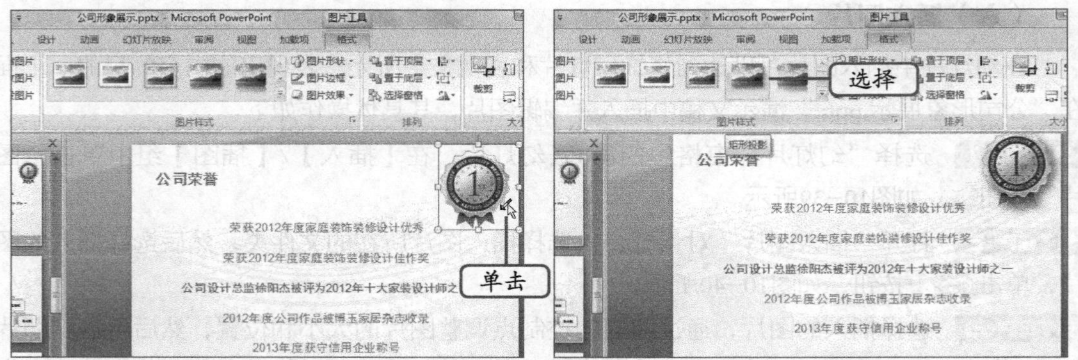

图10-43 设置透明色

图10-44 设置图片样式

任务二 编辑“产品展示”演示文稿

产品展示也是常见PPT的类型之一，产品展示主要有实物展示和虚拟展示两种。制作成幻灯片，利用图片和文字介绍做成类似目录形式的PPT方式来展示产品，是主流展示方式。

一、任务目标

本任务将练习用PowerPoint 2007编辑“产品展示”演示文稿，制作时可直接打开素材文档“产品展示”，并对其进行编辑。通过本任务的学习，可掌握幻灯片背景的设置操作，并学会插入日期和时间、声音和视频的方法。本任务制作完成后的最终效果如图10-45所示。

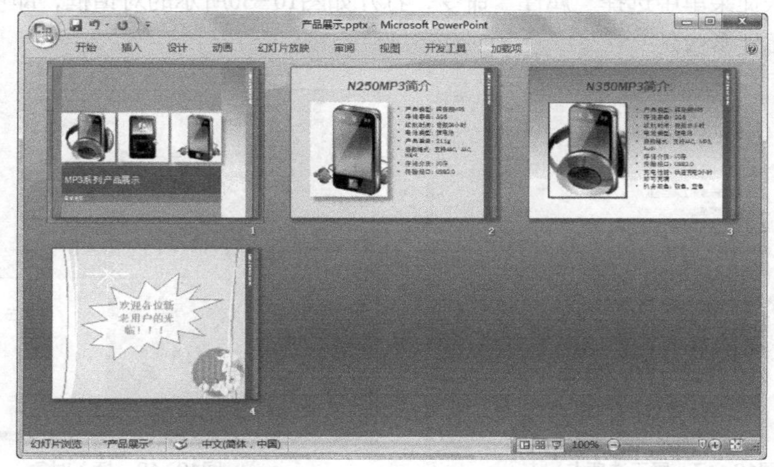

图10-45 “产品展示”演示文稿

二、相关知识

在幻灯片中插入的对象有很多种，下面就介绍几种对象插入的方法。

- **批量复制并插入幻灯片**：要复制演示文稿中的幻灯片，先在普通视图的“大纲”或“幻灯片”选项中，选择要复制的幻灯片，然后按【Ctrl+shift+D】组合键，则选中的幻灯片将直接以插入方式复制到选定的幻灯片之后。
- **插入数学表达式**：PowerPoint也可以用公式编辑器。操作方法是：在【插入】/【文本】组中单击“对象”按钮，打开“插入对象”对话框，在“对象类型”列表框中选项“MicroSoft 公式 3.0”选项，单击确定按钮，如图10-46所示，就可以编辑数学表达式了。完成编辑后，直接关闭“公示编辑器”窗口可以返回到幻灯片编辑窗口，并通过调整表达式窗口的大小来调整公式中文字的大小。

图10-46 “插入对象”对话框

- **插入Flash对象**：其方法为单击Office按钮，在展开的面板中单击PowerPoint 选项(I)按钮，打开“PowerPoint选项”对话框，在“常用”选项卡的“PowerPoint首选使用选项”栏中单击选中“在功能区显示‘开发工具’选项卡”复选框，单击创建按钮，如图10-47所示。返回PowerPoint主界面，在【开发工具】/【控件】组中单击“其他控件”按钮，如图10-48所示，打开“其他控件”对话框，在列表框中选择“Shockwave Flash Object”选项，单击创建按钮，如图10-49所示。当鼠标指针变成十形状时，在幻灯片中拖动即可插入Flash对象，然后在其上单击鼠标右键，在弹出的快捷菜单中选择“属性”命令，打开如图10-50所示的对话框，即可设置Flash控件的属性参数。

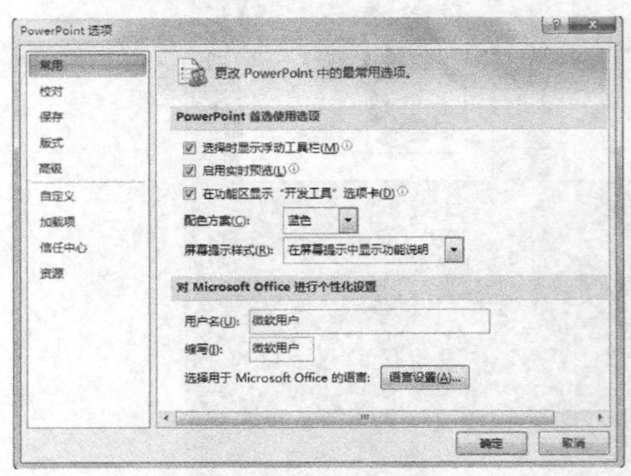

图10-47　显示选项卡

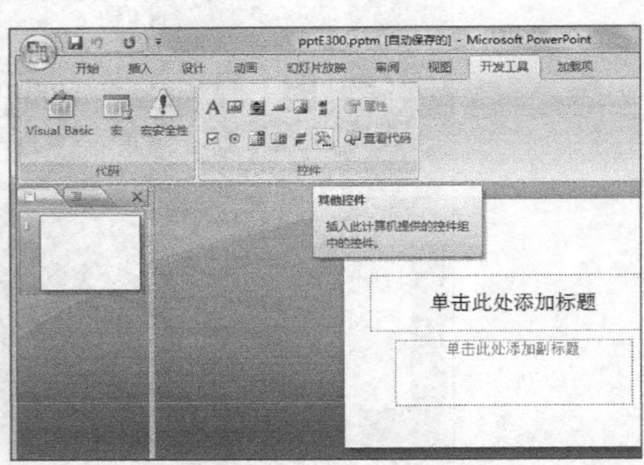

图10-48　插入对象

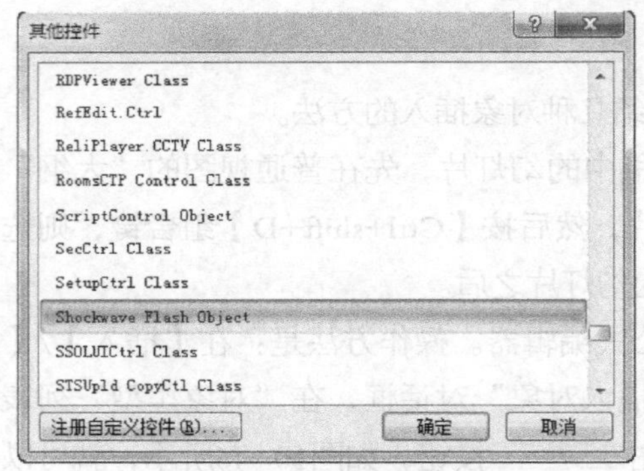

图10-49　选项控件

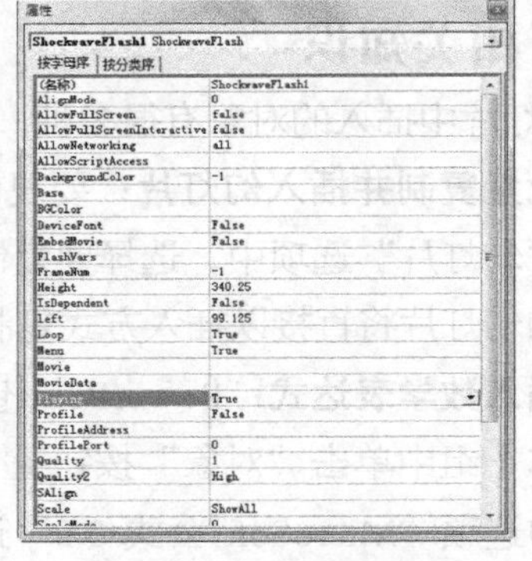

图10-50　设置控件属性

三、任务实施

（一）设置幻灯片背景

幻灯片背景是指演示文稿中每张幻灯片的填充效果，PowerPoint 2007提供了多种不同的背景效果。下面为“产品展示.pptx”演示文稿（素材参见：素材文件\项目十\任务二\产品展示.pptx）中的幻灯片设置不同背景，其具体操作如下。（拓展微课：光盘\微课视频\项目十\设置背景.swf）

STEP 1　选择“幻灯片”窗格中的第1张幻灯片，在【设计/】【背景】组中单击“背景样式”按钮，在打开的下拉列表中选择“样式9”选项，如图10-51所示。

STEP 2　选择“幻灯片”窗格中的第2张幻灯片，单击“背景”组中的“展开”按钮，如图10-52所示。

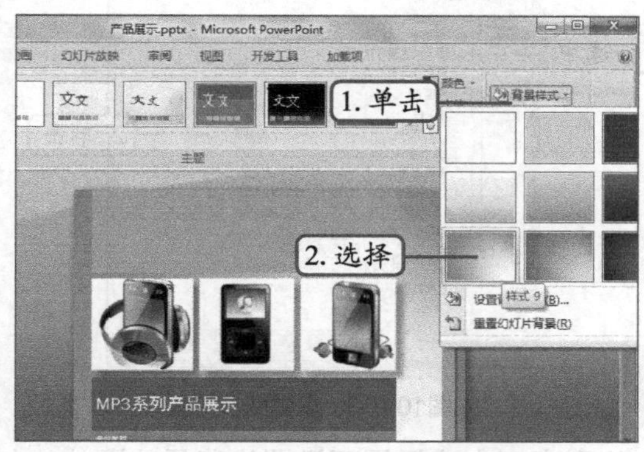

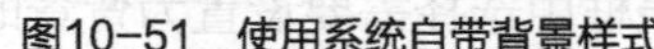

图10-51 使用系统自带背景样式

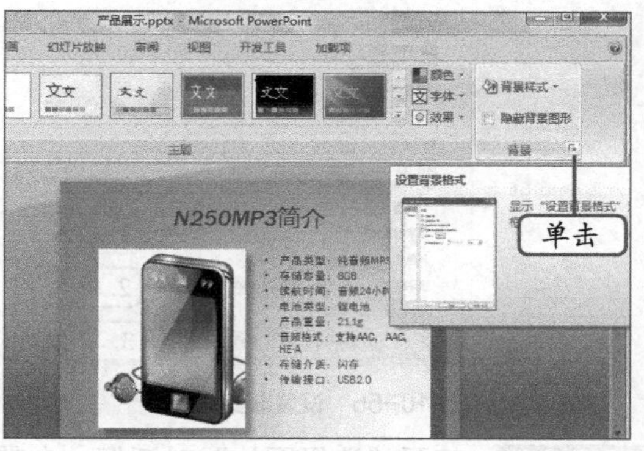

图10-52 单击“背景”展开按钮

STEP 3 打开“设置背景格式”对话框，在“填充”选项卡中单击选中右侧的“纯色填充”单选项，单击“颜色”按钮，在打开的下拉列表中选择“蓝-灰，强调文字颜色6，淡色80%”选项，单击关闭按钮，如图10-53所示。

STEP 4 选择第3张幻灯片，打开“设置背景格式”对话框，在“填充”选项卡中单击选中“渐变填充”单选项，在“类型”下拉列表中选择“线性”选项，单击“方向”按钮，在打开的下拉列表中选择“线性向上”选项，如图10-54所示。

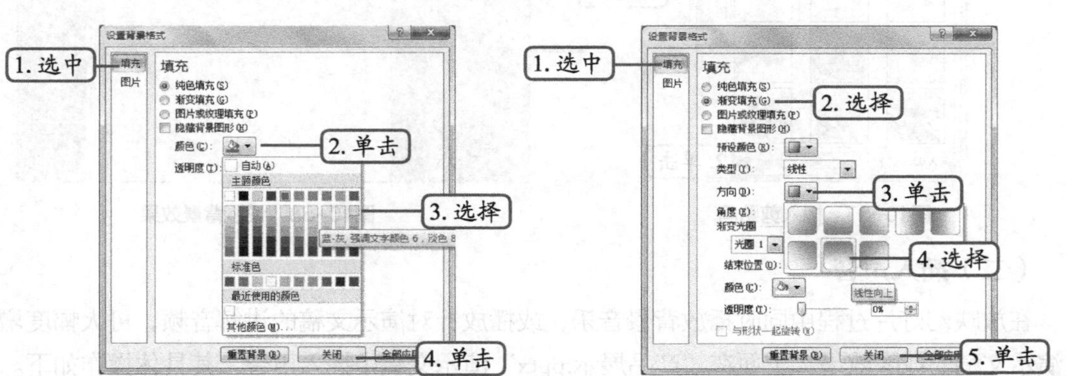

图10-53 设置纯色背景

图10-54 设置渐变类型

STEP 5 在“结束位置”右侧的数值框中输入“20%”，在“透明度”右侧的数值框中输入“90%”，单击关闭按钮，如图10-55所示，即可为该幻灯片设置渐变背景。

STEP 6 选择第4张幻灯片，打开“设置背景格式”对话框，在“填充”选项卡中单击选中“图片或纹理填充”单选项，单击剪贴画(R)...按钮，如图10-56所示。

知识补充

为幻灯片设置背景后，若要取消背景只需单击“背景”组中的“背景样式”按钮背景样式，在弹出的下拉列表中选择“重置幻灯片背景”选项即可将幻灯片背景恢复到初始值。除此之外，在“设置背景格式”对话框的“填充”选项卡中单击重置背景(B)按钮，也可以实现相同操作。

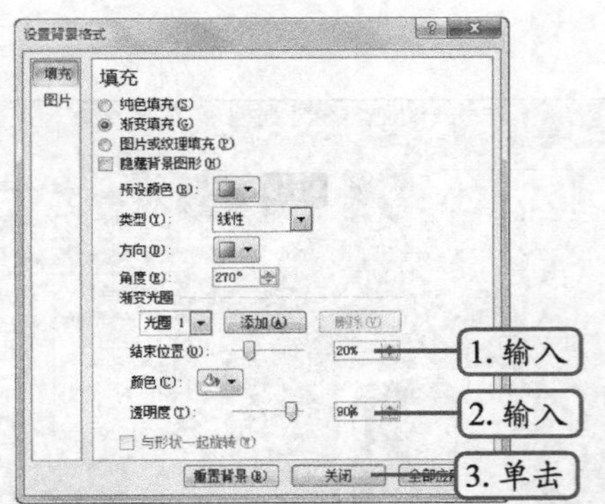

图10-55　设置渐变背景

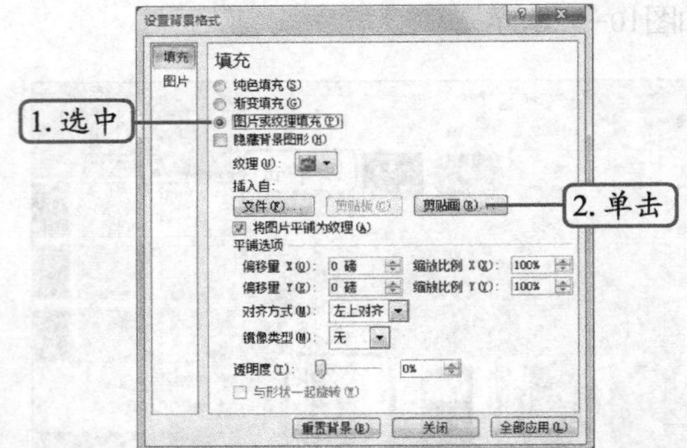

图10-56　设置图片背景

STEP 7　打开“选择图片”对话框，在其中的列表框中选择需要设置为背景的图片，如图10-57所示，单击[确定]按钮，返回“设置背景格式”对话框，单击[关闭]按钮。

STEP 8　返回幻灯片窗口，即可看到设置了背景图片的幻灯片，如图10-58所示。

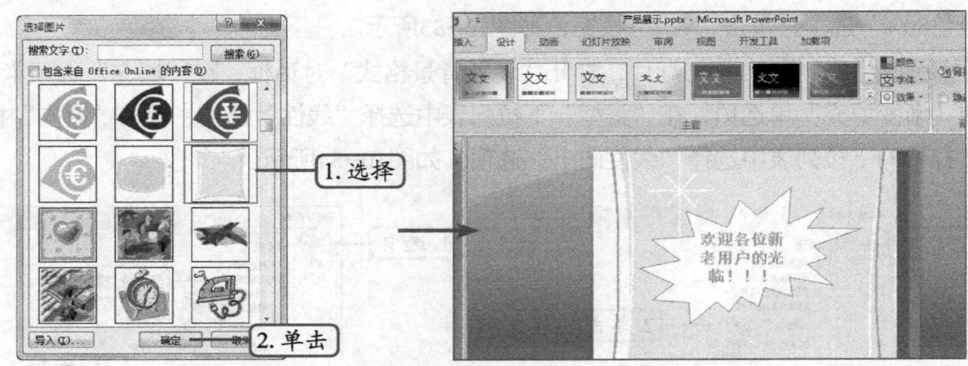

图10-57　插入剪贴画　　　　图10-58　设置背景效果

（二）插入声音

在放映幻灯片过程中同时播放背景音乐，或播放针对演示文稿的讲解音频，可大幅度增强演示文稿的放映效果。下面在“产品展示.pptx”演示文稿中插入声音，其具体操作如下。

（**拓展微课**：光盘\微课视频\项目十\插入声音.swf）

STEP 1　选择“幻灯片”窗格中的第1张幻灯片，在【插入】/【背景】组中单击“声音”按钮，如图10-59所示。

STEP 2　打开“插入声音”对话框，选择需要插入的声音文件，单击[确定]按钮，如图10-60所示。

STEP 3　返回幻灯片编辑窗口，弹出提示框，询问在放映幻灯片时如何播放声音，单击[自动(A)]按钮将在播放幻灯片的同时播放声音；单击[在单击时(C)]按钮则是在播放幻灯片时，单击鼠标才能播放声音。这里单击[自动(A)]按钮，如图10-61所示。

STEP 4　PowerPoint 2007将选择的声音文件插入到幻灯片中，在幻灯片编辑区中可以看到一个声音图标，如图10-62所示。

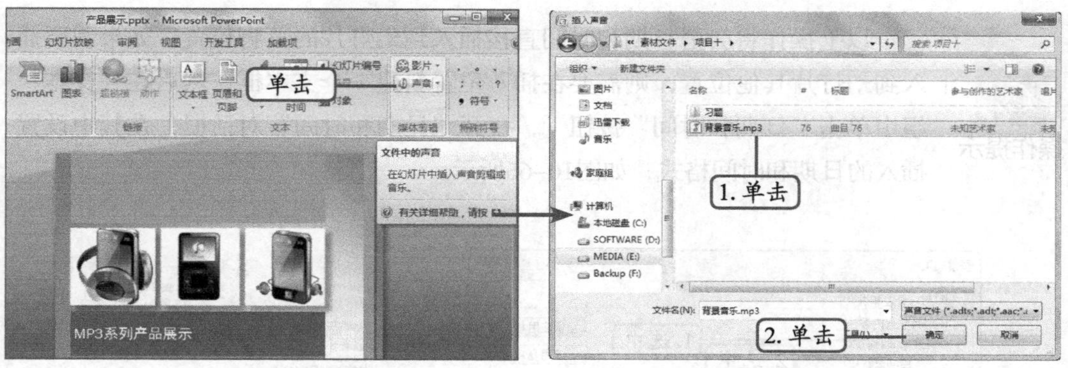

图10-59 插入声音　　图10-60 选择声音文件

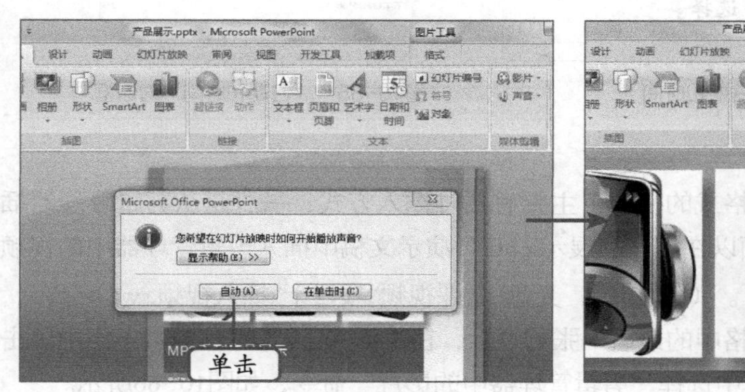

图10-61 设置声音播放时间

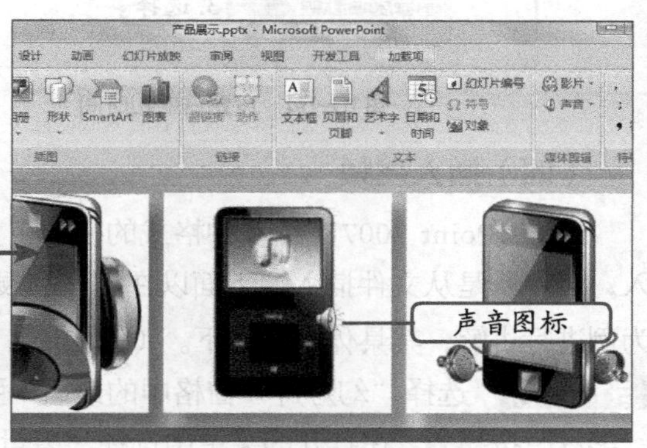

图10-62 插入效果

（三）插入日期和时间

在PowerPoint2007中制作倒计时课件或者其他PPT时，需要将准确的日期时间插入进去，手动输入的时间只是一个数值，不能与实际时间同步，如果需要同步则需要插入时间。下面以设置“产品展示.pptx”演示文稿为例进行讲解，其具体操作如下。

STEP 1 选择“幻灯片”窗格中的第1张幻灯片，在【插入】/【文本】组中单击“日期和时间”按钮，如图10-63所示。

STEP 2 打开“页眉和页脚”对话框的“幻灯片”选项卡，在“幻灯片包含内容”栏中单击选中“日期和时间”复选框，接着在下面单击选中“自动更新”单选项，在其下的下拉列表框中选择一种日期和时间的格式，单击全部应用按钮，如图10-64所示，即可为演示文稿中的所有幻灯片插入日期和时间。

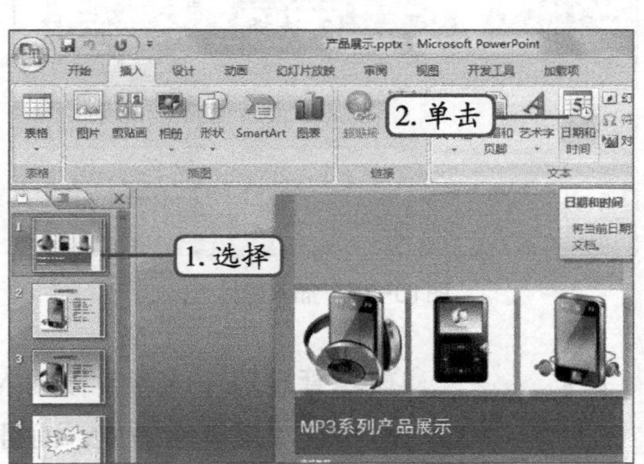

图10-63 插入日期和时间

操作提示

以上操作将会把日期和时间直接插入到幻灯片的页脚位置。如果需要插入到幻灯片其他位置，则需要在插入位置新建一个文本框，然后在“文本”组中单击“日期和时间”按钮，打开“日期和时间”对话框，在其中设置插入的日期和时间格式，如图10-65所示。

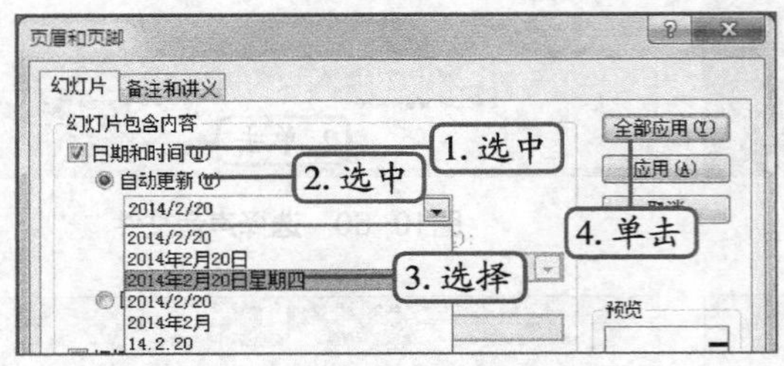

图10-64　设置日期和时间

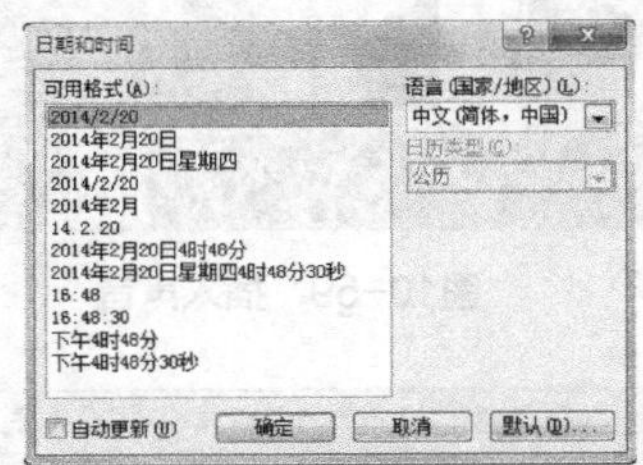

图10-65　“日期和时间”对话框

（四）插入视频

PowerPoint 2007支持多种格式的视频，主要有两种插入方式：一种是从剪辑管理器插入，另一种是从文件插入。下面以在“产品展示.pptx”演示文稿中插入剪辑管理器中的视频为例进行讲解，其具体操作如下。（拓展微课：光盘\微课视频\项目十\插入视频.swf）

STEP 1　选择“幻灯片”窗格中的最后一张幻灯片，在【插入】/【媒体剪辑】组中单击“影片”按钮，在打开的菜单中选择“剪辑管理器中的影片”命令，如图10-66所示。

STEP 2　在PowerPoint操作界面右侧显示“剪贴画”任务窗格，在其中的列表框中单击一个影片截图，即可将该影片插入到幻灯片中，如图10-67所示，使用鼠标拖动影片到幻灯片右下角，并调整影片的大小。

图10-66　插入影片　　图10-67　选择影片

知识补充

剪辑管理器中的影片被插入到幻灯片后，由于是GIF动画格式，在放映时它将自动反复地播放，而且还可像图片一样调整其大小和位置，并设置样式和效果。

STEP 3　选择插入的影片，在【图片工具-格式】/【图片样式】组的列表框中选择影片的样式，这里选择“柔化边缘椭圆”选项，单击“展开”按钮，如图10-68所示。

STEP 4 打开“设置图片格式”对话框，在“图片”选项卡中单击“着色”按钮，在弹出的列表框的“浅色变体”栏中选择“背景颜色 2 浅色”选项，单击 关闭 按钮，如图10-69所示（最终效果参见：效果文件\项目十\任务二\产品展示.pptx）。

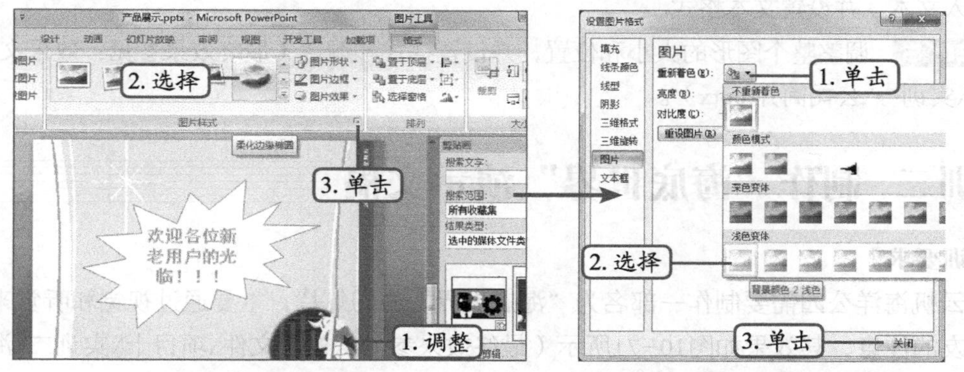

图10-68 设置影片样式　　图10-69 设置影片效果

实训一 制作“公司简介”演示文稿

【实训要求】

云帆数码科技有限公司需要制作一部简单的公司介绍幻灯片，要求说明公司的组织结构和主要产品，并且产品都需要配图。其效果如图10-70所示。

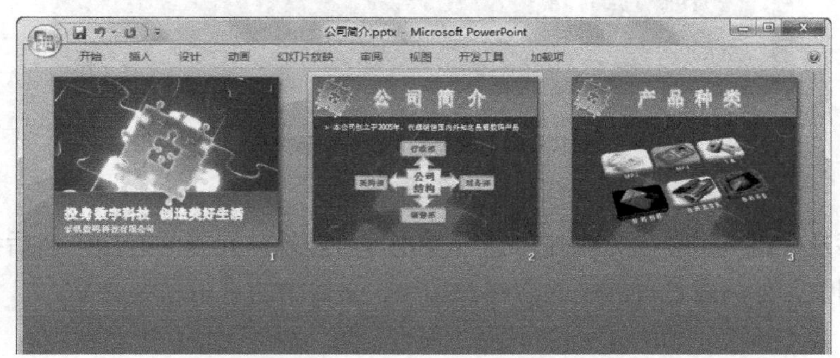

图10-70 “公司简介”演示文稿

【实训思路】

本实训需要先通过插入形状并进行编辑，然后插入SmartArt图形和图片，并对图片和图形进行设置，最后完成演示文稿的制作。

【步骤提示】

STEP 1 打开素材“公司简介.pptx”演示文稿（素材参见：素材文件\项目十\实训一\公司简介.pptx）选择第2张幻灯片，插入4个“圆角矩形”和1个“十字箭头标注”形状。

STEP 2 调整自选图形的大小和位置，然后在其中输入文本，并设置文本格式。

STEP 3 在【绘图工具】/【格式】/【形状样式】组中设置自选图形的填充颜色、轮廓样式和效果。

STEP 4 选择第3张幻灯片，插入SmartArt图形，选择样式为“图片题注列表”。

STEP 5 在各矩形形状中单击“图片”按钮，插入图片“数码1～6.jpg”，然后在矩形下方输入文本，并设置文本格式。

STEP 6 调整整个图形的大小和位置，并设置样式和颜色（最终效果参见：效果文件\项目十\实训一\公司简介.pptx）。

实训二 制作“海底世界”演示文稿

【实训要求】

云帆海洋公园需要制作一部名为“海底世界”的幻灯片，主要通过视觉和听觉来吸引小朋友的注意，其效果如图10-71所示（最终效果参见：效果文件\项目十\实训二\海底世界.pptx）。

图10-71 “海底世界”演示文稿

【实训思路】

本实训涉及在PowerPoint 2007中插入和使用多种多媒体元素的方法，包括各种声音、影片的插入和调整，如剪辑管理器中的声音和影片、文件中的音乐和影片等。

【步骤提示】

STEP 1 打开素材“海底世界.pptx”演示文稿（素材参见：素材文件\项目十\实训二\海底世界.pptx），选择第1张幻灯片，插入声音文件“海底世界.mp3”（素材参见：素材文件\项目十\实训二\海底世界.mp3），并设置放映幻灯片时自动播放。

STEP 2 将声音图标拖动到幻灯片的左上角，将图标放大，设置“重新着色”为“强调文字颜色1浅色”，设置“图片样式”为“预设/预设4”。

STEP 3 在“选项/声音选项”组中选中“循环播放，直到停止”复选框。

STEP 4 选择第4张幻灯片，插入影片“海底世界.gif”（素材参见：素材文件\项目十\实训二\海底世界.gif），调整插入的动画的大小和位置。

STEP 5 在“格式/图片样式”组的“快速样式”列表框中选择“旋转，白色”选项。

常见疑难解析

问：怎样改变剪贴画中相同颜色中某些部分的颜色？

答：在剪贴画上单击鼠标右键，在打开的快捷菜单中选择“组合/取消组合”命令，系统将打开一个提示对话框询问是否要将其转换为Office图形，单击确定按钮，剪贴画的各个组成部分均被打散为单个对象，且全部被选中。在剪贴画以外的地方单击鼠标，取消选中所有组成部分，用鼠标单击想改变颜色的那一部分，该部分呈选中状态，选择【开始】/【绘图】组，单击形状填充按钮，在打开的下拉列表中选择所需颜色即可将选中对象的颜色填充为该颜色，用同样的方法填充其他各个部分的颜色。

问：PowerPoint 2007可以插入相册吗？

答：可以。在【插入】/【插图】组中单击“相册”按钮，打开“相册”对话框，单击文件/磁盘(F)...按钮，在打开的“插入新图片”对话框的“查找范围”下拉列表中选择相片的位置，然后选择需要插入的相片，单击插入(S)按钮，返回到“相册”对话框，单击创建(C)按钮，此时将新创建一个相册演示文稿，根据需要还可在各个幻灯片中添加其他对象内容。

拓展知识

1. 播放CD乐曲

在创建演示文稿后，可能需要添加CD中的乐曲以伴随演示文稿播放，但又不希望将CD乐曲导出到计算机中成为独立的文件而逐个添加时，可以在幻灯片中直接插入CD乐曲进行播放，其方法与插入其他声音的类似。在幻灯片中，单击【插入】/【媒体剪辑】组中的“声音”按钮，在打开的下拉菜单中选择“播放CD乐曲”选项，在打开的“插入CD乐曲”对话框的“剪辑选择”栏内设置开始曲目号和结束曲目号，以及开始曲目的开始时间和结束曲目的结束时间；在“播放选项”栏中设置循环播放和声音音量；在“显示选项”栏内设置声音图标的显示方式。然后单击确定按钮，在幻灯片中将显示一个CD图标。

2. 插入录制的声音

在制作过程中，演讲者还可以将自己录制的声音插入到幻灯片中，那么在放映幻灯片时即可听到录制的声音，这种方式主要应用于自动放映幻灯片时的讲解或旁白。其方法比较简单，在【插入】/【媒体剪辑】组中单击“声音”按钮，在打开的下拉列表中选择“录制声音”选项，在打开的“录音”对话框中进行录音，完成后单击确定按钮即可。

课后练习

（1）新建文件“拜年卡.pptx”（最终效果参见：效果文件\项目十\课后练习\拜年卡.pptx），并执行以下操作，完成后的效果如图10-72所所示。

● 将背景颜色设置为“红色”，在第1张幻灯片中插入的图片样式为“圆形对角、白色”，标题字体为“方正卡通简体、44、深蓝”。

● 在第1张幻灯片中插入声音“步步高”，播放设置为“‘放映时隐藏’、‘循环播放，直到停止’和‘跨幻灯片播放’”。

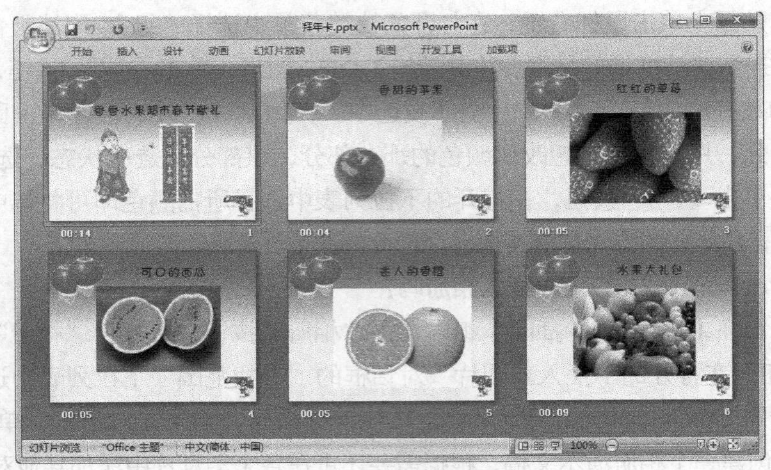

图10-72 “拜年卡”演示文稿

（2）打开素材文件“活动宣传.pptx”（素材参见：素材文件\项目十\课后练习\活动宣传\活动宣传.pptx），并执行以下操作。文档编辑前后的效果如图10-73所示（最终效果参见：效果文件\项目十\课后练习\活动宣传.pptx）。

● 设置标题文本为“文鼎加粗、40、红色、加粗”，并添加“文字阴影”，诗词文本格式为“华文行楷、44”，并插入多张“小花1”图片。

● 插入声音文件“音乐”，并添加幻灯片，输入文本和插入图片，设置图片格式。

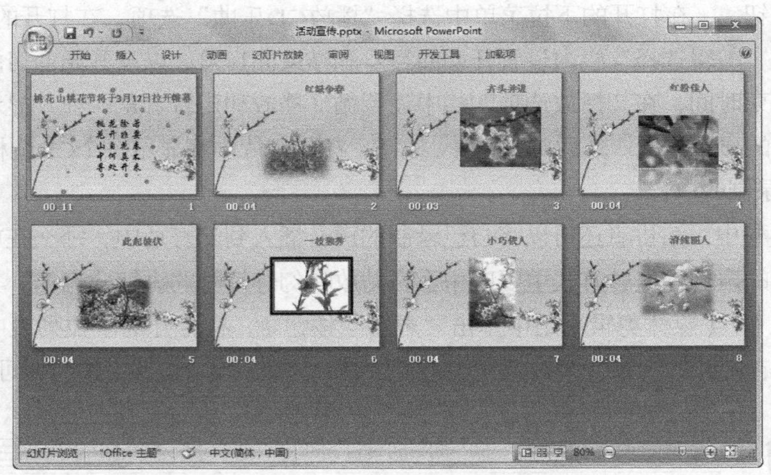

图10-73 “活动宣传”演示文稿

PART 11

项目十一 设置幻灯片版式与动画

情景导入

阿秀：小白，你昨天做的PPT怎么每张幻灯片的背景和图片都不一样，看起来有些乱，且没有条理。

小白：会显得很乱吗？我以为这样会很好看。

阿秀：一个专业的演示文稿往往需要在幻灯片背景、配色、文字格式等方面进行统一设计。

小白：是这样呀，那怎么进行设计呢？

阿秀：在PowerPoint 2007中利用演示文稿的母版、模板或是主题，即可轻松实现统一幻灯片风格的目的。

小白：太好了，那你就教教我关于这方面的操作吧。

阿秀：那么今天就给你讲讲设置幻灯片版式的相关知识，另外再教你关于设置幻灯片的切换效果和添加动画的相关操作。

学习目标

- 掌握幻灯片主题设置的基本操作
- 掌握设置幻灯片切换效果和添加动画的基本操作
- 掌握创建和编辑幻灯片母版的基本操作

技能目标

- 掌握幻灯片版式的设置方法
- 掌握在幻灯片中添加动画的方法

任务一 制作“产品营销计划”演示文稿

产品营销计划又叫产品营销方案，它是在市场销售和服务之前，为使销售达到预期目标而进行的各种销售促进活动的整体性策划。下面具体介绍其制作方法。

一、任务目标

本任务将练习用PowerPoint 2007制作“产品营销计划”演示文稿，在制作时可以先利用素材文件设置幻灯片主题，然后设置幻灯片的切换动画，最后在幻灯片中添加动画。通过本任务的学习，可以掌握设置幻灯片主题和添加动画的基本操作。本任务制作完成后的最终效果如图11-1所示。

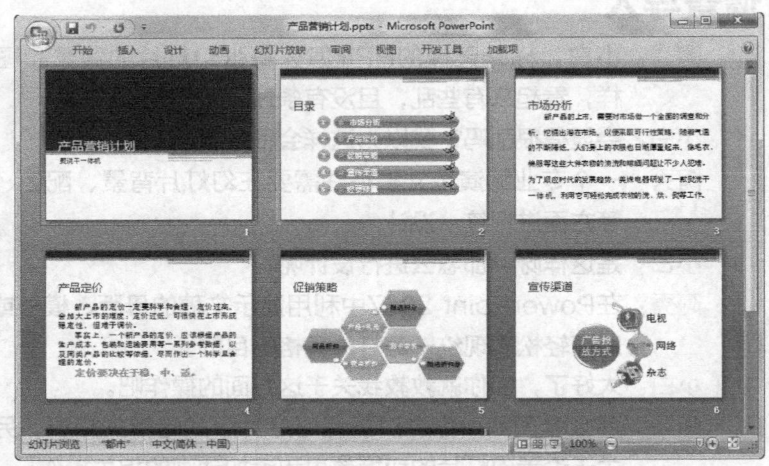

图11-1 “产品营销计划”演示文稿

职业素养

做好清洁卫生，可以保证一天整洁有序的工作环境，同时也利于保持良好的工作心情；及时总结每天、每周等阶段性工作中的得与失，可以及时调整自己的工作习惯，总结工作经验，不断完善工作技能。

二、相关知识

幻灯片的版式与布局决定了幻灯片的结构和外观，而好的结构和外观能够使演示文稿内容更加丰富，更具有宣传价值。下面分别进行介绍。

1. 幻灯片的版式

幻灯片的版式是指一张幻灯片中的文本、图像等元素的布局方式，它以占位符的方式定义了幻灯片上要显示内容的排列方式以及相关格式。PowerPoint 2007提供了多种预设的版式，如“标题和内容”、“两栏内容”、“比较”等，可根据不同内容选用适合的版式。

幻灯片的版式可以在添加新幻灯片时进行选择，只要在【开始】/【幻灯片】组中单击“新建幻灯片”按钮，在打开的下拉列表中选择需要的版式即可。如果幻灯片的内容有所改变，需要修改版式时，可以在“幻灯片”组中单击版式按钮，在打开的下拉列表中选择新的版式即可。

2. **幻灯片布局**

由于文本、图片或影片等元素的表现形式相同，因此在幻灯片中使用这些元素时，应该进行合理的布局，使幻灯片结构清晰、界面美观。在进行布局时需要把握以下几个原则。

- **内容精简**：普通人在短时间内可接收并记忆的最大信息数量是7条，因此单张幻灯片中的文本内容不宜过多，尽量做到言简意赅，方便观众理解幻灯片的内容。
- **强调重点**：幻灯片中的内容有主次之分，对于核心内容，以及演示文稿最后的结论部分，可以通过字体、颜色、样式等方式进行强调，以引起观众的注意。
- **恰当结合**：一张幻灯片中的文本、图片、图表、声音、影片等元素应有机地结合在一起，但是各元素的种类和数量也不宜过多，否则界面会比较零乱，不利于观赏。
- **和谐统一**：在同一演示文稿中，各张幻灯片的标题文本、图片等的位置及页边距大小等应尽量统一；而在一张幻灯片中，应尽量保持幻灯片上下、左右内容均衡，并注意背景与配色的平衡。

三、任务实施

（一）设置幻灯片主题

PowerPoint 2007提供了丰富的幻灯片主题，直接选择相应主题即可快速将其应用到当前演示文稿中。下面为“产品营销计划.pptx”演示文稿应用幻灯片主题，其具体操作如下。（拓展微课：光盘\微课视频\项目十一\设置主题.swf）

STEP 1 打开“产品营销计划.pptx”演示文稿（素材参见：素材文件\项目十一\任务一\产品营销计划.pptx），选择第1张幻灯片，在【设计】/【主题】组的列表框中单击“其他”按钮，在打开的下拉列表中选择“都市”选项，如图11–2所示。

STEP 2 单击“主题”组中的颜色按钮，在打开的下拉列表中选择“暗香扑面”选项，更改主题配色方案，如图11–3所示。

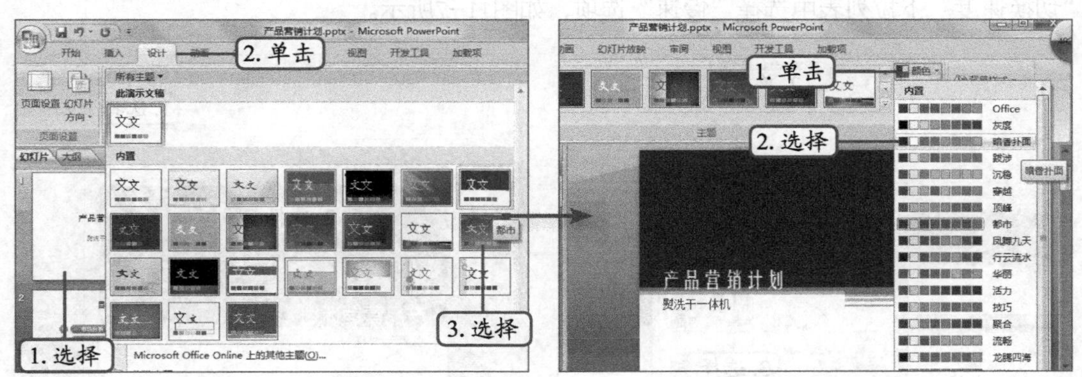

图11–2 设置主题　　图11–3 更改主题颜色

STEP 3 单击“主题”组中的字体按钮，在打开的下拉列表中选择“暗香扑面”选项，更改主题字体方案，如图11–4所示。

STEP 4 单击“主题”组中的“效果”按钮，在打开的下拉列表中选择“华丽”选项，更改主题效果，如图11-5所示。

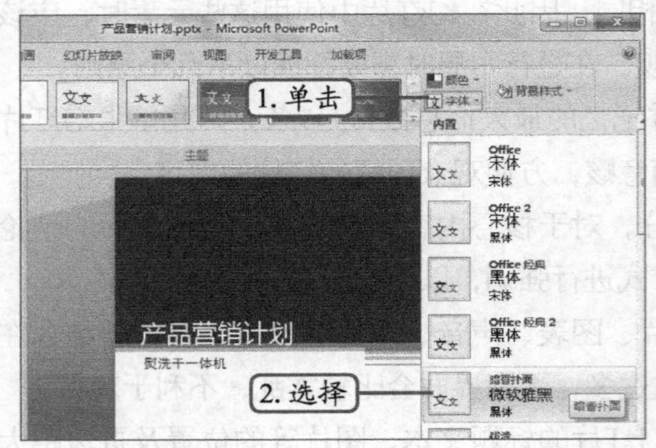

图11-4　更改主题字体

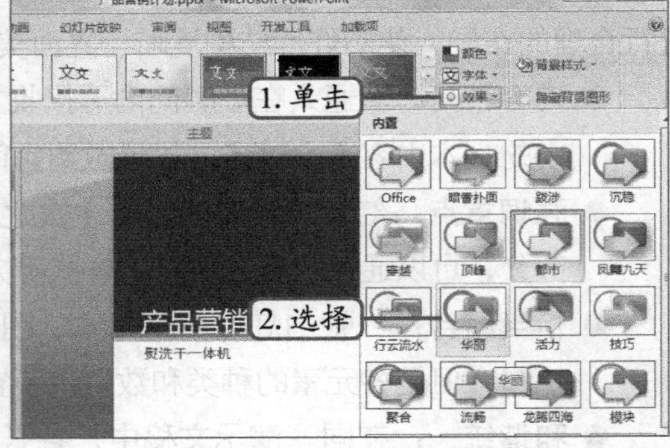

图11-5　更改主题效果

知识补充

在对幻灯片主题效果的实际应用过程中，用户会发现部分幻灯片在更改主题效果后，其显示效果并没有发生变化。这是因为不同的主题所定义的元素不同，而主题效果一般仅针对部分元素才有效，如形状、图表等。

（二）设置幻灯片切换效果

幻灯片切换效果是指放映演示文稿时由上一张幻灯片切换到当前幻灯片时的过渡效果。下面为“产品营销计划.pptx”演示文稿设置幻灯片切换效果，其具体操作如下。（拓展微课：光盘\微课视频\项目十一\设置切换效果.swf）

STEP 1 选择第1张幻灯片，在【动画】/【切换到此幻灯片】组的列表框中单击“其他”按钮，在打开的列表框中选择“向上擦除”选项，如图11-6所示。

STEP 2 在“切换到此幻灯片”组的“切换声音”下拉列表中选择“风铃”选项，在“切换速度”下拉列表中选择“慢速”选项，如图11-7所示。

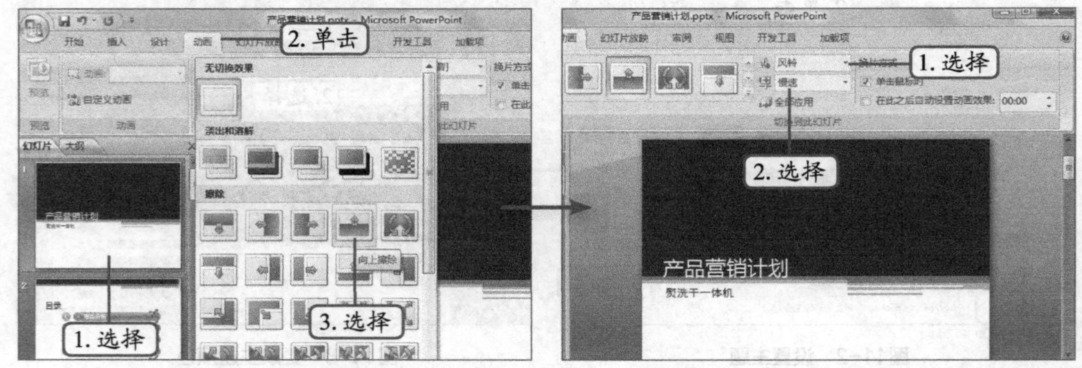

图11-6　选择切换动画　　图11-7　设置切换声音和速度

STEP 3 选择第2张幻灯片，在“切换到此幻灯片”组的列表框中单击“其他”按钮，在打开的列表框中选择“楔入”选项，如图11-8所示。

STEP 4 在“切换到此幻灯片”组的“切换声音”下拉列表中选择“鼓掌”选项，在“切换速度”下拉列表中选择“中速”选项，如图11-9所示。

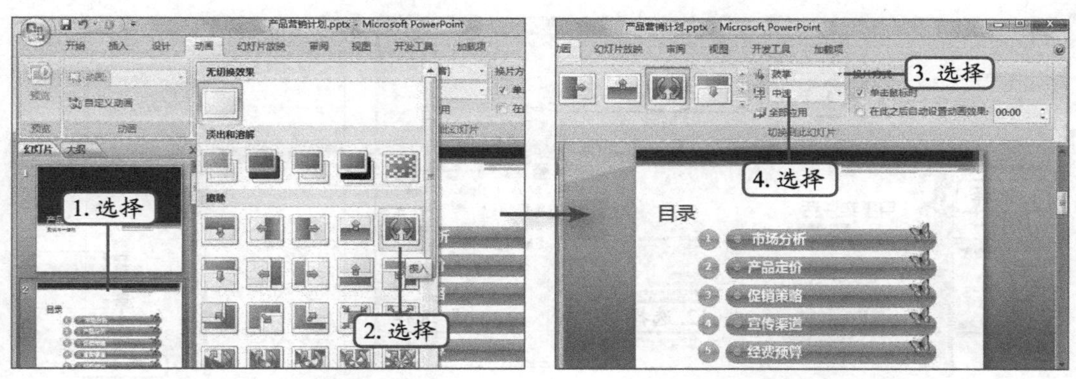

图11-8 切换动画选择　　图11-9 设置切换声音和速度

STEP 5 用同样的方法为其他幻灯片设置切换动画效果，不设置切换声音，切换速度都为“慢速”。

（三）在幻灯片中添加动画

为幻灯片中的各个对象添加相应的动画效果，可以使原本呆板的内容更加生动、形象。下面为“产品营销计划.pptx”演示文稿幻灯片中内容添加不同的动画，其具体操作如下。（拓展微课：光盘\微课视频\项目十一\添加动画.swf）

STEP 1 选择第1张幻灯片，单击标题占位符，在【动画】/【动画】组的“动画”下拉列表中选择“淡出”选项，如图11-10所示，为标题占位符添加动画。

STEP 2 单击副标题占位符，在“动画”组的“动画”下拉列表中选择“擦除/按第一段落”选项，如图11-11所示，为副标题占位符添加动画。

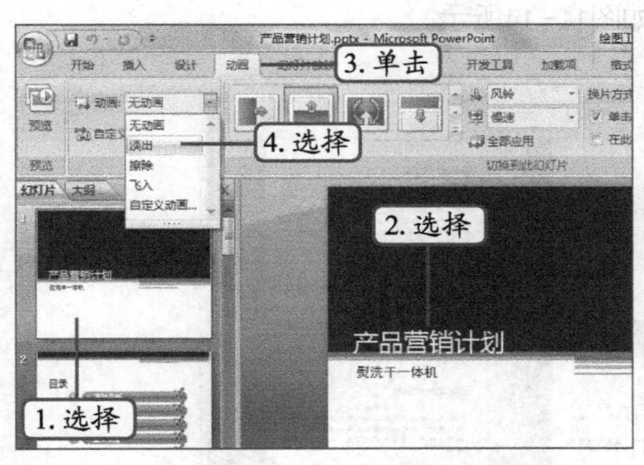

图11-10 添加标题动画　　图11-11 添加副标题动画

STEP 3 用同样的方法为其他幻灯片中的标题占位符添加“淡出”动画。

STEP 4 选择第7张幻灯片，选择其中的图表，在“动画”组中单击“自定义动画”按钮，在幻灯片编辑区右侧弹出“自定义动画”任务窗格，单击“添加效果”按钮，在打开的下拉列表中选择“进入”/“盒状”选项，如图11-12所示。

STEP 5 在“修改：盒状”栏的“速度”下拉列表中选择“慢速”选项，如图11-13所示（最终效果参见：效果文件\项目十一\任务一\产品营销计划.pptx）。

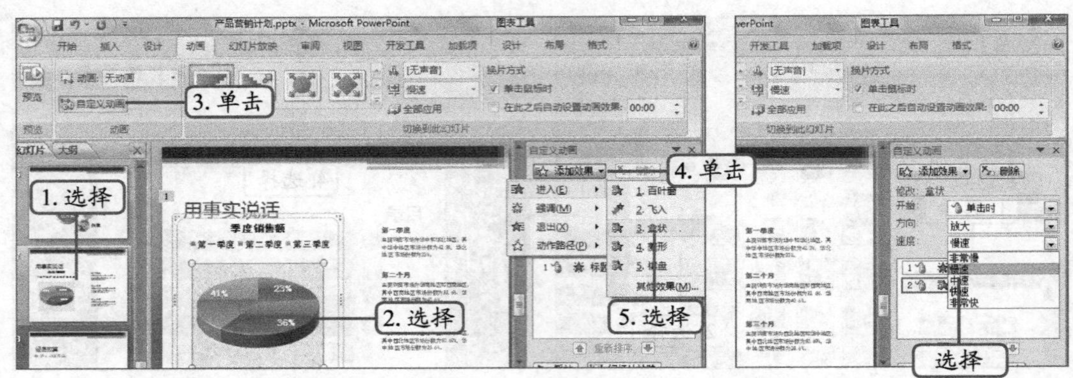

图11-12 自定义动画　　图11-13 设置动画速度

任务二 制作“公益方案”演示文稿

公益是个人或组织自愿通过做好事、行善举而提供给社会公众的公共产品。做好事、行善举是对个人或组织行为的价值判断，一个优秀的企业不单能创造物质财富，还能创造精神财富，创造精神财富的最直接表现就是参加各种公益活动，把物质财富回馈给社会。

一、任务目标

本任务将练习用PowerPoint 2007制作“公益方案”文档，制作时可使用幻灯片母版来快速定义幻灯片版式和对象格式，在编排幻灯片时就可以直接调用制作好的母版，而无须进行其他任何设置从而完成演示文稿的制作。通过本任务的学习，可以掌握创建和编辑幻灯片母版的相关操作。本任务制作完成后的最终效果如图11-14所示。

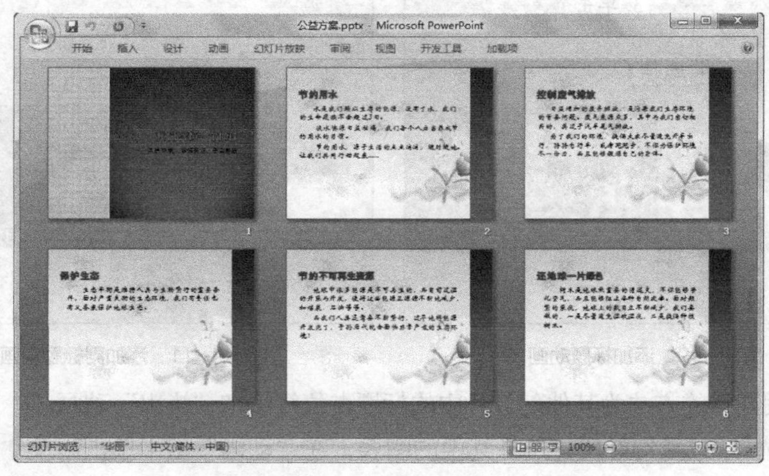

图11-14 “公益方案”演示文稿

二、相关知识

通常情况下，幻灯片中的占位符是固定的，而在制作过程中往往要更改各张幻灯片中的占位符的大小、位置、文本格式、填充效果等格式，这样既费时又费力。而通过在幻灯片母版中预先设置好各占位符的格式，这样就可以使幻灯片中的占位符都自动应用该格式。在幻灯片母版中选择占位符或其中的文本后，便可以通过各个选项卡中的功能对其进行设置，包括增加或删除占位符，调整占位符的大小和位置，更改占位符中文本格式及段落格式等操作。

三、任务实施

（一）创建幻灯片母版

创建幻灯片母版时，首先需要进入到幻灯片母版视图，然后再对幻灯片的版式进行调整。下面为“公益方案.pptx”演示文稿创建幻灯片母版，其具体操作如下。（拓展微课：光盘\微课视频\项目十一\基本母版.swf、设置母版.swf、应用母版样式.swf）

STEP 1 新建一个空白演示文稿，切换到“视图”选项卡，单击“演示文稿视图”组中的“幻灯片母版”按钮，如图11-15所示。

STEP 2 此时即可切换到幻灯片母版视图。第1张缩略图为内容幻灯片母版，第2张缩略图为标题幻灯片母版，其他缩略图依次为不同版式的幻灯片母版。

STEP 3 单击按钮，打开“另存为”对话框，设置演示文稿的保存位置，在“文件名”下拉列表框中输入“公益方案”，单击保存(S)按钮，如图11-16所示。

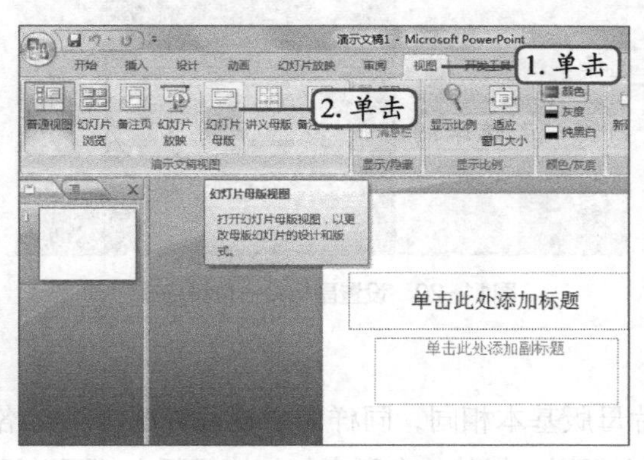

图11-15　创建幻灯片母版

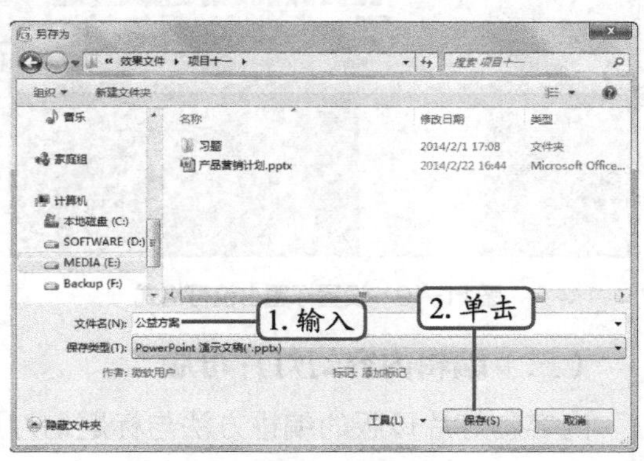

图11-16　保存文档

（二）编辑标题幻灯片母版

编排演示文稿从标题幻灯片开始，编排幻灯片母版也一样，首先需要设置标题幻灯片母版的样式。下面编辑“公益方案.pptx”演示文稿的标题幻灯片母版，其具体操作如下。

STEP 1 在幻灯片母版编辑模式中选择第2张幻灯片（标题幻灯片），单击“编辑主题”组中的“主题”按钮，在打开的主题下拉列表中选择要使用的幻灯片主题，这里选择“华丽”选项，如图11-17所示。

STEP 2 单击“背景”组中的“背景样式”按钮，在打开的背景下拉列表中选择“样式10”选项，如图11-18所示，更改标题幻灯片母版背景。

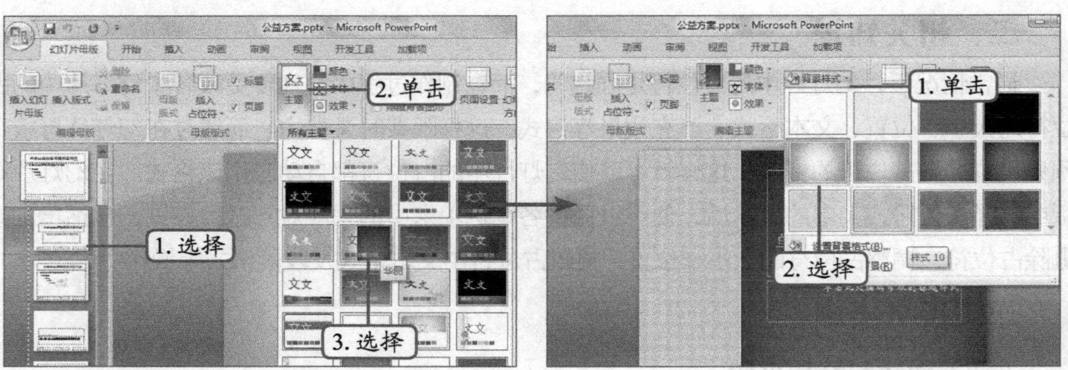

图11-17　选择主题样式　　　　图11-18　设置背景样式

STEP 3 在标题幻灯片母版中选择幻灯片标题占位符，在【开始】/【字体】组中将标题格式设置为“方正综艺简体、35、‘橙色,强调文字颜色6, 深色 25%’”，如图11-19所示。

STEP 4 选择副标题占位符，通过“字体”组将其文本格式设置为“黑体、22、黑色”，如图11-20所示。

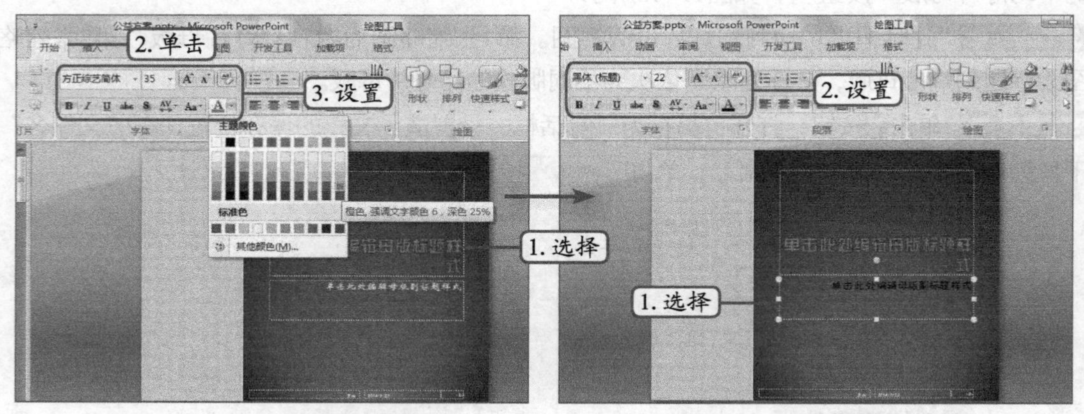

图11-19　设置标题占位符格式　　　　图11-20　设置副标题占位符格式

（三）编辑内容幻灯片母版

内容幻灯片母版的编排方法与标题幻灯片母版基本相同，同样需要设置标题、正文格式、幻灯片背景等。除此以外，还可以调整正文级别。另外，在所有幻灯片母版中都可以设置幻灯片切换与动画效果。下面编辑“公益方案.pptx”演示文稿中的内容幻灯片母版，其具体操作如下。

STEP 1 在幻灯片母版编辑模式中选择第1张幻灯片（内容幻灯片），单击“背景”组中的“背景样式”按钮，在打开的背景下拉列表中选择“设置背景格式”选项，如图11-21所示。

STEP 2 打开“设置背景格式”对话框，在“填充”选项卡中单击选中“图片或纹理填充”单选项，在展开的选项栏中单击 文件(F)... 按钮，如图11-22所示。

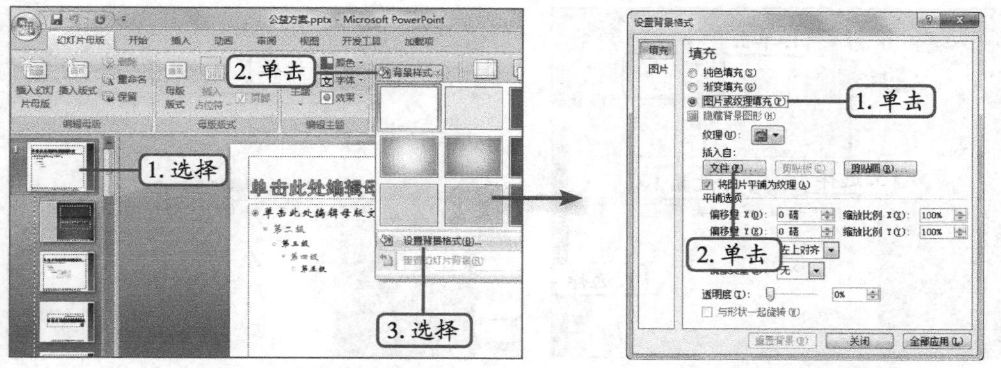

图11-21 设置背景格式

图11-22 设置填充选项

STEP 3 打开“插入图片”对话框，选择需要设置为背景的图片，这里在素材文件夹中选择“背景.JPG”图片（素材参见：素材文件\项目十一\任务二\背景.JPG），单击“插入(S)”按钮，如图11-23所示。

STEP 4 返回“设置背景格式”对话框，单击“关闭”按钮，返回幻灯片编辑窗口。选择标题占位符，通过“字体”组将文本格式设置为“黑体、32”，如图11-24所示。

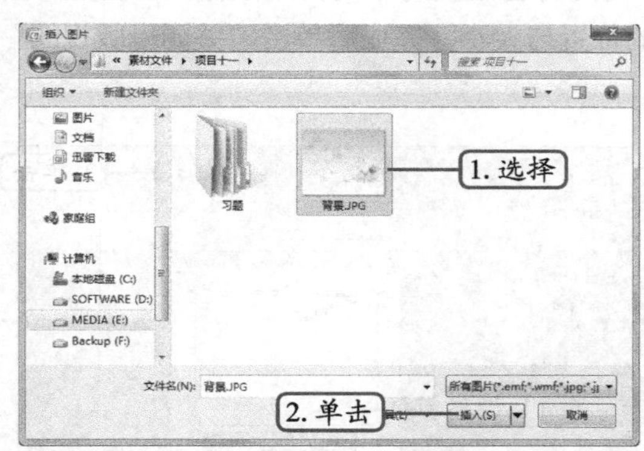

图11-23 选择插入图片

图11-24 设置标题占位符格式

STEP 5 选择幻灯片标题占位符，在【动画】/【切换到此幻灯片】组的列表框中单击“其他”按钮，在打开的下拉列表中选择“溶解”选项，在“切换声音”下拉列表中选择“捶打”选项，在“切换速度”下拉列表框中选择“慢速”选项，如图11-25所示，为标题占位符设置动画效果。

STEP 6 选择内容占位符，在“动画”组的“动画”下拉列表中选择“按第一级段落”选项，如图11-26所示，为内容占位符设置动画效果。

幻灯片母版中所设定的选项均为所有幻灯片的共性设置，因此在设置某些选项时不宜设置得太过精准。如设置动画时，由于不同幻灯片中内容也不一样，而动画播放时间需要根据内容量来确定，因此不宜在母版中精确设置动画的播放时间。

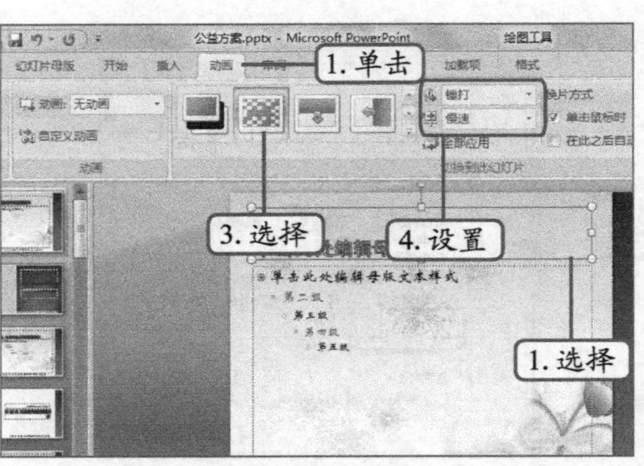

图11-25　设置标题占位符动画

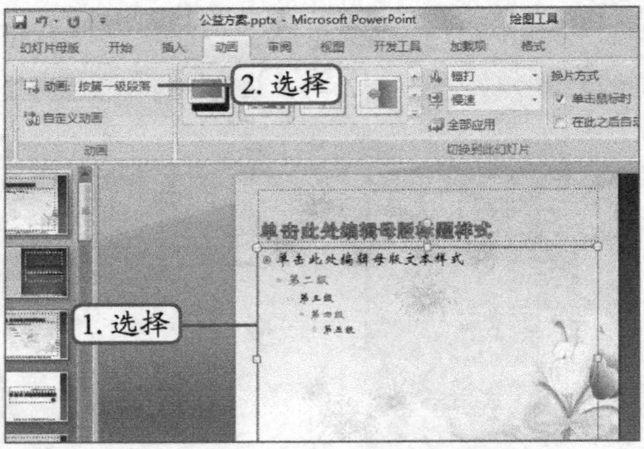

图11-26　设置内容占位符动画

（四）编辑备注母版

幻灯片备注页用于编排每张幻灯片的备注内容，备注母版则用于设定备注页中内容的格式。下面编辑“公益方案.pptx”演示文稿的备注母版，其具体操作如下。

STEP 1 在【视图】/【演示文稿视图】组中单击“备注母版”按钮，如图11-27所示。

STEP 2 进入到备注母版视图，视图中显示幻灯片备注页的布局，用鼠标拖动备注母版中的幻灯片区域和备注内容区域，调整各区域的位置与大小，完成后单击“关闭母版视图”按钮，如图11-28所示。

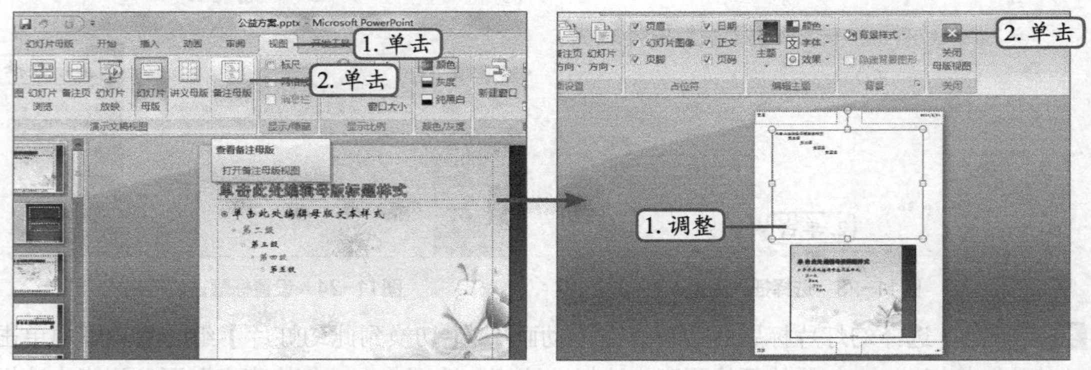

图11-27　设置备注母版

图11-28　设置备注母版视图

知识补充

在设置母版时只要将幻灯片母版编辑完毕就可开始使用母版创建演示文稿。因为在一些需要备注的演示文稿中，备注内容也较少，这时直接设置备注页格式比使用备注母版更加快捷。因此，只有在需要添加大量备注页，并且备注内容结构较复杂的演示文稿中，才需要先编辑备注母版。

（五）使用母版创建演示文稿

幻灯片母版编排完毕后即可根据母版来创建演示文稿。由于母版中已经设定了每张幻灯片的格式、切换方案和动画效果，因此在编排幻灯片时，用户只要输入幻灯片内容就可以了。下面根据幻灯片母版来编排“公益方案.pptx”演示文稿内容，其具体操作如下。

STEP 1 退出备注母版视图后，单击5次【开始】/【幻灯片】组中的“新建幻灯片”按钮，新建5张幻灯片，如图11-29所示。

STEP 2 切换至第1张幻灯片，分别在标题占位符与副标题占位符中输入相应内容，输入的内容会自动应用母版设定的格式，如图11-30所示。

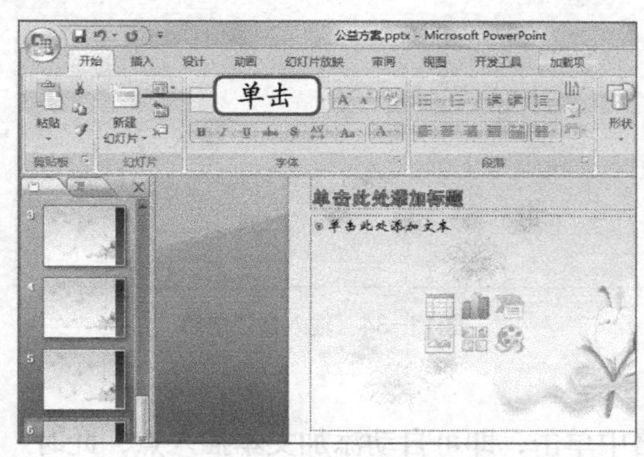

图11-29 新建幻灯片

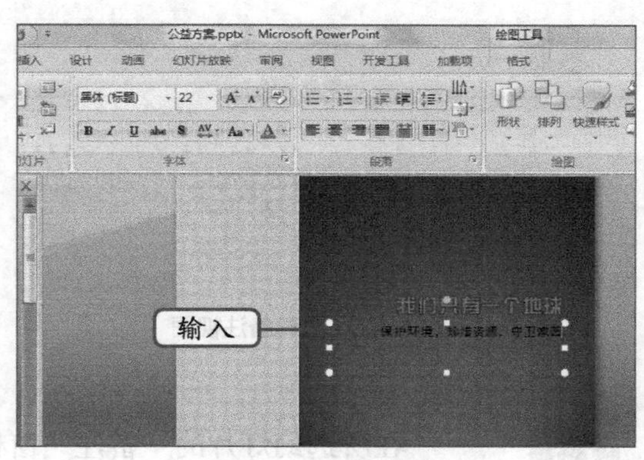

图11-30 输入标题

STEP 3 依次切换到第2张~第6张幻灯片，分别在每张幻灯片中输入标题与正文内容。输入的内容同样自动应用母版设定的格式，如图11-31所示。

STEP 4 演示文稿内容编排完毕后，按【F5】键从头开始放映演示文稿，可以看到幻灯片自动采用母版中设置的切换与动画效果，如图11-32所示。

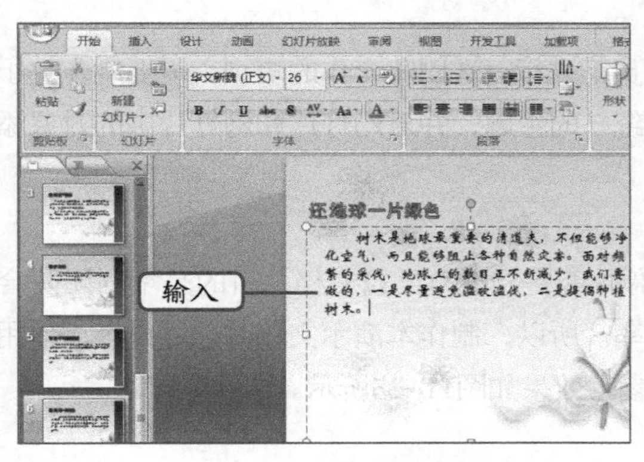

图11-31 输入主要内容

图11-32 放映幻灯片

（六）使用备注母版添加备注内容

幻灯片中的内容编辑完毕后即可编排幻灯片备注，由于备注母版中已经设定了备注页的布局与格式，因此只要输入备注内容即可。下面在“公益方案.pptx”演示文稿中为第2张幻灯片添加备注内容，其具体操作如下。

STEP 1 切换至第2张幻灯片，在【视图】/【演示文稿视图】组中单击“备注页”按钮，如图11-33所示。

STEP 2 切换到备注视图，在备注内容区域输入第2张幻灯片的备注信息，如图11-34

所示，然后返回幻灯片编辑视图（最终效果参见：效果文件\项目十一\任务二\公益方案.pptx）。

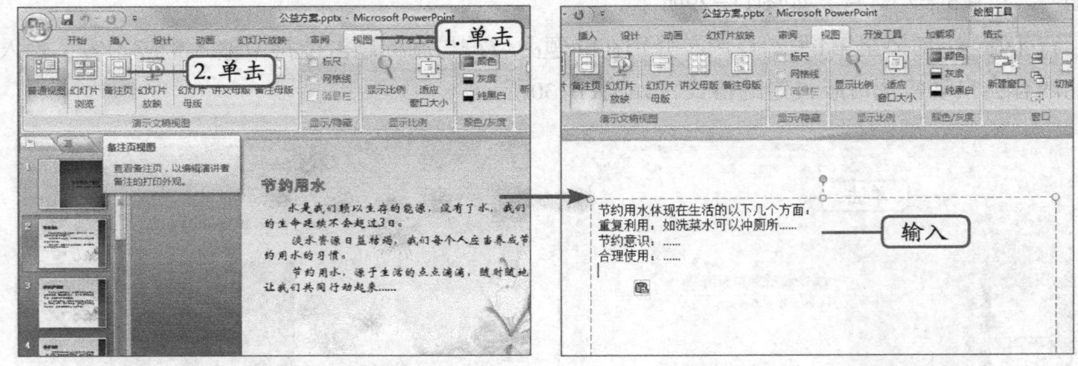

图11-33　打开备注视图　　　　图11-34　输入备注信息

在所选幻灯片的“备注”窗格中单击，即可自动添加文本插入点，此时同样能在其中输入当前幻灯片的备注信息。

实训一　制作“培养团队精神”演示文稿

【实训要求】

云帆集团的网络运营部需要对新进公司的员工进行一次团队合作的培训，需要制作关于培养团队精神的演示文稿。要求演示文稿使用统一的主题，并对幻灯片和幻灯片中的对象添加动画效果。

【实训思路】

本实训制作的“培养团队精神”演示文稿不属于企业的正式文档，目的是增强团队合作，加强人员的工作能力，提高员工的工作效率。所以，制作本演示文稿时，可以考虑使用一些动画来增强幻灯片的讲解效果。本实训的参考效果如图11-35所示。

【步骤提示】

STEP 1　打开“培养团队精神.pptx”演示文稿（素材参见：素材文件\项目十一\实训一\培养团队精神.pptx），为演示文稿应用“聚合”主题，并将主题效果更改为“凤舞九天”。

STEP 2　为第1张幻灯片填充提供的“团队.JPG”图片背景（素材参见：素材文件\项目十一\实训一\团队.JPG），其余幻灯片填充“样式10”背景。

STEP 3　为每张幻灯片中的对象添加动画效果，注意动画顺序的设置。

STEP 4　为演示文稿添加统一的“圆形”切换动画，并将切换声音设置为“鼓掌”，持续时间设置为“慢速”（最终效果参见：效果文件\项目十一\实训一\培养团队精神.pptx）。

图11-35 “培养团队精神”演示文稿

实训二 编辑“业务拓展计划”演示文稿

【实训要求】

打开提供的素材文档（素材参见：素材文件\项目十一\实训二\业务拓展计划.pptx），进入母版编辑视图，调整母版格式，并为幻灯片添加动画效果。

【实训思路】

本实训可综合运用前面所学知识对文档进行编辑，主要用到编辑母版的知识点。本实训的参考效果如图11-36所示。

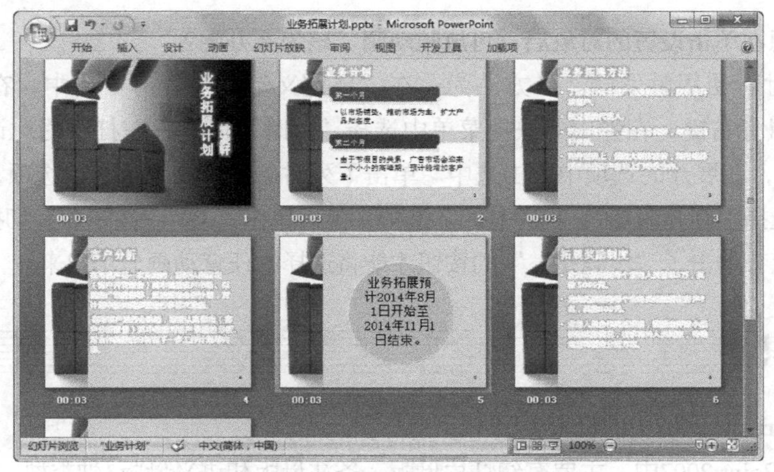

图11-36 “业务拓展计划”演示文稿

【步骤提示】

STEP 1 进入幻灯片母版视图后，在标题母版幻灯片中绘制一个矩形，然后去除轮廓，并将其渐变填充颜色设置为“线性向左、黑色、透明度100%”。

STEP 2 设置标题和副标题的字体格式，然后设置文本填充和文本轮廓都为“黄色”，文本效果为“发光/强调文字颜色 2, 18 pt 发光”。

STEP 3 调整第1张母版幻灯片的标题和内容占位符宽度。

STEP 4 为第1张幻灯片中的标题文本添加发光效果（设置与前面的幻灯片一致），然后将内容占位符中一级文本的行间距设置为“固定值、36”。

STEP 5 最后添加统一的“从内到外垂直分割”切换方案，无声音，速度为“慢速”，并将其换片方式设置为“在此之后自动设置动画效果”，时间为“00:03”（最终效果参见：效果文件\项目十一\实训二\业务拓展计划.pptx）。

常见疑难解析

问：需要在同一个演示文稿中使用多个母版该怎么设置?

答：切换到要使用新母版的幻灯片中，在【视图】/【演示文稿视图】组中单击“幻灯片母版”按钮，在【幻灯片母版】/【编辑母片】组中单击“插入幻灯片母版”按钮，根据需要对插入的幻灯片母版进行设计。

问：打开一个幻灯片后在母版中为其设置正文字体样式后幻灯片中的字体为什么没有变化?

答：通过母版设置的样式主要应用于新建的默认幻灯片中的标题和正文占位符，如果在制作过程中删除了默认的占位符而通过文本的方式来添加文本就会出现该现象。因此，可以在新建演示文稿后先设置好母版的样式，再在各占位符中添加文本，添加的文本将自动应用母版中的样式。

问：若想在单击设置的对象后，再放映动画，该怎么办呢?

答：此时可使用触发器。其方法为：在“自定义动画”任务窗格中，在相应的动画选项上单击鼠标右键，在弹出的快捷菜单中选择“计时”命令，在打开的对话框中，单击触发器(T)按钮，在展开的选项中单击选中“单击下列对象时启动效果”单选项，在其右侧的下拉列表中选择“圆角矩形7：步骤是？”选项，然后单击确定按钮后，切换到幻灯片放映视图时，只有单击了“步骤是？”的按钮才能将选择的任意动画显示出来。

拓展知识

1. PowerPoint 2007中的母版类型

在PowerPoint 2007中，主要有幻灯片母版、备注母版和讲义母版3种类型。

- **幻灯片母版**：最常用的就是幻灯片母版，在【视图】/【演示文稿视图】组中单击“幻灯片母版”按钮，即可进入幻灯片母版视图。其中包含了各种占位符、项目符号、幻灯片背景、页眉页脚、日期等元素的格式信息，通过对母版的制作可将更改的格式快速应用到相应版式的所有幻灯片中。

- **备注母版**：备注页是指将作者备注显示在幻灯片下方的页面，其中包含了幻灯片的缩小画面及一个设置备注文本的版面设置区，同样可应用于打印，供观众参考。在【视图】/【演示文稿视图】组中单击“备注页”按钮，即可进入备注母版视图，在其中可设置备注信息的文本格式、备注页的排列方式、页眉和页脚、背景样式等内容。
- **讲义母版**：讲义母版是在一页纸张里显示一张或多张幻灯片的版面设置区，主要用于打印，并留出了方便观众注释的空间。在“演示文稿视图”组中单击“讲义母版”按钮，即可进入讲义母版视图，在其中可设置每页纸张显示的幻灯片数量、排列方式、页眉和页脚、纸张背景样式等。

2. 添加自定义动画

在“动画”组的“动画”下拉列表中提供的标准动画效果非常有限，往往不能满足用户需求，此时通过PowerPoint 2007提供的自定义动画功能，便可以为对象添加更多和更复杂的动画效果。在PowerPoint 2007中主要包括4种自定义的动画效果，即进入、强调、退出、动作路径，它们在幻灯片中可产生不同的效果。

- **进入**：反映文本或其他对象在幻灯片放映时进入放映界面时的动画效果。
- **退出**：反映文本或其他对象在幻灯片放映时退出放映界面时的动画效果。
- **强调**：反映文本或其他对象在放映过程中需要强调的动画效果。
- **动作路径**：指定幻灯片中某个对象在放映过程中动画所通过的轨迹。

3. 设置动画的播放顺序

幻灯片中各元素的动画效果应恰当衔接，在放映时才能赏心悦目。如果动画的播放顺序不正确，应该及时在“自定义动画”任务窗格的“动画效果”列表中调整相应的选项即可，通常可使用如下两种方法。

- 在“动画效果”列表中选择需要调整顺序的动画选项，再在“重新排序”的左边单击按钮可将当前选项上移一位，单击按钮可将当前选项下移一位。
- 在“动画效果”列表中选择需要调整的动画选项，按住鼠标左键拖曳可将其调整到其他位置。

课后练习

（1）打开素材文件“产品分析.pptx”（素材参见：素材文件\项目十一\课后练习\产品分析.pptx），并执行以下操作，完成后的效果如图11-37所示（最终效果参见：效果文件\项目十一\课后练习\产品分析.pptx）。

- 设置幻灯片主题为“穿越”，新建主题颜色，并将该主题颜色可应用到其他演示文稿中。
- 选择第1张幻灯片，应用“平衡”主题，将其“应用于选定幻灯片”。
- 选择第3张幻灯片，选择其中的所有正文文本，插入图片样式的项目符号和编号。

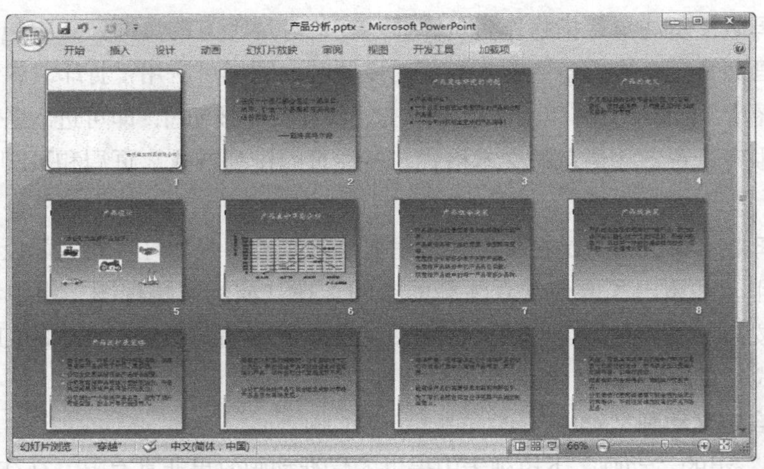

图11-37 “产品分析”演示文稿

（2）打开素材文件“礼仪培训.pptx”（素材参见：素材文件\项目十一\课后练习\礼仪培训.pptx），并执行以下操作。文档编辑后的效果如图11-38所示（最终效果参见：效果文件\项目十一\课后练习\礼仪培训.pptx）。

- 进入幻灯片母版视图，将第一张幻灯片的标题文本设置为“红色”，选择标题文本所在的文本框，将其移动至幻灯片中间处。
- 将文本框填充“橙色”，选择正文文本框的第1级文本，将字体格式设置为“华文仿宋、32”，将项目符号和编号设置为“深蓝”。
- 选择第3张幻灯片，设置背景格式为重新着色“强调文字颜色6深色”。

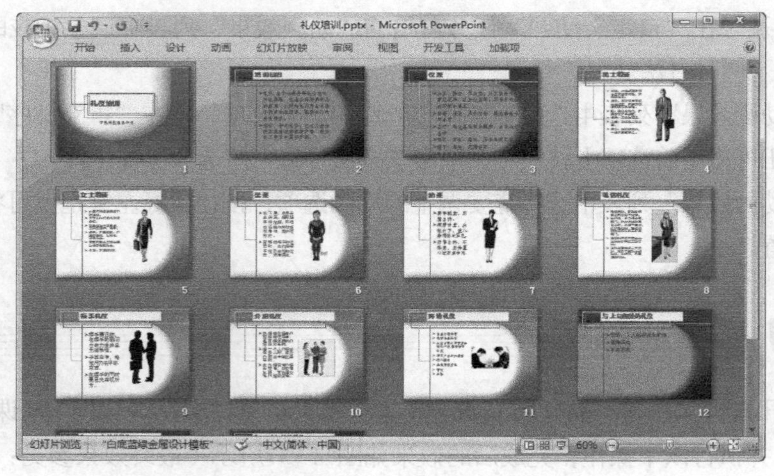

图11-38 “礼仪培训”演示文稿

PART 12 项目十二 放映与输出幻灯片

情景导入

阿秀：小白，把昨天制作的会议记录幻灯片放映给我看看。

小白：放映操作我不会。

阿秀：差点忘了，这个操作我还没有给你讲解过，今天给你讲讲放映幻灯片的相关操作。

小白：对了，昨天董事长办公室要求把最近两个月的董事会议记录的幻灯片打包，是什么意思啊?

阿秀：呵呵，打包和打印幻灯片都是幻灯片输出的方式，相关的操作今天也一并教给你。

小白：太好了，我们快开始吧。

学习目标

- 了解幻灯片放映的类型
- 掌握排练计时、自定义放映、放映过程中的控制等基本操作
- 掌握幻灯片的打印、打包和转换等操作

技能目标

- 掌握放映幻灯片的操作方法
- 掌握输出幻灯片的操作方法

任务一 放映“项目管理”演示文稿

项目管理是对一些成功达成一系列目标相关活动（譬如任务）的整体概括，包括策划、进度计划、维护组成项目的活动的进展。下面具体介绍其制作方法。

一、任务目标

本任务将练习用PowerPoint 2007放映“项目管理”演示文稿，讲解放映幻灯片的相关操作，以及排练计时的使用方法。通过本任务的学习，可以掌握放映幻灯片的操作，同时对放映幻灯片的各种知识有一个基本的了解。本任务制作完成后的最终效果如图12-1所示。

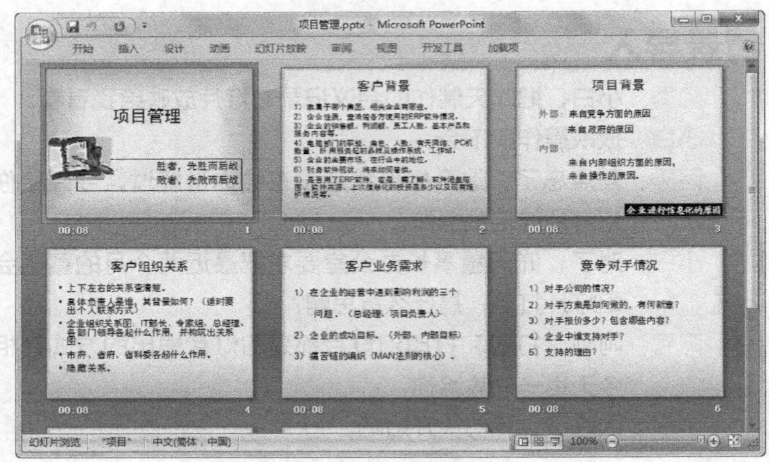

图12-1 “项目管理”演示文稿

职业素养是指职业内在的规范、要求、提升，是在职业过程中表现出来的综合品质，包含职业道德、职业技能、职业行为、职业作风、职业意识规范；时间管理能力提升、有效沟通能力提升、团队协作能力提升、敬业精神、团队精神；还有重要的一点就是个人价值观和公司的价值观能够衔接。

二、相关知识

PowerPoint 2007提供了“演讲者放映”、“观众自行浏览”、“在展台浏览”3种放映类型，分别应用于不同的放映场合。设置幻灯片放映类型的方法非常简单，只要在【幻灯片放映】/【设置】组中单击“设置幻灯片放映”按钮，在打开的“设置放映方式”对话框中选择相应的方式，然后单击 确定 按钮即可应用，如图12-2所示。

- **演讲者放映（全屏幕）**：以全屏幕的方式放映演示文稿，且演讲者在放映过程中对演示文稿有着完整的控制权，包括添加标记、快速定位幻灯片、打开放映菜单等。
- **观众自行浏览（窗口）**：该方式以窗口形式放映幻灯片，并允许观众对演示文稿的放映进行简单控制。
- **在展台浏览（全屏幕）**：采用该放映方式可使演示文稿在不需要专人看管的情况

下，在类似于展览会场之类的环境中循环放映。放映效果与“演讲者放映”方式完全相同，但放映过程中无法进行任何操作，并且需要设置排练计时才能正确播放各张幻灯片。

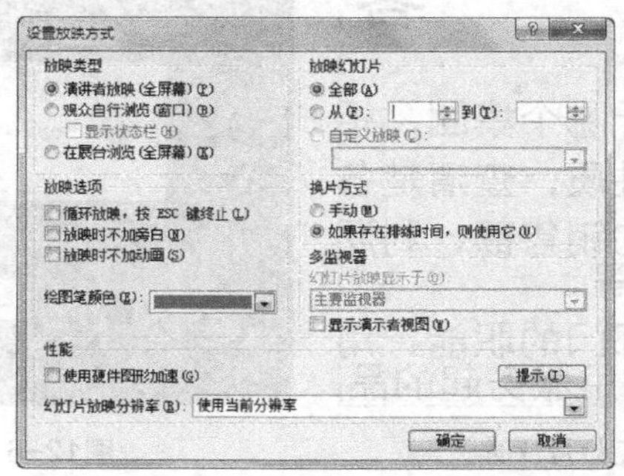

图12-2 “设置放映方式”对话框

三、任务实施

（一）使用排练计时

使用排练计时功能可以精确控制每一张幻灯片的放映时间，这样在进行放映操作时，就可以在无人操作的情况下，让演示文稿按照预演的时间进行播放。下面对“项目管理.pptx”演示文稿进行排练计时设置，其具体操作如下。（拓展微课：光盘\微课视频\项目十二\排练计时.swf）

STEP 1 打开素材文件“项目管理.pptx”（素材参见：素材文件\项目十二\任务一\项目管理.pptx），在【幻灯片放映】/【设置】组中单击排练计时按钮，如图12-3所示。

STEP 2 进入放映排练状态，并在显示的“录制”工具栏中开始进行计时，当播放时间变为“0:00:08”时，单击工具栏中的“下一项”按钮可进入下一张幻灯片进行播放，如图12-4所示，第一张幻灯片的计时操作完成。

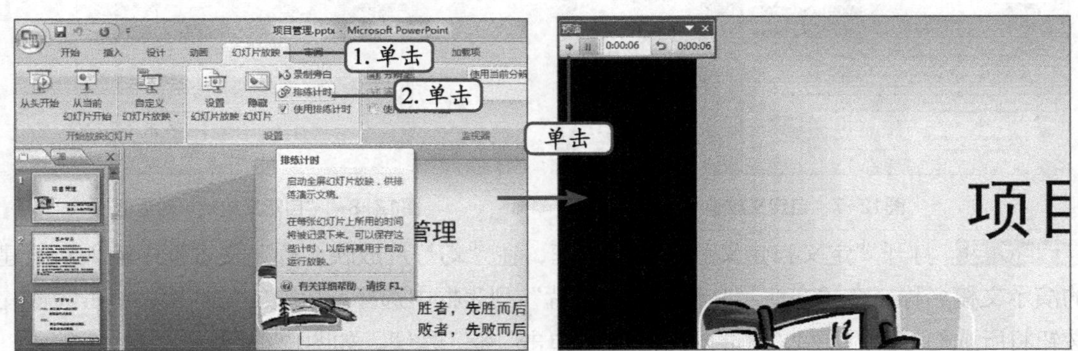

图12-3 开始排练计时　　　　图12-4 完成第一张幻灯片计时

STEP 3 开始播放第2张幻灯片，当播放时间变为“0:00:08”时，单击工具栏中的“下一项”按钮，如图12-5所示，完成第2张幻灯片的计时操作。

STEP 4 用同样的方法为其他幻灯片计时，播放时间都为“0:00:08”，完成后，屏幕上将弹出提示对话框，显示总放映时间，单击[是(Y)]按钮保存排练计时，如图12-6所示。

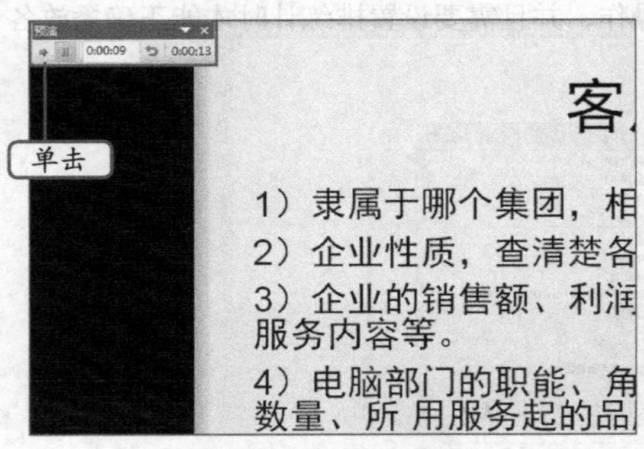

图12-5　完成第2张幻灯片计时

图12-6　完成整个计时操作

（二）自定义放映

同样一份演示文稿，针对不同的观众其播放内容也会有所不同。这种将不同的幻灯片重新组合起来，然后根据实际情况进行放映的过程，就是自定义放映。下面对“项目管理.pptx”演示文稿进行自定义放映设置，并对新建的演示文稿命名，其具体操作如下。（拓展微课：光盘\微课视频\项目十二\自定义放映.swf）

STEP 1　在【幻灯片放映】/【开始放映幻灯片】组中单击“自定义幻灯片放映”按钮，在打开的下拉列表中选择“自定义放映”选项，如图12-7所示。

STEP 2　打开“自定义放映”对话框，单击其中的[新建(N)...]按钮，如图12-8所示。

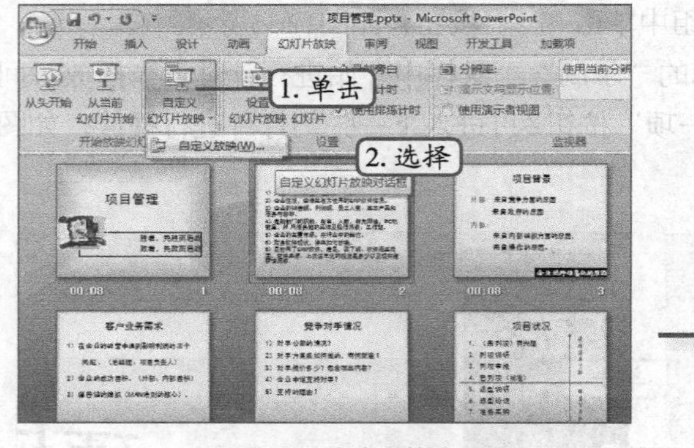

图12-7　自定义放映

图12-8　“自定义放映”对话框

STEP 3　打开“定义自定义放映”对话框，在“幻灯片放映名称”文本框中输入新组建的演示文稿名称，在“在演示文稿中的幻灯片”列表框中选择要放映的幻灯片，单击[添加(A) >>]按钮将所选幻灯片添加到右侧的列表框中，单击[确定]按钮，如图12-9所示。

操作提示

完成自定义放映操作后，再次单击“开始放映幻灯片”组中的“自定义幻灯片放映”按钮，在打开的下拉列表中选择新定义的幻灯片放映名称，即可立即放映自定义的幻灯片。

STEP 4 返回"自定义放映"对话框，此时在"自定义放映"列表框中显示了新定义的演示文稿。单击放映(S)按钮即可立即查看自定义放映效果，这里单击关闭(C)按钮，完成自定义放映设置，如图12-10所示。

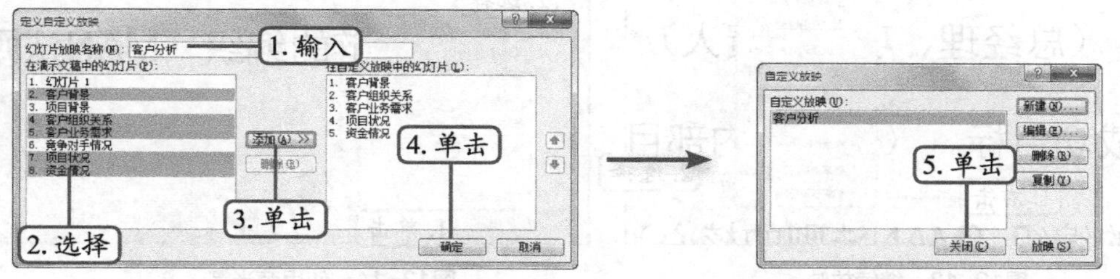

图12-9 设置放映选项　　图12-10 完成自定义操作

（三）放映过程中的控制

在幻灯片的放映过程中，有时需要对某一张幻灯片进行标注和说明，此时可以暂停放映或是利用激光笔进行注释。下面将放映自定义的"客户分析.pptx"演示文稿，其具体操作如下。（拓展微课：光盘\微课视频\项目十二\快速定位.swf、标注重点.swf）

STEP 1 单击"开始放映幻灯片"组中的"自定义幻灯片放映"按钮，在打开的下拉列表中选择"客户分析"选项，如图12-11所示，此时将自动放映定义好的幻灯片，并以全屏方式显示在屏幕中。

STEP 2 在第1张幻灯片中单击鼠标右键，在弹出的快捷菜单中选择【定位至幻灯片】/【客户业务需求】命令，如图12-12所示，快速跳转至标题为"客户业务需求"的幻灯片。

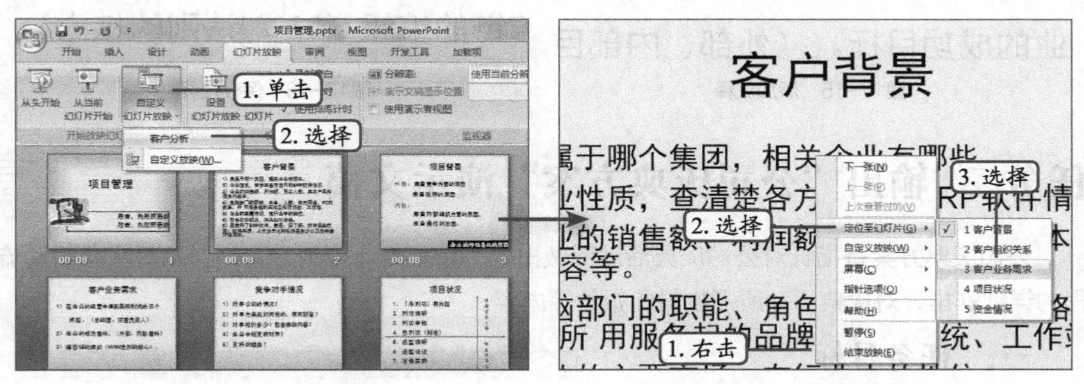

图12-11 自定义放映　　图12-12 定位幻灯片

STEP 3 若想暂停该幻灯片的放映，可直接按【S】键。完成对当前幻灯片的讲解后，在该幻灯片上单击鼠标右键，在弹出的快捷菜单中选择"继续执行"命令可重新开始放映幻灯片，如图12-13所示。

STEP 4 在全屏放映过程中，单击屏幕左下角的按钮，在打开的列表中选择"荧光笔"选项，如图12-14所示。

STEP 5 此时鼠标指针将变为黄色矩形条，在幻灯片中需要重点强调的文本上按住鼠标左键不放进行拖动即可添加标记，如图12-15所示。

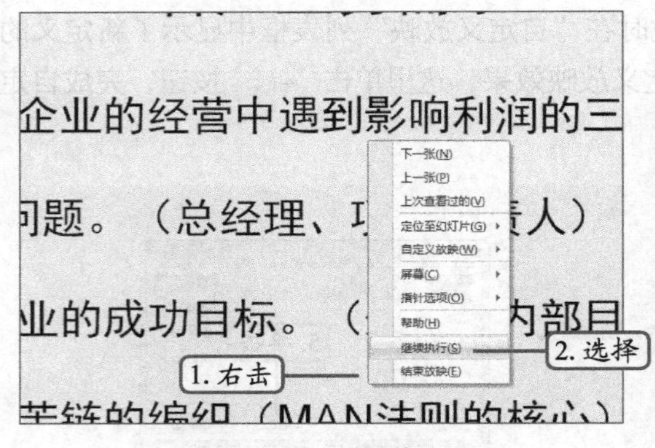

图12-13 继续放映

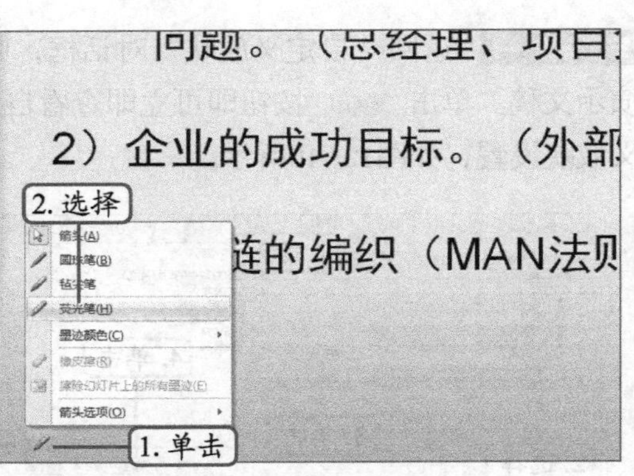

图12-14 使用荧光笔

STEP 6 结束幻灯片放映操作后将自动打开“是否保存墨迹注释？”的提示对话框，这里单击 保留(K) 按钮，保留添加的墨迹注释，如图12-16所示（最终效果参见：效果文件\项目十二\任务一\项目管理.pptx）。

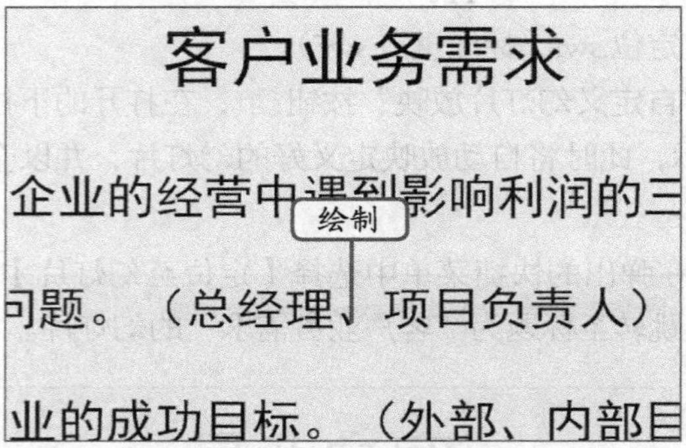

图12-15 添加注释

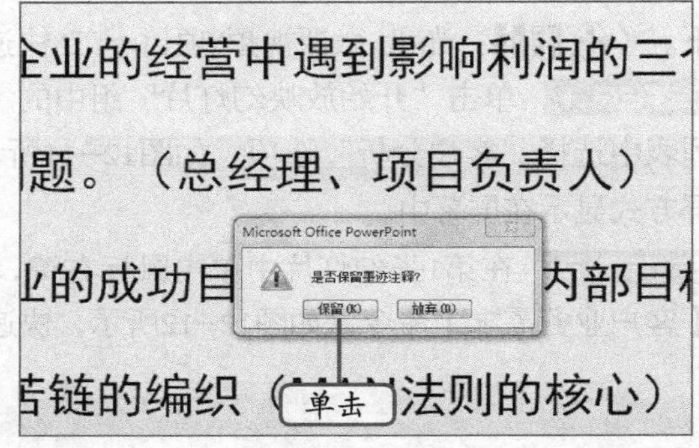

图12-16 保存注释

任务二 输出“公司庆典方案”演示文稿

公司庆典方案是指针对公司庆典活动而做出的一系列专业策划方案，包括对庆典活动流程的详细安排，对庆典活动所需物料的报价等内容。

一、任务目标

本任务将练习使用PowerPoint 2007输出“公司庆典方案”演示文稿。PowerPoint提供了多种输出演示文稿的方法，用户可将制作好的演示文稿输出为多种形式，以满足不同的放映场合。通过本任务的学习，可以掌握常见的输出方式，包括打印、打包、转换为PDF等。本任务打包后的效果如图12-17所示。

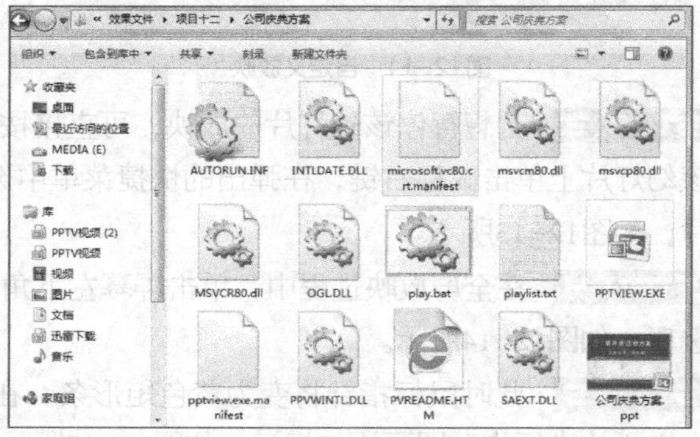

图12-17 打包输出效果

二、相关知识

为了能在没有安装PowerPoint 2007的计算机中也可以放映幻灯片，通过关联的PowerPoint Viewer软件，可将放映幻灯片所需要的文件打包成CD，再到其他计算机中解包，这样就可以进行放映了。PowerPoint Viewer是专门用于在没有安装Microsoft Office PowerPoint的计算机中运行演示文稿，或者向可能没有在计算机中安装PowerPoint的观众分发独立的演示文稿需要的软件。默认情况下，在安装PowerPoint时会自动安装PowerPoint Viewer，以便用户能够通过“将演示文稿打包成CD”功能使用它。

打包是指将演示文稿和与之链接的文件复制到可以刻录到CD上的文件夹中。但它并不等同于一般的复制操作，复制后的文件夹中还包含PowerPoint Viewer软件，只有应用了该软件，演示文稿才能在其他未安装PowerPoint的计算机中正常放映。

三、任务实施

（一）打印幻灯片

制作好幻灯片的所有内容后，可以将其打印出来长期保存或是分发给参加会议的每一位成员，方便查看。在打印幻灯片之前，还需要进行页面设置、打印参数设置，以及添加页眉和页脚等操作。下面打印“公司庆典方案.pptx”演示文稿，其具体操作如下。

STEP 1 打开素材文件“公司庆典方案.pptx”（素材参见：素材文件\项目十二\任务二\公司庆典方案.pptx），在【设计】/【页面设置】组中单击“页面设置”按钮，如图12-18所示。

STEP 2 打开“页面设置”对话框，在“幻灯片大小”下拉列表中选择“A4纸张（210×297毫米）”选项，单击确定按钮，如图12-19所示。

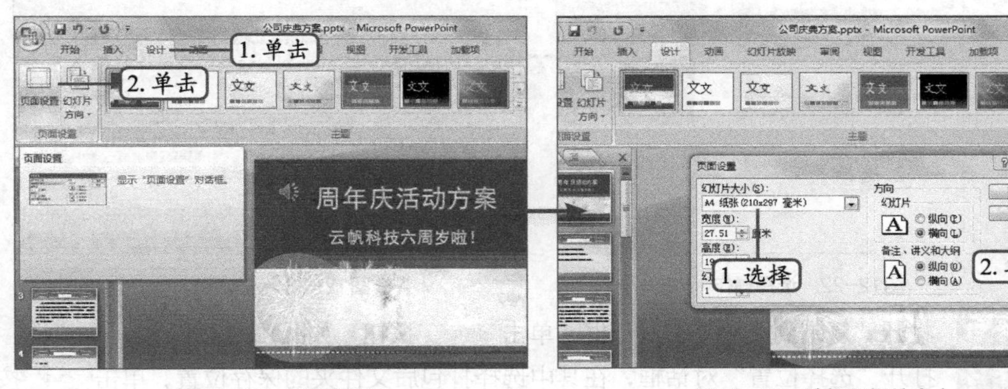

图12-18 设置页面　　图12-19 选择幻灯片大小

STEP 3 单击“Office按钮”按钮，选择【打印】/【打印】选项，如图12-20所示。

STEP 4 打开“打印”对话框，在“打印范围”栏中单击选中“全部”单选项，在“份数”栏的“打印份数”数值框中输入“10”，单击选中“逐份打印”复选框，单击确定按钮，如图12-21所示，可以将演示文稿的内容打印10份出来。

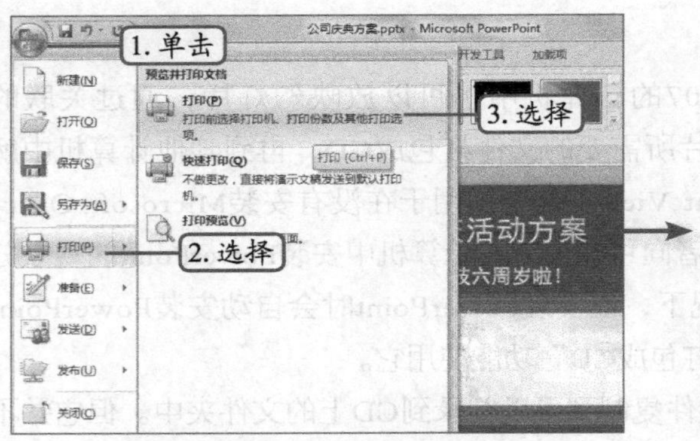

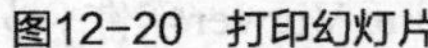
图12-20 打印幻灯片

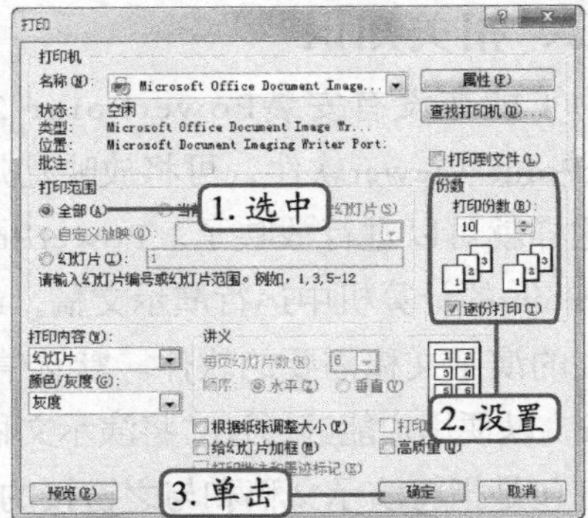

图12-21 设置打印选项

（二）打包演示文稿

在工作中有时会遇到做好的演示文稿在其他计算机上无法播放或放映效果不佳的情况，那是由于所使用的计算机上未安装PowerPoint软件或是缺少幻灯片中所使用的字体等原因。此时，只需把制作好的演示文稿进行打包，使用时利用PowerPoint播放器进行播放即可。下面把"公司庆典方案.pptx"演示文稿打包成文件夹，其具体操作如下。

STEP 1 单击"Office按钮"按钮，选择【发布】/【CD数据包】选项，如图12-22所示。

STEP 2 打开"打包成CD"对话框，在"将CD命名为"文本框中输入打包后的演示文稿名称，单击 复制到文件夹(F)... 按钮，如图12-23所示。

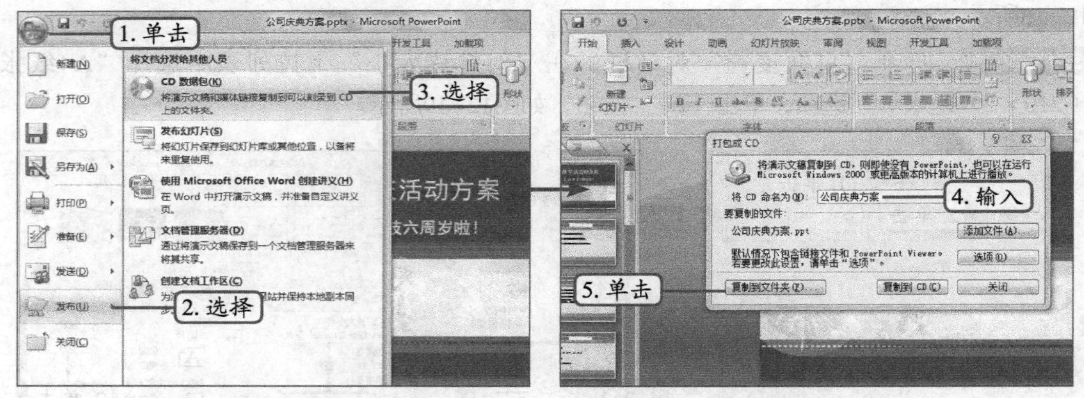

图12-22 选择操作　　图12-23 设置名称

STEP 3 打开"复制到文件夹"对话框，单击 浏览(B)... 按钮，如图12-24所示。

STEP 4 打开"选择位置"对话框，在其中选择打包后文件夹的保存位置，单击 选择(E) 按钮，如图12-25所示。

STEP 5 返回"复制到文件夹"对话框，单击 确定 按钮开始文件复制操作，如图12-26所示。

STEP 6 此时系统将弹出是否打包演示文稿中所有链接文件的提示对话框，单击 是(Y) 按钮确认复制操作，如图12-27所示。

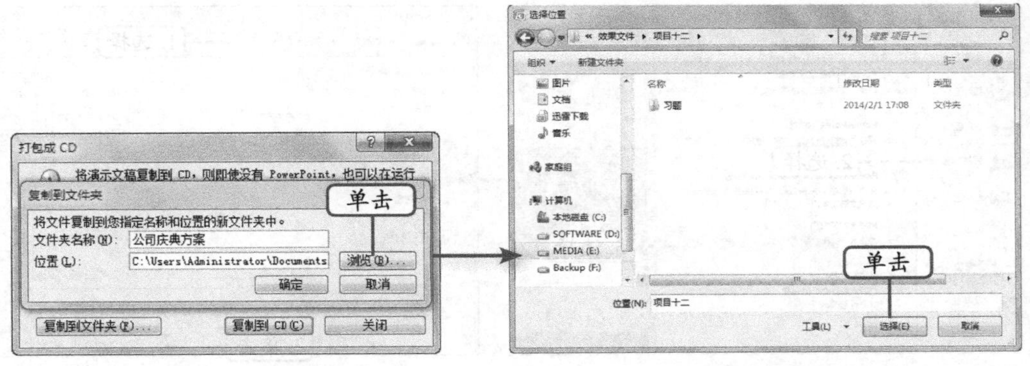

图12-24　选择操作　　　　图12-25　设置保存位置

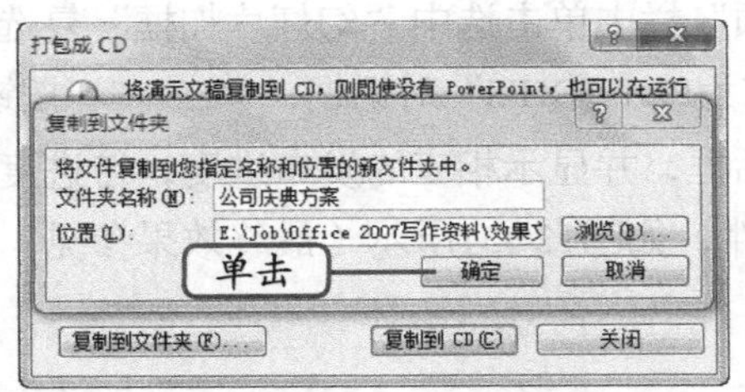

图12-26　完成设置

图12-27　提示对话框

知识补充

将空白光盘放入光驱，打开“打包成CD”对话框，使用前面介绍的方法在对话框中进行相应设置后，单击复制到 CD(C)按钮，即可将演示文稿打包成CD光盘。

（三）将幻灯片转换为PDF文档

PDF文档是工作中使用频率较高的文档，利用PDF阅读器和其他辅助性技术可以轻松地确定逻辑阅读顺序和文件导航。使用PowerPoint能够将文件类型为.ppt或.pptx的演示文稿轻松转换为PDF文档。下面将“公司庆典方案.pptx”演示文稿转换为PDF文档，其具体操作如下。

STEP 1 单击“Office按钮”按钮，选择【另存为】/【PDF或XPS】选项，如图12-28所示。

操作提示

如果没有完全安装Office 2007软件，选择“另存为”选项后，“PDF或XPS”选项会显示为“查找其他文件格式的加载项”，这时就需要安装“另存为PDF或XPS”加载项之后，才能将幻灯片转换为PDF文档。安装的方法比较简单，选择“查找其他文件格式的加载项”选项，打开PowerPoint的帮助窗口，单击其中的加载项下载链接，打开Office官方网站的下载网页，选择中文版的加载项，然后下载并安装到计算机中即可。

STEP 2 打开“发布为PDF或XPS”对话框，在其中设置创建文档的保存位置和名称，单击选项(O)...按钮，如图12-29所示。

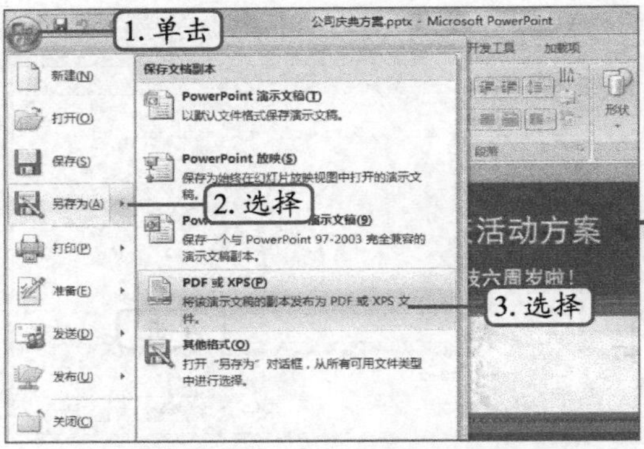

图12-28 选择操作

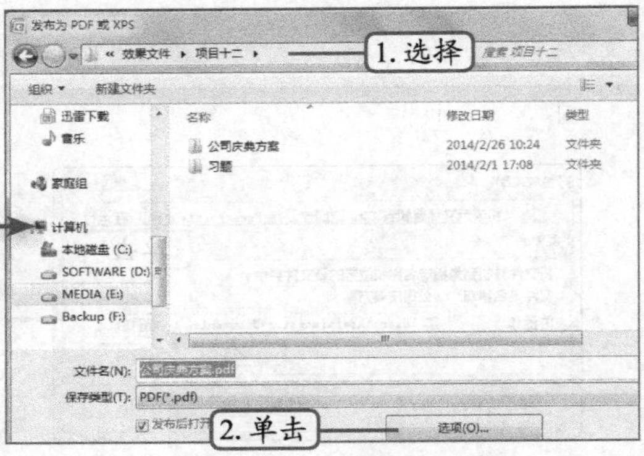

图12-29 设置保存选项

STEP 3 打开“选项”对话框，在“发布选项”栏中单击选中“幻灯片加框”复选框，如图12-30所示，单击 确定 按钮，返回到“发布为PDF或XPS”对话框，单击 发布(S) 按钮。

STEP 4 此时系统弹出“正在发布”提示对话框，并显示相应的发布进度，待进度条加载完成后，自动通过PDF软件打开转换的PDF文件，如图12-31所示（最终效果参见：效果文件\项目十二\任务二\公司庆典方案.pptx）。

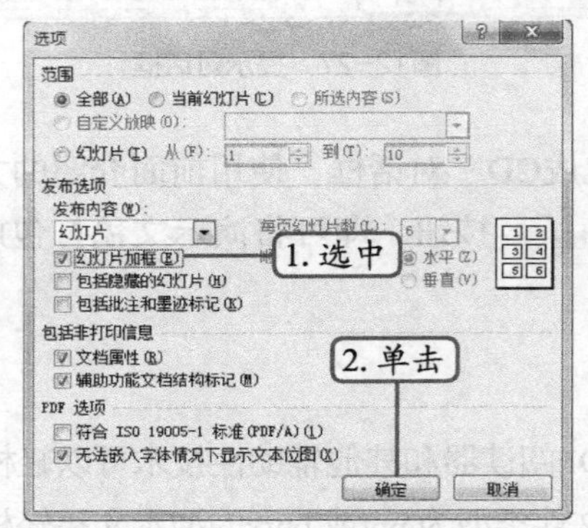

图12-30 选择操作

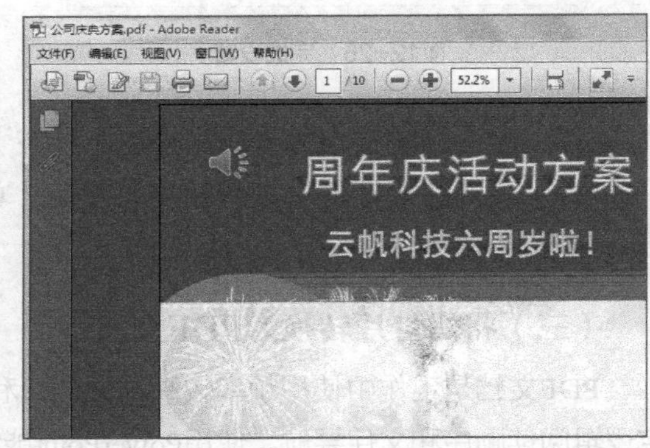

图12-31 转换的PDF文件

实训一 放映“述职报告”演示文稿

【实训要求】

公司总经理需要对公司股东进行述职，他制作了一份述职报告的幻灯片，需要对放映的过程进行控制。要求先进行放映，然后控制排练时间，并对其中一张幻灯片进行隐藏，最后再次放映幻灯片，并将其打印出来。

【实训思路】

放映述职报告相关的演示文稿时，最好自行控制时间，因为在进行述职报告的过程中，经常需要针对幻灯片中的问题，回答相关的提问。本实训设置了幻灯片的排练计时，需要将提问环节放在放映幻灯片之后（这一点需要在放映幻灯片之前进行说明）。本实训的参考效果如图12-32所示。

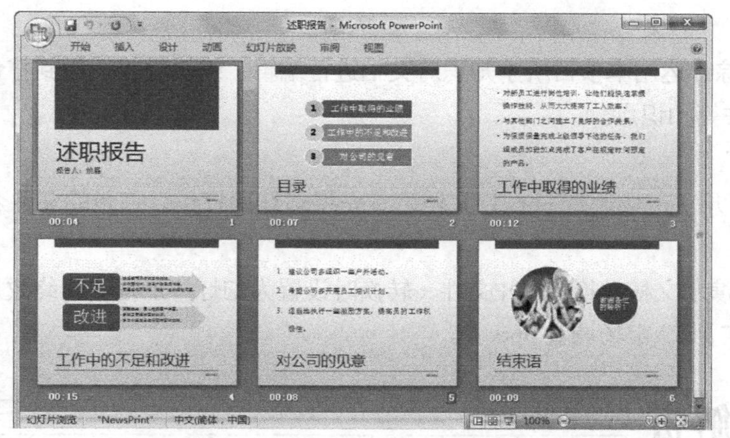

图12-32　“述职报告”演示文稿

【步骤提示】

STEP 1 打开素材文件“述职报告.pptx”（素材参见：素材文件\项目十二\实训一\述职报告.pptx），单击“幻灯片放映”选项卡，先将放映类型设置为“全屏放映”，换片方式设置为“排练计时”。

STEP 2 然后进行排练计时操作并隐藏第5张幻灯片，各幻灯片的放映时间分别为4s、7s、12s、15s、8s、9s。

STEP 3 再次放映幻灯片，然后将其打印10份（最终效果参见：效果文件\项目十二\实训一\述职报告.pptx）。

实训二　输出“市场调查”演示文稿

【实训要求】

打开提供的素材文档（素材参见：素材文件\项目十二\实训二\市场调查.pptx），将其进行打包并转换为PDF文件，其转换为PDF文件的效果如图12-33所示。

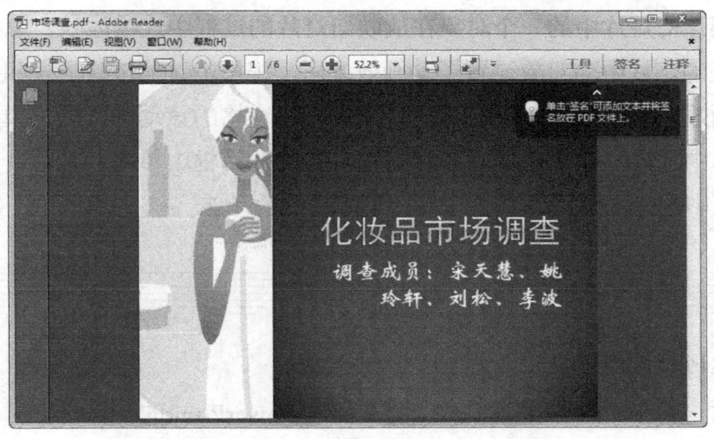

图12-33　“市场调查”PDF文件

【实训思路】

本实训可综合运用本项目所学知识对文档进行编辑，编辑时将运用到打包幻灯片和将幻灯片另存为PDF等知识点。

【步骤提示】

STEP 1 打开“市场调查.pptx”文档，首先将幻灯片打包，打包的文件名称设置为“市场调查”。

STEP 2 将演示文稿转换为PDF文件，转换时设置为幻灯片加框（最终效果参见：效果文件\项目十二\实训二\市场调查.pptx）。

常见疑难解析

问：演讲者有时需要在播放幻灯片过程中显示一张空白画面，该怎么设置呢？

答：在演示文稿播放过程中，若需讲解其他相关内容或回答观看者的提问时，按【W】键即可将正在播放的演示文稿显示为一张空白画面；讲解完毕，再次按【W】键又可返回原来的放映位置继续播放。

问：将幻灯片上传到Internet上或进行异地放映时，为了保护源文件可以将幻灯片保存为放映文件吗？

答：用户可将演示文稿保存为放映文件，以后观看时直接双击该放映文件即可看到放映效果，但不能打开源文件。其方法为：在演示文稿中单击Office按钮，选择【另存为】/【其他格式】选项，在打开的“另存为”对话框中设置保存位置与名称，然后在“保存类型”下拉列表中选择“PowerPiont放映(*.ppsx)”选项即可。

问：为什么放映幻灯片时会不流畅？

答：这可能是幻灯片的放映性能太低的缘故，引起是原因是多方面的。要提高放映性能可以尽量地缩小图片和文本的尺寸或减少同步动画数目，也可以尝试将同步动画更改为序列动画等。

问：如果要让幻灯片中的一个对象在放映幻灯片的过程中连续放映，怎样设置呢？

答：一般在幻灯片中为对象设置了动画效果后，根据默认的放映方式只自动放映一次。如果想要该动画效果连续放映，可在“自定义动画”窗格的该动画选项上单击鼠标右键，在弹出的快捷菜单中选择“效果选项”命令，在打开的对话框中单击“计时”选项卡，在“重复”下拉列表框中选择“直到幻灯片末尾”选项，然后单击 发布(S) 按钮即可。

拓展知识

1. 在其他计算机中解包

打包完成后，将整个文件夹复制到其他未安装PowerPoint的计算机上时，虽然演示文稿也放置在文件夹中，但双击该演示文稿仍然无法将其打开，此时只要应用PowerPoint Viewer

将其解包，就可以进行放映了。在打包后的文件夹中包含一个名称为“PPTVIEW.EXE”的可执行文件，只要双击它，即可打开PowerPoint Viewer的启动界面，同意相关协议后，即可选择该文件夹中的演示文稿进行放映。

2. 将幻灯片发布到幻灯片库

为了方便其他演示文稿的制作，可以将其中的一张或多种幻灯片发布到幻灯片库中。要进行发布的操作，需单击“Office”按钮，选择【发布】/【发布幻灯片】选项，在打开的“发布幻灯片”对话框中选择需要发布的幻灯片，并设置发布路径后即可。

3. 预览打印效果

对演示文稿进行页面设置后，可使用PowerPoint的打印预览功能预览幻灯片的打印效果，达到满意效果后再进行打印。要预览打印效果需单击Office按钮，在打开的下拉列表中选择【打印】/【打印预览】选项，即可进入打印预览状态。此时在操作界面中不仅可以预览幻灯片的打印效果，还会显示“打印预览”选项卡，如图12-34所示，其中主要的按钮选项的作用如下。

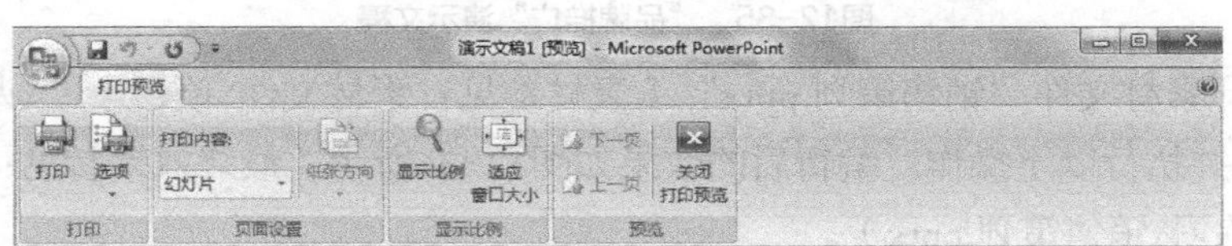

图12-34 “打印预览”选项卡

- **“选项”按钮**：单击该按钮，可在打开的菜单中设置对幻灯片打印效果的相关选项，如页眉和页脚、颜色和灰度、根据纸张调整大小或者为幻灯片添加边框等。
- **“打印内容”下拉列表框**：在其中选择要打印预览的内容，可选择幻灯片、讲义、备注或者大纲视图。
- **“显示比例”按钮**：单击该按钮可打开“显示比例”对话框，在其中可设置幻灯片的显示比例，使幻灯片页面在放大和缩小之间变化。
- **“适应窗口大小”按钮**：单击该按钮可使幻灯片充满显示窗口。
- **上一页和下一页按钮**：单击该按钮可预览下一张和上一张幻灯片的内容。
- **“关闭打印预览”按钮**：单击该按钮将退出打印预览视图返回普通视图模式。

课后练习

打开素材文件“品牌推广.pptx”（素材参见：素材文件\项目十二\课后练习\品牌推广.pptx），并执行以下操作。编辑后的效果如图12-35所示（最终效果参见：效果文件\项目十二\课后练习\品牌推广.pptx）。

- 在“品牌推广”演示文稿中使用排练计时功能并保存。
- 打开“设置放映方式”对话框，将换片方式设置为“手动”，放映幻灯片方式设置为“自定义放映”。

- 添加名为“品牌推广”的自定义放映幻灯片。
- 在放映过程中为幻灯片添加标。

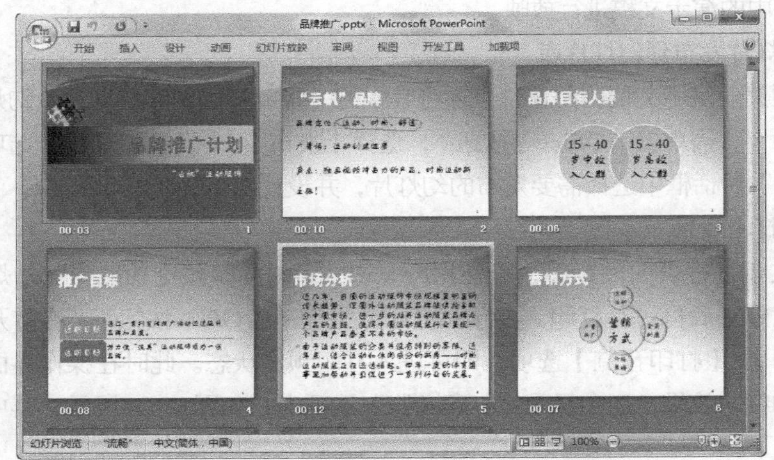

图12-35 “品牌推广”演示文稿

（2）打开素材文件“销售策划.pptx”（素材参见：素材文件\项目十二\课后练习\销售策划.pptx），并执行以下操作。编辑后的效果如图12-36所示（最终效果参见：效果文件\项目十二\课后练习\销售策划.pptx）。

- 打印演示文稿，页面为A4，打印10份。
- 打包演示文稿，名称为“销售策划”。
- 将演示文稿转换为PDF文件。

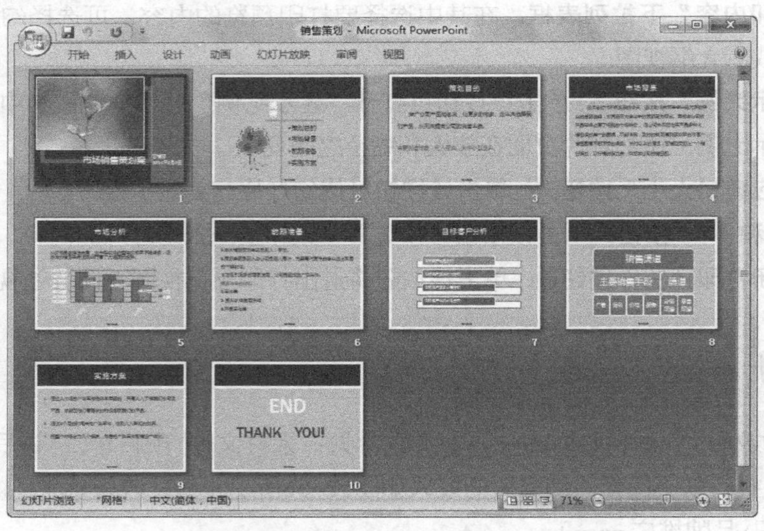

图12-36 “销售策划”PDF文档

PART 13

项目十三 综合实训

情景导入

阿秀：小白，到此为止已经把Office 2007在工作中常用的操作讲解完了，在今后就需要你自己不断地熟练应用这些操作，来进行高效办公。

小白：我现在已经基本掌握了你教给我的经验，并且应用于实践。

阿秀：那你可以多加的练习，熟能生巧。

学习目标

- 掌握产品说明书类文档的制作
- 掌握员工工资表类表格的制作
- 掌握培训类演示文稿的制作

技能目标

- 能够使用Word制作各类文档
- 能够使用Excel完成工作中各类表格的制作
- 能够使用PowerPoint制作各类演示文稿

任务一 用Word制作“产品说明书”

本任务综合利用Word 2007的多种功能制作一份多功能来电显示电话机使用说明书，该说明书共6页，包括“产品简介”、“主要功能”、“技术条件”、“注意事项”、“安装说明”、“普通功能操作”、“设置功能操作”、“故障排除”几个版块，其具体操作如下。

（一）新建文档并设置页面

制作一份完整的文档，最好先根据需要设置纸张大小，主题、页眉或页脚等，以免编辑好文档后再进行页面设置而造成跳版等问题，其具体操作步骤如下。

STEP 1 启动Word 2007，系统自动新建一篇空白文档，单击快速访问工具栏中的按钮，将其以“多功能电话机使用说明书”为名进行保存。

STEP 2 在【页面布局】/【页面设置】组中单击“纸张大小”按钮，在打开的下拉列表中选择“32开”选项，再单击“页边距”按钮，在打开的下拉列表中选择“窄”选项。

STEP 3 在【页面布局】/【页面背景】组中单击“页面边框”按钮，打开“边框和底纹”对话框，单击“页面边框”选项卡，在“艺术型”下拉列表中选择如图13-1所示的边框样式，单击右侧的选项(O)...按钮。

STEP 4 在打开的“边框和底纹选项”对话框的“边距”栏中，将所有数值框中的值均设为10磅，如图13-2所示。然后连续单击确定按钮应用设置。

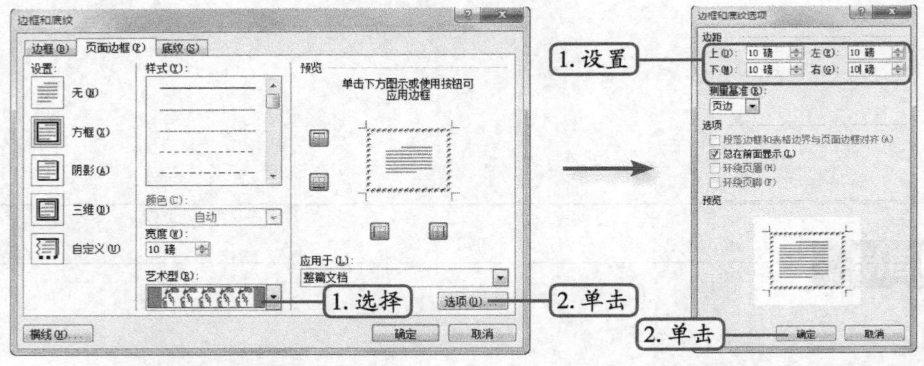

图13-1 设置边框样式　　图13-2 设置边框边距

STEP 5 在【插入】/【页眉和页脚】组中单击“页眉”按钮，在打开的下拉列表中选择“现代型（奇数页）”选项，这时所选的页眉插入到了文档中，将文本插入点定位到“键入文档标题”提示文本框中，输入页眉文字“多功能来电显示电话机使用说明书”，然后选中文字，通过浮动工具栏将其设为“5号”大小的加粗字形。

STEP 6 单击右侧的图形将其选择，通过拖曳左下角的控点将其适当缩小，然后将光标插入“年”文本框中，单击右侧出现的按钮，在打开的下拉列表中单击今日(T)按钮。

STEP 7 删除页眉文字下方的段落标记，在【设计】/【位置】组中分别将“距页眉顶端距离”和“距页脚底端距离”设置为1厘米和0.5厘米。

STEP 8 单击页眉，激活页眉和页脚工具，在【设计】/【页眉和页脚】组中单击“页脚”按钮，在打开的下拉列表中选择“字母表型”选项，应用页脚样式。

STEP 9 在【设计】/【页眉和页脚】组中单击“页码”按钮，在打开的下拉列表中选择“页面底端/圆角矩形2”选项，应用页码样式。

STEP 10 在【设计】/【选项】组中单击选中“首页不同”和“奇偶页不同”复选框，然后单击“关闭”组中的按钮退出页眉和页脚视图。

STEP 11 在【插入】/【页】组中单击“空白页”按钮，增加一个空白页，同时文本插入点位于第2页中，然后用同样的方法为偶数页应用“现代型（偶数页）”页眉样式、页脚和页码样式与奇数页相同，应用后偶数页的页眉自动出现相同的页眉格式，并在左侧的文本框中显示日期。用同样的方法将页眉文字设为与奇数页相同，并适当缩小左侧的图形。

STEP 12 单击“关闭”组中的按钮退出页眉和页脚视图，完成页面设置。

（二）编辑标题和“产品简介”版块

介绍产品和展示产品图片是产品说明书重要的组成部分，下面将编辑说明书标题和产品说明，其具体操作步骤如下。

STEP 1 将文本插入点定位到第1页的开始位置，输入标题文字“多功能来电显示电话机使用说明书”，然后选择该文本，在【开始】/【段落】组中单击按钮使其居中，再通过【开始】/【字体】组中组将标题文本格式设为“华文中宋、小二”。

STEP 2 将光标插入点定位到“使用说明书”前，按【Enter】键分段，然后将文本“使用说明书”设为一号大小的黑体。

STEP 3 将文本插入点定位到下一行，在【插入】/【插图】组中单击“形状”按钮，在打开的下拉列表中选择“基本形状”栏的“矩形”选项，然后用鼠标在标题文本的下方绘制一个矩形。

STEP 4 激活绘图工具组，在【格式】/【形状样式】组中单击按钮，在打开的下拉列表中选择“对角渐变-强调文字颜色5”样式，然后在【格式】/【阴影效果】组中单击“阴影效果”按钮，在打开的下拉列表中选择“其他阴影样式”栏的“阴影样式16”选项。

STEP 5 在该矩形上单击鼠标右键，在弹出的快捷菜单中选择“添加文字”命令，然后在出现的文本框中输入“产品简介”。

STEP 6 选择输入的文本，在【开始】/【字体】组中将其格式设为“微软雅黑、四号、加粗”，然后在矩形边框上单击鼠标右键，在弹出的快捷菜单中选择“设置自选图形格式”命令。

STEP 7 在打开的“设置自选图形格式”对话框中单击“文本框”选项卡，在“内部边距”栏将“上”数值框中的值改为0，单击确定按钮，如图13-3所示。

STEP 8 将设置后的矩形调整到适当大小，使其刚好容纳其中的文字，然后在文档中按【Enter】键换行，在【开始】/【段落】组中单击右下角的按钮。

STEP 9 在打开的“段落”对话框的“对齐方式”下拉列表中选择“两端对齐”选项，在“特殊格式”下拉列表中选择“首行缩进”选项，再单击确定按钮，如图13-4所示，然后输入简介的文本，并将字体设为”小四号、宋体“。

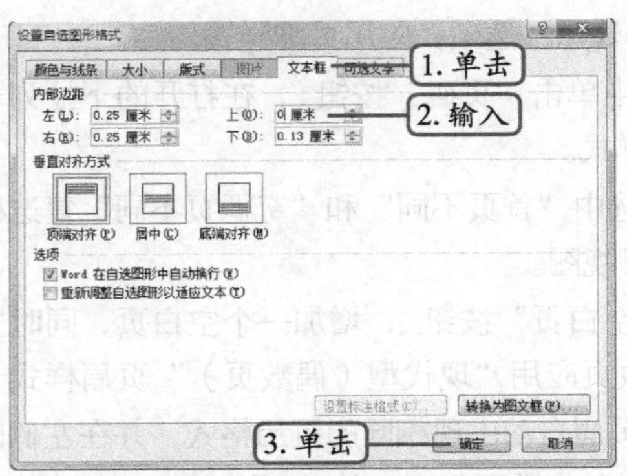

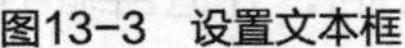

图13-3　设置文本框

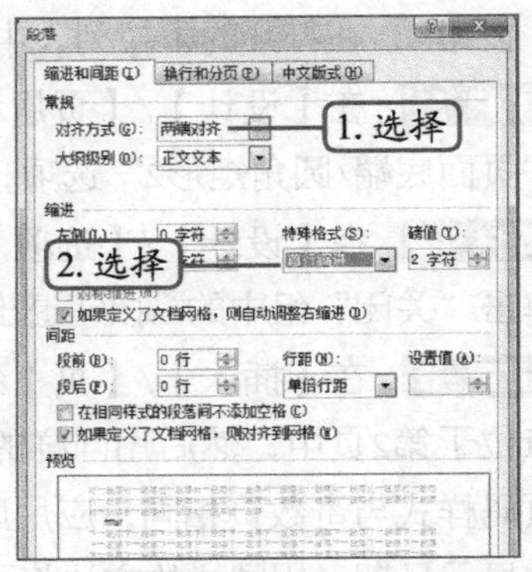

图13-4　设置缩进

STEP 10 在【插入】/【插图】组中单击“图片”按钮，打开“插入图片”对话框，找到并选择“电话机”图片（素材:\素材文件\项目十三\电话机.jpg），单击 插入(S) 按钮。

STEP 11 插入图片后激活图片工具，在【格式】/【排列】组中单击“文字环绕”按钮，在打开的下拉列表中选择“四周型环绕”选项。在【格式】/【图片样式】组中单击按钮，在打开的下拉列表中选择“棱台透视”样式。

STEP 12 拖曳图片角点上的控制点，将其调整到适当大小，再将其移动到文本右侧。

（三）编辑功能说明版块

下面编辑主要功能、技术条件、注意事项、安装说明、普通功能操作等产品使用说明书内容，其具体操作步骤如下。

STEP 1 选中前面绘制的“产品简介”矩形，通过复制粘贴的方法将其复制5个，然后将其中的文字分别更改为“主要功能”、“技术条件”、“注意事项”、“安装说明”、“普通功能操作”，并适当调整形状的大小，使其刚好容纳文字。

STEP 2 将“主要功能”形状移动到“产品简介”版块的文本下方，在文档中段落标记前按【Enter】键将文本插入点定位到“主要功能”形状的下两行，输入关于主要功能的文本，并将其字符格式设置为“宋体、五号”。

STEP 3 选择输入的文字，在【开始】/【段落】组中单击“项目符号”按钮右侧的按钮，在打开的下拉列表中选择“定义新项目符号”选项，打开“定义新项目符号”对话框，单击 图片(P)... 按钮。

STEP 4 在打开的“图片项目符号”对话框的下拉列表中选择“bullets，diamonds，web bullets”图片作为项目符号，然后单击 确定 按钮。

STEP 5 将“技术条件”矩形拖曳到第2页顶端，在下面输入文本内容，其中需要缩进时按【Tab】键，需要减少时按【Back Space】键。

STEP 6 按住【Ctrl】键选择第1段和第6段，在【开始】/【段落】组中单击“编号”按钮右侧的按钮，在打开的下拉列表中选择编号库中的第2种编号。

STEP 7 选择第7段、第8段和最后一段，用同样的方法为这3段设置“1）”形式的编号。

STEP 8 将“注意事项”矩形拖到“技术条件”版块的文本下面，将文本插入点定位到其下两行，输入“（一）话机要……”，输入一段后按【Enter】键系统自动编号，继续输入“注意事项”的其他文本。

STEP 9 用同样的方法继续编辑“安装说明”和“普通功能操作”的内容。

（四）编辑设置功能操作流程图

编辑说明书的“设置功能操作”版块时，为了让用户能更加直观地阅读操作方法，需用SmartArt图形的方式展现出来，其具体操作步骤如下。

STEP 1 按前面的方法复制一个矩形，将文字改为“设置功能操作”，将其置于第4页左上角，将文本插入点定位到矩形下面，先输入正文内容将字体设置为“五号、宋体”。

STEP 2 将文本插入点定位到下一行，在【插入】/【插图】组中单击“SmartArt”按钮，打开“选择SmartArt图形”对话框，选择“垂直V型列表”图形，单击 确定 按钮。

STEP 3 在文档中插入3个形状相连的SmartArt图形，单击第3个形状左侧的“文本”占位符，按3次【Delete】键将该形状删除。

STEP 4 将光标插入SmartArt图形左侧的第1个“文本”占位符中，输入文本“设置日期/时间”，并将其设为“14号、加粗、宋体”。

STEP 5 单击SmartArt图形右侧的第1个“文本”占位符，删除其中的项目符号，输入所需的文本，并将文本设为“9号、宋体、两端对齐”，设置时根据情况用鼠标拖放该形状到适当大小。然后用同样的方法在另一个形状中输入并设置文本，最后将整个SmartArt图形缩放到适当大小。

STEP 6 单击SmartArt图形激活其工具，在【设置】/【SmartArt样式】组中单击“更改颜色”按钮，在打开的下拉列表中选择“彩色范围–强调文字颜色5至6”选项。

STEP 7 在【设置】/【SmartArt样式】组中单击按钮，在打开的下拉列表中选择“三维”栏中的“优雅”样式，然后将文本插入点定位到下一页，用同样的方法插入SmartArt图形，并作同样的格式设置。

（五）制作故障排除法表格

在编辑简易故障排除时，主要通过表格来展现各个常见故障的现象及排除方法。其具体操作步骤如下。

STEP 1 按前面的方法复制一个矩形，将文字改为“简易故障排除”，将其置于第6页左上角，并适当增加宽度。

STEP 2 定位插入点到矩形下面两行处，在【插入】/【表格】组中单击按钮，在打开的下拉列表中拖曳鼠标选择3列6行表格并单击。

STEP 3 在表格中选择第5行右侧的两个单元格，在【布局】/【合并】组中单击按钮将其合并，再按照同样的方法合并第6行右侧的两个单元格。

STEP 4 在表格的各单元格中输入相应的文本内容，然后选择第一行表格文本，在【开始】/【字体】组中将其格式设置为“黑体、四号、居中”。将其他单元格中的文字设为“楷体、五号”，完成后的效果如图13–5所示（最终效果参见：效果文件\项目十三\任务一

\产品说明书.docx）。

图13-5　产品说明书

任务二　用Excel制作“员工工资表”

本任务综合运用Excel 2007的相关知识制作一份员工工资表，要求根据底薪、提成、津贴、违纪惩罚等原始数据计算出员工的税后工资，并将根据员工的提成额创建一个反映员工业绩的对比图表，其具体操作如下。

（一）输入统计数据

新建工作簿，并输入员工工资的基本数据，其中员工编号是有规律的序列数，采用填充的方法进行，其具体操作步骤如下。

STEP 1　启动Excel 2007，系统自动新建一个空白工作簿，单击快速访问工具栏中的按钮，将其以“员工工资表”为名进行保存。

STEP 2　单击A1单元格，输入“员工工资表”，并在字与字之间输入4个空格。

STEP 3　在A2:I2单元格区域中输入表头，在B3:F19单元格区域中输入员工的姓名、底薪、津贴、违纪惩罚等基本数据。

STEP 4　单击A3单元格，输入第1位员工的编号“TZ65001”，将鼠标指针移至A3单元格右下角的填充柄处，按住鼠标左键不放并拖曳至A19单元格处释放鼠标，填充其他员工的编号。

STEP 5　选择第A列至第I列，在【开始】/【单元格】组中单击“格式”按钮，在打开的下拉列表中选择“自动调整列宽”选项调整为最适合的列宽。

（二）计算税后工资

要计算税后工资，首先需根据基本数据计算出总工资，再根据总工资计算出应纳所得税额，然后用总工资减去所得税，其具体操作步骤如下。

STEP 1 单击G3单元格，在【开始】/【编辑】组中单击Σ按钮，系统自动将C3:F3单元格区域作为求和区域，按【Enter】键计算出第1位员工的总工资。

STEP 2 单击G3单元格，将鼠标指针移至其右下角的填充柄处，按住鼠标左键不放并拖曳至G19单元格处释放鼠标，计算出其他员工的总工资。

STEP 3 单击H3单元格，输入公式“=IF(G3−1600<0,0,IF(G3−1600<500,0.05*(G3−1600),IF(G3−1600<2000,0.1*(G3−1600)−25,IF(G3−1600<5000,0.15*(G3− 1600)−125,IF(G3−1600<20000,0.2*(G3−1600)−375)))))”，按【Enter】键计算出第1位员工的个人所得税，将鼠标指针移至H3单元格右下角的填充柄处，按住鼠标左键不放并拖曳至G19单元格处释放鼠标，计算出其他员工的个人所得税。

STEP 4 单击I3单元格，输入公式“=G3−H3”，按【Enter】键计算出第1位员工的税后工资，将鼠标指针移至I3单元格右下角的填充柄处，按住鼠标左键不放并拖曳至I19单元格处释放鼠标，计算出其他员工的税后工资。

在制作本例的过程中，需注意税后工资的计算，按照有关规定，个人月收入超出规定的金额后，应当依法缴纳个人收入所得税。本实例以1600元作为个人收入所得税的起征点进行计算，超过1600元的部分根据超出额的多少按表13−1所示的税率进行计算。每月应缴纳所得税的计算公式为“每月应纳所得税额=全月应纳所得税额×适用税率−速算扣除数”，其中速算扣除数与全月应纳所得税额的含义如下。

①速算扣除数=前一级的最高所得额×（本级税率−前一级税率）+前级速算扣除数。

②全月应纳所得税额=月工资、薪金所得−1600。

表 13−1 个人所得税税率表

级数	全月应纳所得税额	税率	速算扣除数
1	不超过 500 元部分	5%	0
2	超过 500~2000 元部分	10%	25
3	超过 2000~5000 元部分	15%	125
4	超过 5000~20000 元部分	20%	375
5	超过 20000~40000 元部分	25%	1375
6	超过 40000~60000 元部分	30%	3375
7	超过 60000~80000 元部分	35%	6375
8	超过 80000~100000 元部分	40%	10375
9	超过 100000 元部分	45%	15375

（三）美化工作表

完成计算后，需进行单元格格式设置，以美化电子表格。表格标题通常需放置在合并单元格中，表头和数据单元格需设成不同的字体和填充等效果，其具体操作步骤如下。

STEP 1 选择A1:I1单元格区域，在【开始】/【对齐方式】组中单击按钮将其合并。

STEP 2 在【开始】/【字体】组中将表格标题文字设为“华文中宋、18号”。

STEP 3 选择A2:I2单元格区域，在【开始】/【对齐方式】组中单击按钮将其设为居中对齐，然后在【开始】/【字体】组中将字体格式设为“黑体，12号”。

STEP 4 单击“填充颜色”按钮右侧的按钮，在打开的下拉列表中选择黑色，再单击“字体颜色”按钮右侧的按钮，在打开的下拉列表中选择“白色”。

STEP 5 选择A2:I19单元格区域，在【开始】/【样式】组中单击“套用表格样式”按钮，在打开的下拉列表中选择“表样式中等深浅 13”样式。

STEP 6 在打开的“套用表样式”对话框中单击确定按钮，此时表头字段右侧出现按钮，在【数据】/【排序和筛选】组中单击“筛选”按钮将其取消。

STEP 7 选择H3:I19单元格区域，在【开始】/【数字】组中单击右下角的按钮，打开“设置单元格格式”对话框，在“数字”选项卡的“分类”列表框中选择“数值”选项，在右侧将小数位数设为2，单击确定按钮，如图13-6所示。

STEP 8 选择A2:I19单元格区域，在【开始】/【字体】组单击右下角的按钮，打开“设置单元格格式”对话框，单击“边框”选项卡，在“样式”列表框中选择较粗的实线，在“颜色”下拉列表中选择“浅蓝色”，然后单击“预置”栏中的“外边框”按钮为其设置外边框，单击确定按钮，如图13-7所示。

STEP 9 选择第3行至第19行，将鼠标指针移至第19行下面的分隔线上，当鼠标指针变为形状时按住鼠标左键不放向下拖曳。

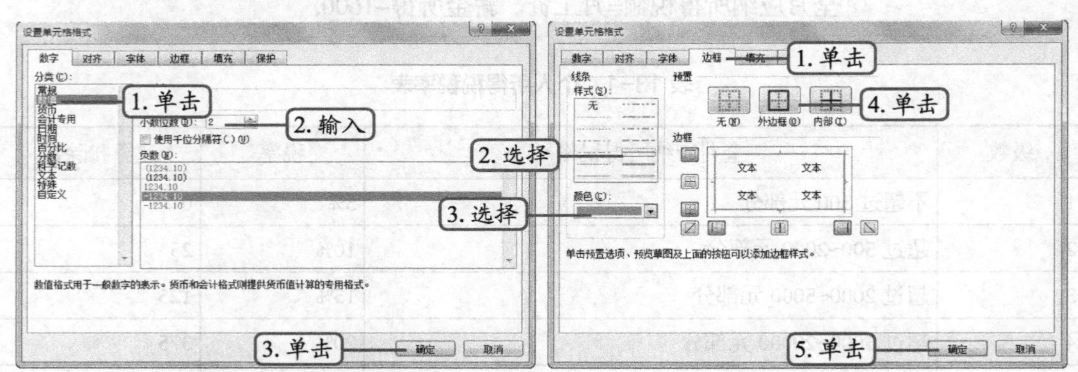

图13-6　设置数值样式　　　　图13-7　设置边框

STEP 10 当提示框显示高度为15.75时释放鼠标调整行高。再用同样的方法调整第2行的行高为27像素，调整表头行的行高为21像素。

（四）制作员工业绩对比图

由于要反映员工当月的业绩，因此应根据提成额来制作图表，进行对比通常采用柱形图或条形图，下面制作柱形图来反映员工业绩。由于有几位员工本月没有提成，为了制作图表时便于选择，因此需先通过排序提成额排除这几个员工，其具体操作步骤如下。

STEP 1 单击D列的任意单元格，在【数据】/【排序和筛选】组中单击按钮按提成额从高到低进行排列。

STEP 2 按住【Ctrl】键不放，选择B2:B16和D2:D16单元格区域，在【插入】/【图表】组中单击“柱形图”按钮，在打开的下拉列表中选择“圆柱图”栏下的簇状圆柱图图示，如图13-8所示。

STEP 3 在当前工作表中创建出簇状圆柱图，单击创建的图表，将鼠标指针移至图表区按住鼠标左键不放并拖曳至工作表右侧后释放鼠标，再向下拖曳图表区下边缘的中点，适当增加图表区的高度，效果如图13-9所示。

STEP 4 在【设置】/【图表布局】组中单击右侧的按钮，在打开的下拉列表框中选择“布局9”选项，改变图表的布局样式。

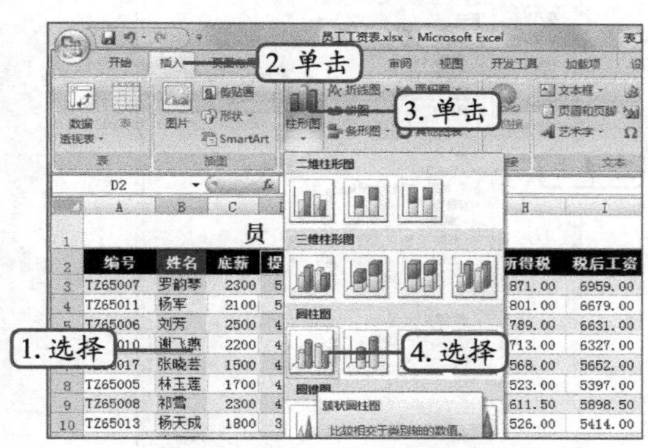

图13-8 插入图表

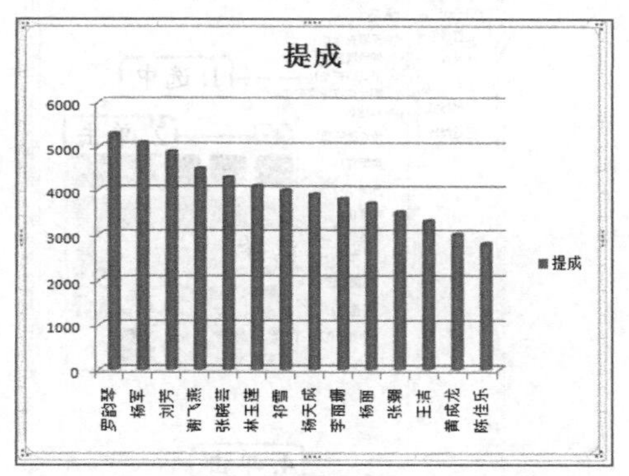

图13-9 设置图表

STEP 5 由于只有一个数据系列，因此可不要图例。单击图例将其选择，按【Delete】键将其删除，然后向右拖曳绘图区右边框上的控制柄。

STEP 6 选中图标标题，在标题框中单击定位光标插入点，输入标题文字“员工业绩对比图”，然后选择输入的文字，利用浮动工具栏将标题文字设为“方正黑体简体，18号”。

STEP 7 用同样的方法输入横坐标和纵坐标轴的标题分别为“姓名”和“提成额”，将字体设为“宋体、11号、加粗”。

STEP 8 此时纵坐标标题自动为向上旋转的文字，选中纵坐标标题中的旋转文字，在【开始】/【对齐方式】组中单击“方向”按钮，在打开的下拉列表中选择“向上旋转的文字”选项取消旋转，将其设为水平放置。

STEP 9 单击横坐标标题，然后用鼠标指针拖曳标题边框至图表区左下方的位置，再用同样的方法将纵坐标标题移动到靠左上方的位置。

STEP 10 再次调整绘图区的高度与宽度，使图表布局更协调。

STEP 11 分别选中纵坐标轴的数值和横坐标轴上的员工姓名，在【开始】/【字体】组中单击按钮。

STEP 12 单击表示数据系列的任意圆柱体，在【格式】/【形状样式】组中单击按钮，在打开的下拉列表中选择“强烈效果−强调颜色5”样式。

STEP 13 在背景墙中单击鼠标右键，在弹出的快捷菜单中选择“设置背景墙格式”命令，打开“设置背景墙格式”对话框，在左侧单击“填充”选项卡，在右侧单击选中“渐变填充”单选项，单击“预设颜色”右侧的按钮，在打开的下拉列表中选择“羊皮纸”选项，如图13−10所示，单击关闭按钮。

STEP 14 在图表区中单击鼠标右键，在弹出的快捷菜单中选择“设置图表区域格式”命令，打开“设置图表区格式”对话框，在左侧单击“填充”选项卡，在右侧单击选中“图片或纹理填充”单选项，单击文件(F)...按钮，如图13−11所示。

STEP 15 在打开的“插入图片”对话框中找到并选择“2.jpg”文件（ 素材参见:\素材文件\项目十三\任务二\2.jpg），单击插入(S)按钮。

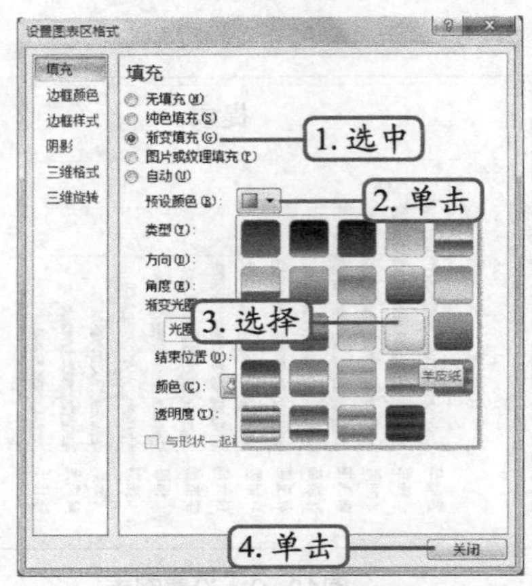

图13−10 设置背景墙格式

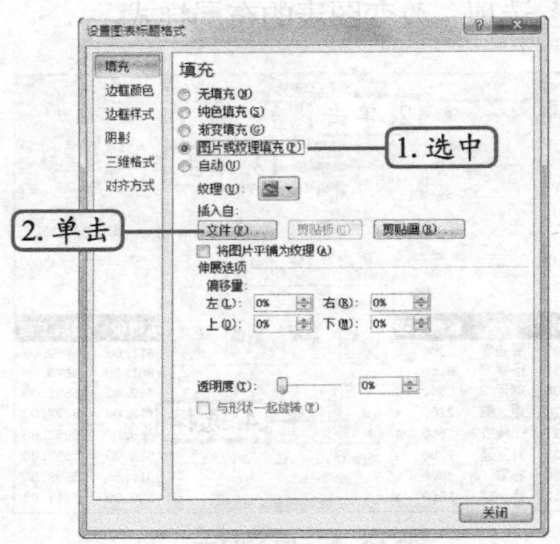

图13−11 设置图表区格式

STEP 16 在返回的“设置图表区格式”对话框中将透明度设为20%，单击关闭按钮应用图片填充效果，完成后的效果如图13−12所示（最终效果参见：效果文件\项目十三\任务三\员工工资表.xlsx）。

员 工 工 资 表

姓名	底薪	提成	津贴	违纪惩罚	总工资	所得税	税后工资
罗韵琴	2300	5300	350	-120	7830	871.00	6959.00
杨军	2100	5100	380	-100	7480	801.00	6679.00
刘芳	2500	4900	180	-160	7420	789.00	6631.00
谢飞燕	2200	4500	340		7040	713.00	6327.00
张晓芸	1500	4300	420		6220	568.00	5652.00
林玉莲	1700	4100	200	-80	5920	523.00	5397.00
祁雪	2300	4000	260	-50	6510	611.50	5898.50
杨天成	1800	3900	240		5940	526.00	5414.00
李丽珊	1400	3800	150		5350	437.50	4912.50
杨丽	1400	3700	230	-140	5190	413.50	4776.50
张潮	1500	3500	320		5320	433.00	4887.00
王洁	1500	3300	300		5100	400.00	4700.00
黄成龙	1300	3000	200	-220	4280	277.00	4003.00
陈佳乐	1400	2800	160	-50	4310	281.50	4028.50
胡军	1400	0	100		1500	0.00	1500.00
张铁林	1400	0	100		1500	0.00	1500.00
张晓娜	1000	0	100		1100	0.00	1100.00

员工业绩对比图

图13−12 员工工资表

任务三 用PowerPoint制作“新员工培训教程”

本任务综合利用PowerPoint 2007的相关知识，制作某公司用于培训新进员工的演示文稿，包括了解公司历史背景、公司组织结构、业务或职能、公司规章制度和员工基本礼仪等内容，分为公司历史背景、公司组织结构、公司业务或职能、公司规章制度和员工基本礼仪等5篇。为了保持统一的风格，除了封面和扉页外，各篇将采用统一风格的幻灯片模板，各篇下的具体内容则可根据情况选择不同的幻灯片模板，其具体操作如下。

（一）搭建整体构架

下面先根据案例分析搭建出演示文稿的主要结构，在制作时具体讲解重要步骤，对简单步聚略讲，其具体操作步骤如下。

STEP 1 启动PowerPoint 2007，系统自动新建一个空白演示文稿，单击快速访问工具栏中的按钮，将其以“新员工培训教程”为名进行保存。

STEP 2 选择默认创建的幻灯片，在【开始】/【幻灯片】组中单击“版式”按钮，在打开的下拉列表中选择“标题和内容”选项，然后单击标题占位符，输入名称“恒星公司新员工培训”，并通过浮动工具栏将其格式设为“华文中宋、44号、加粗”。

STEP 3 将正文占位符宽度缩小到原来的一半，输入欢迎的英文和汉语致词，选择英文，将其设为“CushingItcTEEHea、36号、紫色”，再将中文设为“隶书、24号、红色”。

STEP 4 单击右侧的空白位置，在【插入】/【插图】组中单击“图片”按钮，在打开的“插入图片”对话框中找到并选择“荷花”文件（素材参见：\素材文件\项目十三\任务三\荷花.jpg），单击插入(S)按钮，如图13-13所示。

STEP 5 将插入的图片缩放到适当大小并移到右侧适当位置处，如图13-14所示。

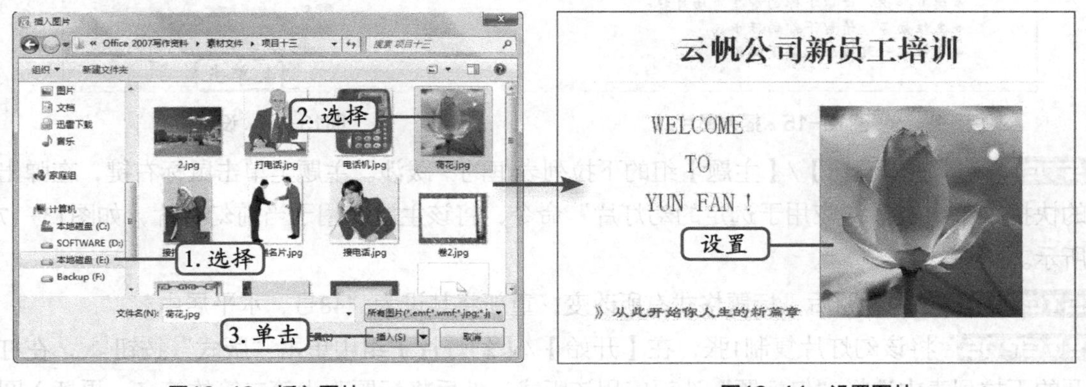

图13-13 插入图片　　图13-14 设置图片

STEP 6 在【设计】/【主题】组的下拉列表中选择“暗香扑鼻”主题。

STEP 7 在【开始】/【幻灯片】组中单击“新建幻灯片”按钮下方的按钮，在打开的下拉列表中选择“标题和内容”版式，新建一张该版式的幻灯片。将文本占位符向下复制一个，分别在不同的占位符中输入文本内容。将标题文字设为“华文新魏、48号、紫色、加粗、倾斜”，将第1段文本设为“方正黄草简体、36号、蓝色、加粗”，并单击按钮，将第2段文字的箴言标题设为“隶书、32号、加粗”。

STEP 8 选择箴言下的具体内容，将其设为“华文新魏、28号、加粗”，在【开始】/【段落】组中单击“项目符号”按钮右侧的按钮，在打开的下拉列表中选择菱形的项目符号。

STEP 9 用第4步的方法插入图片“起航”（素材参见：\素材文件\项目十三\任务三\起航.wmf）并将其移到幻灯片右侧，将第1段正文移到左侧，适当缩小宽度，如图13-15所示。

STEP 10 用第7步的方法新建一张“节标题”版式的幻灯片，删除第1个占位符，在第2个占位符中输入各篇篇名，并设为“隶书、36号、行间距1.5倍”。

STEP 11 新建一张“标题和内容”版式的幻灯片，分别输入第一篇篇名和标语，将篇名文字设为“隶书、48号、加粗”，将内容文字设为“华文隶书、36号、黄色、行间距1.5倍”，并将其调整到适当大小。

STEP 12 在正文占位符边框上单击鼠标右键，在弹出的快捷菜单中选择“设置形状格式”命令，在打开的对话框左侧单击“填充”选项卡，在右侧单击选中“渐变填充”单选项。单击“预设颜色”右侧的按钮，在打开的下拉列表中选择“孔雀开屏”选项，单击关闭按钮，如图13-16所示。

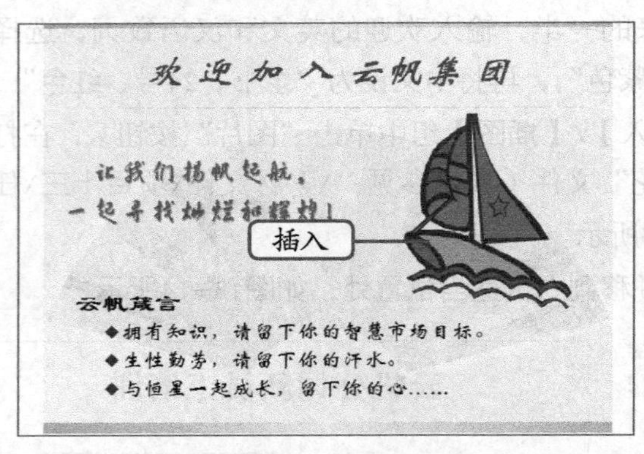

图13-15 插入图片

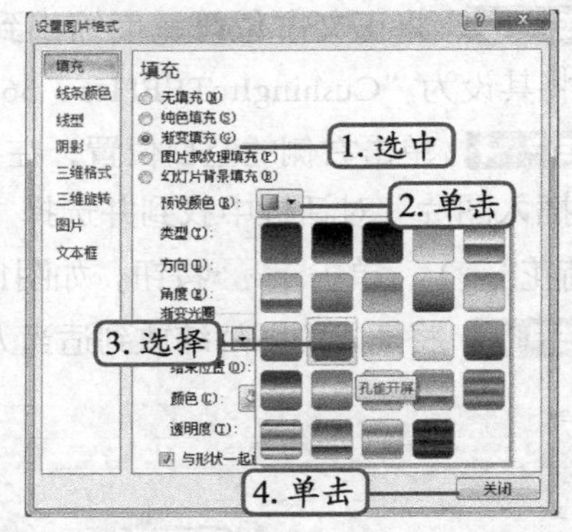

图13-16 设置渐变

STEP 13 在【设计】/【主题】组的下拉列表框的“跋涉”主题上单击鼠标右键，在弹出的快捷菜单中选择“应用于选定的幻灯片”命令，将该主题应用于当前幻灯片，如图13-17所示。

STEP 14 应用主题后，标题格式有所改变，重新将其设为“48号、水平居中”。

STEP 15 将该幻灯片复制1张，在【开始】/【幻灯片】组中单击“版式”按钮，在打开的下拉列表中选择“仅标题”选项应用该版式，然后将标题改为第二篇的篇名，再插入图片“卷2”（素材参见：\素材文件\项目十三\任务三\卷2.jpg），将图片放大到覆盖整张幻灯片，并将图片置于最底层，再将篇名文字分为两段移到图片上，如图13-18所示。

STEP 16 将第二篇幻灯片复制3张，分别改成其他篇的篇名，再将图片分别更改为“卷3”、“卷4”、“卷5”（素材参见：\素材文件\项目十三\任务三\卷3.jpg、卷4.jpg、卷5.jpg），调整图片大小及篇名，并将篇名置于图片之上。

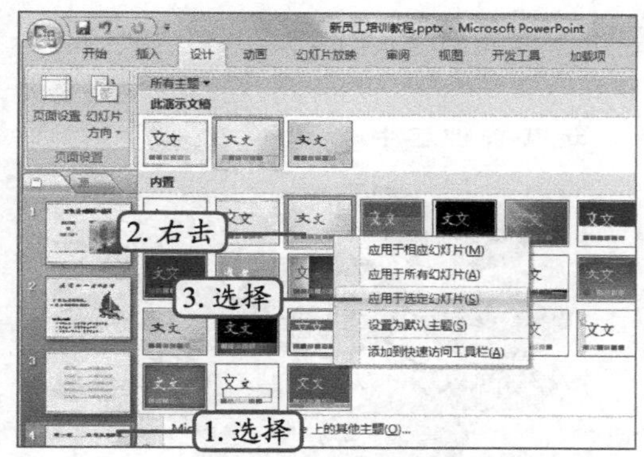

图13-17 应用主题

图13-18 插入图片

（二）制作各篇内容

下面制作各篇教程下的具体内容。由于许多幻灯片的制作方法大同小异，因此只详细讲解特殊幻灯片的制作方法，其具体操作步骤如下。

STEP 1 在左侧的“幻灯片”窗格中选择第一篇篇名所在的幻灯片，在【开始】/【幻灯片】组中单击“新建幻灯片”按钮下方的按钮，在打开的下拉列表中选择“标题和内容”版式，在该幻灯片之后新建一张该版式的幻灯片，输入所需内容，将标题文字设为“楷体、36号、紫色、加粗”，将正文内容设为“楷体、24号”，并为正文添加编号。

STEP 2 复制第1步制作的幻灯片，然后更改标题文字并删除正文占位符，在【插入】/【插图】组中单击“形状”按钮，在打开的下拉列表中选择“星与旗帜”栏中的“爆炸形1”选项，然后在幻灯片中拖曳鼠标绘制该形状。

STEP 3 在绘制的爆炸形状上单击鼠标右键，在弹出的快捷菜单中选择“编辑文字”命令，然后在出现的文本框中输入“恒星集团”，将其设为“华文楷体、32号、加粗”。

STEP 4 单击爆炸形激活其工具组，在【格式】/【形状样式】组中单击按钮右侧的按钮，在打开的下拉列表中选择“红色”将其填充为红色。

STEP 5 用同样的方法绘制5个椭圆，分别填充为不同的颜色（可自行设计其他颜色填充效果），并在其中添加文字，根据填充色设置不同的字体颜色，字体均为“华文楷体、20号”。

STEP 6 用与第1步相似的方法制作第一篇中的其他两张幻灯片。

STEP 7 在左侧的“幻灯片”窗格中选择第二篇篇名所在的幻灯片，新建一张空白幻灯片，在【插入】/【插图】组中单击“SmartArt”按钮，打开“选择SmartArt图形”对话框，选择“层次结构”栏中的“组织结构图”图形，单击确定按钮，在幻灯片中插入组织结构图。

STEP 8 激活SmartArt工具组，在【设计】/【创建图形】组中分别通过“添加形状”按钮、布局和从右向左按钮添加多个形状并设置布局方式，并将组织结构图布满整张幻灯片。

STEP 9 在各个形状中输入文字，并根据级别的不同将文字设为不同的大小，在【设计】/【SmartArt样式】组的下拉列表中选择“细微效果”样式，效果如图13-19所示。

STEP 10 在该张幻灯片后新建一张“仅标题”版式的幻灯片，用第2步~第5步的方法绘制图形、输入文字、设置字体格式，如图13-20所示。

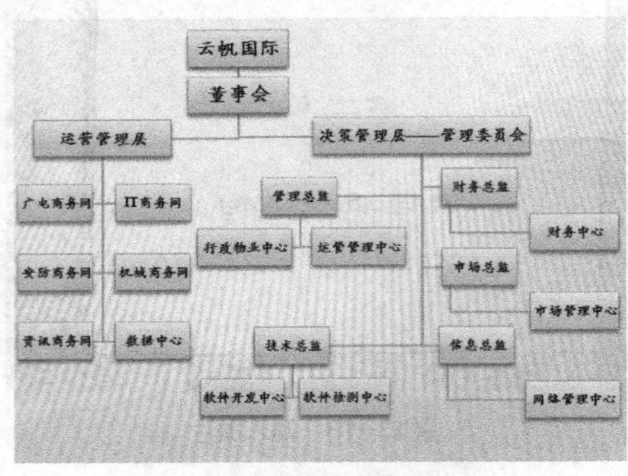

图13-19　设置图形

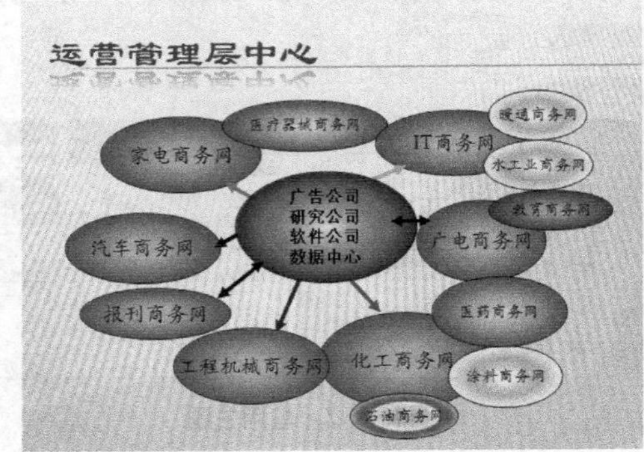

图13-20　插入图形

STEP 11　在左侧的“幻灯片”窗格中选择第三篇篇名所在的幻灯片，新建一张“标题和文本”版式的幻灯片，输入标题与正文，将正文设为“华文楷体、浅蓝色”，选择所有正文，在【开始】/【段落】组中单击“项目符号”按钮右侧的按钮，在打开的下拉列表中选择“项目符号和编号”选项。

STEP 12　打开如图13-21所示的“项目符号和编号”对话框，单击 图片(P)... 按钮，打开“图片项目符号”对话框，在下面的列表框中选择如图13-22所示的图片作为项目符号，然后单击 确定 按钮应用设置。

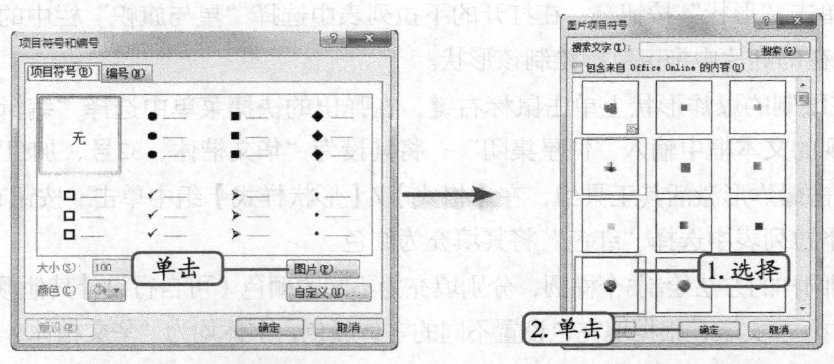

图13-21　设置项目符号　　图13-22　选择符号样式

STEP 13　将正文宽度缩小放至右侧，在左侧插入图片“循环”（素材参见：\素材文件\项目十三\任务三\循环.jpg），并将其缩放到适当大小后调整到合适的位置。

STEP 14　用第1步的方法制作第三篇的最后一张幻灯片。

STEP 15　在第五篇篇名所在的幻灯片后面新建一张“标题和文本”版式的幻灯片，输入标题与正文，将标题设为“隶书、44号、居中”，将正文设为“仿宋体”并添加菱形的项目符号，将正文移至右侧并缩小宽度，并在左侧插入图片“接电话.png”（素材参见：\素材文件\项目十三\任务三\接电话.png），并将其缩放到适当大小后调整到合适位置。

STEP 16　在【设计】/【主题】组的下拉列表框的“龙腾四海”主题上单击鼠标右键，在弹出的快捷菜单中选择“应用于选定的幻灯片”命令，将该主题应用于当前幻灯片。

STEP 17 将该幻灯片复制5张，然后依次更改标题和正文文字，并更换图片（素材参见：\素材文件\项目十三\任务三\打电话.jpg等）。

（三）设置动画

完成幻灯片的制作后，还需为各张幻灯片中的元素设置动画，以及切换幻灯片时的动画方式，其具体操作步骤如下。

STEP 1 在左侧的“幻灯片”窗格中选择第一张幻灯片，在【动画】/【切换到此幻灯片】组中单击选中“切片方式”栏中的“单击鼠标时”和“在此之后自动设置动画效果”复选框，并在后面的数值框中将时间更改为15秒。

STEP 2 单击按钮，在打开的下拉列表中选择“随机”栏中的“随机切换效果”动画方案，如图13-23所示。

STEP 3 单击全部应用按钮将该方案应用于所有幻灯片，然后单击标题占位符，在【动画】/【动画】组中单击自定义动画按钮，在窗口右侧显示出“自定义动画”任务窗格，单击添加效果按钮，在打开的下拉列表中选择【进入】/【飞入】选项，如图13-24所示。

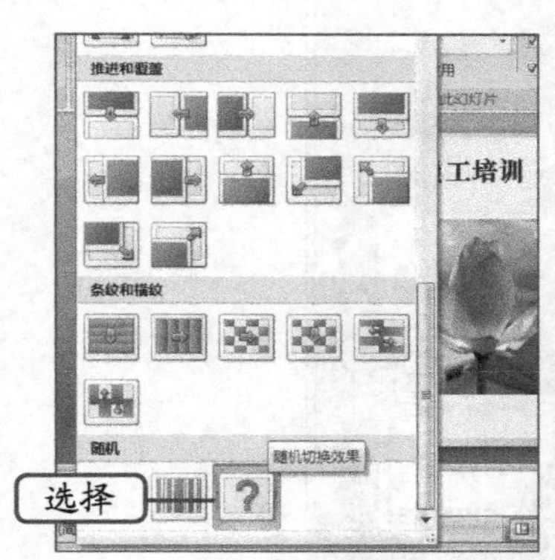

图13-23 设置动画

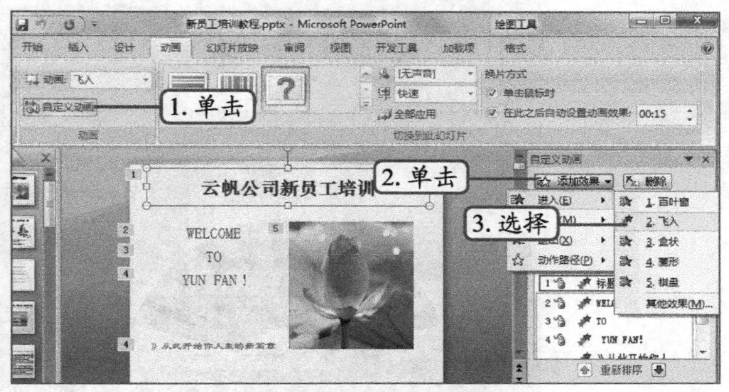

图13-24 添加动画

STEP 4 单击正文占位符，在“自定义动画”任务窗格中单击添加效果按钮，在打开的下拉列表中选择【进入】/【飞入】选项；单击选择图片，再单击添加效果按钮，在打开的下拉列表中选择【进入】/【菱形】选项。

STEP 5 用同样的方法设置其他幻灯片中各元素的动画效果。

（四）添加动作

设置完各张幻灯片的动画效果后，最后还需为目录页添加动作，以便单击目录中的标题便可跳转到相应的篇首页，其具体操作步骤如下。

STEP 1 在左侧的“幻灯片”窗格中选择第3张幻灯片，选择文本“第一篇 公司发展历史”，在【插入】/【链接】组中单击“动作”按钮。

STEP 2 在打开的“动作设置”对话框中单击选中“超链接到”单选项，然后在下面的列表框中选择“幻灯片”选项，如图13-25所示。

STEP 3 在打开的“超链接到幻灯片”对话框的“幻灯片标题”列表框中选择第4张幻灯

片，单击 确定 按钮，如图13-26所示。

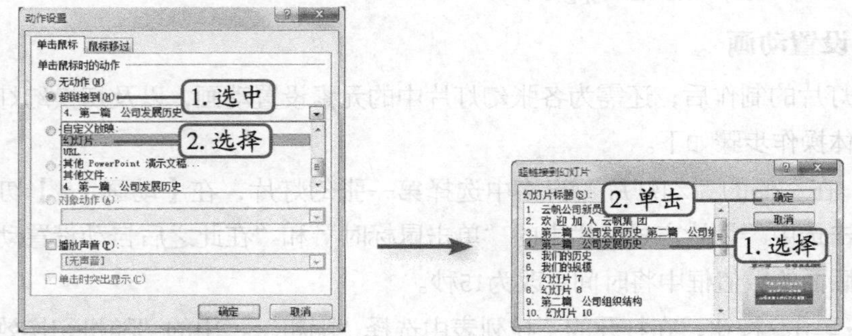

图13-25 设置动作　　图13-26 链接到幻灯片

STEP 4 在返回的“动作设置”对话框中再次单击 确定 按钮应用设置。用同样的方法分别将其他目录链接到相应的幻灯片中，完成演示文稿制作后的效果如图13-27所示。

图13-27 新员工培训教程